活力·韧性

2021 全国城乡规划专业

七校联合毕业设计作品集

北京建筑大学
苏州科技大学
山东建筑大学
西安建筑科技大学 编
安徽建筑大学
浙江工业大学
福建工程学院

華中科技大學出版社
http://www.hustp.com
中国·武汉

内容提要

全国城乡规划专业七校联合毕业设计是同类联合毕业设计中历史最悠久的教学活动，参加高校包括北京建筑大学、苏州科技大学、山东建筑大学、西安建筑科技大学、安徽建筑大学、浙江工业大学、福建工程学院等七所院校。2021年的全国城乡规划专业七校联合毕业设计由北京建筑大学承办，选取基地为首都北京功能核心区内的世界文化遗产——天坛的北侧地块，选取地块对城市发展意义重大，对于本科毕业设计来说，综合性强、难度较大。本书主要包括五大部分内容，分别为选题与任务书、解题（即学生毕业设计作品）、教学论文、教师感言和学生感言，具体包括课题的背景情况介绍、七所学校 20 多个小组的毕业设计作品展示，以及师生在教学活动中的心得体会，比较全面地记录了 2021 年度七校联合毕业设计教学活动的实况，是难得的教学参考资料。

图书在版编目（CIP）数据

活力·韧性：2021 全国城乡规划专业七校联合毕业设计作品集 / 北京建筑大学等编．— 武汉：华中科技大学出版社，2022.3

ISBN 978-7-5680-7673-9

Ⅰ．①活… Ⅱ．①北… Ⅲ．①城市规划－建筑设计－作品集－中国－现代 Ⅳ．① TU984.2

中国版本图书馆 CIP 数据核字（2021）第 259038 号

活力·韧性：2021 全国城乡规划专业七校联合毕业设计作品集　　北京建筑大学等　编

HUOLI·RENXING: 2021 QUANGUO CHENGXIANG GUIHUA ZHUANYE QI XIAO LIANHE BIYE SHEJI ZUOPINJI

策划编辑：简晓思

责任编辑：简晓思

装帧设计：金　金

责任监印：朱　玢

出版发行：华中科技大学出版社（中国·武汉）　　电　话：（027）81321913

武汉市东湖新技术开发区华工科技园　　邮　编：430223

印　刷：湖北金港彩印有限公司

开　本：889mm×1194mm 1/16

印　张：11.25

字　数：419 千字

版　次：2022 年 3 月第 1 版第 1 次印刷

定　价：98.00 元

编委会

北 京 建 筑 大 学

苏 州 科 技 大 学

山 东 建 筑 大 学

西安建筑科技大学

安 徽 建 筑 大 学

浙 江 工 业 大 学

福 建 工 程 学 院

北京市城市规划设计研究院

Beijing Municipal Institute of City Planning & Design

PREFACE 序言 / 1

“7+1”全国城乡规划专业联合毕业设计的承办权，阔别 10 年后又一次回到北京建筑大学。本次联合毕业设计的选址在天坛北侧，天坛始建于明永乐年间，距今 600 余年，是明、清两代帝王祭天、祈谷和祈雨之地，于 1998 年被联合国教科文组织确认为世界文化遗产。如今的天坛公园总面积为 2.73 平方千米，约为故宫面积的四倍，天坛公园、北京中轴线和附近城区的更新，对于首都北京未来的发展有着重要意义。

“7+1”全国城乡规划专业联合毕业设计自 2011 年第一次举办以来，历年选址都在有着复杂城市背景的城区，这与我国城市化发展阶段的转变，以及规划设计行业从增量到存量工作重点的变化，是紧密契合的。在北京市城市规划设计研究院、北京市规划和自然资源委员会东城分局、北规院弘都规划建筑设计研究院有限公司等单位的大力支持下，我校老师与苏州科技大学、山东建筑大学、西安建筑科技大学、安徽建筑大学、浙江工业大学、福建工程学院的同仁们经过讨论后，共同决定将 2021 年的主题拟定为“活力 · 韧性”。“活力”是在“人民城市”和“首都功能疏解”的政策背景下，回答如何在旧城更新中进一步做到可持续发展，改善居民生活条件，激发城市服务不断进化和促进城市文化繁荣发展的问题；“韧性”是在经济新常态和全球新冠疫情背景下，回答如何提升城市安全与健康的问题。

2021 年所选取的基地，既反映了存量时代规划的一般规律，又表现了首都核心区的特殊性；既要求学生有哲学层次的思考高度，又要求学生有娴熟的空间表现手法。本次联合毕业设计开始试行两个层次的分组方案，以适应不同学校的教学要求。本次联合毕业设计既有 5 人或 6 人的大组，又有 2 人或 3 人的小组。大组的设计范围约为 1 平方千米，小组的设计范围约为 0.5 平方千米。不少学生反馈，完成 2021 年毕业设计的压力不小，但经过一个学期的学习，学生在理念构思、沟通能力、规划知识和设计技巧等方面都有了不少进步。而且与其他学校的同学共同切磋讨论，能够互相学习，取长补短，收获良多。

存量时代的城市更新过程，与广大市民的切身利益息息相关。习总书记曾说：“人民对美好生活的向往，就是我们的奋斗目标！”人民群众的这些愿望，与我们的城市更新设计工作密切相关。希望同学们经历本次联合毕业设计之后，在未来的工作中关心弱势群体，尊重居民意愿，改善居民居住条件，保持邻里关系和社会结构，践行美好环境与幸福生活共同缔造的理念，推动城市更新与社区治理，形成共建、共治、共享的氛围，维护社会的和谐稳定。在未来的实际工作中，促进旧区的“活力”和“韧性”，使得我国城市能更加可持续发展。

经过大半年的努力，本次联合毕业设计各个教学环节已接近尾声。在本作品集即将付梓之际，同学们也踏上人生新的征程。下一届东道主西安建筑科技大学也开始了新一轮的忙碌。我们期待，2022 年在十三朝古都西安，各校师生会有更多的交流与切磋。祝愿“7+1”全国城乡规划专业联合毕业设计越办越好！

张忠国

教育部高等学校城乡规划专业教学指导分委员会 委员

北京建筑大学建筑与城市规划学院 教授

2021 年 7 月

序言 / 2 PREFACE

今年全国七校联合毕业设计的选题定在北京，并选在最精华的老城区，既有意义，也是挑战。特别荣幸，北京市城市规划设计研究院作为本次活动的支持单位，能够为大家展现聪明才智提供舞台。我们期待，通过各位老师和同学们的积极参与和建言献策，北京老城长期面临的保护与传承、发展与民生改善等问题，有新的解题思路。

在首都城市发展的新要求和新形势下，发展模式在转型，需要用新理念看待城市的发展诉求，城市规划设计行业也面临新的挑战。本次毕业设计所选基地位置，既位于世界文化遗产天坛北侧，又紧邻正在准备申请世界文化遗产项目——北京中轴线。中轴线形成至今 760 年，天坛也有 600 年的历史。在如此重要的地段做文章，不管是设计，还是城市建设，我们的挑战、压力都是非常大的，因为受到万众瞩目。我们的责任又很重，这个地区有各种各样的诉求：民生改善、公共服务补短板、公共空间提升品质、环境友好。我们长期在这个地区调研、观察、思考、体会到，面对特别复杂而具有长期特征的问题，单靠一次设计来解决，可能很难。正如吴良镛先生倡导“复杂问题有限求解”。在新的形势下，可能会有新的思想方法、新的政策工具、新的设计手段来破解问题，提供不同角度的观察和建议。恰恰是这种集思广益，大家在各自认知、经验的基础上，不断去创新突破，去尝试解决已有的和新出现的问题，这才是我们的城市不断往前进步的基石，也是我们正确地培养职业规划设计师的方法。因此，我们非常期待，本次设计工作能结出丰硕生动的“果实”，更好地启发我们的实际工作。

同时，这个课题也面对新形势下的国家整体城市更新背景，不仅仅是对北京。2020 年 10 月，党的十九届五中全会审议通过《中共中央关于制定国民经济和社会发展第十四个五年规划和二〇三五年远景目标的建议》，明确提出实施城市更新行动。在此之前，我们已把北京老城的发展模式，从原来的大拆大建，转为了保护更新，这是一个重要的价值取向的转变。七校联合毕业设计能选在这样一块基地，也恰恰契合了这个深刻的转型。我们也特别期待，在规划设计成果中能展现关于老城保护更新的创意。我院历史文化名城规划所将全力配合本次教学活动，向大家做好情况说明，同时并不会诱导大家朝着某个方向去发展，因为这次教学活动，本身就是采取百花齐放、百家争鸣、各显神通的教学方式。对这块很复杂的、也饱含我们感情的地区，我们将原原本本地介绍和呈现给大家！

石晓东

北京市规划和自然资源委员会党组成员

北京市城市规划设计研究院党委书记、院长

教授级高级工程师

2021 年 2 月

目录

CONTENTS

1 选题与任务书
Mission Statement 008

2 解题
Vision & Solution 020

北京建筑大学 021
苏州科技大学 036
山东建筑大学 049
西安建筑科技大学 070
安徽建筑大学 089
浙江工业大学 106
福建工程学院 123

3 教学论文
Teaching Essays 144

4 教师感言
Teacher's Comments 152

5 学生感言
Student's Comments 158

1 选题与任务书

Mission Statement

一、选题背景

1. 城市概况

北京市，简称“京”，古称燕京、北平，是中华人民共和国的首都、直辖市、国家中心城市、超大城市，国务院批复确定的中国政治中心、文化中心、国际交往中心、科技创新中心。截至 2020 年，全市下辖 16 个区，总面积 16410.54 平方千米；2019 年末，北京市常住人口 2153.6 万人，城镇人口 1865 万人，城镇化率 86.6%，常住外来人口 794.3 万人。图 1-1 所示为北京市域空间结构图。

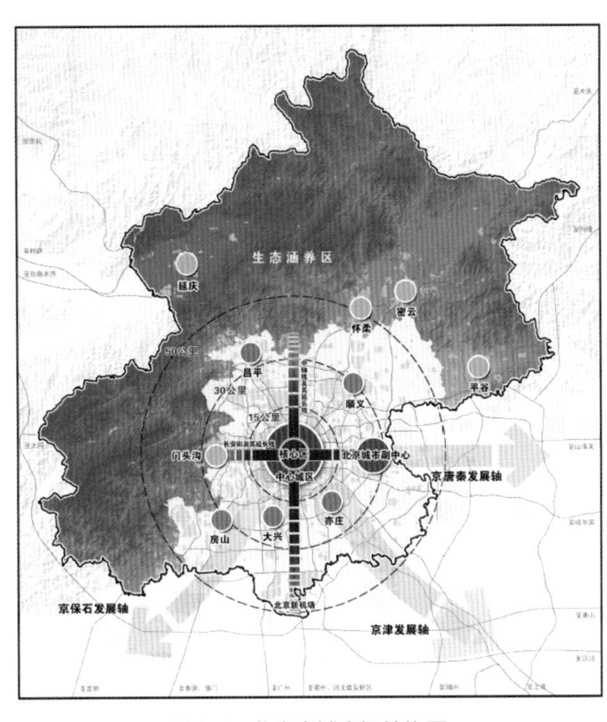

图 1-1　北京市域空间结构图
（图片来源：《北京城市总体规划（2016-2035）》）

北京是有着 3000 年历史的国家历史文化名城，现有七项世界文化遗产：长城、故宫、颐和园、天坛、明清皇家陵寝、周口店北京猿人遗址、大运河。北京在历史上曾为六朝都城，在从燕国起的 2000 多年里，其建造了许多宏伟壮丽的宫廷建筑，成为中国拥有帝王宫殿、园林、庙坛和陵墓数量最多、内容最丰富的城市。北京故宫，原为明、清两代的皇宫，明朝时叫大内宫城，清朝时叫紫禁城，住过 24 个皇帝，建筑宏伟壮观，完美地体现了中国传统的古典风格和东方格调，是全世界现存最大的宫殿，是中华民族宝贵的文化遗产。天坛始建于明永乐十八年（1420 年），清乾隆、光绪时曾重修改建。其以布局合理、构筑精妙而扬名中外。本次联合毕业设计的选址，位于天坛北侧。

北京出了内城的前门大街、天桥一带，充满了普通的生活气息。前门到永定门这一段，可与卢浮宫前的香榭丽舍大街相对应。事实上，这一段原本是一条城外大街。

图 1-2　天坛
（图片来源：纪录片《天坛》）

2. 天坛简介

天坛是明清两代皇帝祭天、祈谷的场所，位于正阳门外东侧。坛域北呈圆形，南为方形，寓意“天圆地方”。四周环筑坛墙两道，把全坛分为内坛、外坛两部分，总面积 2.73 平方千米，主要建筑集中于内坛（见图 1-2）。

内坛以墙为界，分为南北两部分。北为祈谷坛，用于春季祈祷丰年，中心建筑是祈年殿。南为圜丘坛，专门用于在冬至日祭天，中心建筑是一个巨大的圆形石台，名为圜丘。两坛之间以一条长 360 米并高出地面的甬道——丹陛桥相连，共同形成一条南北长 1200 米的天坛建筑轴线，两侧为大面积古柏林。

西天门内南侧建有“斋宫”，是祭祀前皇帝斋戒的居所。西部外坛设有神乐署，掌管祭祀乐舞的教习和演奏。坛内主要建筑有祈年殿、皇乾殿、圜丘、皇穹宇、斋宫、无梁殿、长廊、双环万寿亭等，还有回音壁、三音石、七星石等名胜古迹。

天坛始建于明永乐十八年（1420年），又经明嘉靖、清乾隆等朝增建、改建，建筑宏伟壮丽，环境庄严肃穆。新中国成立后，国家对天坛的文物古迹投入大量的资金，进行保护和维修。历尽沧桑的天坛以其深刻的文化内涵、宏伟的建筑风格，成为东方古老文明的写照。

天坛集明、清建筑技艺之大成，是中国古建珍品，是世界上最大的祭天建筑群。1961年，国务院公布天坛为“全国重点文物保护单位”。1998年，天坛被联合国教科文组织确认为“世界文化遗产”。

3. 首都功能核心区

首都功能核心区，包括东城区和西城区两个行政区，总面积92.5平方千米，是全国政治中心、文化中心和国际交往中心的核心承载区，是历史文化名城保护的重点地区，是展示国家首都形象的重要窗口地区。

2012年9月发布的《北京市主体功能区规划》提出，对于首都功能核心区，到2020年的发展任务是：对接国家政务工作和政治活动服务要求，保障中央党政军群领导机关高效开展工作。保护古都历史文化风貌和改善人居环境，做好各类文保区和文物保护单位的保护、修缮和合理利用，挖掘古都文化内涵，形成传统文化核心聚集区。发展金融等高端服务业，提升金融服务、现代商务、文化旅游等高端产业的集聚程度和发展水平。严格限制与优化开发功能不匹配的大型公建项目，严格限制医疗、行政办公、商业等大型服务设施的新建和扩建，严格禁止疏解搬迁区域的人口再集聚。提升首都形象和国际影响力，打造传统文化与现代文明有机融合的展现世界城市风貌的中心区。

2017年9月，《北京城市总体规划（2016年—2035年）》提出：构建“一核一主一副、两轴多点一区”的城市空间结构，其中“一核”指首都功能核心区。

2020年8月，中共中央、国务院批复同意《首都功能核心区控制性详细规划（街区层面）（2018年—2035年）》。2020年8月30日，北京市规划和自然资源委员会、北京市东城区人民政府、北京市西城区人民政府联合发布《首都功能核心区控制性详细规划（街区层面）（2018年—2035年）》（见图1-3），首都规划体系的“四梁八柱”已初步形成，首都规划建设从此进入新的历史阶段。

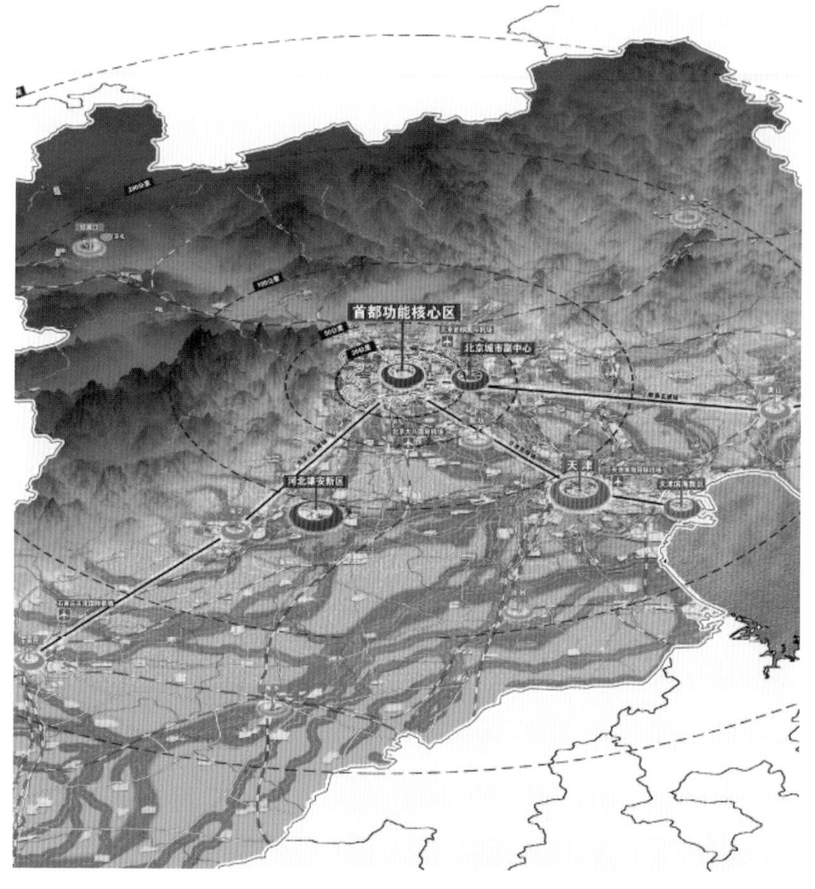

图1-3 北京“一核两翼”空间结构示意图

[图片来源：《首都功能核心区控制性详细规划（街区层面）（2018年—2035年）》]

4. 上位规划

（1）《北京城市总体规划（2016年—2035年）》

2014年2月和2017年2月，习近平总书记两次视察北京并发表重要讲话，为新时期首都发展指明了方向。为深入贯彻落实习近平总书记视察北京重要讲话精神，紧扣迈向“两个一百年”奋斗目标和中华民族伟大复兴的时代使命，围绕“建设一个什么样的首都，怎样建设首都”这一重大问题，谋划首都未来可持续发展的新蓝图，北京市编制了新一版城市总体规划。

本次城市总体规划编制工作坚持一切从实际出发，贯通历史、现状及未来，统筹人口资源环境，让历史文化和自然生态永续利用，同现代化建设交相辉映。坚持抓住疏解非首都功能这个“牛鼻子”，紧密对接京津冀协同发展战略，着眼于更广阔的空间来谋划首都的未来。坚持以资源环境承载能力为刚性约束条件，确定人口总量上限、生态控制线、城市开发边界，实现由扩张性规划转向优化空间结构的规划。坚持问题导向，积极回应人民群众关切问题，努力提升城市可持续发展水平。坚持城乡统筹、均衡发展、多规合一，实现一张蓝图绘到底。

《北京城市总体规划（2016 年—2035 年）》（以下简称《规划》）目录如下。

- 总则
- 第一章 落实首都城市战略定位，明确发展目标、规模和空间布局
- 第二章 有序疏解非首都功能，优化提升首都功能
- 第三章 科学配置资源要素，实现城市可持续发展
- 第四章 加强历史文化名城保护，强化首都风范、古都风韵、时代风貌的城市特色
- 第五章 提高城市治理水平，让城市更宜居
- 第六章 加强城乡统筹，实现城乡发展一体化
- 第七章 深入推进京津冀协同发展，建设以首都为核心的世界级城市群
- 第八章 转变规划方式，保障规划实施
- 附表 建设国际一流的和谐宜居之都评价指标体系
- 附图

“总则”回答了“为什么编制城市总体规划”“管什么用”“怎么编”“怎么管”“规划范围和年限”等 5 个问题。城市规划分为“总体规划”和“详细规划”两个阶段。经法定程序批准的总体规划，是下一步编制详细规划的依据。此次总体规划的规划范围为北京市行政辖区，总面积 16410 平方千米。规划年限为 2016 年至 2035 年，明确到 2035 年的城市发展基本框架，近期到 2020 年，远景展望到 2050 年。

“总则”之后是《规划》的 8 个章节，涉及战略定位、空间布局、资源配置、文化保护、城市治理、保障落实等内容。

《规划》显示，北京的战略定位是 4 个“中心”，即政治中心、文化中心、国际交往中心、科技创新中心。从发展目标看，到 2020 年，北京建设国际一流的和谐宜居之都取得重大进展，率先全面建成小康社会，疏解非首都功能取得明显成效，“大城市病”等突出问题得到缓解，首都功能明显增强，初步形成京津冀协同发展、互利共赢的新局面；到 2035 年，北京初步建成国际一流的和谐宜居之都，“大城市病”治理取得显著成效，首都功能更加优化，城市联合竞争力进入世界前列，京津冀世界级城市群的构架基本形成；到 2050 年，北京全面建成更高水平的国际一流的和谐宜居之都，成为富强民主文明和谐美丽的社会主义现代化强国首都、更加具有全球影响力的大国首都、超大城市可持续发展的典范，建成以首都为核心、生态环境良好、经济文化发达、社会和谐稳定的世界级城市群。

北京市常住人口规模，2020 年控制在 2300 万人以内，以后长期稳定在这一水平。城乡建设用地规模，2020 年减至 2860 平方千米左右，2035 年减至 2760 平方千米左右。

“留白增绿”方面，2035 年北京全市森林覆盖率达 45% 以上。

“绿色出行”方面，2035 年绿色出行比例超过 80%，其中自行车出行比例不低于 12.6%。2020 年轨道交通里程提高到 1000 千米左右。

“民生保障”领域，北京 2035 年养老机构千人床位数提高到 9.5 张；当年医疗卫生机构千人床位数提高到 7 张左右；当年人均体育用地面积达到 0.7 平方米，人均公共文化设施建筑面积达到 0.45 平方米；并将建成公平、优质、创新、开放的教育体系。

“空气治理”方面，PM2.5 年均浓度，2020 年控制在 56 微克 / 立方米左右，2035 年大气环境质量得到根本改善。

此外，2020 年基本实现“一刻钟社区服务圈”城市市区全覆盖。15 分钟内，可以到达公交站点、公共绿地、自行车库、配电室、公共厕所、室内体育设施、托老所等任何一种服务设施。

（2）《首都功能核心区控制性详细规划（街区层面）（2018 年—2035 年）》

中共中央、国务院在 2020 年 8 月批复同意《首都功能核心区控制性详细规划（街区层面）（2018 年—2035 年）》。批复文件指出，核心区是全国政治中心、文化中心和国际交往中心的核心承载区，是历史文化名城保护的重点地区，是展示国家首都形象的重要窗口地区。要深刻把握“都”与“城”、保护与利用、减量与提质的关系，把服务保障中央政务和治理“大城市病”结合起来，推动政务功能与城市功能有机融合，老城整体保护与有机更新相互促进，建设政务环境优良、文化魅力彰显、人居环境一流的首善之区。

批复文件要求，要突出政治中心的服务保障。结合非首都功能疏解，统筹好北京市搬迁腾退办公用房的承接利用，优化中央党政机关办公布局，稳步推进核心区功能重组，以更大范围空间布局支撑中央政务活动。抓好中南海及周边、天安门—长安街等重点地区综合整治。金融街等现有功能区和王府井、西单等传统商业区，要在符合北京城市总体规划定位的前提下优化提质，成为展示新时代首都改革开放成果的窗口。

批复文件要求，要强化“两轴、一城、一环”的城市空间结构。塑造平缓开阔、壮美有序、古今交融、庄重大气的城市形象。

批复文件还要求，要坚定有序疏解非首都功能，加强老城整体保护，注重街区保护更新，突出改善民生工作，加强公共卫生体系建设，维护核心区安全。

批复文件强调，要坚决维护规划的严肃性和权威性。任何部门和个人不得随意修改、违规变更，新建改建项目要严格按规划执行。北京市委和市政府要扛起守护好规划的职责，敢于坚持原则、唱黑脸，确保一张蓝图绘到底。

（3）《北京市文物保护单位保护范围及建设控制地带管理规定》

《北京市文物保护单位保护范围及建设控制地带管理规定》第五条规定如下。

文物保护单位周围的建设控制地带分为五类。

一类地带：非建设地带。地带内只准进行绿化和修筑消防通道，不得建设任何建筑和地上附属建筑物。地带内现有建筑，应创造条件拆除，一时难以拆除的，须制定拆除计划和年限。

二类地带：可保留平房地带。地带内现有的平房应加强维护，不得任意改建添建。不符合要求的建筑或危险建筑，应创造条件按传统四合院形式进行改建，经批准改建、新建的建筑物，高度不得超过 3.3 米，建筑密度不得大于 40%。

三类地带：允许建筑高度 9 米以下的地带。地带内的建筑形式、体量、色调都必须与文物保护单位相协调；建筑楼房时，建筑密度不得大于 35%。

四类地带：允许建筑高度 18 米以下的地带。地带内靠近文物保护单位一侧的建筑物和通向文物保护单位的道路、通视走廊两侧的建筑物，其形式、体量、色调应与文物保护单位相协调。

五类地带：特殊控制地带。地带内针对有特殊价值和特殊要求的文物保护单位的情况实行具体管理。

本次联合毕业设计的地块范围为四类地带，即限高为 18 米的地带（图 1-4 中的紫色区域）。

图 1-4 天坛法定建设控制图（黑色框中为本次毕业设计大地块）

5. 传统平房区与老旧小区

加强风貌分区管控，强化核心区传统风貌基调。划定古都风貌保护区、古都风貌协调区和现代风貌控制区三类风貌区，对建筑风貌与公共空间进行差异化管控与引导，形成彰显首都风范、尽展古都风韵、古今包容共生的核心区特色风貌。北京市域风貌分区示意如图 1-5 所示。

依据《北京老城保护房屋修缮技术导则（2019 版）》，规范老城内传统风貌建筑及院落、传统胡同及历史街巷的保护性技术路径与操作方法，注意保护传统民居建筑因地制宜的建造特色。

强化特色风貌街巷塑造，描绘鲜活的生活图景。通过核心区街巷环境治理加强特色塑造，形成具有不同时代特征、不同功能特点的特色风貌街巷。

推进街巷环境治理，严格落实街巷环境提升相关设计导则要求，加强建筑立面、建筑外挂、市政设施、交通设施、标识牌匾、公益宣传、城市家具、绿化景观、城市照明、架空线 10 大类 36 个环境要素设计管理，加强背街小巷整治，推进拆违工作向院落拓展。

提供全龄关怀服务，鼓励各类设施时空共享，构建满足不同年龄段需求的设施服务体系。优先保障为老、为幼服务，细化设施服务功能、步行时间等要求，满足“一老一小”就近使用需求，增加安全设施保障，做好无障碍设计，营造安全、贴心、人性化的使用环境。

推动传统平房区保护更新。按照整体保护、人口减量、密度降低的要求，推进历史文化街区、风貌协调区及其他成片传统平房区的保护和有机更新。建立内外联动机制，促进人口有序疏解，改善居民工作生活条件。

既要改善人居环境，又要保护历史文化底蕴，让历史文化和现代生活融为一体，系统研究平房区与老旧小区综合整治实施机制与路径，持续改善人居环境，提升老街坊、老居民的获得感、幸福感、安全感，建设环境优美、整洁有序、设施完备、邻里和谐的美丽家园。

（1）提高平房区居住品质，满足基本生活需求

提升平房院落居住水平，让老胡同的居民过上现代生活。完善院落“厨、卫、浴、储、光、晾、停、绿、排”九类功能，提高基础设施现代化水平，改善居住条件。完善“共生院”模式，引导功能有机更替、居民和谐共处。

留住老街坊，吸引新居民。鼓励居民采用自愿登记方式改善居住条件，在留住老街坊的基础上不断优化人口结构。针对老街坊开展口述史收集，带动新居民传递文化记忆，展示传统社区文化魅力，提升归属感与文化自豪感。

图 1-5　北京市域风貌分区示意

［图片来源：《首都功能核心区控制性详细规划（街区层面）（2018 年—2035 年）》］

有序推进平房区申请式改善，推进“共生院”（建筑共生、居民共生和文化共生）模式，探索多元化改善平房区人居环境的路径，留住老街坊，延续街区历史记忆。

（2）分类推进老旧小区综合整治，实现居住环境有机更新

统筹实施老旧小区综合整治，推进服务设施补短板与适老化改造，提升住宅品质与环境质量。有序推进简易楼、筒子楼等危旧住宅的安全排查、整治修缮、腾退拆除与改造更新。对属于特色地区的老旧小区，以建筑格局与风貌保护为重点，多管齐下，提升住房质量，优化公共空间。按照老城整体保护要求，加强高度与风貌管控，作为远期更新改造的依据。开展老旧小区人居环境评估，完善整治菜单，推行申请制、订单制改造。

推进老旧小区综合整治。建立老旧小区综合整治申报制度，推进菜单式整治。完善老旧小区住宅与环境质量动态监测评估机制，统筹制定改造计划与方案，重点推进电梯加装、危旧住宅楼修缮与成套化改造、抗震加固与外墙保温、社区综合服务设施补足提升、小区环境整治、自行车及机动车停车空间挖潜与日常管理、老旧管线更新改造、市政设施提标升级、海绵城市建设、节约用水管理等方面工作。

二、毕业设计拟选题

1. 天坛北侧地块的区位

本次联合毕业设计，选址在北京南城的世界文化遗产——天坛北侧，如图 1-6 所示。

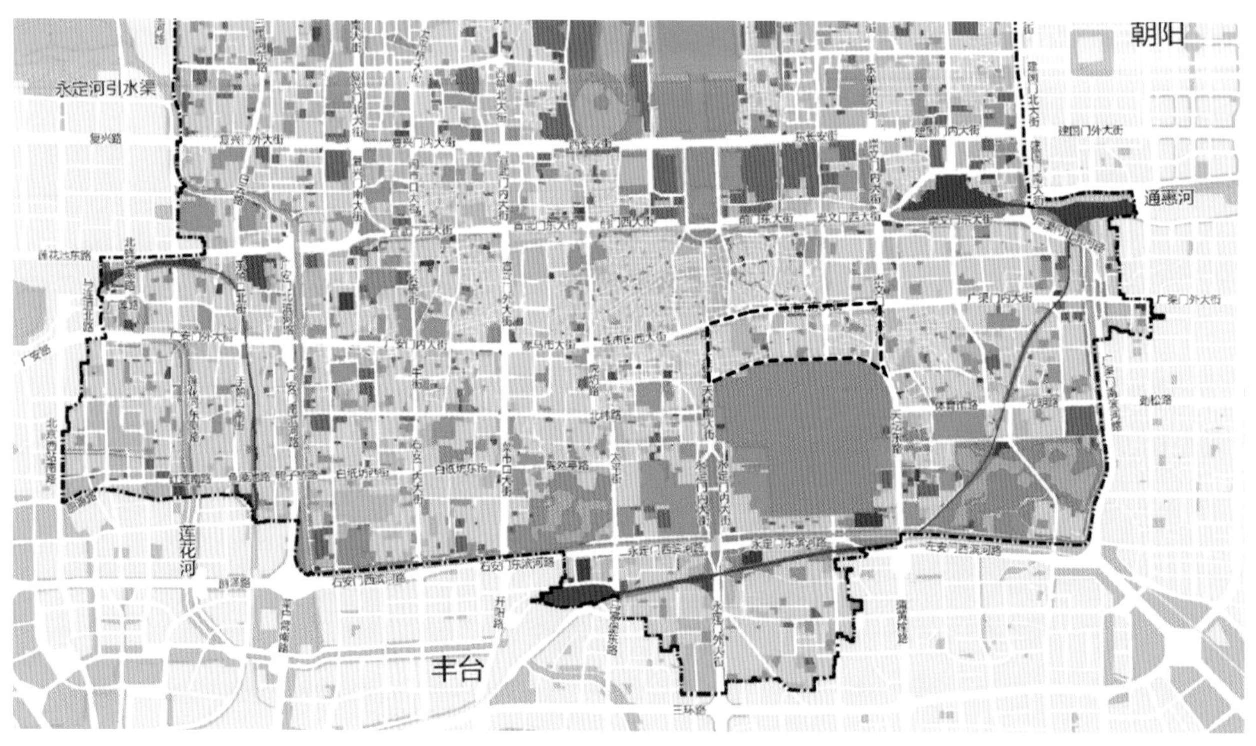

图 1-6　天坛北侧地块区位示意（大地块）

［图片来源：改绘自《首都功能核心区控制性详细规划（街区层面）（2018 年—2035 年）》用地性质现状图］

2. 基地基本信息

本次联合毕业设计允许 2 人或 3 人组和 5 人或 6 人组参加，2 人或 3 人组设计小地块（西边界到鲁班胡同—金鱼池街），5 人或 6 人组设计大地块（西边界到前门大街），研究范围自定。

（1）天坛北侧大、小地块区位

天坛北侧大地块位于东城区天坛街道，属于首都核心区规划范围，也属于老城传统保护区外城部分。项目东至崇文门外大街，南至天坛路，西至前门大街，北至珠市口东大街。与前门街道、崇文门外街道、体育馆路街道片区相邻。地理区位重要，周边道路人流量大。项目性质为毛地出让项目。规划范围起算到道路中心线，占地面积约为 1 平方千米（以 CAD 地形图为准，见图 1-7、图 1-8）。

天坛北侧小地块位于大地块东侧区域，即东城区鲁班胡同—金鱼池街以东、珠市口东大街以南、崇文门外大街以西、天坛路以北区域，面积约为 50 公顷（以 CAD 地形图为准，见图 1-9、图 1-10）。临近天坛等旅游风景区，周边有已经确定的历史文化街区（鲜鱼口），位于城市中轴线的东侧，长安街以南。磁器口是北京市东城区（旧崇文区）的一个大型十字路口，是元大都东南部进城的唯一通道，历史上曾是重要的农贸市场、瓷器市场等，商贸繁华。

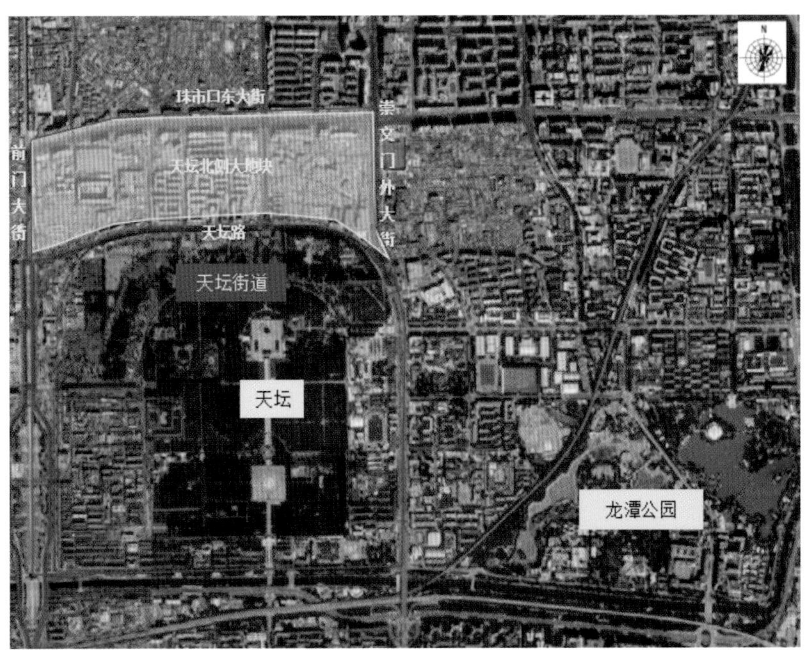

图 1-7　天坛北侧大地块区位和交通图

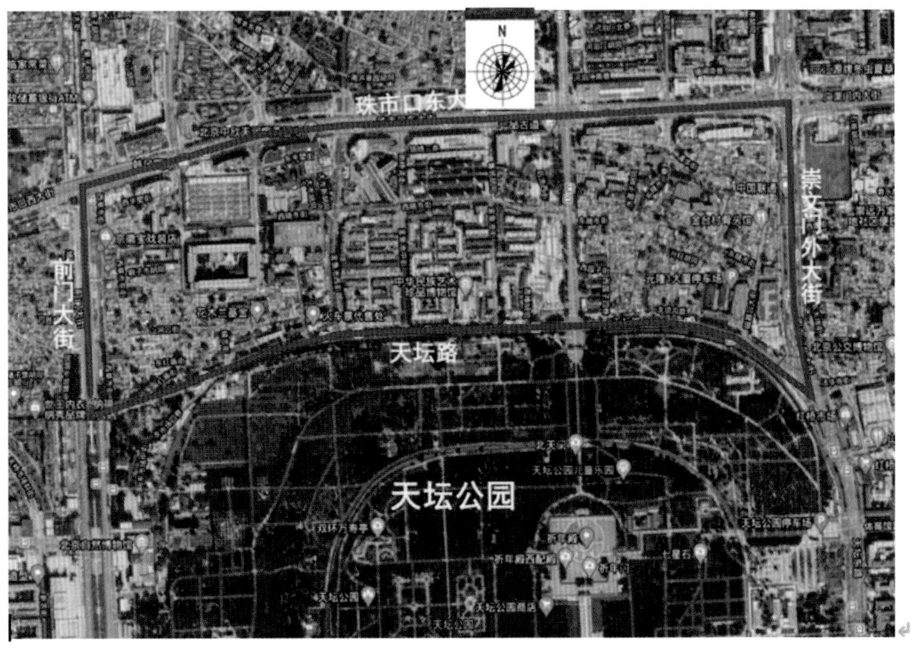

图 1-8　天坛北侧大地块卫星照片

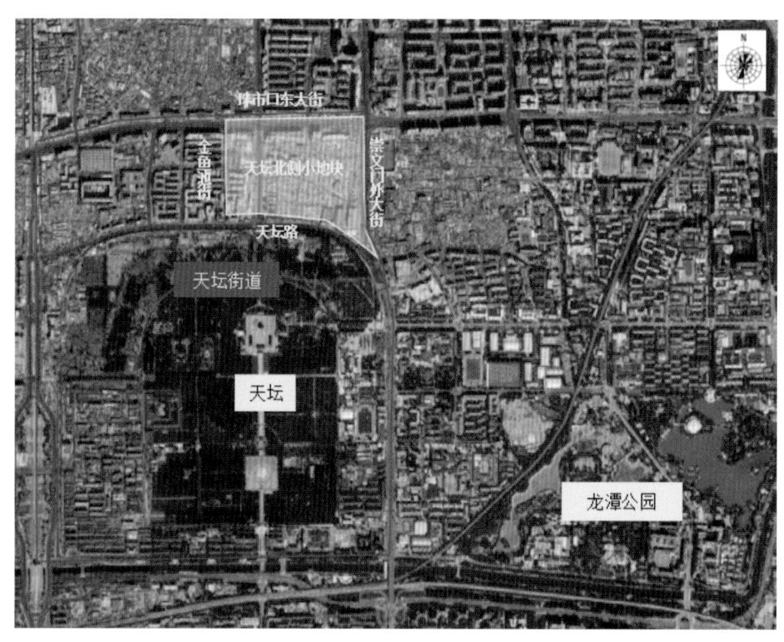

图 1-9　天坛北侧小地块区位和交通图

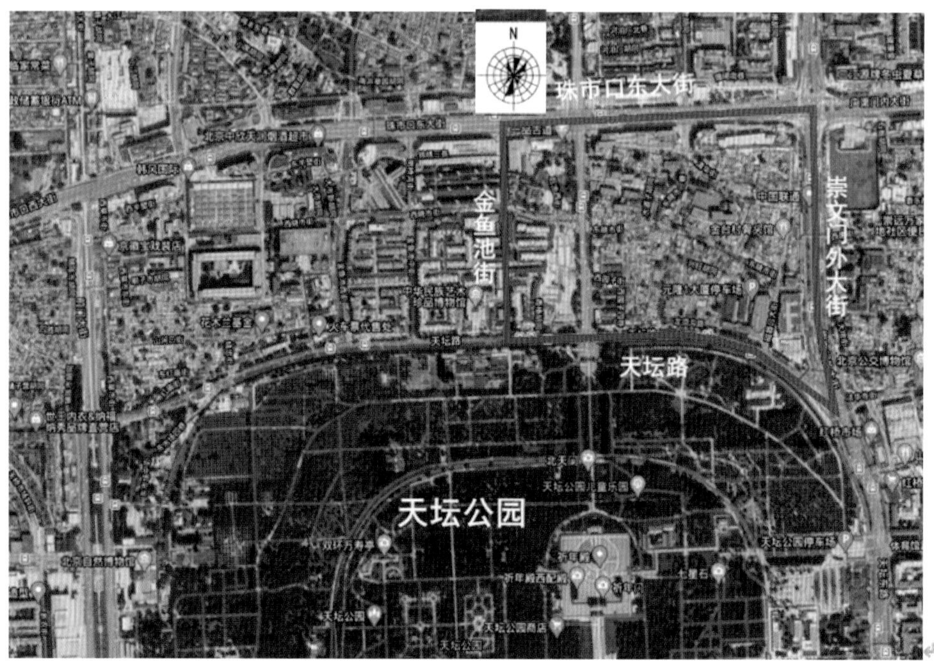

图 1-10　天坛北侧小地块卫星照片

（2）用地功能

现状调研统计结果显示，项目内控制规划以居住功能为主，兼容公共服务设施和产业设施，用地性质复杂，空间分布混乱。基地内主要包括东晓市社区、西园子社区、西草市社区、红庙街社区、金鱼池社区等。基地内有菜市场、超市、百货商场、餐厅、酒店等商业设施，以及药店、理发店、洗衣店等生活服务类设施，另外还有茶馆等文化商业混合功能的设施。业态种类丰富，多集中于东晓市街、磁器口大街，东晓市街多为小卖铺、菜市场、洗衣店、理发店等满足居民需求的商业设施，磁器口大街多为超市及餐饮服务设施，兼顾本地居民及外来游客。基地西侧当前存在世纪天鼎鲜花市场等大体量建筑，中部社区建筑排布相对规整，基地内局部存在少量土地闲置的问题（见图 1-11）。

图 1-11 天坛北侧基地用地状况

（3）交通系统

静态交通：集中停车场地主要在地块四周的现代建筑区域，传统平房区车辆无法通行，在主要的两天街巷有停车空间，且多数车辆为随意停放，没有合理的车位布置，对风貌和出行造成很大影响。在地块西侧部分公共建筑、教育建筑等周边设有集中停车场，且并非完全对外开放使用。内部缺乏非机动车停车区，非机动车停车区主要位于地块四周道路两侧（闲置较多）。

外部交通：交通便捷，周边地块为现代居住区和旅游景区，车流量大、人流量多。地块北侧、西侧及东侧均有地铁线路，分别是 7 号线、8 号线和 5 号线，毗邻地铁珠市口站（换乘站）、桥湾站、磁器口站（换乘站），四周分布多个公交站台，居民出入方便。内外交通衔接存在问题，道路等级过渡地段相对混乱。

内部交通：道路走向呈现历史状态，曲折且宽窄不一，路边界面风格不一，开敞空间不一，胡同多尽端路。道路网络错杂，保留历史街巷格局的同时给居住造成了不便，错杂的小巷也形成了许多异形空间。基地内交通情况见图 1-12。

图 1-12 天坛北侧基地交通情况

（4）绿化分布

主要街巷沿路分布有行道树，树木年份久、保护好，形成良好的街巷生态环境和公共空间。宅旁、院落、胡同等小空间，有居民营造的绿色空间（见图 1-13）。集中绿地空间布置在地块临近外部街道处，景观质量一般，且存在停车占地等问题，但在一定程度上为居民提供了休憩空间。胡同内公共空间缺乏，集中休憩的广场较少且大都靠近基地外围，胡同内部主要依靠

图 1-13 天坛北侧基地绿化情况

街巷空间满足日常需求。此外，路口的转角空地、居委会门前空地等也是居民聚集聊天与休息的重要空间。胡同内缺少休闲、娱乐和运动空间，且没有夏日庇荫和休息处。居民只能自发组织在一起，打打牌、聊聊天，生活方式单一而枯燥，缺少基本的娱乐设施及公共休息区。

3. 规划要求

（1）用地功能情况

项目内控制规划用地多为保护区用地，以居住功能为主，可兼容生活性服务、社区综合服务、文化设施服务等功能，同时推动公共服务功能与经营性功能混合，方便群众生活。

（2）城市设计要求

项目处于传统平房区内，属于古都原貌保护区，应严格保护传统的胡同肌理和空间尺度，注重历史原貌的保护与恢复。

（3）历史文化保护要求

项目范围内历史文化要素丰富，分布有古树 1 棵，普查登记在册文物 2 处（慈源寺与敕建清华禅林），区级文物保护单位 1 处（药王庙）等。应注重保护历史文化要素、加强展示利用，并注重历史格局的保护与周边环境协调过渡。

（4）民生改善需求

项目范围内设施补短板需求较多，包括小学、幼儿园、社区养老服务驿站、街道博物馆、街区健身中心等。

4. 其他要点

①项目应整体考虑用地功能布局，在控制规划的基础上可优化和调整用地布局。

②项目需重点关注民生改善的问题，比如，如何实现居住环境改善和历史记忆的延续，如何保留原住民。

③项目应重点进行院落价值评估，研究是否具备划定历史文化街区的条件，可参照条例、保护规划要求，研究划定核心保护范围和建设控制地带。

④城市设计方面应严格保护历史格局，注重传统风貌保护与创新的关系，注重历史保护与现代生活的关系，注重片区与天坛和鲜鱼口历史文化街区的关系，注重肌理的过渡衔接。

⑤项目范围涉及少量体育馆路街道用地，在注意方案整体性的同时，对跨街道项目的协调机制与实施组织模式进行探索。

⑥项目实施层面考虑经济的可持续性问题，进行实施模式上的探索。

三、毕业设计成果内容及图纸表达要求

1. 图纸表达要求

人均不少于 4 张 A1 图纸，2 人组共 8 张，3 人组共 12 张，5 人组共 20 张，6 人组共 24 张。规划内容至少包括区位分析图、上位规划分析图、基地现状分析图、设计构思分析图、规划结构分析图、城市设计总平面图、道路交通系统分析图、绿化景观分析图、其他各项综合分析图、节点意向设计图、城市天际线、总体鸟瞰及局部透视效果图、城市设计导则等。

2. 规划文本表达要求

文本内容包括文字说明（前期研究、功能定位、设计构思、功能分区、空间组织、总体布局、交通组织、环境设计、建筑意向、经济技术指标控制等内容）和图纸（至少满足图纸表达要求的内容）。

3.PPT 汇报文件制作要求

中期 PPT 和成果 PPT 的答辩时间，小组不超过 15 分钟，大组不超过 20 分钟；汇报内容应简明扼要，突出重点。

四、毕业设计时间安排表

毕业设计时间安排如表 1-1 所示。

表 1-1　毕业设计时间安排表

阶段	时间	地点	内容要求	形式
第一阶段 线上开题	（第 1 周） 3 月 6 日	腾讯会议 710 244 5068	网络开题会议	线上交流
第二阶段 城市设计方案阶段	（第 2 周到第 7 周）	各自学校	包括背景研究、区位研究、现状研究、案例研究、定位研究、方案设计等方面内容	各校自定
中期检查	（第 8 周周末）	北京建筑大学西城校区二阶梯、教 1-104、128 等会议室	包括综合研究、功能定位和初步方案等内容	大组 20 分钟 PPT 汇报，小组 15 分钟 PPT 汇报
第三阶段	（第 9 周到第 15 周）	各自学校	根据中期意见，对方案进行深化、完善，并完成绘图等	各校自定
成果汇报	（第 15 周周末）	下届东道主学校或本校	汇报 PPT，每人不少于 4 张 A1 标准图纸（如 2 人组总数不少于 8 张，3 人组总数不少于 12 张）和 1 套规划文本	大组 20 分钟 PPT 汇报，小组 15 分钟 PPT 汇报，并评选出当年的优秀作业，同时提交展板和出书文件，进行展览

2
解题

Vision & Solution

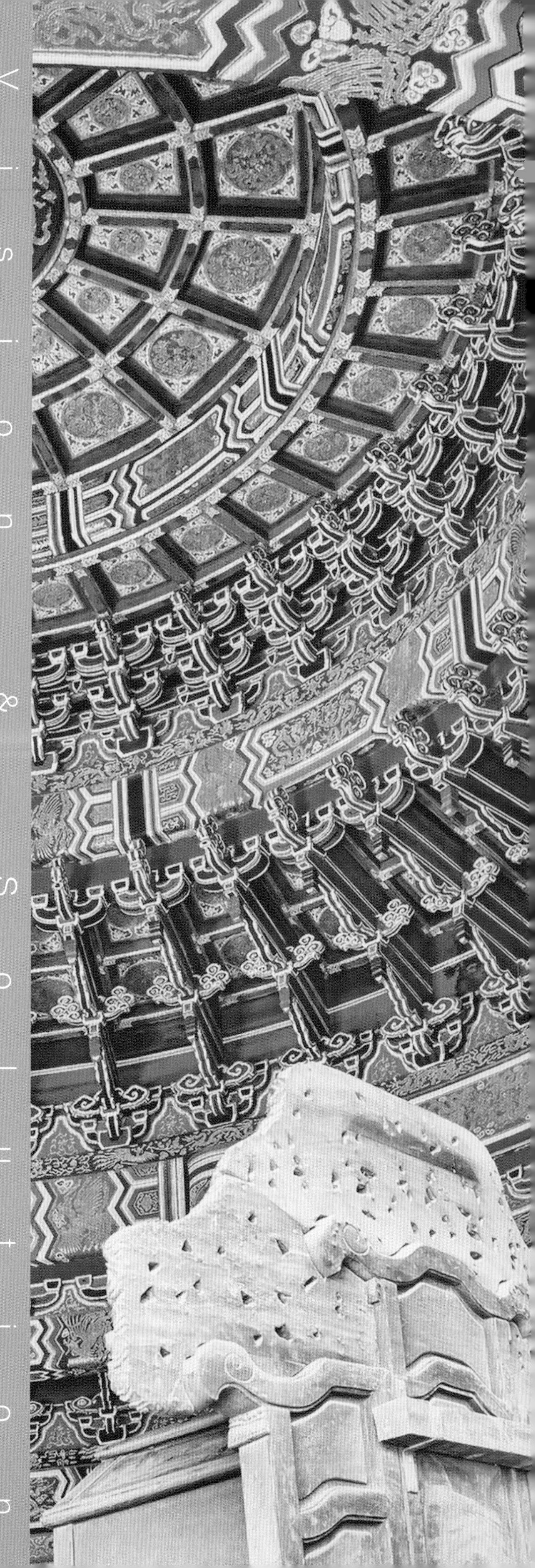

北京建筑大学

激活 · 渗透 · 融合 /22

共存 · 共生 · 共享 /28

晓市栖居 /32

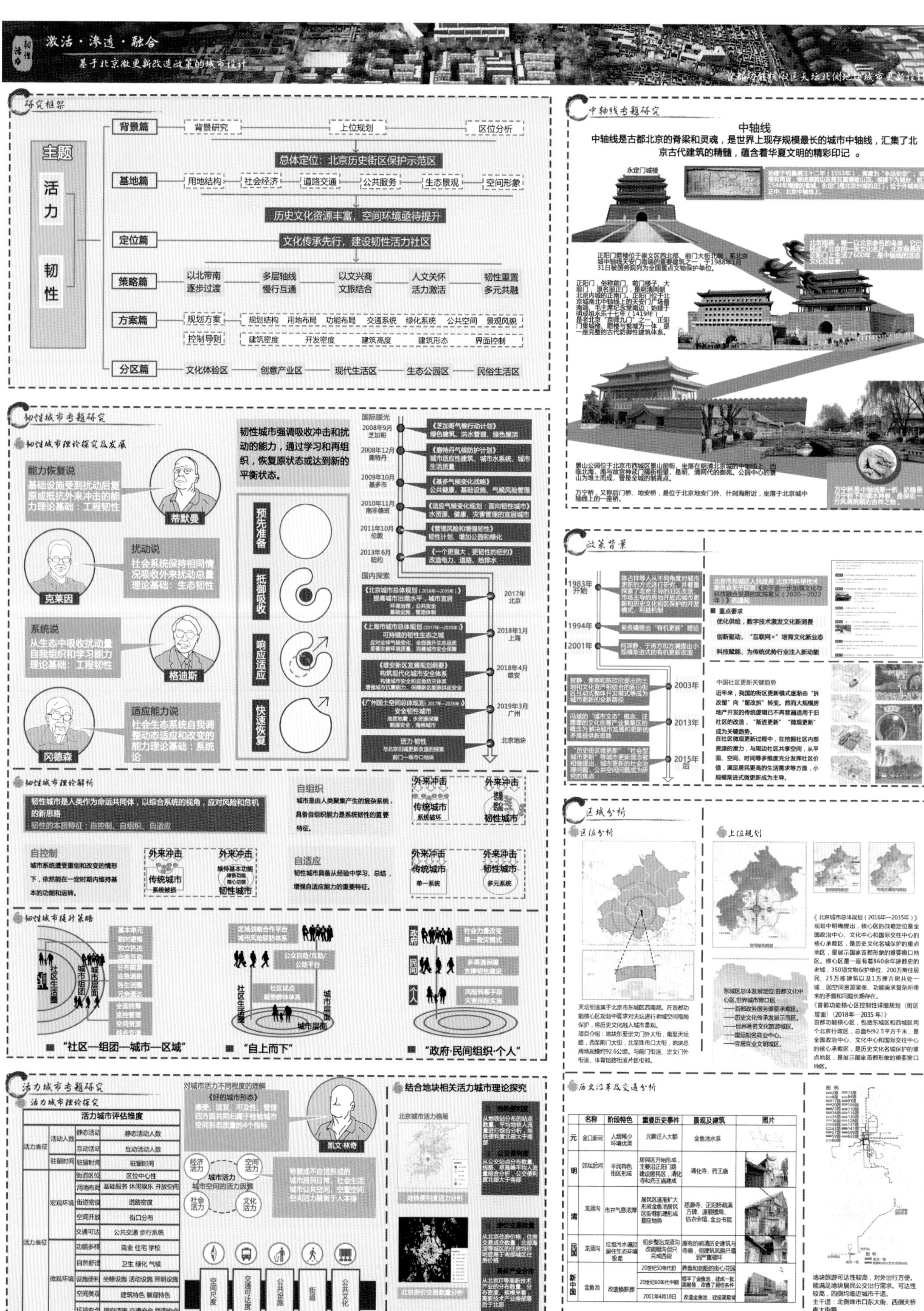
激活·渗透·融合
基于北京微更新改造政策的城市设计
研究框架
主题
活力
韧性
背景篇
背景研究
上位规划
区位分析
总体定位：北京历史街区保护示范区
基地篇
用地结构
社会经济
道路交通
公共服务
生态景观
空间形象
历史文化资源丰富，空间环境亟待提升
定位篇
文化传承先行，建设韧性活力社区
策略篇
以北带南 逐步过渡
多层轴线 慢行互通
以文兴商 文旅结合
人文关怀 活力激活
韧性重置 多元共融
方案篇
规划方案
控制导则
分区篇
文化体验区
创意产业区
现代生活区
生态公园区
民俗生活区
中轴线专题研究
中轴线
中轴线是古都北京的脊梁和灵魂，是世界上现存规模最长的城市中轴线，汇聚了北京古代建筑的精髓，蕴含着华夏文明的精彩印记。
永定门城楼
韧性城市专题研究
韧性城市理论探究及发展
能力恢复说
蒂默曼
扰动说
克莱因
系统说
格迪斯
适应能力说
冈德森
韧性城市强调吸收冲击和抗动的能力，通过学习和再组织，恢复原状态或达到新的平衡状态。
预先准备
抵御吸收
响应适应
快速恢复
国际眼光
国内探索
韧性城市理论解析
自组织
自控制
自适应
外来冲击
传统城市
韧性城市
韧性城市提升策略
“社区—组团—城市—区域”
“自上而下”
“政府·民间组织·个人”
政策背景
区域分析
区位分析
上位规划
历史沿革及交通分析
活力城市专题研究
活力城市理论探究
活力城市评估维度
凯文·林奇
结合地块相关活力城市理论探究
北京城市活力格局

基地外部分析

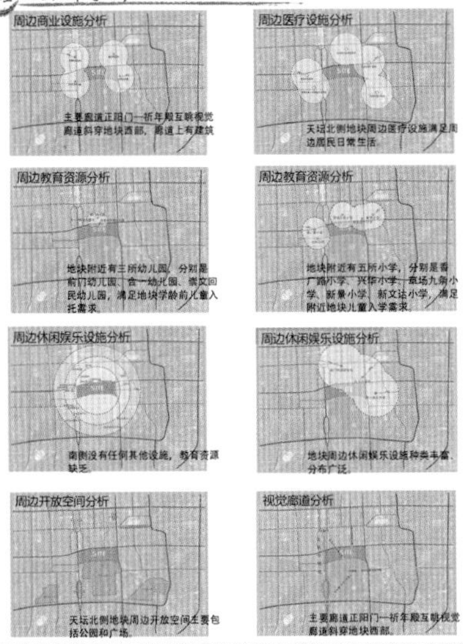

周边商业设施分析

主要商道正阳门—祈年殿互联横贯商道斜穿地块西部，商道上有建筑

周边医疗设施分析

天坛北侧地块周边医疗设施满足周边居民日常生活

周边教育资源分析

地块附近有三所幼儿园，分别是前门幼儿园、金一幼儿园、崇文回民幼儿园，满足地块学龄前儿童入托需求

周边教育资源分析

地块附近有五所小学，分别是育广路小学、兴华小学、幸福中路小学、新秦小学、新文法小学，满足附近地块儿童入学需求

周边休闲娱乐设施分析

南侧没有任何其他设施，教育资源缺乏

周边休闲娱乐设施分析

地块周边休闲娱乐设施种类丰富，分布广泛

周边开放空间分析

天坛北侧地块周边开放空间主要包括公园和广场

视觉廊道分析

主要廊道正阳门—祈年殿互联横贯商道斜穿地块西部

基地外部分析

用地平衡表

用地性质		用地代号	面积/hm²	比例/(%)
居住用地		R	40.08	43.28
	二类居住用地	R2	14.60	15.76
	三类居住用地	R3	25.48	27.52
公共管理与公共服务设施用地		A	9.55	10.31
	行政办公用地	A1	1.01	1.08
	文化设施用地	A2	4.48	4.84
	教育科研用地	A3	3.45	3.73
	文物古迹用地	A7	0.61	0.66
商业服务业设施用地		B	18.06	19.50
	商业用地	B1	13.36	14.43
	商务用地	B2	4.70	5.08
道路与交通设施用地		S	16.31	16.31
公用设施用地		U	0.92	0.99
绿地与广场用地		G	7.68	8.29
规划总用地面积			92.6	100

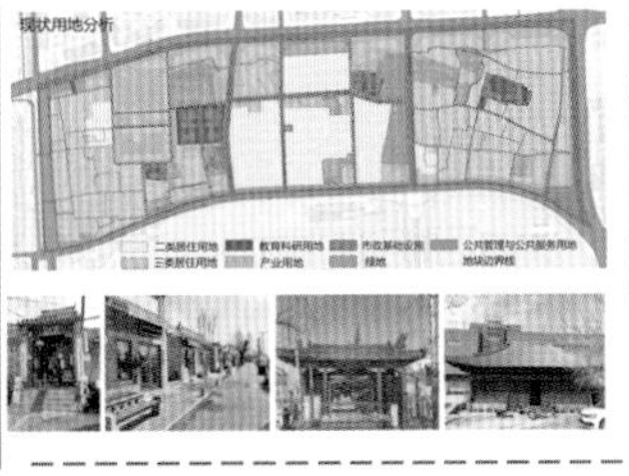

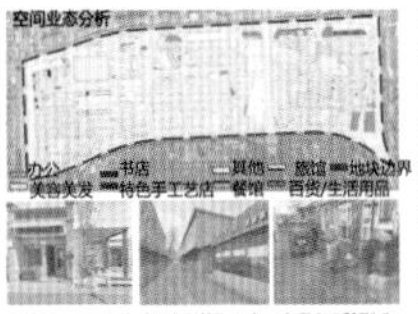

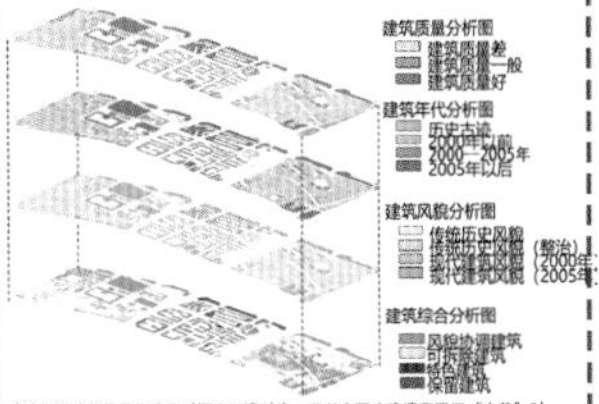

现状用地分析

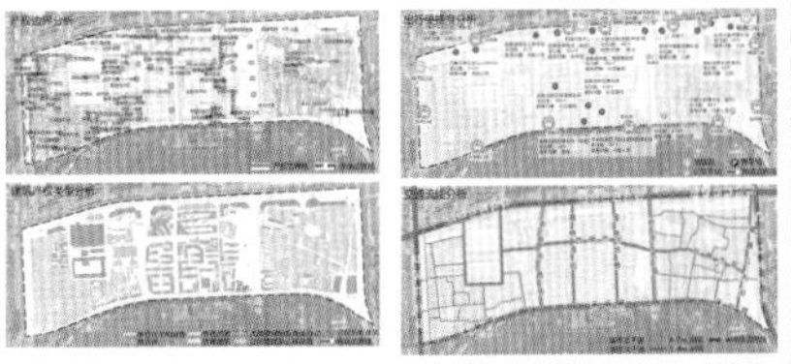

单位集中分布在北侧，产权明确；而历史街区与传统平房区居住主题复杂，导致产权混乱。

地块内部停车空间主要分布在基地外围，内部居民私家车停放空间较少，且停车位开放程度较低，步行可达，公共出行便捷度大于私人机动车出行。

文化旅游资源分析

空间业态分析

公共空间分析

建筑质量分析图

建筑年代分析图

建筑风貌分析图

建筑综合分析图

公共服务设施分析

环境与卫生分析

社区服务分析

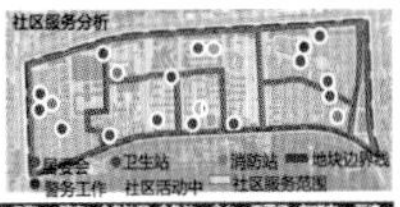

文化分析

美食文化分析

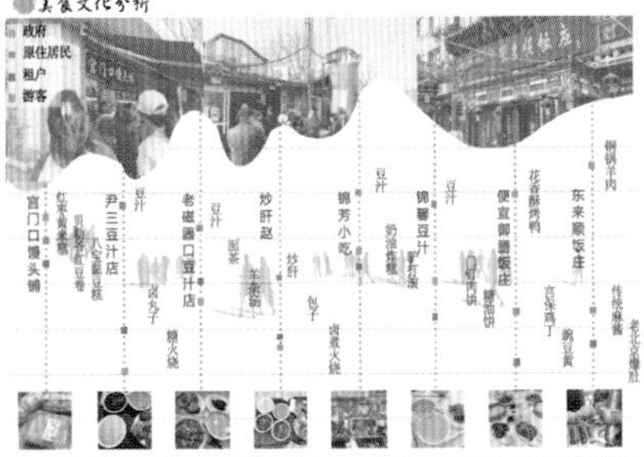

历史文化分析

北京剧装厂

国家级非物质文化遗产
剧装戏具制作艺术
国内最大的戏剧、影视、舞蹈等用品企业

同兴和木器店旧址

京城老字号
开业于清道光十五年
硬木家具制作、收购、修理

源顺镖局

创建于清光绪五年（1879年）
闻名京师的著名镖局之一
创始人是“大刀王五”

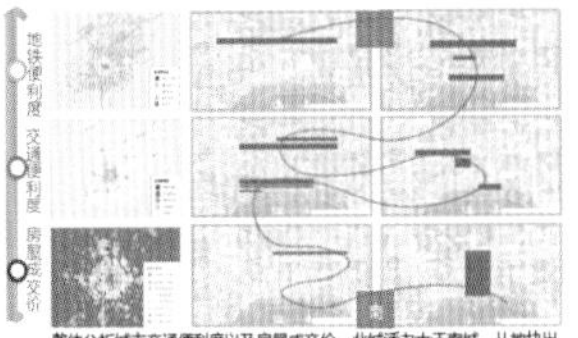

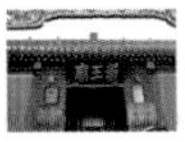

药王庙

原为南药王庙，规模较大
始建于明末天启年间
经改造为十一中学

天桥杂技剧场

坐落于杂技的发祥地——天桥
北京杂技团就诞生于此
曾先后出访四十多个国家

龙须沟

外城的一条主要排水河道
老舍的代表作之一
经改造成金鱼池小区

人群分析

人口构成

中老年人为主　本地居民较多　男女比例均衡　在地就业较多　工人和商人较多　受教育水平较好

人群偏好

人口年龄分布

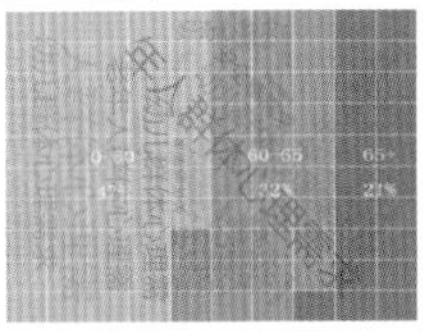

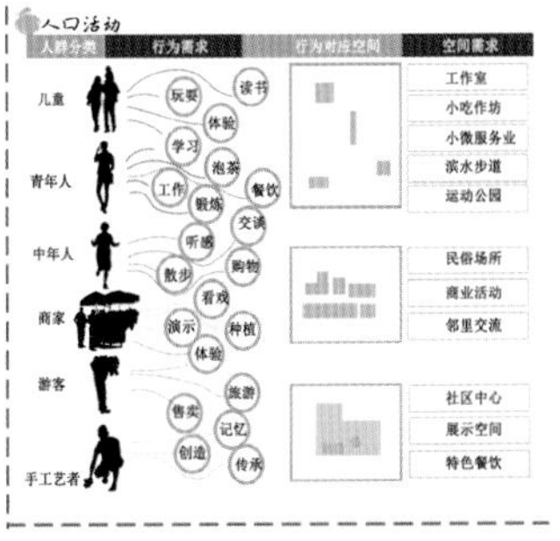

场地内部老龄居民较多，其中低收入水平的人口占比较大。地块内部多为退休人员，就业率较低，部分原住民外迁。
地块内部的小商品经营状况也较差，相比其他历史街区，差距显著。历史街区内部以居住性质为主，常住人口的社会管理参与积极性比较低，街区活动比较少。

街区环境有些脏，想看的一些古建破损严重，没有留下印象深刻的记忆。

店面不敢轻易改造，整体环境比较杂乱，都是些老主顾，没办法吸引新客流。

人口活动

内部问题分析

用地现状问题总结

文旅资源问题总结

公共空间问题总结

景观绿化问题总结

人群结构问题总结

现状问题总结

道路交通问题总结

SWOT分析

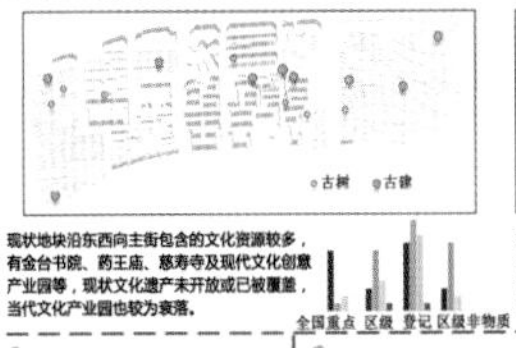

优势 Strengh

位于北京老城核心区的内部，区位优势明显。

公交地铁线路众多，周边交通较为便利。

历史悠久，资源丰富，对外来人群的吸引力较大。

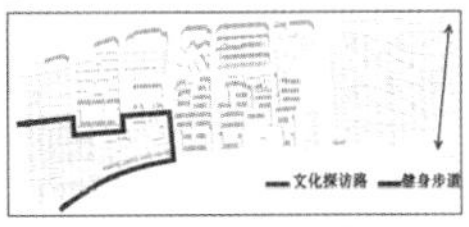

政府优势与扶持，上位规划等对基地的相关规划。

劣势 Weakness

南北城差距过大，造成发展水平低，发展较为落后。

资源有限，老城区用地紧张，限制基地用地规划。

产权复杂，用地功能混杂，当地居民沟通困难。

基地内建筑老旧，道路肌理较为混乱，改造难度大。

机遇 Opportunity

北京中轴线申遗为周边地块开发带来更多资金。

传承保护基地内历史资源的同时，使基地得以发展。

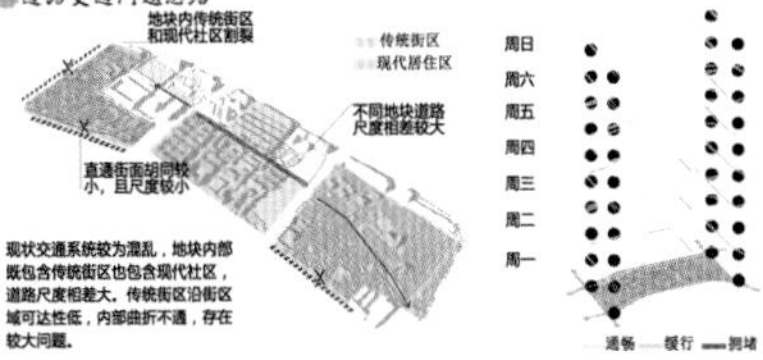

资源优势，历史建筑和文化是基地发展的契机。

政策扶持，控制规划对基地有相关规划。

挑战 Threat

街区面貌的破坏如何在传承时进行更新保护。

传统街区与现代居住区如何衔接过渡。

上位规划对基地未来建设的指导和扶持。

北京中轴线以及天坛中轴线如何传承与利用。

规划定位

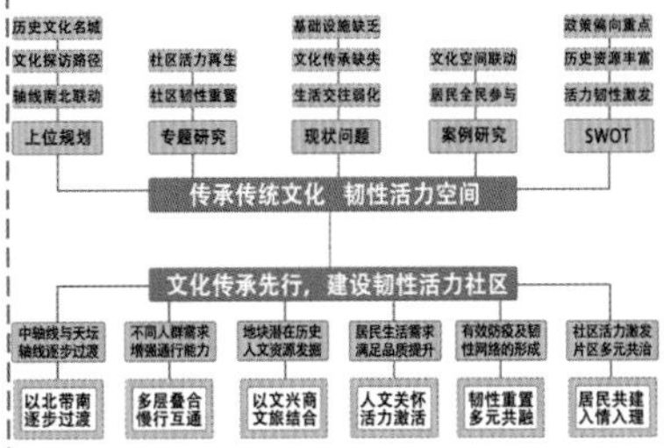

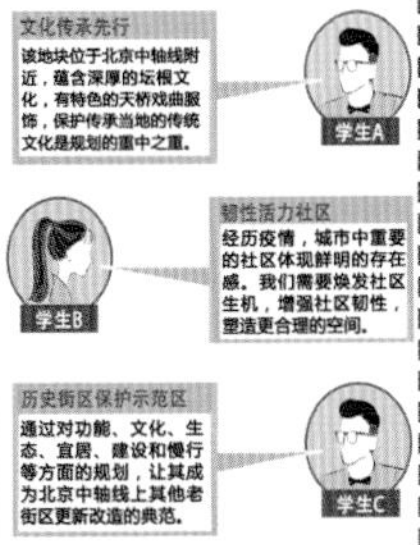

上位规划	专题研究	现状问题	案例研究	SWOT
历史文化名城		基础设施缺乏		政策倾向重点
文化探访路径	社区活力再生	文化传承缺失	文化空间联动	历史资源丰富
轴线南北联动	社区韧性重塑	生活交往弱化	居民全民参与	活力韧性激发

传承传统文化　韧性活力空间

文化传承先行，建设韧性活力社区

中轴线与天坛轴线逐步过渡	不同人群需求增强通行能力	地块潜在历史人文资源发掘	居民生活需求满足品质提升	有效防疫及韧性网络的形成	社区活力激发片区多元共治
以北带南逐步过渡	多层叠合慢行互通	以文兴商文旅结合	人文关怀活力激活	韧性重置多元共融	居民共建入情入理

文化传承先行

该地块位于北京中轴线附近，蕴含深厚的坛根文化，有特色的天桥戏曲服饰，保护传承当地的传统文化是规划的重中之重。

学生A

韧性活力社区

经历疫情，城市中重要的社区体现鲜明的存在感。我们需要焕发社区生机，增强社区韧性，塑造更合理的空间。

学生B

历史街区保护示范区

通过对功能、文化、生态、宜居、建设和慢行等方面的规划，让其成为北京中轴线上其他老街区更新改造的典范。

学生C

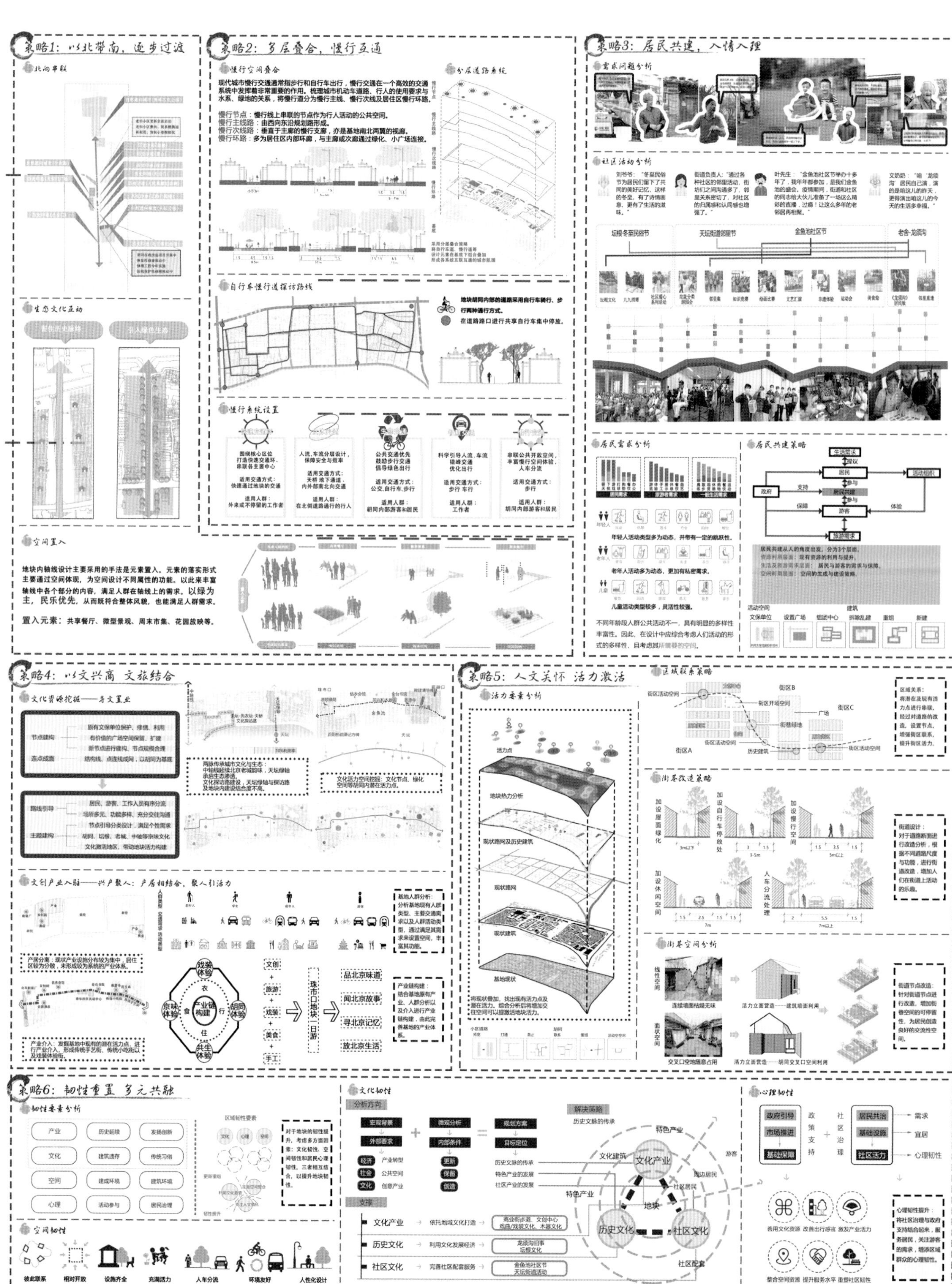

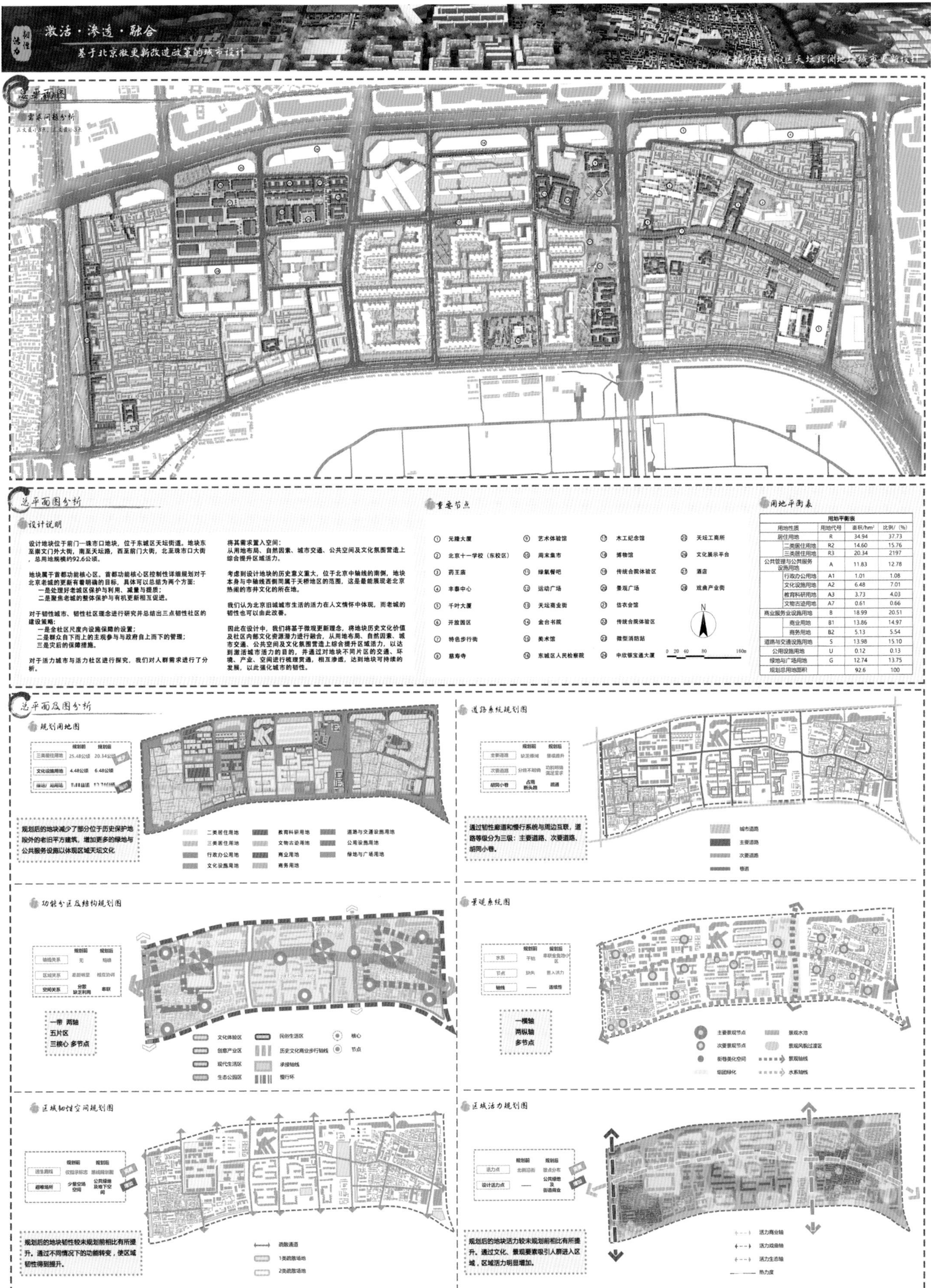

用地性质		用地代号	面积/hm²	比例/（%）
居住用地		R	34.94	37.73
	二类居住用地	R2	14.60	15.76
	三类居住用地	R3	20.34	2197
公共管理与公共服务设施用地		A	11.83	12.78
	行政办公用地	A1	1.01	1.08
	文化设施用地	A2	6.48	7.01
	教育科研用地	A3	3.73	4.03
	文物古迹用地	A7	0.61	0.66
商业服务业设施用地		B	18.99	20.51
	商业用地	B1	13.86	14.97
	商务用地	B2	5.13	5.54
道路与交通设施用地		S	13.98	15.10
公用设施用地		U	0.12	0.13
绿地与广场用地		G	12.74	13.75
规划总用地面积			92.6	100

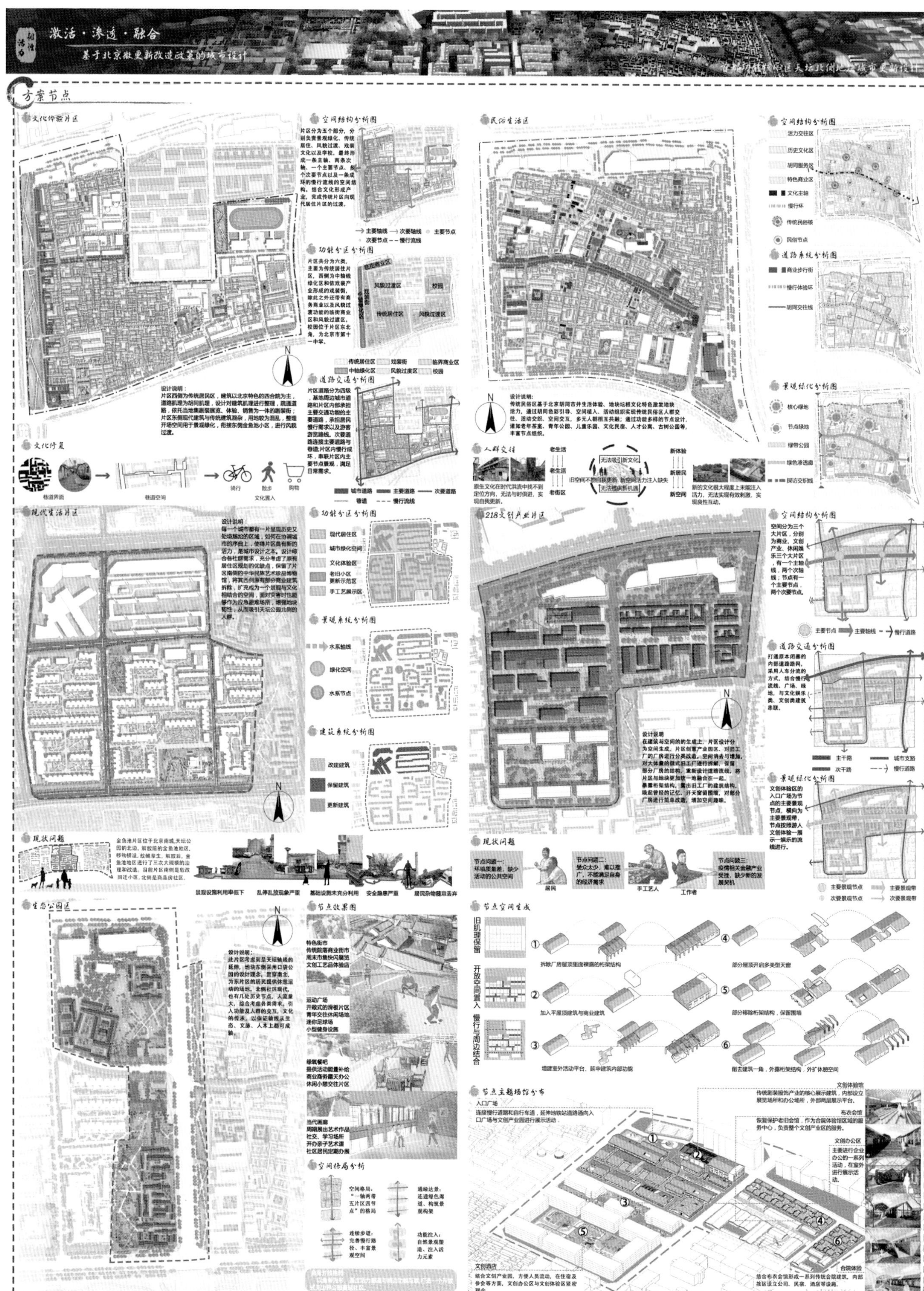
激活 · 渗透 · 融合
基于北京微更新改造政策的城市设计
首都功能核心区天坛北侧地块城市更新设计
方案节点
文化体验片区
设计说明：
片区西侧为传统居民区，建筑以北京特色的四合院为主，道路肌理为胡同肌理，设计对建筑肌理进行整理，疏通道路，依托当地集剧装展览、体验、销售为一体的剧装街；片区东侧现代建筑与传统建筑混杂，用地较为混乱，整理开场空间用于景观绿化，衔接东侧金鱼池小区，进行风貌过渡。
空间结构分析图
片区分为五个部分，分别负责景观绿化、传统居住、风貌过渡、戏装文化以及学校。最终形成一条主轴、两条次轴、一个主要节点、多个次要节点以及一条成环的慢行流线的空间结构。结合文化形成产业，完成传统片区向现代居住片区的过渡。
主要轴线 次要轴线 主要节点 次要节点 慢行流线
功能分区分析图
片区共分为六类，主要为传统居住片区，西侧为中轴线绿化区和依戏装产业形成的戏装街，除此之外还带有商务商业以及风貌过渡功能的临街商业区和风貌过渡区。校园位于片区东北角，为北京市第十一中学。
临街商业区 戏装街 中轴绿化区 风貌过渡区 校园 传统居住区 风貌过渡区
传统居住区 戏装街 临界商业区 中轴绿化区 风貌过渡区 校园
道路交通分析图
片区道路分为四级，基地周边城市道路和片区内部承担主要交通功能的主要道路，承担居民慢行需求以及游客游览路线。次要道路连接主要道路与巷道;片区内慢行成环，串联片区内主要节点景观，满足日常需求。
城市道路 主要道路 次要道路 巷道 慢行流线
文化修复
巷道界面 巷道空间 骑行 散步 购物 文化置入
民俗生活区
设计说明：
传统民俗区基于北京胡同市井生活体验、地块坛根文化特色激发地块活力，通过胡同色彩引导、空间植入、活动组织实现传统民俗区人群交往、活动交织、空间交互，多元人群相互共融；通过功能多样的节点设计，诸如老年茶室、青年公园、儿童乐园、文化民宿、人才公寓、古树公园等，丰富节点组织。
空间结构分析图
活力交往区 历史文化区 胡同服务区 特色商业区 文化主轴 慢行环 传统民俗核 民俗节点
道路系统分析图
商业步行街 慢行体验环 胡同交往线
景观绿化分析图
核心绿地 节点绿地 绿带公园 绿色渗透廊 探访交织线
人群交往
原生文化在时代洪流中找不到定位方向，无法与时俱进，实现自我更新。
老生活 老生活 老街区
无法吸引新文化 旧空间不能自我更新 新空间活力注入缺失 无法提供新机遇
新体验 新居民 新空间
新的文化很大程度上未能注入活力，无法实现有效刺激，实现良性互动。
现代生活片区
设计说明：
每一个城市都有一片呈现历史又处境尴尬的区域，如何在协调城市的序曲上，使得片区具有新的活力，是城市设计之本。设计综合各社群需求，充分考虑了原有居住区规划的优缺点，保留了片区南侧的中华民族艺术珍品博物馆，将其西侧原有部分商业建筑拆除，扩充成为一个景观与文化相结合的空间，面对灾害时也能够作为应急避难场所，增强地块韧性，从而吸引天坛公园北侧的人群。
功能分区分析图
现代居住区 城市绿化空间 文化体验区 老旧小区更新示范区 手工艺展示区
景观系统分析图
水系轴线 绿化空间 水系节点
建筑系统分析图
改建建筑 保留建筑 更新建筑
现状问题
金鱼池片区位于北京南城,天坛公园的北边。解放前的金鱼池地区，秽物横溢，蚊蝇孳生。解放后，金鱼池地区进行了三次大规模的治理和改造。目前片区南侧是危改回迁小区，北侧是商品房社区。
景观设施利用率低下 乱停乱放现象严重 基础设施未充分利用 安全隐患严重 居民杂物随意丢弃
218文创产业片区
设计说明
在建筑与空间的的生成上，片区设计分为空间生成、片区创意产业园区、对旧工厂的厂房进行分类改造。空间消去与增加，对大体量的微式旧工厂进行拆解，保留部分厂房的结构，重新设计道路流线，将片区与地块更加统一地融合在一起。
暴露桁架结构，露出旧工厂的建筑结构，唤起曾经的记忆。开天窗留围墙，对部分厂房进行简单改造，增加空间趣味。
空间结构分析图
空间分为三个大片区，分别为商业、文创产业、休闲娱乐三个大片区，有一个主轴线，两个次轴线；节点有一个主要节点，两个次要节点。
主要节点 主要轴线 慢行道路
道路交通分析图
打通原本闭塞的内部道路路网，采用人车分流的方式，结合慢行流线、广场、绿地，与文化娱乐类、文创类建筑串联。
主干路 城市支路 次干路 慢行道路
景观绿化分析图
文创体验区的入口广场为节点的主要景观节点，横向为主要景观带，节点按照游人文创体验一展示一娱乐的流线进行。
主要景观节点 主要景观带 次要景观节点 次要景观带
现状问题
节点问题一：环境质量差，缺少活动的公共空间
居民
节点问题二：受众太少，难以推广，不能满足自身的经济需求
手工艺人
工作者
节点问题三：疫情相关金融产业受挫，缺少新的发展契机
生态公园区
节点效果图
空间格局分析
节点空间生成
旧肌理保留
开放空间置入
慢行与周边结合
拆除厂房屋顶重新暴露的桁架结构
部分屋顶开启多类型天窗
加入平层顶建筑与商业建筑
部分移除桁架结构，保留围墙
增建室外活动平台，延伸建筑内部功能
削去建筑一角，外露桁架结构，外扩休憩空间
节点主题场馆分布
入口广场
文创体验馆
布衣会馆
文创办公区
文创酒店
合院体验

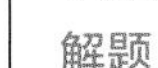

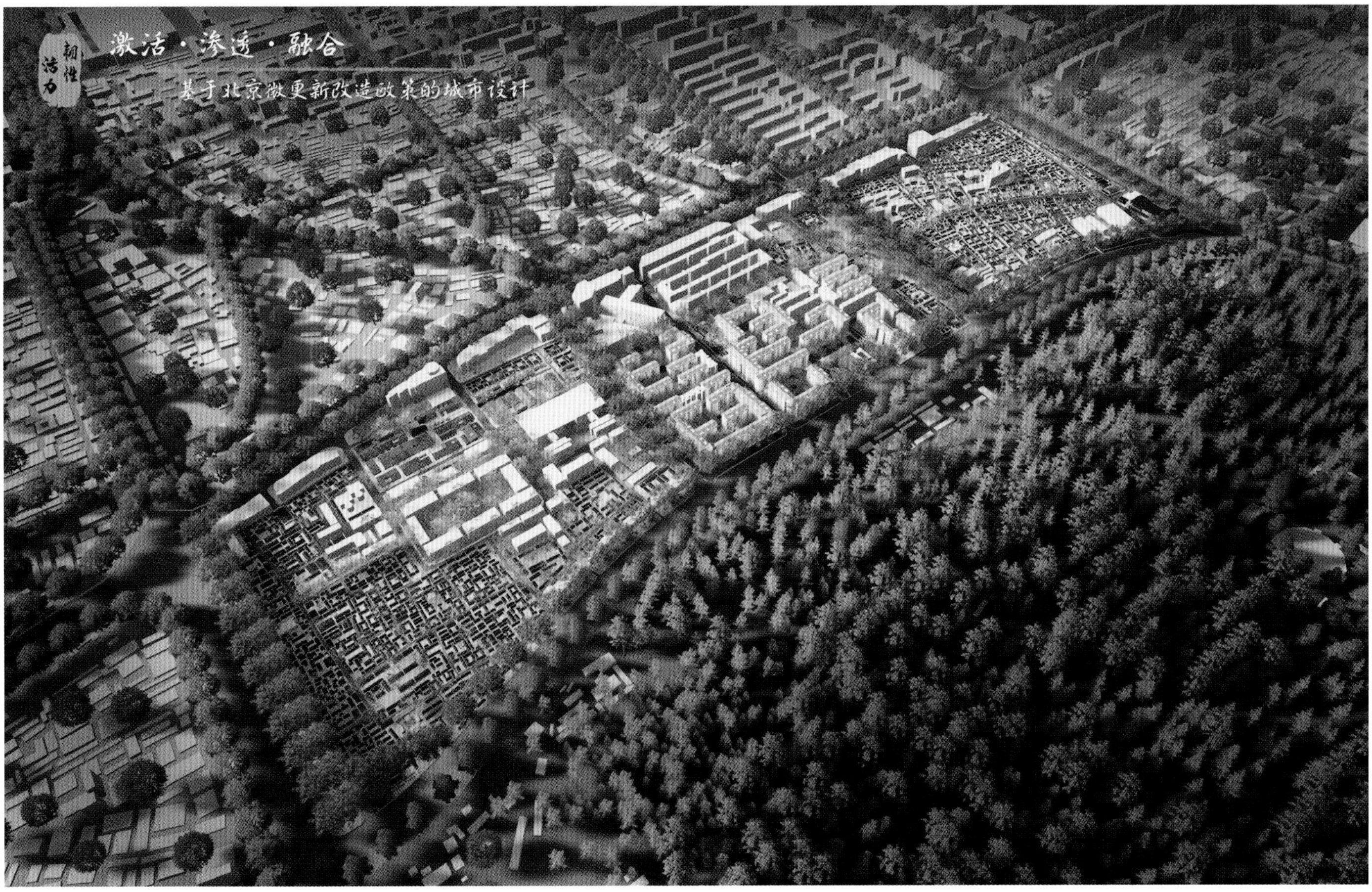

韧性活力
激活·渗透·融合
——基于北京微更新改造政策的城市设计

分图则

文化传验区

创意产业区

现代生活区

生态公园区

民俗生活区

街道类型设置要求一览

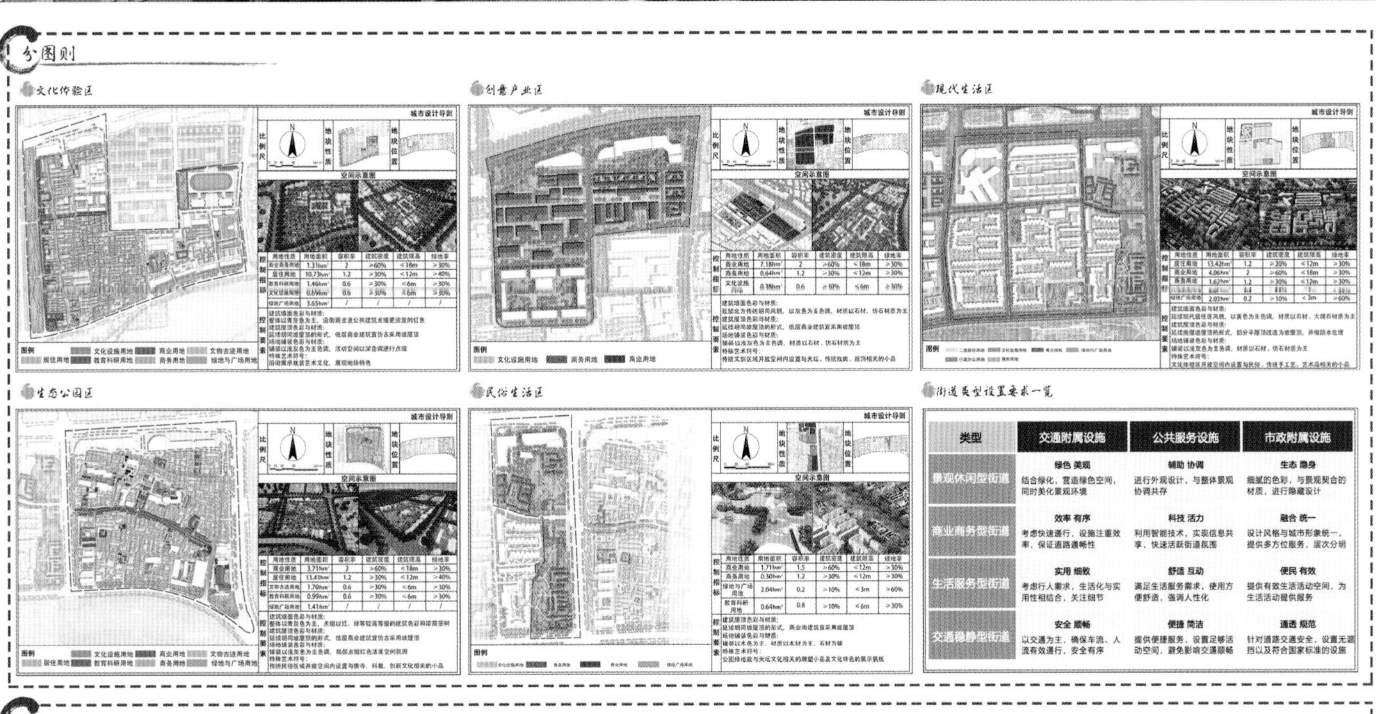

类型	交通附属设施	公共服务设施	市政附属设施
景观休闲型街道	绿色 美观 结合绿化，营造绿色空间，同时美化景观环境	辅助 协调 进行外观设计，与整体景观协调共存	生态 隐身 细腻的色彩，与景观契合的材质，进行隐藏设计
商业商务型街道	效率 有序 考虑快速通行，设施注重效率，保证道路通畅性	科技 活力 利用智能技术，实现信息共享，快速活跃街道氛围	融合 统一 设计风格与城市形象统一，提供多方位服务，层次分明
生活服务型街道	实用 细致 考虑行人需求，生活化与实用性相结合，关注细节	舒适 互动 满足生活服务需求，使用方便舒适，强调人性化	便民 有效 提供有效生活活动空间，为生活活动提供服务
交通稳静型街道	安全 顺畅 以交通为主，确保车流、人流有效通行，安全有序	便捷 简洁 提供便捷服务，设置足够活动空间，避免影响交通顺畅	通透 规范 针对道路交通安全，设置无遮挡以及符合国家标准的设施

立面

南立面

北立面

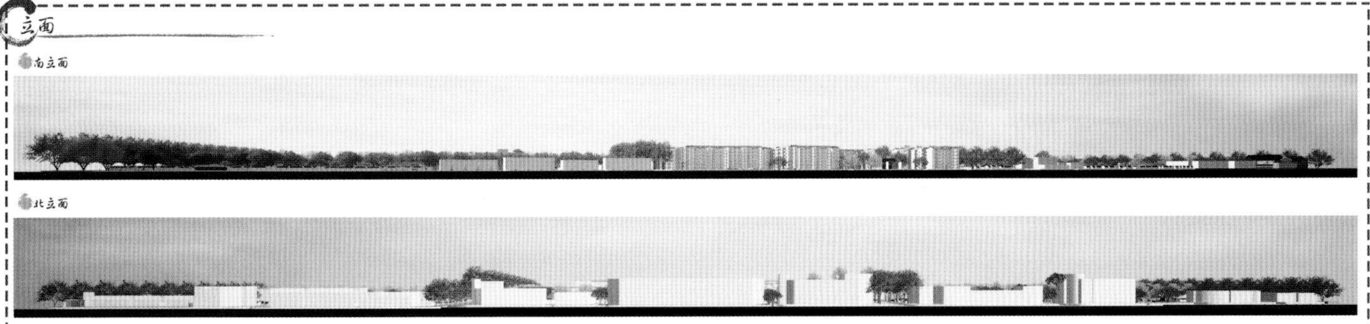

共存·共生·共享

01 场地概况

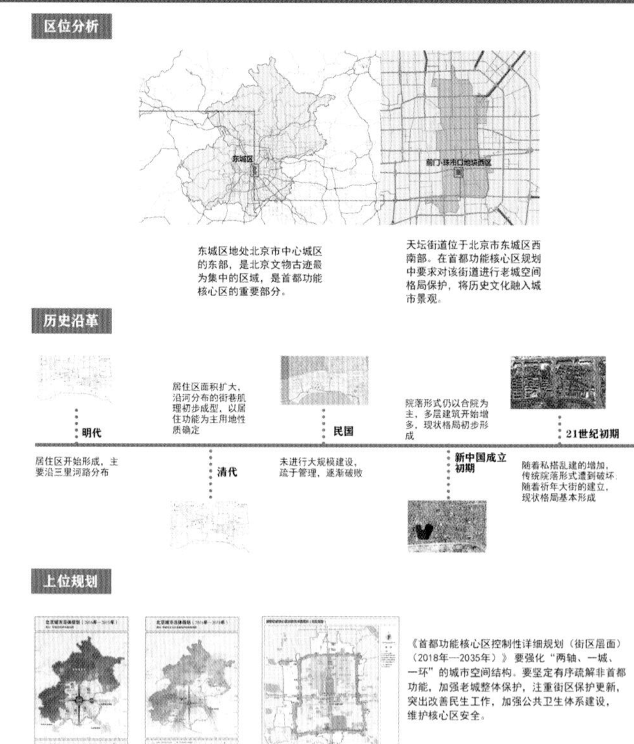

区位分析

东城区地处北京市中心城区的东部，是北京文物古迹最为集中的区域，是首都功能核心区的重要部分。

天坛街道位于北京市东城区西南部。在首都功能核心区规划中要求对该街道进行老城空间格局保护，将历史文化融入城市景观。

历史沿革

明代：居住区开始形成，主要沿三里河路分布

清代：居住区面积扩大，沿河分布的街巷肌理初步成型，以居住功能为主用地性质确定

民国：未进行大规模建设，疏于管理，逐渐破败

新中国成立初期：院落形式仍以合院为主，多层建筑开始增多，现状格局初步形成

21世纪初期：随着私搭乱建的增加，传统院落形式遭到破坏；随着祈年大街的建立，现状格局基本形成

上位规划

《首都功能核心区控制性详细规划（街区层面）（2018年—2035年）》要强化“两轴、一城、一环”的城市空间结构。要坚定有序疏解非首都功能，加强老城整体保护，注重街区保护更新，突出改善民生工作，加强公共卫生体系建设，维护核心区安全。

中轴线历史沿革

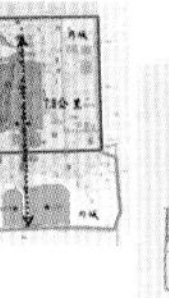

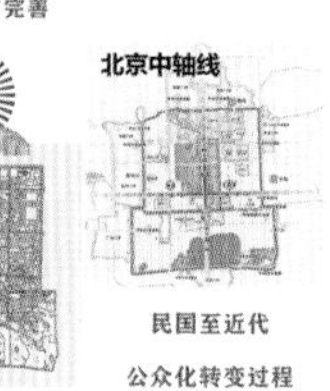

元代
中轴始建

明代
整体格局基本形成

清代
局部调整与完善

北京中轴线

民国至近代
公众化转变过程

当代
传统空间序列回归

中轴线与地块联系

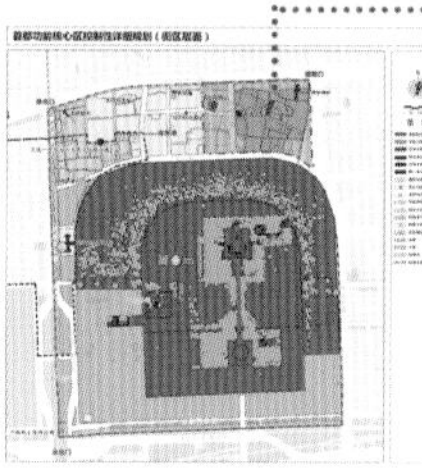

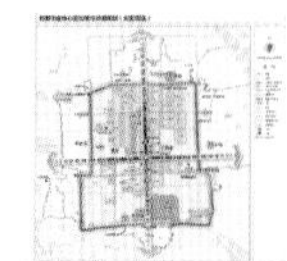

本项目南侧与西侧分别紧邻两轴特定风貌管控区天坛与天桥—珠市口，项目内部可大致分为西侧邻中轴线两轴特定风貌管控区、老城区、其他成片传统平房区。项目西侧为中轴线文化探访路，项目内部穿插天坛—先农坛—天桥文化探访路，串联传承文化载体空间线。项目南侧为全国重点文物保护单位天坛、普查登记在册文物北京自然博物馆，项目内部有普查登记在册文物源顺镖局、估衣会馆、普贤庵、慈源寺、敕建清华禅林，区级文物保护单位药王庙，市级文物保护单位金台书院，还有丰富的古树名木。项目内部文化传承载体丰富。

地块周边现状分析

周边道路交通

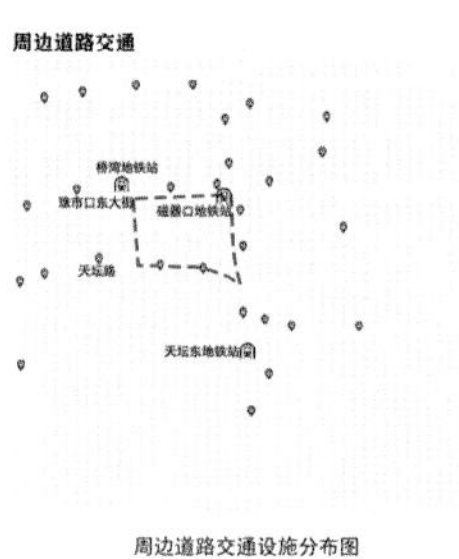

珠市口东大街

磁器口地铁站

天坛路

周边道路交通设施分布图

场地北侧为珠市口东大街，东侧为崇文门外大街，南侧为天坛路，西侧为金鱼池巷，区域内道路便捷，周边地块为现代居住区和旅游景区，车流量大、人流量多，四周分布多个地铁站和多个公交站台，居民出入方便。

周边绿地公园

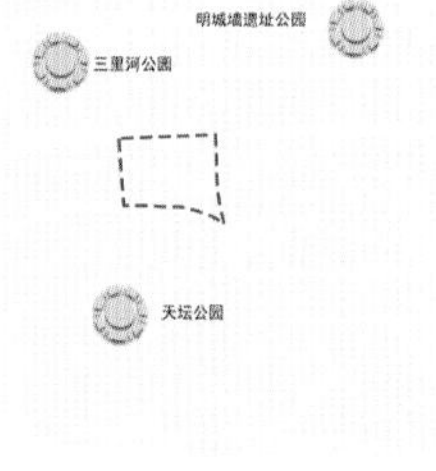

遗址公园

三里河公园

天坛公园

周边绿地公园分布图

基地周边公园较多，南侧紧挨天坛公园，北侧分别有明城墙遗址公园与三里河公园。明城墙遗址公园距基地1.5km，三里河公园距基地600m，居民使用起来十分便利，周边绿地景观资源较为丰富，但目前地块缺乏与周边公园间的联系。

周边公共服务设施

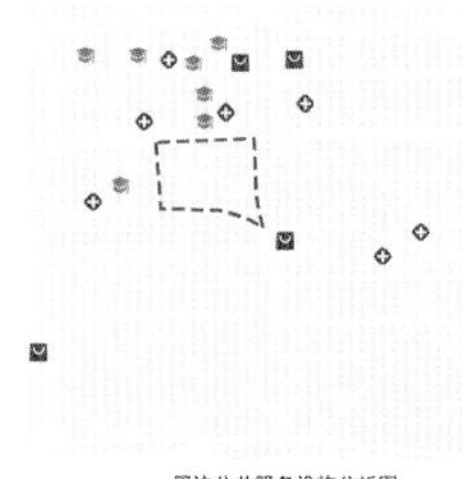

学校

前门外国语学校　前门小学　北京第十一中学

基地周边教育资源相当丰富，主要集中在地块北侧，对于地块南侧的辐射较弱，教育设施以中小学为主。

购物中心

新世纪百货　国瑞购物中心　天桥百货

基地周边商场分布较为平均，北侧与南侧均有一定数量的购物中心，能够满足居民的购物需要。

医疗设施

同仁堂中医院　晶珠中医院　第二妇幼保健院

基地周边医院数量较多，且种类多样，中医院与综合性医院均有分布，基本能够满足居民的医疗需求。

总的来说，地块周边公共服务设施数量较多且种类齐全，分布合理，方便了居民的日常生活。

周边公共服务设施分析图

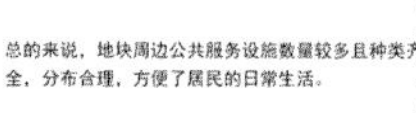

地块内现状人群分析

地块内人口规模约为11000人，老年人口占比较大，人口老龄化问题较为突出；且该地块人口流动性较强，流动人口多，存在较多外来租户。

老年人口占比　流动人口占比

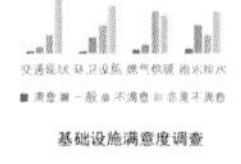

生活空间满意度调查　基础设施满意度调查

居民意愿：

关于居住：对腾退政策不满意，居住空间质量极差，居住环境差。

关于交通：道路不通畅，停车位不足，乱停车占用活动空间，汽车“有进无出”。

关于环卫：院落卫生差，垃圾分类设施不足。

关于公服：公共活动空间少，公共活动无法开展；幼儿园数量不足，中学放学空间拥挤。

关于更新：地块临街天坛，应更好体现天坛历史文化；对于拆除与保留现状不满。

游客意见：

关于交通：道路不通畅，停车位不足，部分胡同较为脏乱，缺乏路旁休憩场所，游览体验不佳。

关于环卫：公共卫生间数量多，但是卫生环境不佳；垃圾桶设置数量不足。

关于文化：地块中文化特色不明显，对于地块中的文保单位保护利用不足，缺乏一些文创用品与文化展示活动。

关于旅游：缺乏明确的指示牌和游览路线设计，地块与天坛的呼应不足，对于人群的吸引力较弱，缺乏一些就地的民宿与特色餐饮，对于游览体验有一定影响。

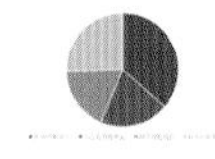

游客对道路交通意见　游客对旅游方面意见

游客对文化层面意见　游客对环卫层面意见

现状人群需求分析

人群类型

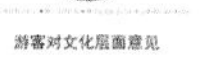

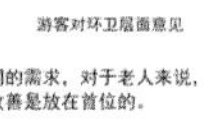

老人　成年人　儿童　游客

通勤需求

功能需求

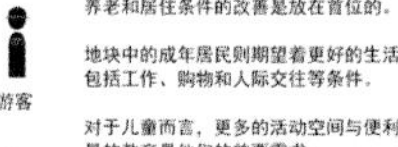

不同的人群有着不同的需求，对于老人来说，养老和居住条件的改善是放在首位的。

地块中的成年居民则期望着更好的生活条件，包括工作、购物和人际交往等条件。

对于儿童而言，更多的活动空间与便利、高质量的教育是他们的首要需求。

对于游客而言，他们则更希望地块能凸显当地的特色文化，优化旅游体验，其中不应是完全商业化的内容，而是具有文化体验的特色文创。

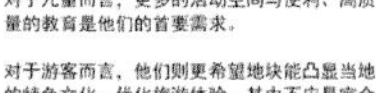

共存·共生·共享

02 场地概况

SWOT

优势 Strengh

1. 基地周边有两条地铁线，有多个地铁与公交站点。
2. 交通区位优势明显，周边交通较为便利。
3. 历史悠久，资源丰富，对外来人群的吸引力较大。
4. 政府优势与扶持，上位规划等对于基地有相关规划。

S

W

劣势 Weakness

1. 基地内道路系统较为杂乱，传统胡同难以满足现代生活的需要，尺度不宜人。
2. 空间资源有限，老城区用地紧张，限制了基地内用地规划。
3. 产权复杂，基地内用地功能较为混杂，与当地居民沟通较为困难。
4. 基地内建筑大多较为老旧，难以满足现代生活与防灾需要。

机遇 Opportunity

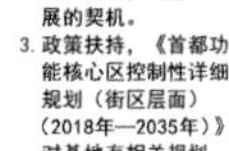

1. 在保护中发展，传承保护基地内历史资源的同时，使基地得以发展。
2. 资源优势明显，基地范围内有大量历史建筑和文化，是基地发展的契机。
3. 政策扶持，《首都功能核心区控制性详细规划（街区层面）（2018年—2035年）》对基地有相关规划。

O

T

挑战 Threat

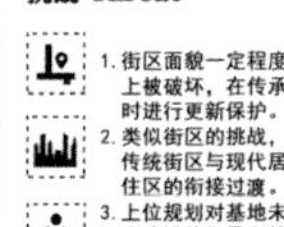

1. 街区面貌一定程度上被破坏，在传承时进行更新保护。
2. 类似街区的挑战，传统街区与现代居住区的衔接过渡。
3. 上位规划对基地未来建设的指导和扶持。
4. 基地内北京中轴线以及天坛中轴线的传承与利用。

场地印象

违章搭盖、私搭乱建现象严重

文物保护利用情况不佳

无人居住的危房

规划车位不足导致的占道停车

不适宜的胡同尺度

地块内部现状分析

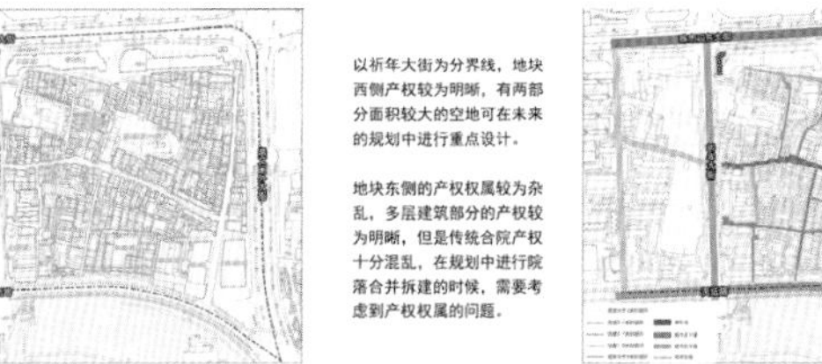

基地现状肌理

基地现状肌理以祈年大街为分界线，西侧地块肌理较为清晰，为典型的现代居住区与商业区的形式，右侧肌理较为杂乱，尤其是右侧中部的传统民房区由于私搭乱建，肌理混乱。

基地用地现状图

现状用地以居住用地为主，二类居住用地主要集中在金鱼池东区和天坛北里，三类居住用地集中在地块东部的传统平房区，在后期的规划设计中需要进行人居环境的提升改善。

现状用地中的公园绿地数量明显不足，大多数绿化形式以街边绿化为主，传统平房区内部缺乏绿化。

现状用地公共服务设施用地分布不均，主要集中在南北两侧，地块中部的公共服务设施存在一定程度的缺失。

基地现状产权示意图

以祈年大街为分界线，地块西侧产权较为明晰，有两部分面积较大的空地可在未来的规划中进行重点设计。

地块东侧的产权权属较为杂乱，多层建筑部分的产权较为明晰，但是传统合院产权十分混乱，在规划中进行院落合并拆建的时候，需要考虑到产权权属的问题。

基地交通现状图

现状地块胡同类型丰富，但是部分胡同的D/H比差异较大，部分胡同的尺度不宜人且难以满足生活需要。

现状地块西侧缺少停车设施，存在明显的占道停车现象，在未来的规划中需要对停车问题进行进一步探讨。

基地现状文化资源分析图

现状用地存在1处市级文物保护单位（金台书院），1处区级文物保护单位（药王庙），2处普查登记在册文物（慈源寺、敕建清华禅林），3棵古树名木。

现状用地中文物保护单位除了金台书院，其他文保单位保护情况都较差，文保单位利用情况不佳。

基地公共服务设施分布图

地块教育资源集中在北侧，存在1所幼儿园、1所中学、3所培训学校，还有1所青少年活动中心。地块内医疗设施满足周边居民日常生活，有多处社区诊所以及药店；地块内商业设施齐全，有较多的银行、餐厅、零售网点，大型写字楼和超市，能满足地块居民日常消费需求。地块内休闲娱乐设施较为缺乏，且没有针对老年人设置的活动场地，缺乏养老设施。

基地现状环卫设施分析图

地块内基础设施和环卫设施较为完善，地块内以平房和胡同为主，很多住宅内没有配备卫生间，所以公共卫生间布置数量较多。

在较宽的胡同路口以及住宅分布密集的周边街道都布置了垃圾分类回收点，且有环卫工人按时清理。

基地现状绿地与公共活动场地分析图

地块内绿地空间严重不足，老旧平房区内绿化率低，绿地形式以沿路绿化为主，西侧小区的绿化率也较低。

老旧平房区内的公共活动空间数量与质量都严重不足，公共活动空间大多结合建筑设置，缺乏户外活动空间。

基地建筑风貌分析图

基地建筑年代分析图

基地建筑质量分析图

地块内部多为老旧平房和胡同，建筑年代久远，质量和风貌较差，存在无人居住的危房、破房，且违章建筑、胡同私搭乱建现象较多。在地块周边有年代较新的社区楼房、新建写字楼、底商，地块内有1所幼儿园、1所中学、3所培训学校，新建的公共服务设施质量和风貌较好。

03 策略提出 共存·共生·共享

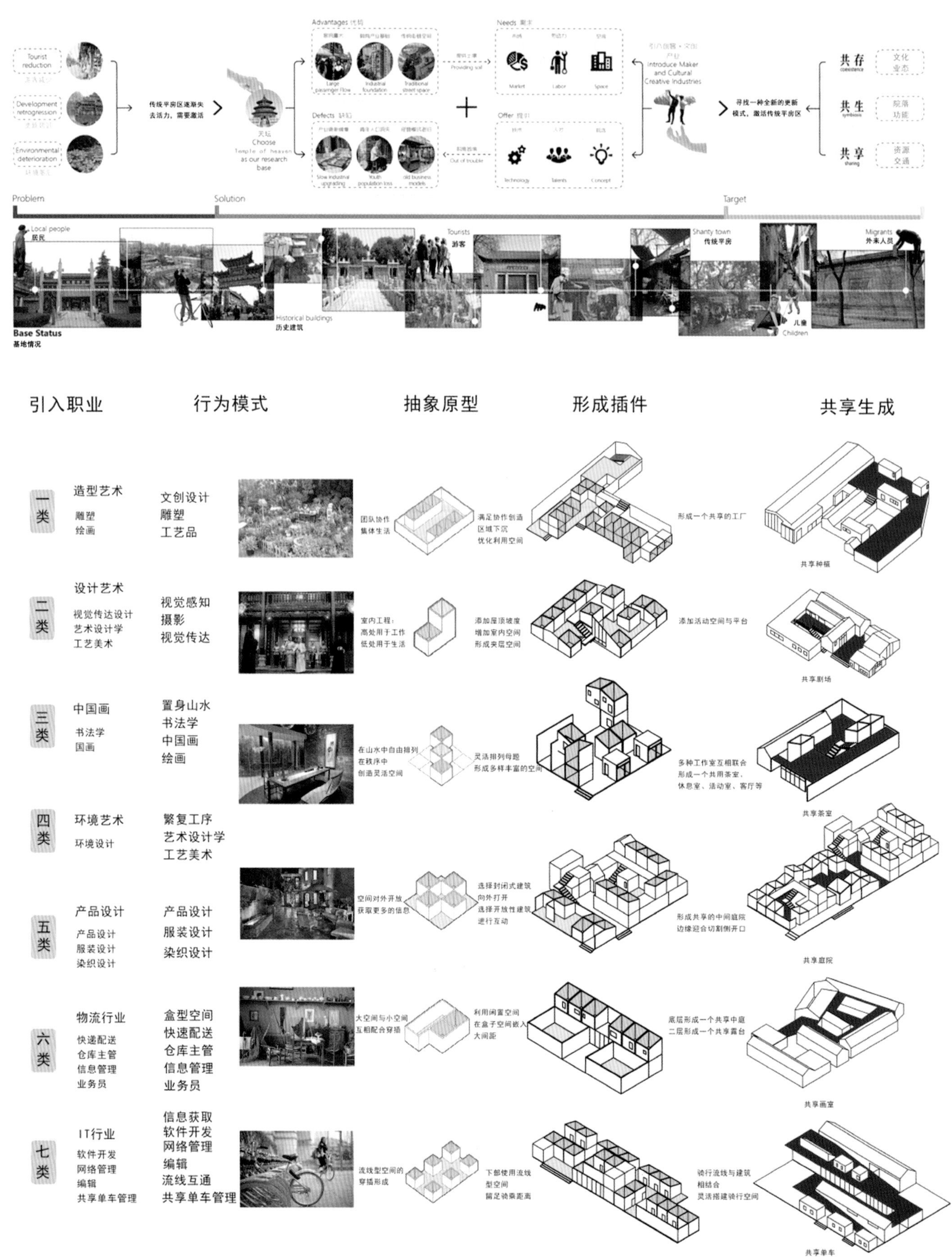

共存·共生·共享

04 方案解析

用地平衡表

用地类型	面积/hm²	比例/(%)
居住用地	12.3	67.5
商业用地	0.57	3
科研教育用地	0.95	5
文化娱乐用地	0.81	4.3
公共服务设施用地	0.53	2.8
文物古迹用地	0.17	0.9
道路用地	0.57	3
行政办公用地	0.85	4.5
绿化用地	1.7	9

经济技术指标

项目	数值	计量单位
规划总用地面积	13	公顷
总建筑占地面积	7.41	公顷
总建筑面积	18	公顷
容积率	0.95	
绿地率	9	%
建筑密度	83	%
院落户数	700	户
居住人口	3000	人

1- 慈源寺
2- 共享种植
3- 药王庙
4- 共享庭院
5- 共享画室
6- 共享茶室
7- 共享剧院
8- 文创空间
9- 民宿
10- 共享单车
11- 共享茶室
12- 北京市十一中东校区
13- 敕建清华禅林

北

设计说明：

设计立意——在活力韧性视角下提出共生、共存、共享设计方案。

北京是一座有着三千多年历史的古都，而该地块有着悠久的历史，是传承和弘扬北京城市文化的重要载体之一。本方案以活力韧性为主导思想，通过现状调查、空间分析、人员活动流向、相关文献资料查找等方式，提升街区活力，打造韧性空间，推出共生、共存、共享的院落模式，打造共生院落，使原来的历史街区焕发新的生机。

方案解析

与现状用地相比，主要有以下几点改变。

1. 传统平房区居住环境改善，将现存的三类居住用地提升为二类居住用地，满足居民生活的需要。

2. 针对现有绿化不足的问题，沿中轴线打造轴线公园，在传统平房区内利用街角与门前空间设立口袋公园，增加绿地景观。

3. 结合现状活力分析，在地块东侧与历史文化资源附近置入文化产业，增加商业设施用地面积，激发地块商业活力，实现历史文化和生产经营业态的共存。

4. 结合共生院落，开放部分院落作为商业设施和公共服务设施，实现居住功能与公共服务、商业、文化活动的共生与公共空间的共享。

规划用地功能图

形成一带三轴四片区多节点的规划结构

一带：历史文化生活带

三轴：中轴线景观轴、共享院落体验轴、文创产业体验轴

四片区：生态公园区、共享院落示范区、文创产业置入区、民宿生活区

多节点：绿地公园、历史古迹、公共服务、文化产业等活力节点

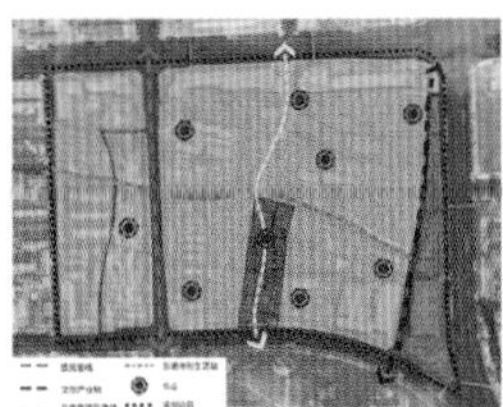

规划功能结构图

祈年大街、磁器口大街两大纵向景观视廊。

西园子街和东晓市街两大横向景观视廊。

广场开放空间主要利用现有的西侧大面积空地形成轴线公园，主要供游客与居民进行休闲娱乐等活动。

节点开放空间依托现有活力点与历史文化资源，拆改部分风貌与质量不佳的民房建筑，腾退出活动空间，形成小型口袋公园与文化景观、游览节点。

规划开放空间分析

规划后道路形成四级：城市级道路保持不变；主要道路分布在祈年大街西侧，主要为车行道；次要道路为人车混行道路，主要为人行；胡同巷道在原有基础上进行整理与打通，作为主要的人行道，承担慢行交通与防灾疏散的功能，并且拓宽部分道路，使其能够满足生活与游览需要。

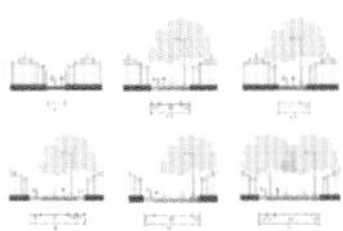

部分规划道路截面示意图

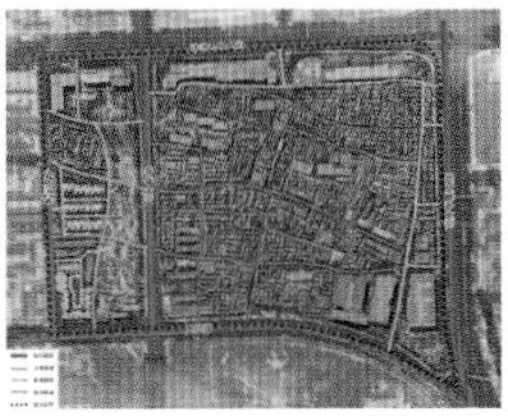

规划道路结构分析

1. 规划后保留现状的城市道路。

2. 对于现状胡同中过于曲折的道路，进行道路的取直处理；对于过于狭窄的道路，拆除部分违章建筑进行拓宽。

3. 在传统平房区内，增加胡同级别的道路，来分割面积过大的传统居住区，满足防灾与生活需要。

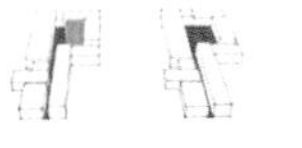

规划道路改造示意图

规划道路更新分析图

一核一纵两轴、多节点的绿地景观格局。

主要景观轴：中轴线景观轴

次要景观轴：东晓市街景观轴

主要景观节点：轴线公园

次要景观节点：历史文化遗存

街巷绿化空间：利用拆改违章建筑腾退的空间打造口袋公园

将原有祈年大街西侧的大面积空地改造为城市公园，和南侧天坛公园形成呼应。

地块东侧结合现存历史文化遗存设立小型的文化公园，作为次要的景观节点，激发地块活力。

拆除部分违章建筑，腾退出一定空间作为口袋公园与街角休憩空间。

结合规划的胡同街巷，设立慢行系统串联主要的景观节点。

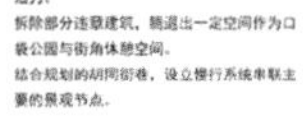

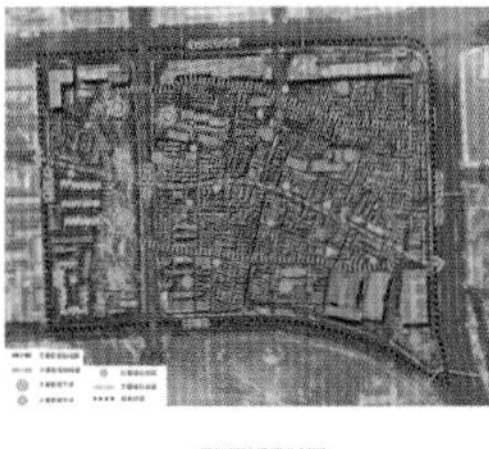

规划绿地景观分析图

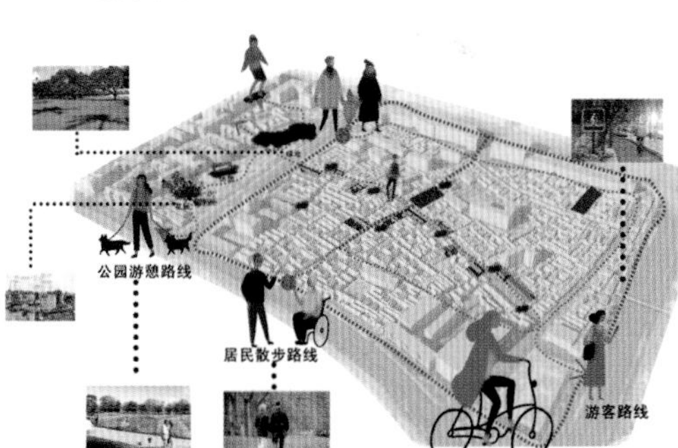

原有活力点主要集中在地块东北角的地铁站，地块南侧的老磁器口豆汁店与地块西南角的新世界燕京大厦。

结合现状业态分析，将商业类活力点分布在人流量较大的地块东侧，沿崇文门外大街和磁器口大街分布，激发地块商业活力。

在地块内侧，结合现存的文物古迹，进行地块历史的挖掘与现存历史文物的活化利用，激发地块的文化活力，吸引人群进入地块内部参观游览。

利用现有祈年大街西侧大面积空地设置轴线公园，在东侧街巷内部进行微空间绿化改造，串联其他类型活力节点，形成活力流线。

规划区域活力点分析图

地块中原有防灾空间不足，防灾疏散路线不清。基于此，在规划中将祈年大街西侧的城市公园作为大型的应急避难场所，满足地块的防灾需要。

在地块的传统民房区内结合小型绿化空间与公共空间，利用中学、幼儿园等教育设施的空地进行紧急情况下的就近避难。

利用地块中现有的医疗设施，进行医疗设施水平上的提升，作为地块中出现紧急情况时的应急医疗设施使用。

梳理现状胡同道路，拓宽、整理部分不符合防灾疏散要求的交通道路，新建部分道路用于防灾，确立地块疏散方向。

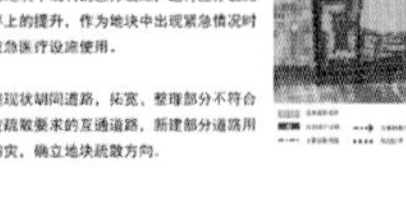

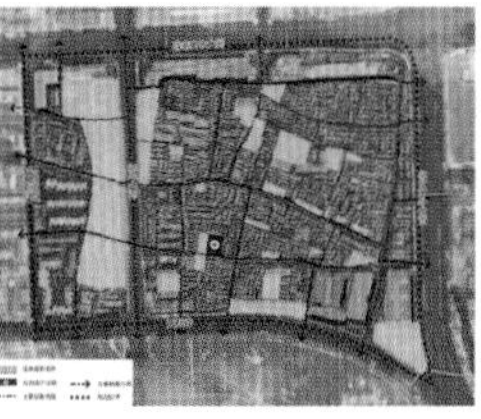

规划区域韧性分析图

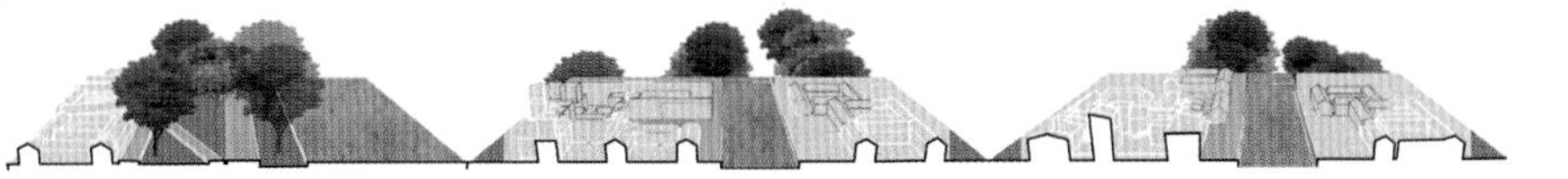

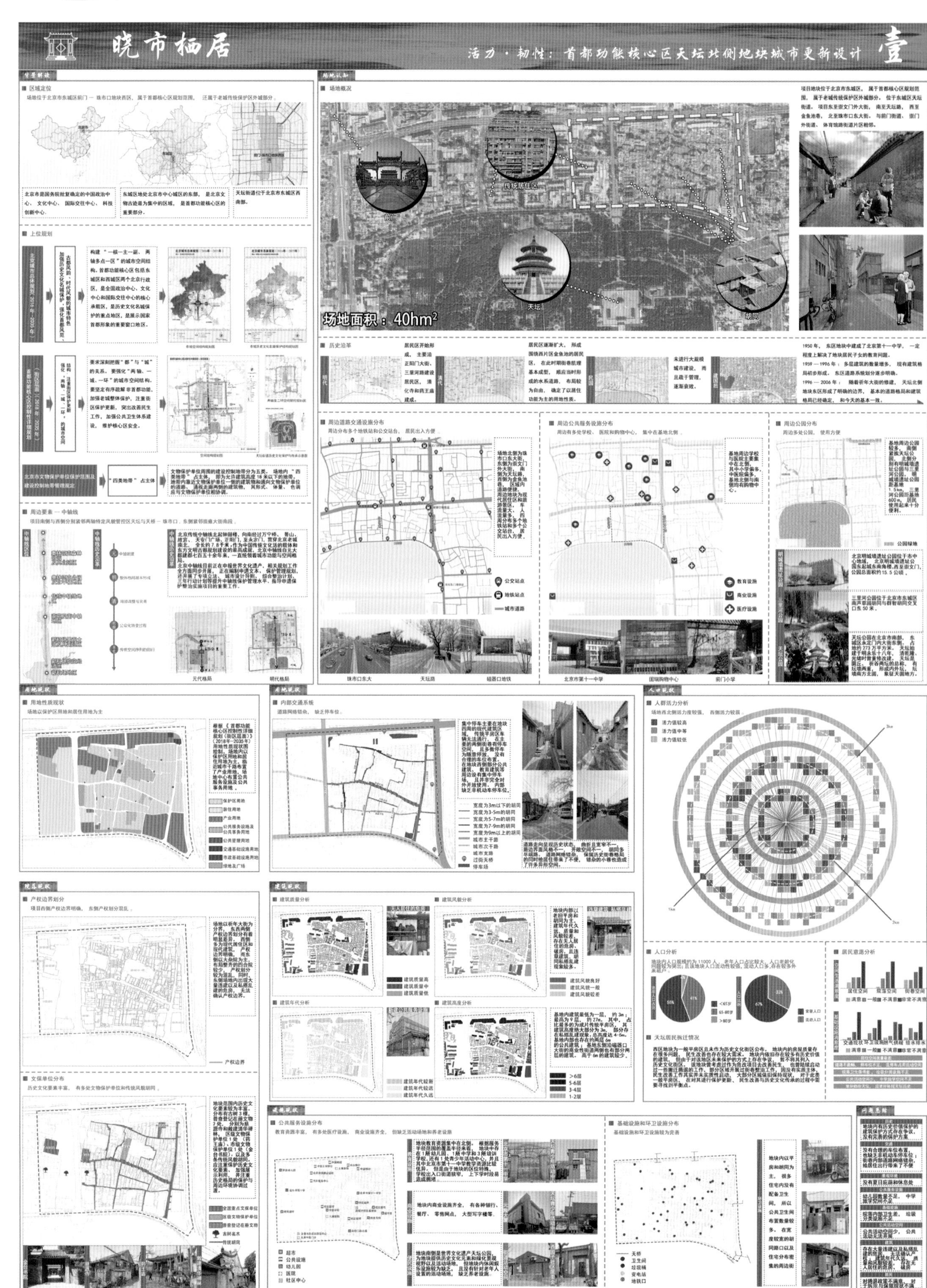

晓市栖居
活力·韧性：首都功能核心区天坛北侧地块城市更新设计
壹
区域定位
上位规划
周边要素——中轴线
场地概况
传统居住区
天坛
胡同
场地面积：40hm²
历史沿革
周边道路交通设施分布
周边公共服务设施分布
周边公园分布
用地性质现状
内部交通系统
人群活力分析
产权边界划分
建筑质量分析
建筑风貌分析
建筑年代分析
建筑高度分析
人口分析
居民意愿分析
天坛居民拆迁情况
文保单位分布
公共服务设施分布
基础设施和环卫设施分布
元代格局
明代格局
珠市口东大
天坛路
磁器口地铁
北京市第十一中学
国瑞购物中心
前门小学

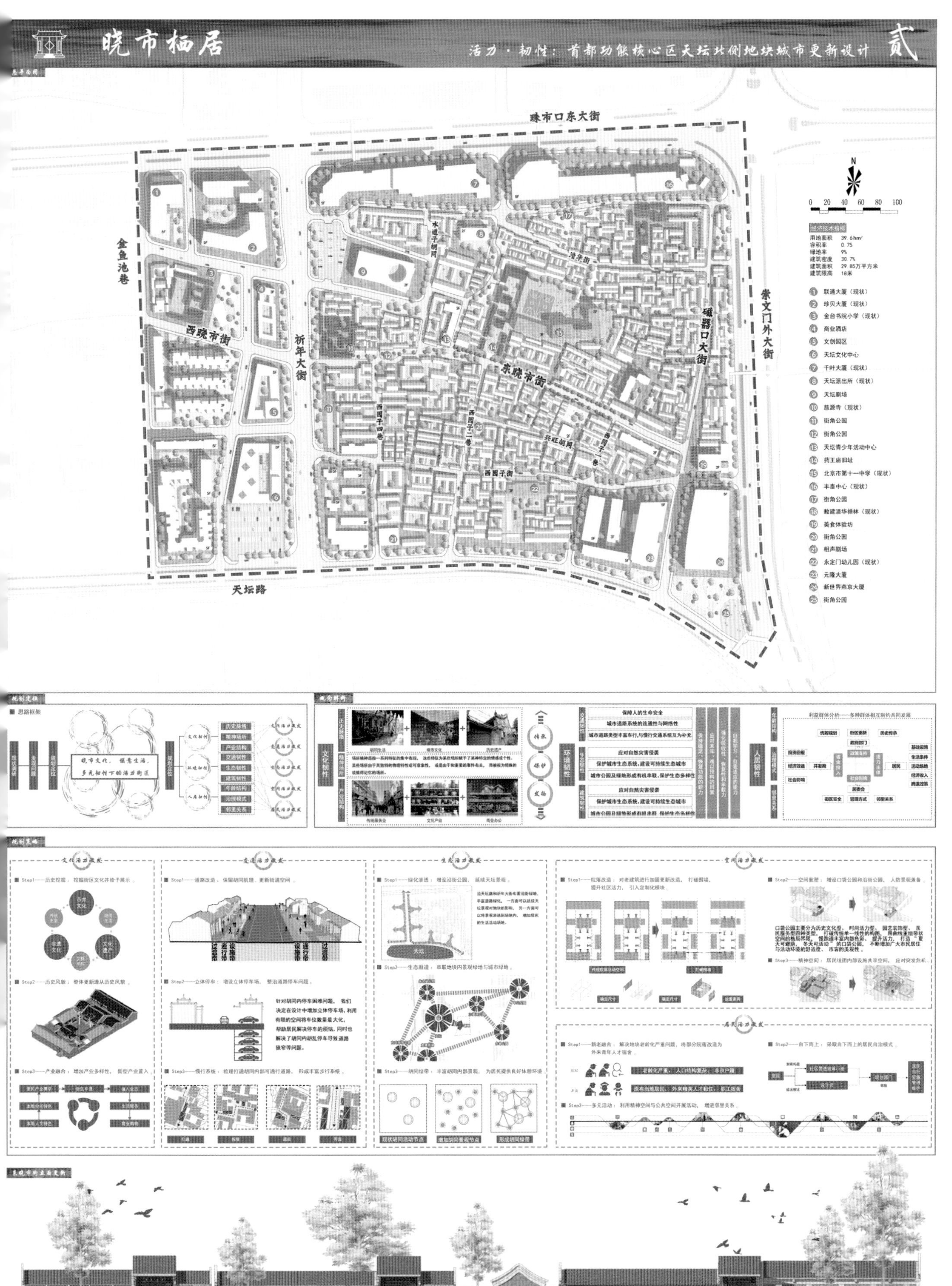
晓市栖居
活力·韧性：首都功能核心区天坛北侧地块城市更新设计 贰
珠市口东大街
金鱼池巷
西晓市街
祈年大街
东晓市街
磁器口大街
崇文门外大街
天坛路
经济技术指标
用地面积 39.6hm²
容积率 0.75
绿地率 9%
建筑密度 30.7%
建筑面积 29.85万平方米
建筑限高 18米
1 联通大厦（现状）
2 珍贝大厦（现状）
3 金台书院小学（现状）
4 商业酒店
5 文创园区
6 天坛文化中心
7 千叶大厦（现状）
8 天坛派出所（现状）
9 天坛剧场
10 慈源寺（现状）
11 街角公园
12 街角公园
13 天坛青少年活动中心
14 药王庙旧址
15 北京市第十一中学（现状）
16 丰泰中心（现状）
17 街角公园
18 敕建清华禅林（现状）
19 美食体验坊
20 街角公园
21 相声剧场
22 永定门幼儿园（现状）
23 元隆大厦
24 新世界燕京大厦
25 街角公园

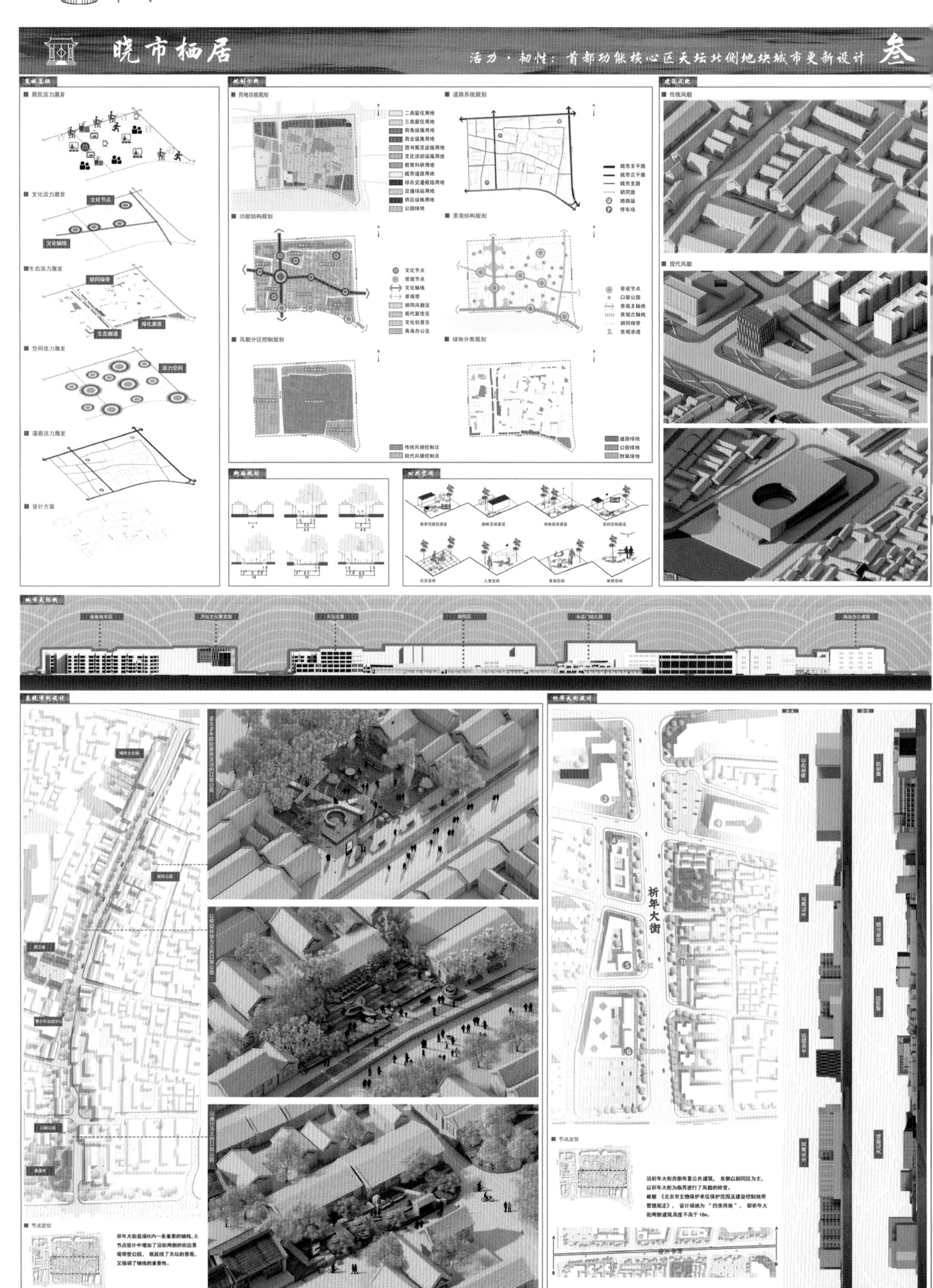
晓市栖居
活力·韧性：首都功能核心区天坛北侧地块城市更新设计 叁
策略落位
居民活力激发
文化活力激发
文化节点
文化轴线
生态活力激发
胡同绿带
生态廊道
绿化渗透
空间活力激发
活力空间
道路活力激发
设计方案
规划分析
用地功能规划
道路系统规划
功能结构规划
景观结构规划
风貌分区控制规划
绿地分类规划
建筑风貌
传统风貌
现代风貌
断面规划
公共空间
城市天际线
晓市街设计
节点定位
祈年大街是场地内一条重要的轴线，在节点设计中增加了沿街两侧的街边景观带型公园，既延续了天坛的景观，又强调了轴线的重要性。
祈年大街设计
祈年大街
沿祈年大街西侧布置公共建筑，东侧以胡同区为主，以祈年大街为临界进行了风貌的转变。
根据《北京市文物保护单位保护范围及建设控制地带管理规定》，设计场地为"四类用地"，即祈年大街两侧建筑高度不高于18m。

晓市栖居

活力·韧性：首都功能核心区天坛北侧地块城市更新设计 肆

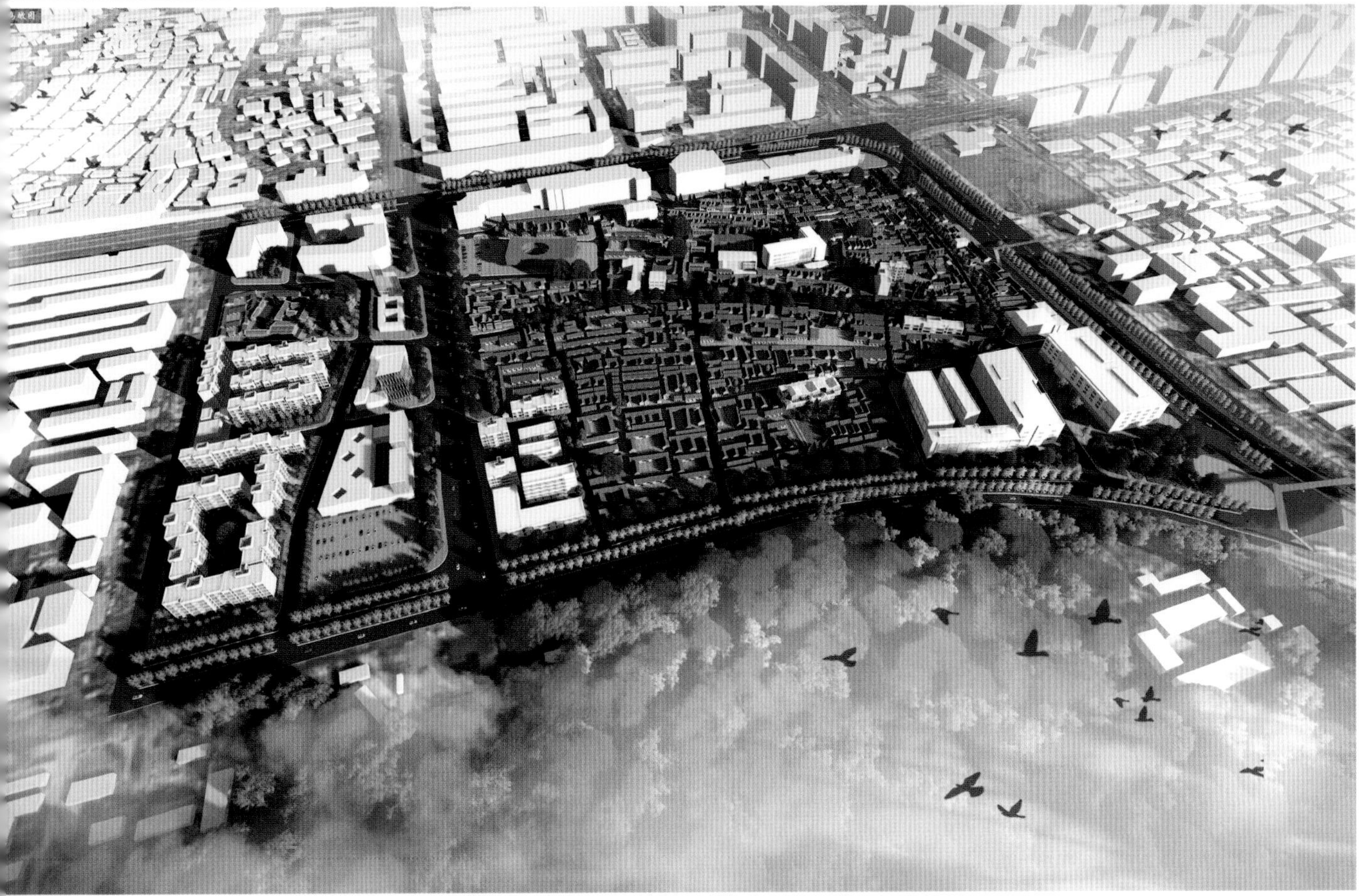

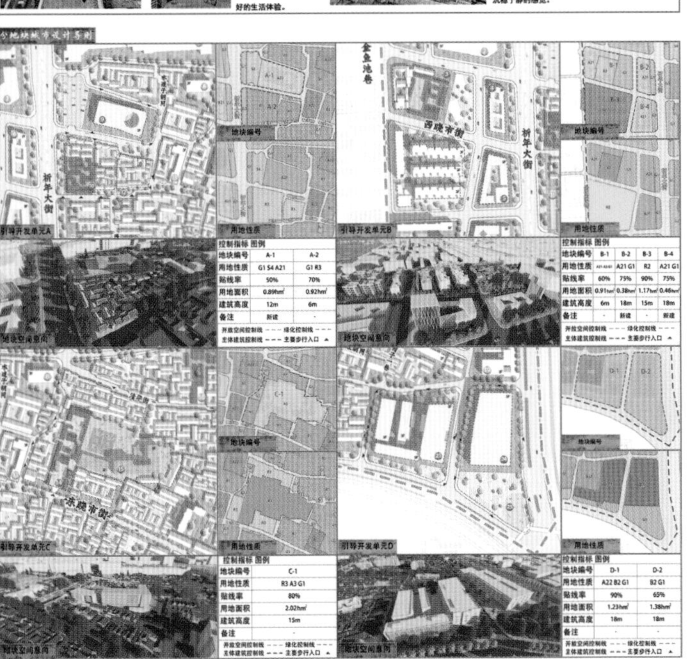

控制指标 图例

地块编号	A-1	A-2
用地性质	G1 S4 A21	G1 R3
贴线率	50%	70%
用地面积	0.89hm²	0.92hm²
建筑高度	12m	6m
备注	新建	-

控制指标 图例

地块编号	B-1	B-2	B-3	B-4
用地性质	[illegible]	A21 G1	R2	A21 G1
贴线率	60%	75%	90%	75%
用地面积	0.91hm²	0.38hm²	1.17hm²	0.46hm²
建筑高度	6m	18m	15m	18m
备注	-	新建	-	新建

控制指标 图例

地块编号	C-1
用地性质	R3 A3 G1
贴线率	80%
用地面积	2.02hm²
建筑高度	15m
备注	-

控制指标 图例

地块编号	D-1	D-2
用地性质	A22 B2 G1	B2 G1
贴线率	90%	65%
用地面积	1.23hm²	1.38hm²
建筑高度	18m	18m
备注	-	-

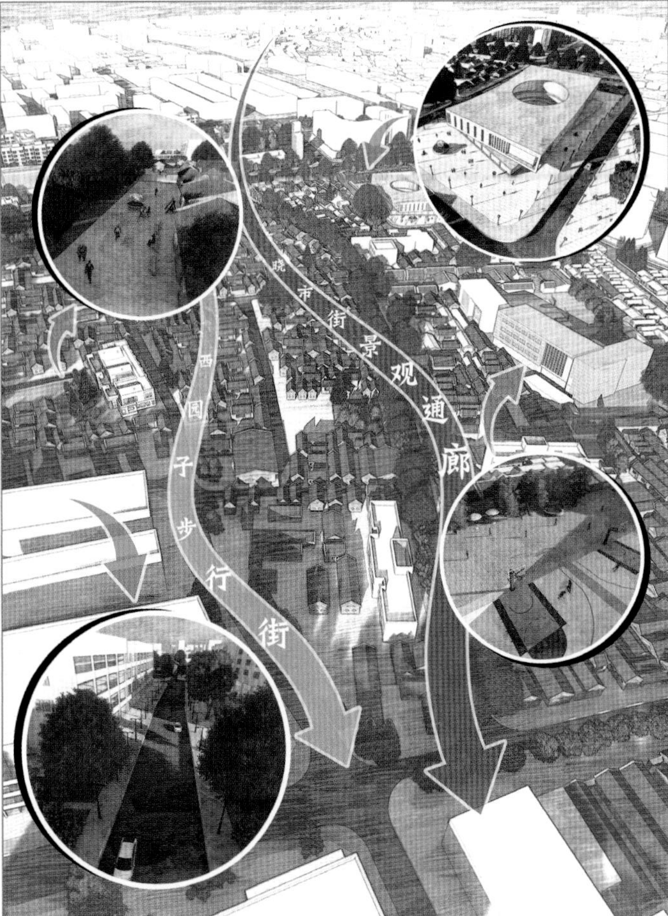

苏州科技大学

京城韵，天坛忆 / 37

文韫古坛，活焕新街 / 43

京城韵，天坛忆

——基于空间叙事理念下的首都功能核心区天坛北侧地块城市更新设计 I

区位分析

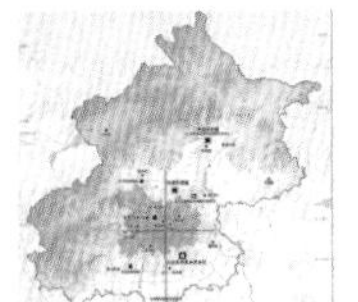

中心城区位置

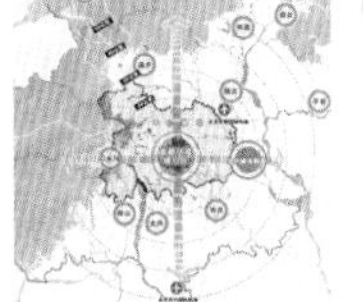

核心区位置

基地位置

历史背景分析

明 清乾隆 民国 现在

相关法规

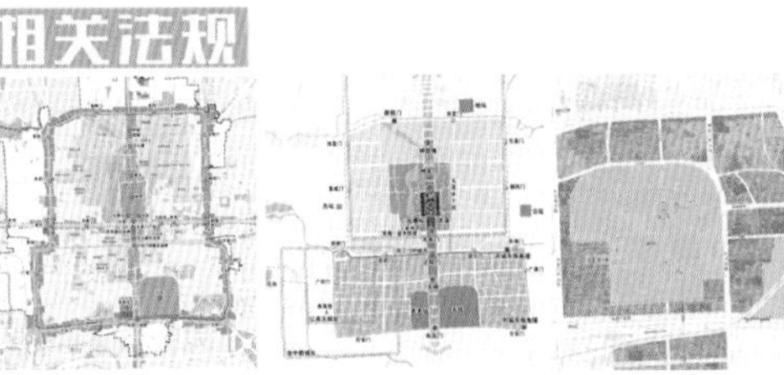

现状土地利用分析

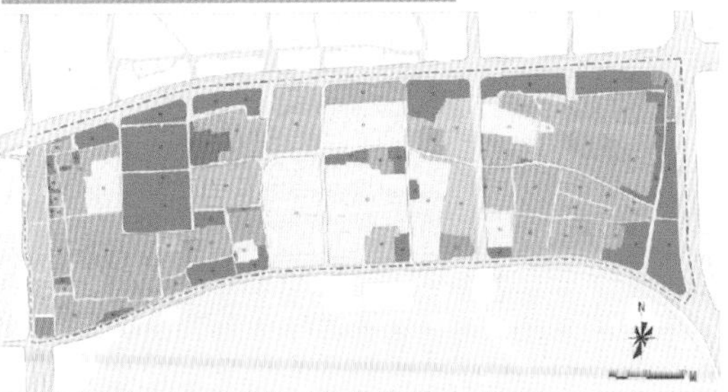

历史肌理演变

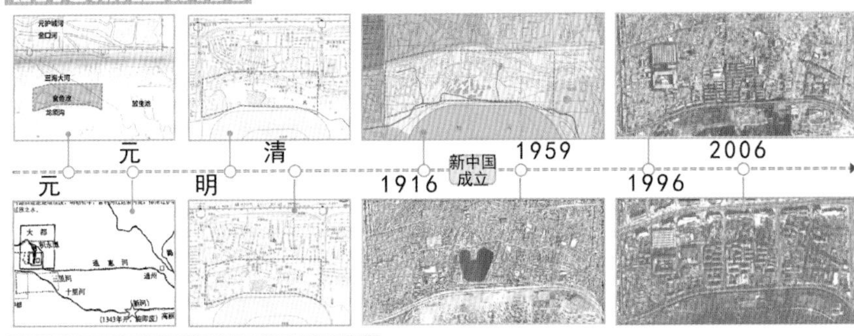

现状道路与交通系统

区域道路与交通分析

道路等级现状

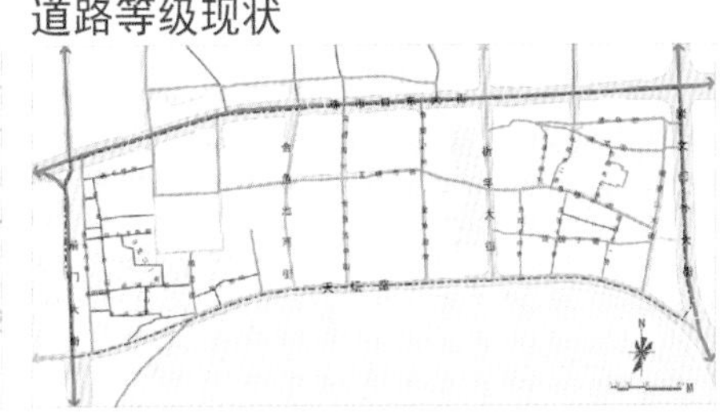

街巷尺度现状分析图

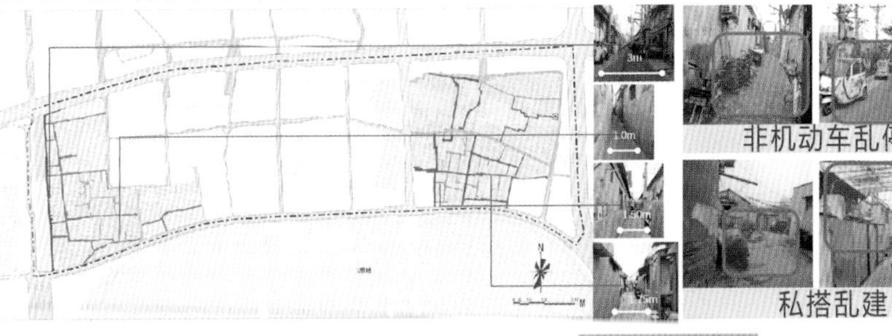

现状公服商业设施分析

教育设施现状分析

周边幼儿园现状分布

周边小学现状分布

周边中学现状分布

周边职业技术学校现状分布

医疗、文化设施现状

周边医疗设施

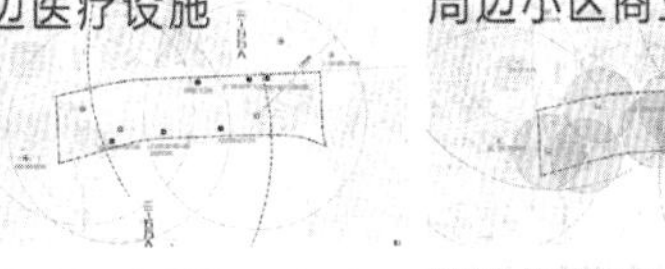

周边文化设施

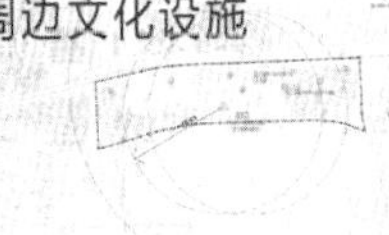

商业设施现状分析

周边小区商业点现状分布

周边农贸市场现状分布

人群分析

人群结构

<14 8.4%

14~60 59.6%

>60 32%

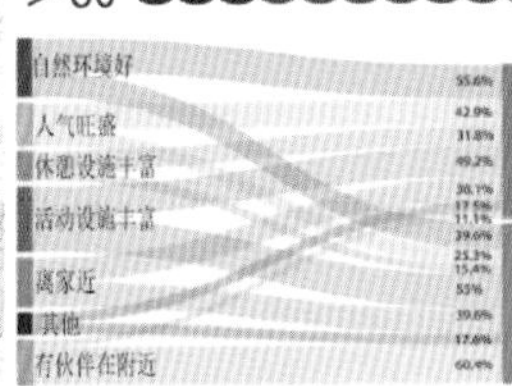

老年偏好 幼儿偏好

现状建筑分析

建筑质量分析图

建筑风貌分析图

建筑评价分析图

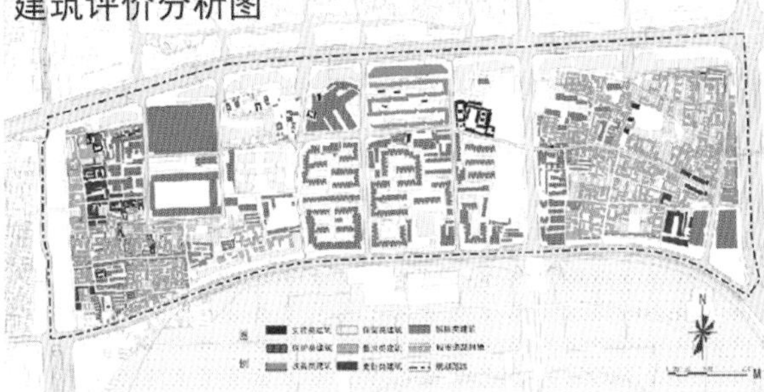

访谈内容分析

访谈人群	访谈内容
原住民	在这里生活了这么多年，想搬到楼房去，那里环境好
原住民	二十年前就说随时腾退，想改造，心有余而力不足……
经营者	不敢随便修房子，这么多年依旧觉得自己不属于北京
游客	街区环境很差，和想象中的北京胡同有差距

京城韵，天坛忆

——基于空间叙事理念下的首都功能核心区天坛北侧地块城市更新设计 II

上位规划分析

北京市总体规划

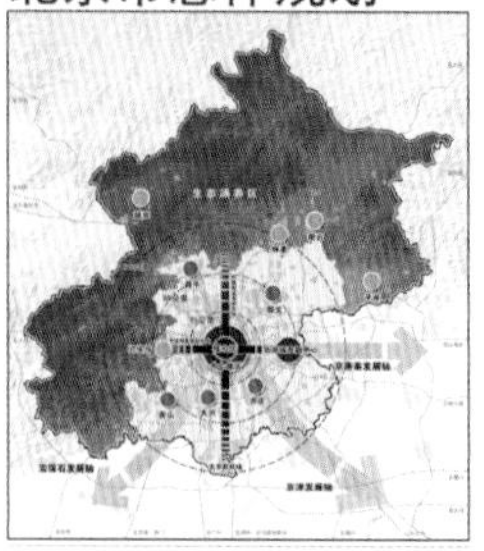

首都功能核心区控制性详细规划

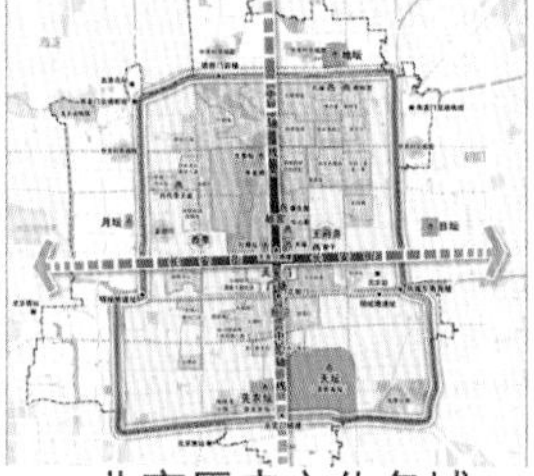

北京市东城区总体发展战略规划

北京历史文化名城保护规划

现状总结

现状总结：土地利用现状、道路与交通、公服与商业、市政与环卫、历史文化保护、建筑、景观绿化、旅游、人群

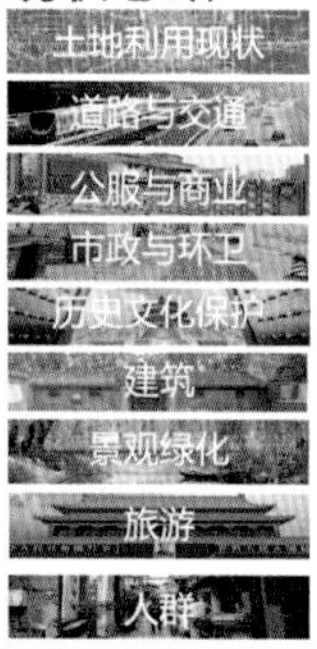

现状优势总结：区位优越、底蕴深厚、建筑多元、生态优质、设施充足

现状劣势总结：价值失衡、文化失语、空间失落、环境失调、产业失活

愿景、定位与目标

营建一个延续城市记忆的场所、传承国粹文化的承载地、品味市井民俗生活的国际友好型体验式街区

以文旅和居住为主、发展文创产业的多元共生型街区

土地利用规划图

空间结构规划图

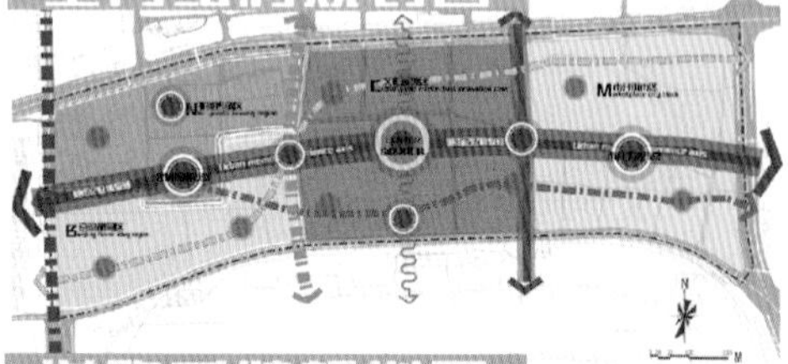

道路系统规划图

总体技术路线

问题挖掘 › 空间叙事 › 问题解决达到目的

价值失衡、文化失语、空间失落、环境失调、产业失活

时空关系梳理：选配空间要素（文化要素、物质空间）；组织表述结构（叙事基面、叙事路径、叙事节点）

叙事主题表达：
- 缝合历史格局（街区：承载城市记忆）
- 重塑地缘关系（人：联系城市记忆的纽带）
- 凸显文化特色（文化：演绎城市记忆的载体）

叙事窗口演绎：文化共情；京韵胡同窗口：家院共生；非遗传承窗口：时代共融；文化智创窗口：空间共享；市井街市窗口：建设共商

价值挖掘引导、文化多维重生、空间品质提升、绿色环境构筑、产业氛围焕活

识别感、交流感、认同感、安全感、成就感 —— 城市记忆

延续戏曲文化的非遗街区、兼具传统与现代的智创街区、营建京城风味的市井街区

平面图

1 国潮街头剧场	8 大市胡同	15 精忠街小学	22 情境话剧广场	29 洪记白水羊头
2 京绣传承工坊	9 北京第十一中学	16 乐享馆	23 金鱼池遗址	30 旅游接待中心
3 京剧体验剧场	10 珠市口地铁站	17 东城区人民检察院	24 中华民族珍品博物馆	31 曲艺文化茶馆
4 民俗展览馆	11 中轴公园	18 普贤庵	25 金台书院小学	32 北京市第十一中学
5 戏剧文创坊	12 居民议会厅	19 望池广场	26 传统工艺培训园	33 瓷器制作工坊
6 京剧艺术博物馆	13 坛根花园	20 映像坛池滨水广场	27 创意手工艺品展览馆	34 瓷器工艺体验馆
7 估衣会馆	14 池中花	21 木器广场	28 文创商业街区	35 休闲娱乐综合体

京城韵，天坛忆

——基于空间叙事理念下的首都功能核心区天坛北侧地块城市更新设计Ⅲ

规划设计框架

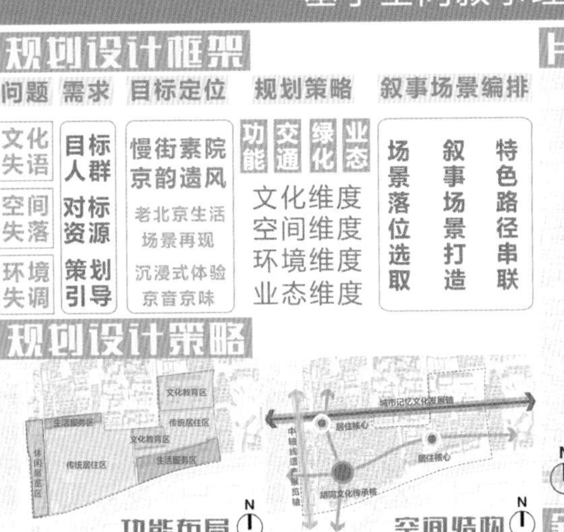

片区平面图

叙事场景打造

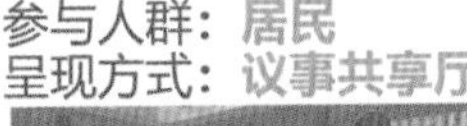

参与人群：居民＋游客 呈现方式：活态胡同

参与人群：居民＋游客 呈现方式：微型博物馆

参与人群：居民 呈现方式：议事共享厅

慢行道路设计策略

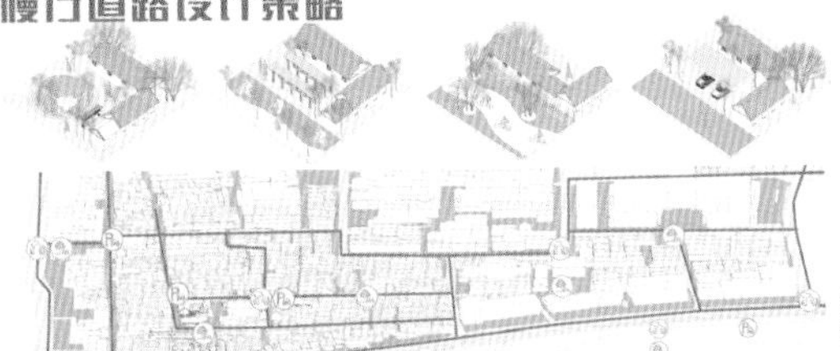

业态活动策划

文化维度

城市记忆点串联

空间维度

公共空间提取

节点鸟瞰图

环境维度

街区景观绿化

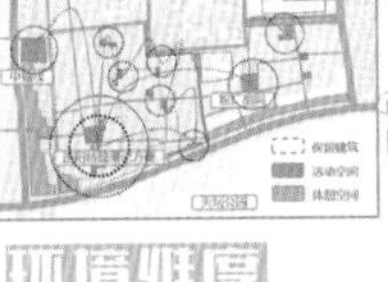
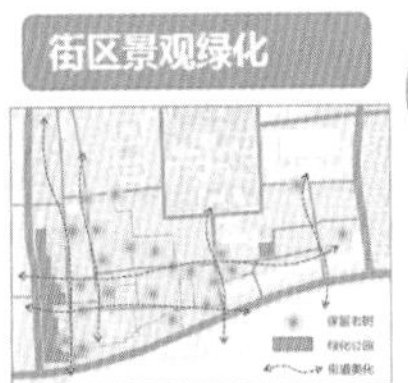

绿化景观增补

■ 生活类活动打造

■ 民艺类活动打造

■ 节庆类活动打造

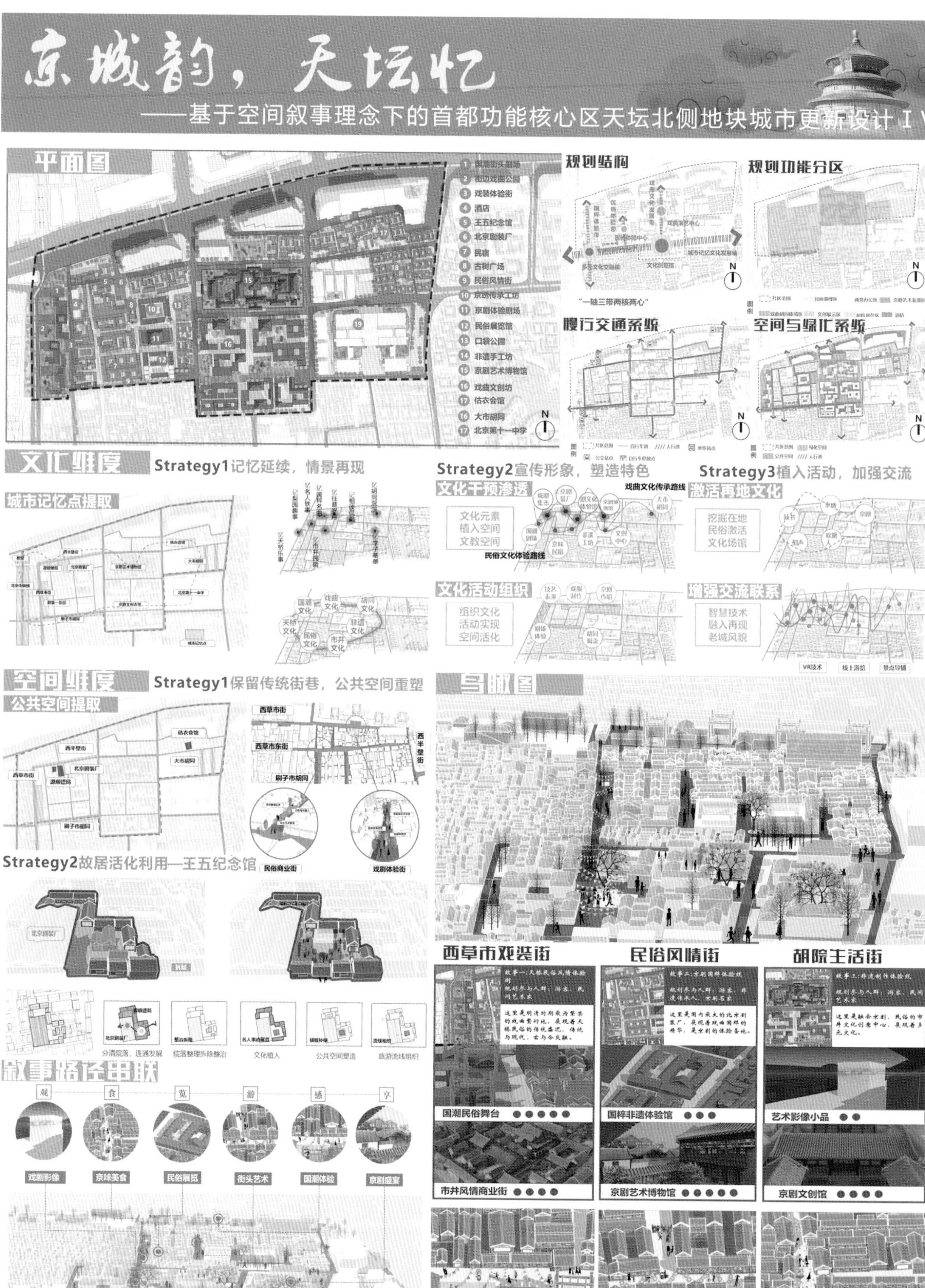

京城韵，天坛忆
——基于空间叙事理念下的首都功能核心区天坛北侧地块城市更新设计Ⅳ
平面图
1 国潮街头剧场
2 街边戏曲公园
3 戏装体验街
4 酒店
5 王五纪念馆
6 北京剧装厂
7 民宿
8 古树广场
9 民俗风情街
10 京扬传承工坊
11 京剧体验剧场
12 民俗展览馆
13 口袋公园
14 非遗手工坊
15 京剧艺术博物馆
16 戏曲文创坊
17 估衣会馆
16 大市胡同
17 北京第十一中学
规划结构
"一轴三带两核两心"
规划功能分区
慢行交通系统
空间与绿化系统
文化维度
Strategy1记忆延续，情景再现
城市记忆点提取
Strategy2宣传形象，塑造特色
文化干预渗透
文化元素植入空间文教空间
戏曲文化传承路线
民俗文化体验路线
Strategy3植入活动，加强交流
激活再地文化
挖掘在地民俗激活文化场馆
文化活动组织
组织文化活动实现空间活化
增强交流联系
智慧技术融入再现老城风貌
VR技术
线上游览
景点导播
空间维度
Strategy1保留传统街巷，公共空间重塑
公共空间提取
西草市街
西草市东街
刷子市胡同
民俗商业街
戏剧体验街
Strategy2故居活化利用—王五纪念馆
北京剧装厂
分清院落，连通发展
院落整理拆除整治
文化植入
公共空间塑造
旅游流线组织
叙事路径串联
观
食
览
游
感
享
戏剧影像
京味美食
民俗展览
街头艺术
国潮体验
京剧盛宴
鸟瞰图
西草市戏装街
民俗风情街
胡院生活街
国潮民俗舞台
市井风情商业街
国粹非遗体验馆
京剧艺术博物馆
艺术影像小品
京剧文创馆

京城韵，天坛忆

——基于空间叙事理念下的首都功能核心区天坛北侧地块城市更新设计 V

价值沉寂——轴线天坛价值何续？

活力不足——游憩交流空间何存？

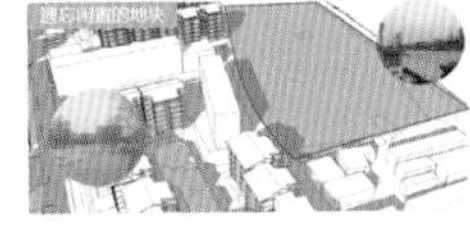

联系丧失——业态活力激活何解？

目标：恢复金鱼池水脉，重塑旧时场景，延续城市记忆
将文化艺术创作空间与文化街区相结合，现代文化与传统文化交融共生

坛池映像，古今共荣

现代与传统文化的交汇中心、多元产业的汇聚中心、城市记忆的演绎中心

片区名称	建议宣传名称	主题	活力程度	类型	功能
文化智创片区	坛池映像古今共荣	以城市记忆演绎为基础的文化街区爆点	极高	文化产业为主的街区	文化产业、商业、少量居住区的高度混合区

共享街区塑造

·共享街区

·共享院落

创客工坊：植入多元功能，丰富人群种类，并提供多种绿地空间，提升地块的业态韧性与生态韧性。

共享院落塑造

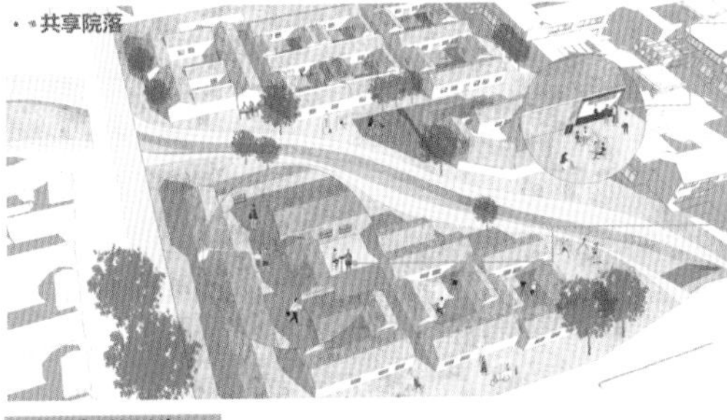

销售性工坊：文创产业最后一环

体验性工坊：传播文化沉浸体验

空间叙事路径

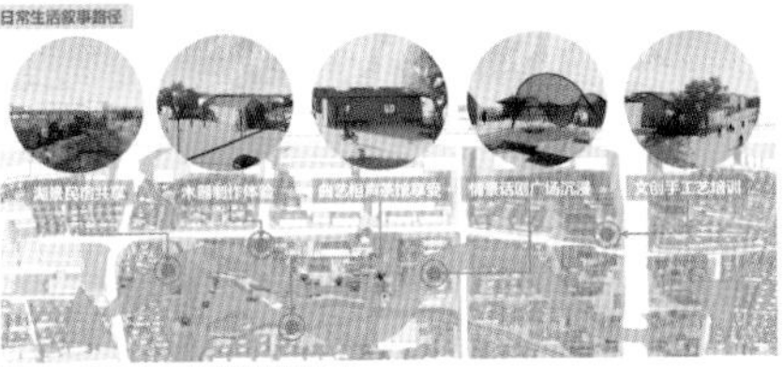

滨水空间塑造

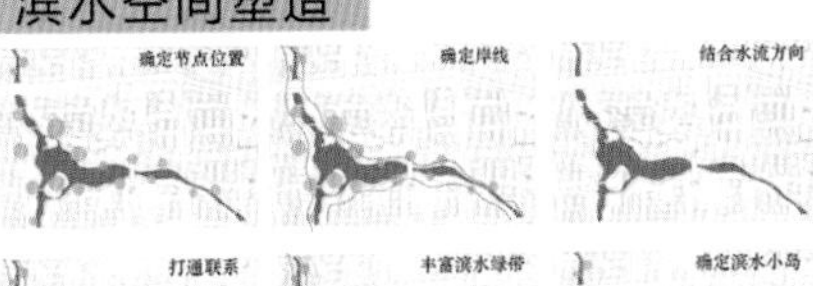

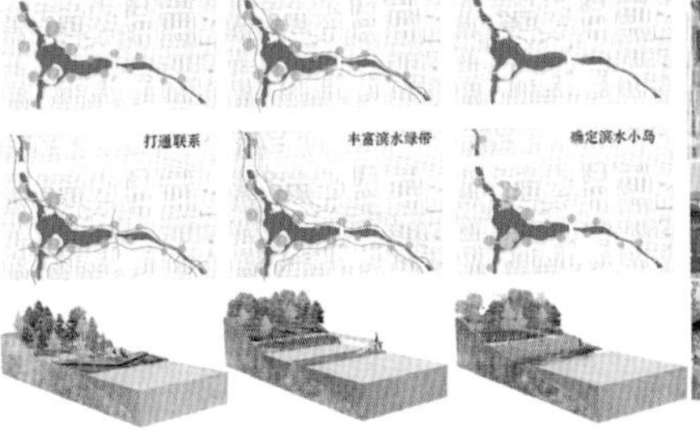

业态塑造

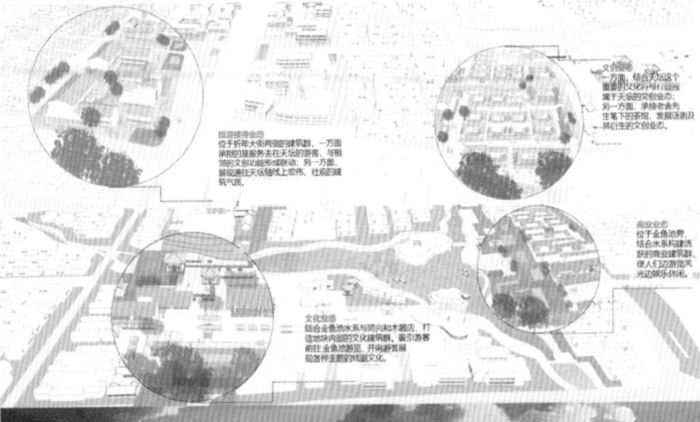

东城韵，天坛忆

——基于空间叙事理念下的首都功能核心区天坛北侧地块城市更新设计 I

规划设计策略

功能分区

交通流线

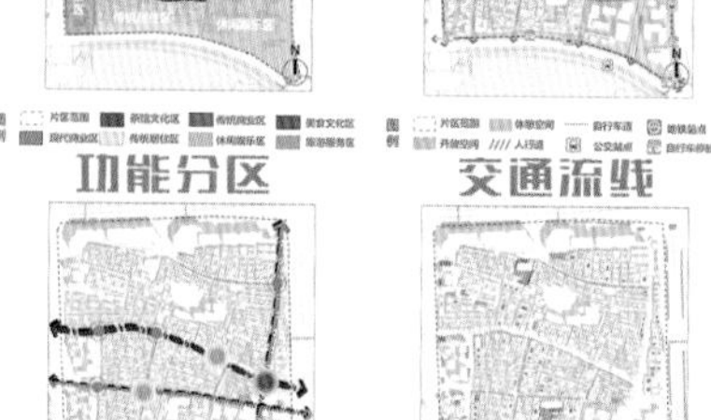

空间结构　　绿化系统

片区平面图

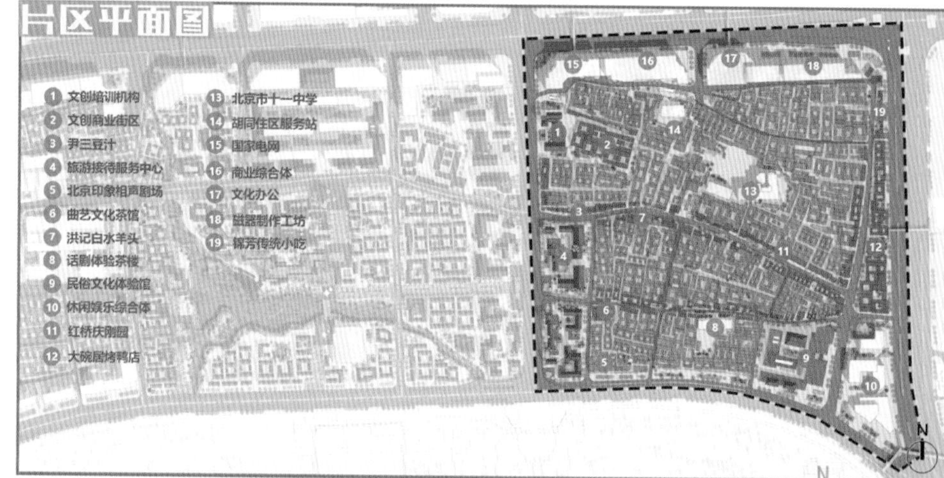

规划设计对策

文化维度

Strategy1记忆延续，情景再现

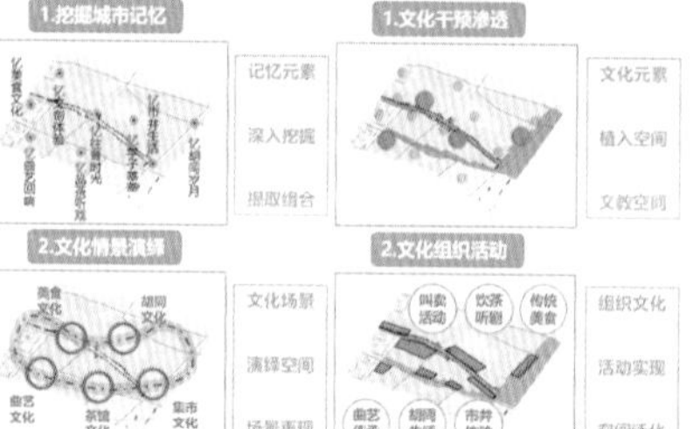

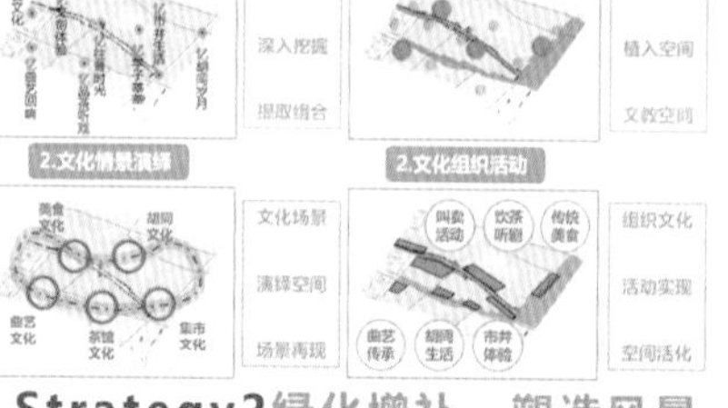

总体鸟瞰图

环境维度

街区景观绿化

Strategy2绿化增补，塑造风景

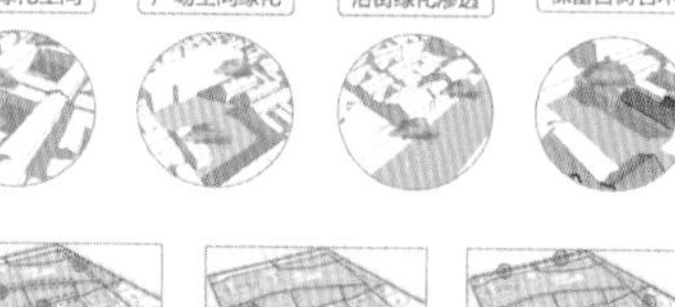

叙事场景打造

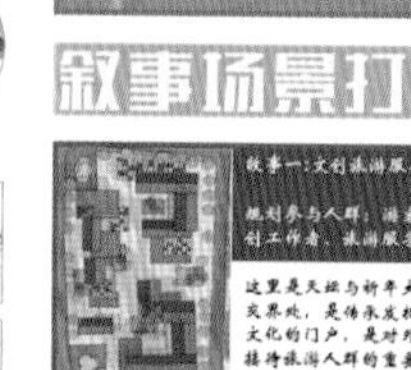

文创旅游体验区　　磁器口商业街区　　东晓市美食街区

空间维度

城市空间品质

Strategy3多元提取，优化空间

Strategy4胡同肌理延续

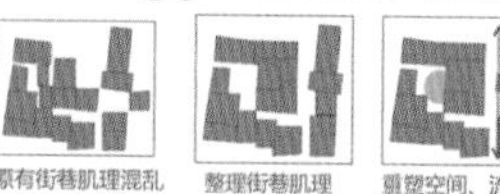

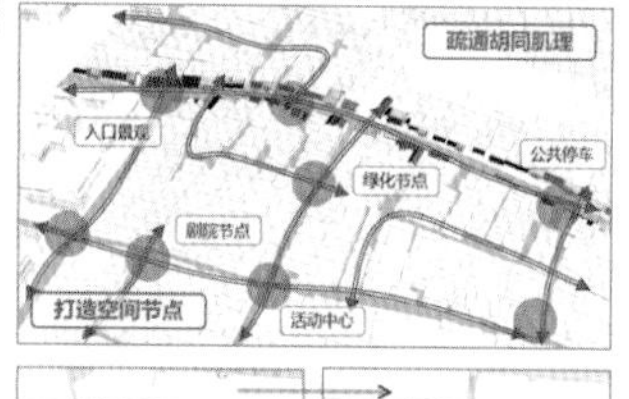

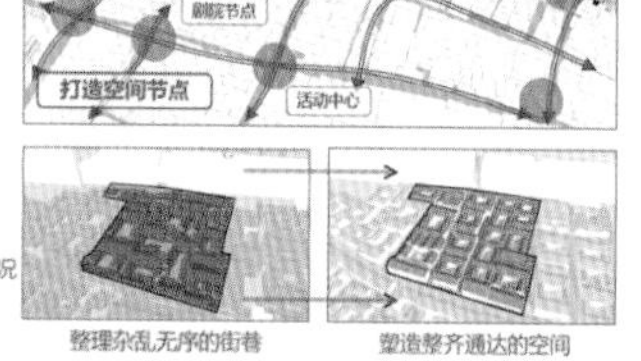

叙事路径串联

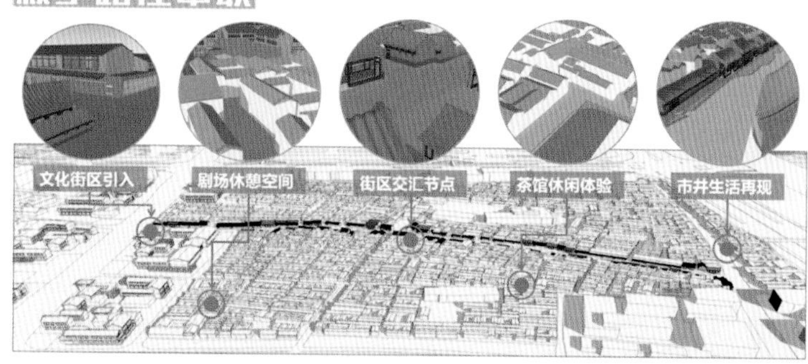

文耜古坛，活焕新街
——基于城市针灸的首都功能核心区天坛北侧地块城市更新设计·壹
项目理解：政策导向
基地把脉：上位规划
项目认知：基地概况
项目认知：北京中轴线
项目认知：主题解读
项目认知：解决问题
理论基础
设计理念
技术路线
基于城市针灸理念的城市更新设计
基地把脉：历史沿革
区位分析
现状分析：用地分析
现状分析：道路交通分析
现状分析：市政公用设施分析
总结分析
活力
韧性
提升活力和韧性
市政设施现状图
环卫设施现状图
变电箱：历史街区与平房区变电箱外露，电线外搭，安全隐患严重
下水道口：缺乏清洁
垃圾桶：基本实行了全覆盖，周围环境差
公厕：普通公厕基本实现了全城覆盖，缺少无障碍公厕

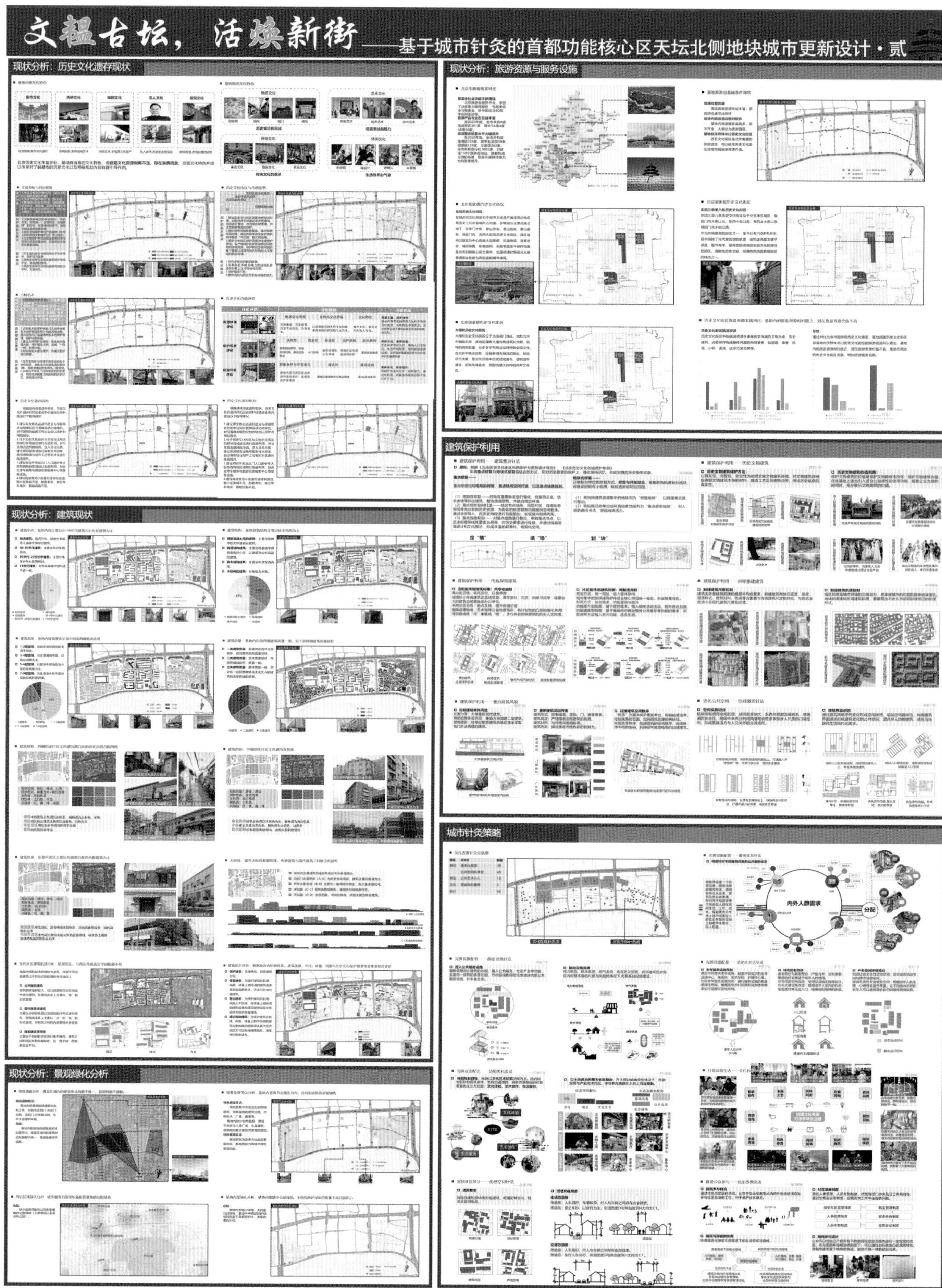
文耀古坛，活焕新街
——基于城市针灸的首都功能核心区天坛北侧地块城市更新设计·贰
现状分析：历史文化遗存现状
现状分析：旅游资源与服务设施
现状分析：建筑现状
建筑保护利用
现状分析：景观绿化分析
城市针灸策略
内外人群需求
分配

文韫古坛，活焕新街
——基于城市针灸的首都功能核心区天坛北侧地块城市更新设计·叁
规划目标
鸟瞰图
目标定位
设计理念解析
相关案例研究
总体城市更新设计
总平面图
设计策略
策略结构
针灸点筛选
功能业态策略
物质空间策略
民生改善策略

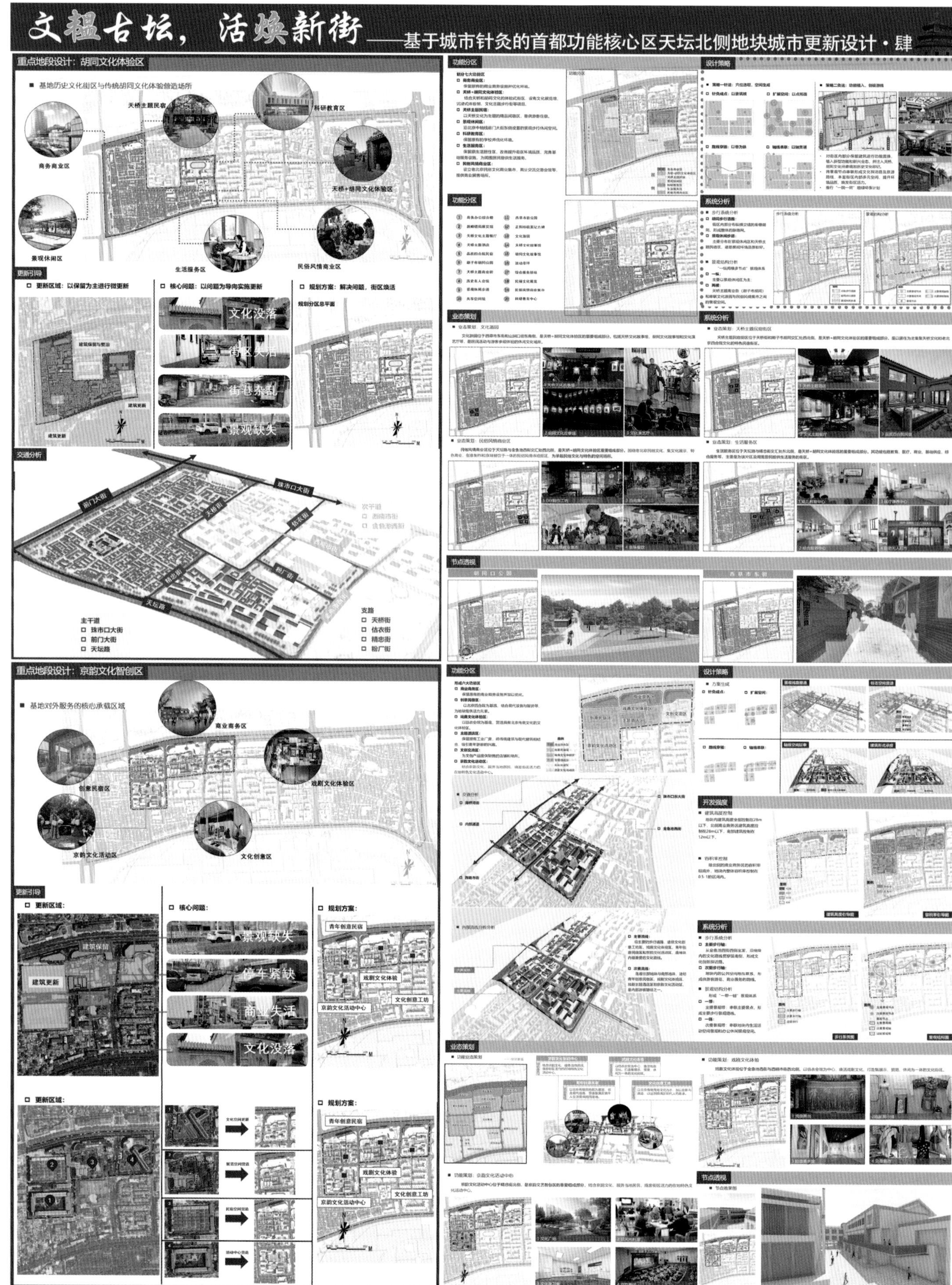
文韫古坛，活焕新街——基于城市针灸的首都功能核心区天坛北侧地块城市更新设计·肆
重点地段设计：胡同文化体验区
基地历史文化街区与传统胡同文化体验营造场所
天桥主题民宿
科研教育区
商务商业区
天桥+胡同文化体验区
景观休闲区
生活服务区
民俗风情商业区
更新引导
更新区域：以保留为主进行微更新
核心问题：以问题为导向实施更新
规划方案：解决问题，街区焕活
文化没落
街区失活
街巷杂乱
景观缺失
交通分析
前门大街
珠市口大街
天桥街
佐衣街
精忠街
粉厂街
天坛路
主干道
珠市口大街
前门大街
天坛路
支路
天桥街
佐衣街
精忠街
粉厂街
功能分区
设计策略
系统分析
业态策划
节点透视
重点地段设计：京韵文化智创区
基地对外服务的核心承载区域
商业商务区
创意民宿区
戏剧文化体验区
京韵文化活动区
文化创意区
更新区域：
核心问题：
规划方案：
建筑保留
建筑更新
景观缺失
停车紧缺
商业失活
文化没落
青年创意民宿
戏剧文化体验
文化创意工坊
京韵文化活动中心
开发强度

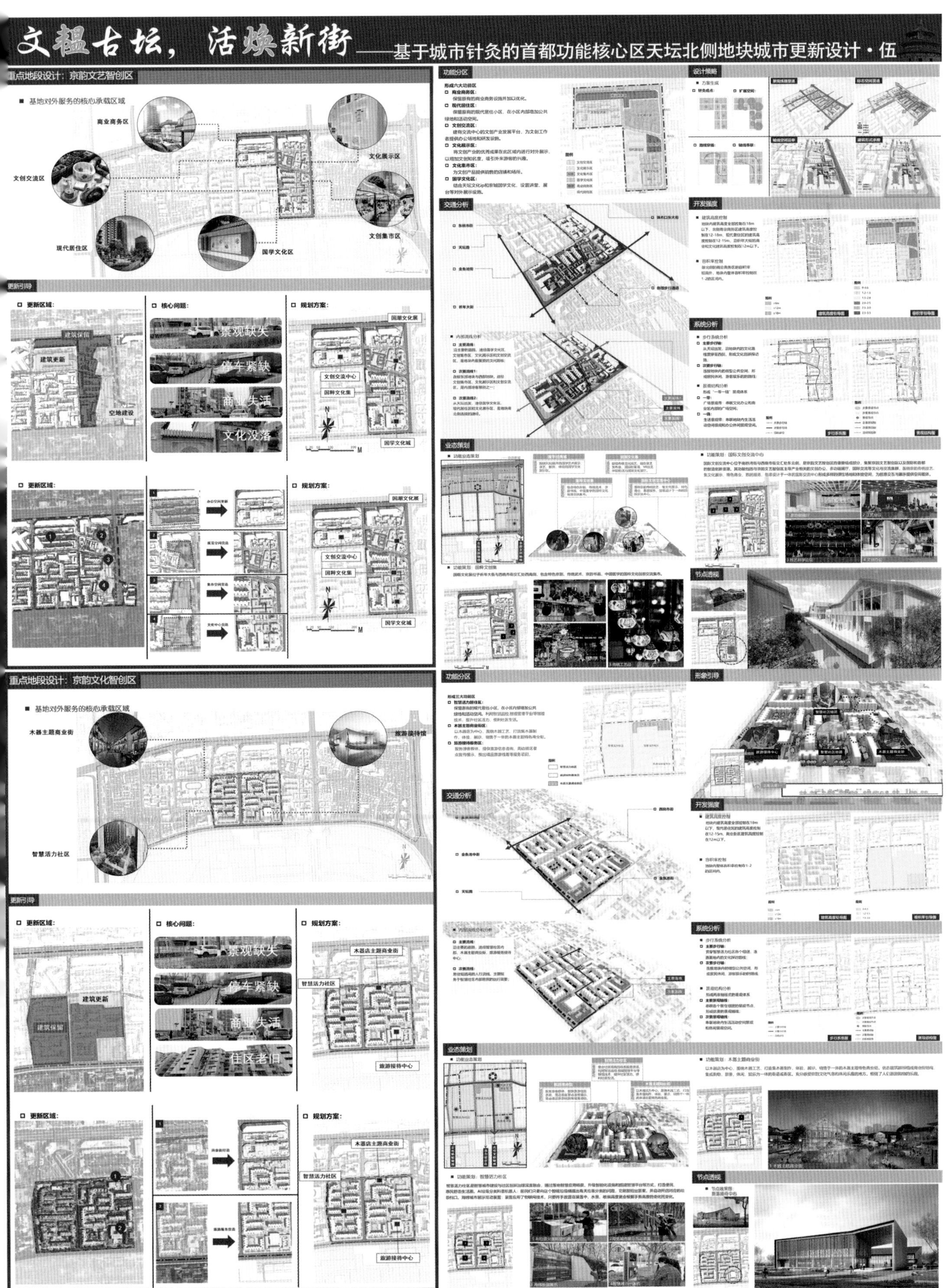
文韫古坛，活焕新街——基于城市针灸的首都功能核心区天坛北侧地块城市更新设计·伍
重点地段设计：京韵文艺智创区
基地对外服务的核心承载区域
商业商务区
文化展示区
文创交流区
文创集市区
现代居住区
国学文化区
更新引导
更新区域：
核心问题：
规划方案：
建筑保留
建筑更新
空地建设
景观缺失
停车紧缺
商业失活
文化没落
国潮文化展
文创交流中心
国粹文化集
国学文化城
功能分区
交通分析
设计策略
开发强度
系统分析
业态策划
节点透视
重点地段设计：京韵文化智创区
木器主题商业街
旅游接待馆
智慧活力社区
住区老旧
木器店主题商业街
旅游接待中心
形象引导

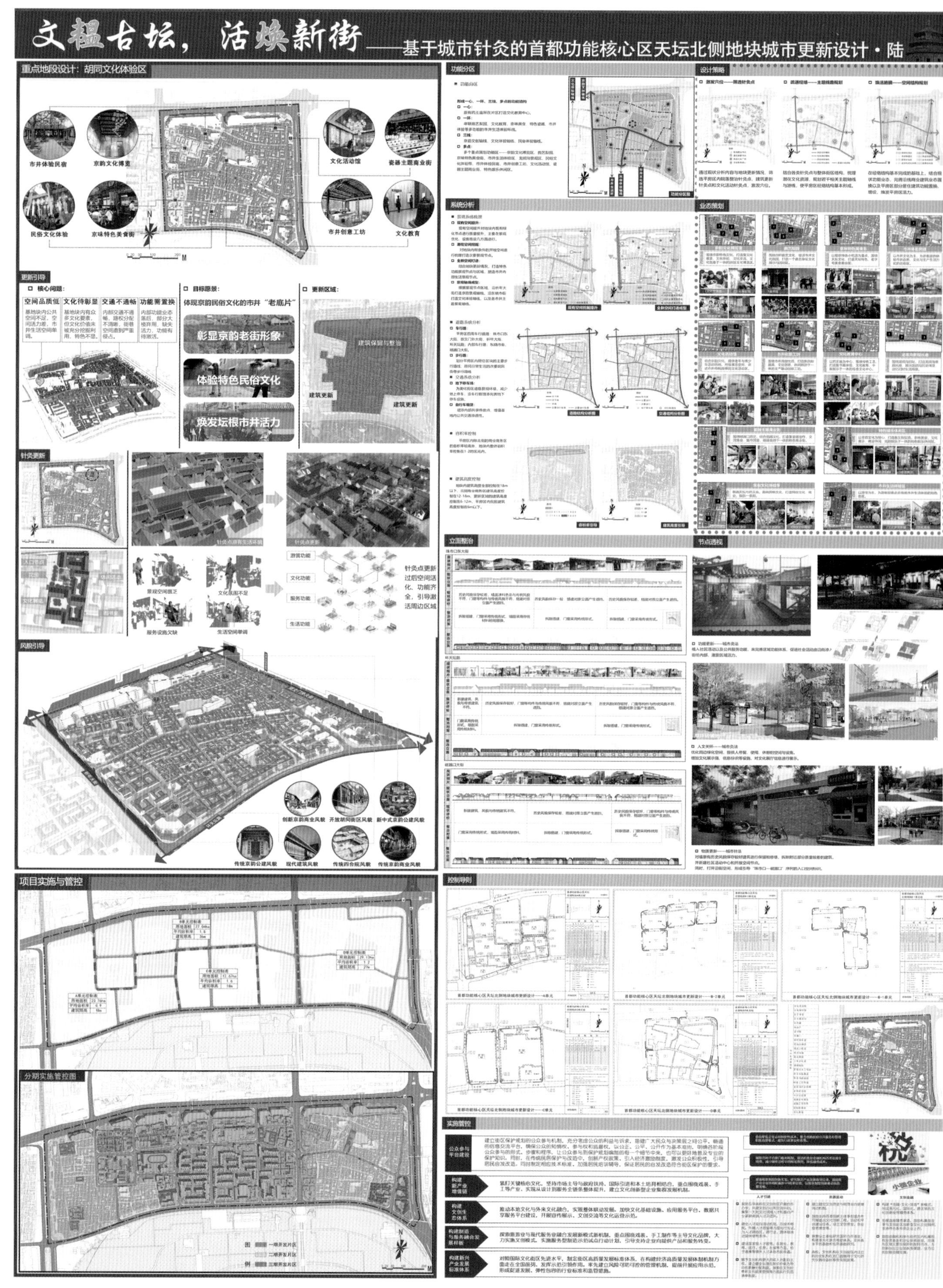
文韫古坛，活焕新街
——基于城市针灸的首都功能核心区天坛北侧地块城市更新设计·陆
重点地段设计：胡同文化体验区
市井体验民宿
京韵文化博览
民俗文化体验
京味特色美食街
文化活动馆
瓷器主题商业街
市井创意工坊
文化教育
更新引导
核心问题：
空间品质低
文化待彰显
交通不通畅
功能需置换
目标愿景：
体现京韵民俗文化的市井"老底片"
彰显京韵老街形象
体验特色民俗文化
焕发坛根市井活力
更新区域：
建筑保留与整治
建筑更新
针灸更新
针灸点更新过后空间活化、功能齐全，引导激活周边区域
游赏功能
文化功能
服务功能
生活功能
风貌引导
创新京韵商业风貌
开放胡同街区风貌
新中式京韵公建风貌
传统京韵公建风貌
现代建筑风貌
传统四合院风貌
传统京韵商业风貌
功能分区
设计策略
系统分析
业态策划
立面整治
节点透视
控制导则
项目实施与管控
分期实施管控图
实施管控
公众参与平台建设
构建新产业增值链
构建文创生态体系
构建新旅与服务融合发展机制
构建新兴产业发展标准体系

山东建筑大学

天地之间 黎庶繁息 /50

坛庙寻市，黎庶新生 /54

崇善明义，天地人和 /58

梦回城南旧时曲 再话坛根谱新声 /62

“宿 +X”—— 合院共生 /66

天地之间 黎庶繁息

——首都功能核心区天坛北侧地块城市设计 壹

区位分析

规划地块位于首都功能核心区东城区的天坛北街道，西侧为北京中轴线，南侧紧邻天坛，北侧为鲜鱼口历史街区。

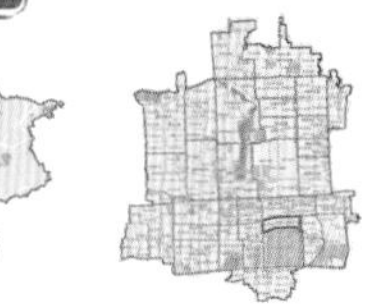

规划范围南至天坛路，北至珠市口东大街，西至前门大街，东至崇文门外大街，片区规划范围约92.6公顷。

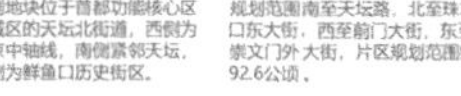

本次城市设计的主体研究地块为祈年大街两侧地块，包括东侧传统平房区、祈西危改项目、金鱼池东区等，总用地规模约40公顷。

缘起——文化脉络

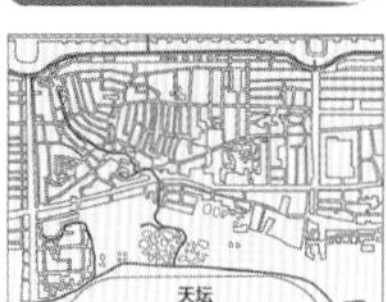

明嘉靖年间，天坛北侧居民区开始形成，属正东坊，早期主要沿正阳门大街、三里河路两侧建设居民区。

天坛北侧居民区逐渐扩大，属南城片区，自三里河街至天坛北侧龙须沟北岸，形成围绕金鱼池的居民区，街巷肌理基本成型，除延续明代已建成的街巷肌理外，新建街巷顺应已形成的现状道路、水系等元素，布局较自由。

随着时代变迁，金鱼池一带日益衰败，由于疏于管理、河道淤塞，金鱼池及周围居民区环境恶劣。新中国成立初期，对金鱼池进行改造，于1950年决定首先消灭龙须沟。
1966年，金鱼池被填平；2002年前后，金鱼池地区再次改造，逐渐发展成为今天的天坛街道。今天在基地内仍然能看到过去的街巷肌理、历史文化建筑、几处保存较好的四合院、古树名木，以及专属于坛根儿地区的风俗习惯等。

人群需求

其他 7%
规模不足 29%
类型缺乏 14%
布局不合理 21%
品质不佳 29%

基本服务设施问题

儿童活动 13%
其他 2%
健身场地 13%
社区文化活动 15%
社区就业 18%
社区医疗 7%
养老设施 7%
公园绿地 25%

设施改善意向

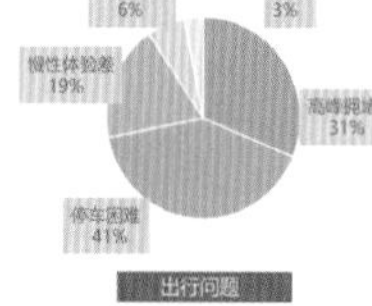

出行问题

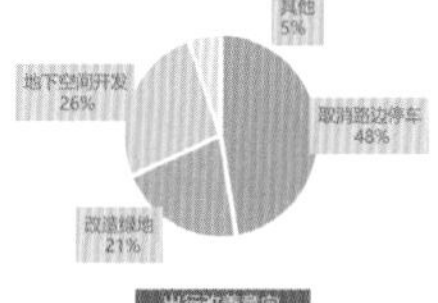

出行改善意向

天坛街道常住人口约4.7万人，人口密度约2.35万人/平方公里（除天坛公园）。街道整体老龄化率较高，60岁以上1.5万人，占比约32%；65岁以上0.97万人，占比约21%。

承接——规划政策

北京城市总体规划（2016年—2035年）

□ 分区域严格控制建筑高度，保持老城平缓开阔的空间形态。
□ 保护重要景观视廊和街道对景。
□ 保护老城传统建筑色彩和形态特征。
□ 保护古树名木及大树。

首都功能核心区控制性详细规划（街区层面）（2018年—2035年）

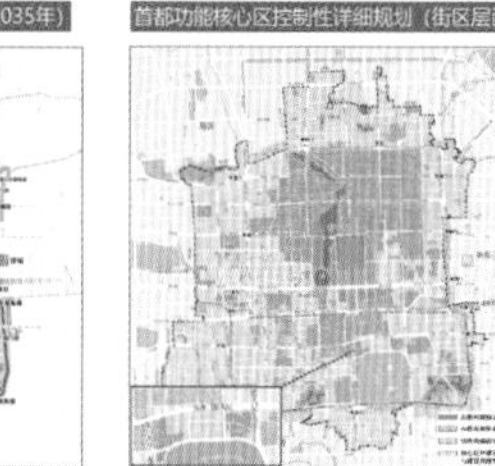

□ 根据首都功能核心区控规，核心区风貌控制将划分为四类：古都风貌保护区、古都风貌协调区、现代风貌控制区、核心区外建筑风貌与高度管控区。
□ 基地属古都风貌保护区和古都风貌协调区。

□ 根据首都功能核心区控规，核心区应注重景观视廊的保护，包括历史和山水两类，共形成36条景观视廊。
□ 基地内包含正阳门—祈年殿互眺、体育馆路望祈年殿两条视廊。

□ 根据首都功能核心区控规，将核心区传统街巷和胡同进行风貌划分，分级分类控制。
□ 基地内古都和现代风貌相融合，包含传统居住风貌街巷、现代商业风貌街巷、现代居住风貌街巷。

北京市东城区总体发展战略规划（2011年—2030年）

东城区发展结构
一轴：历史文化传承发展轴
两带：王府井商业发展带、东二环高端服务业发展带
五区：和平里商务新区、雍和文化创意集聚区、前门历史文化展示区、龙潭湖体育产业园区、永外现代商贸区

东城区文化发展战略：彰显历史文化名城保护与发展、加快文化经济融合发展、提升公共文化服务水平、提高全体市民文明素质

东城区社会建设战略：实现人口均衡发展、打造国际化教育强区、构筑科技服务体系、创建平安和谐城区

天坛文化圈：天坛、文化产业、商贸产业、体育产业
前门文化创意产业集聚区
龙潭湖体育产业基地
北京南中轴现代服务业集聚区

现状概况

地块现状东、西两端以保护区用地为主。地块中部以居住功能为主，兼容生活性服务业、社区综合服务设施、文化设施等功能。地块北侧沿珠市口大街分布若干产业用地。祈年大街西侧沿线为多功能用地，可兼容居住、公共服务设施，以及金融业、高新技术产业、零售业、住宿业等商业商务功能及文化事业、文创产业等产业功能。

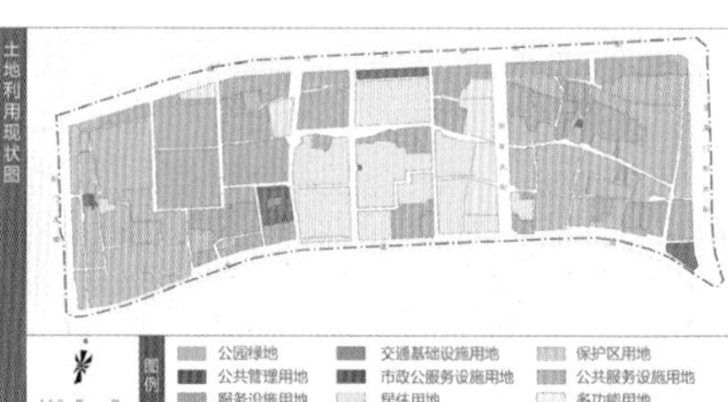

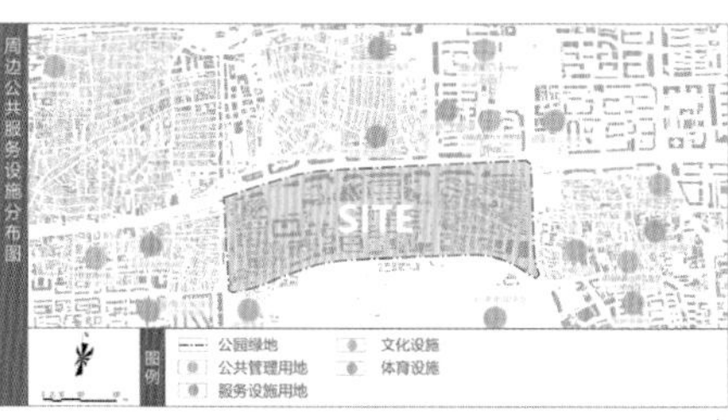

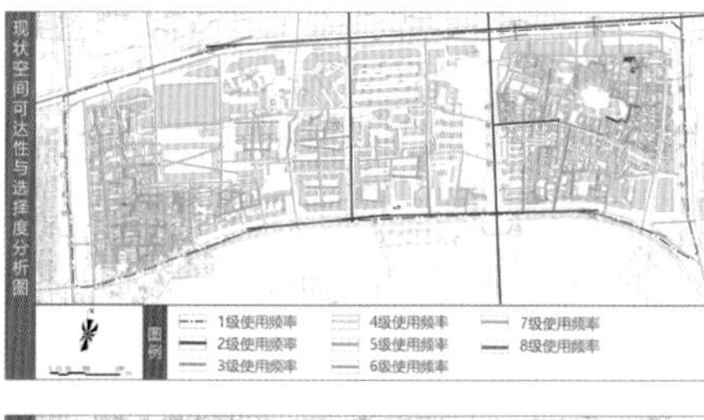

转型——价值理念

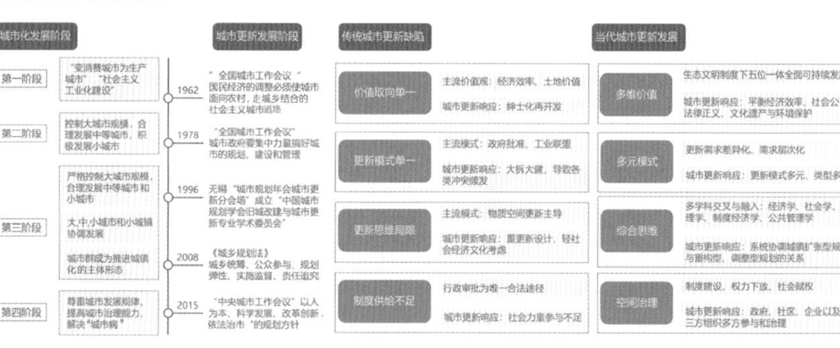

现状问题

天地之间 黎庶繁息

——首都功能核心区天坛北侧地块城市设计 贰

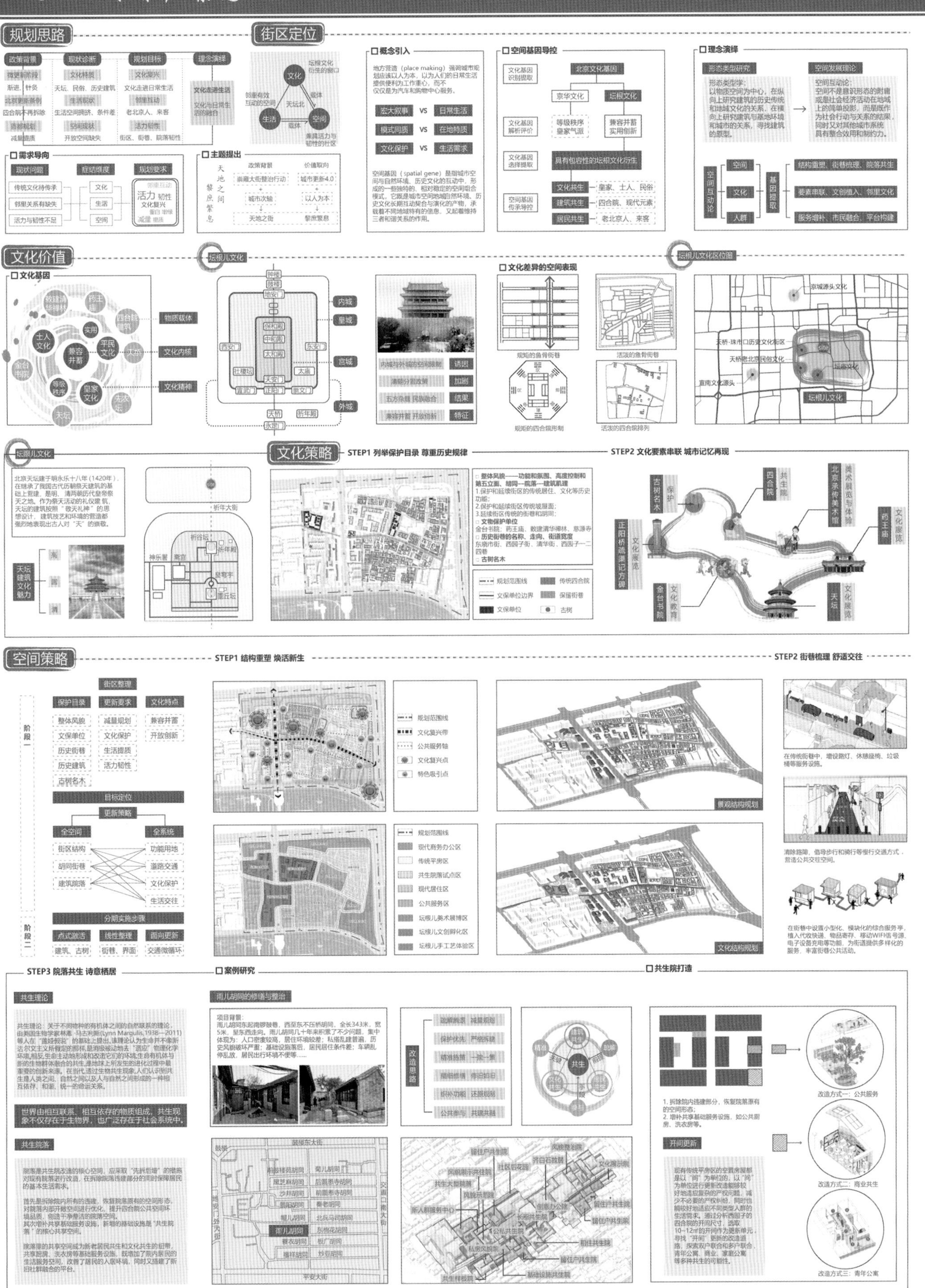

天地之间 黎庶繁息
——首都功能核心区天坛北侧地块城市设计 叁

重点地块详细设计总平面图

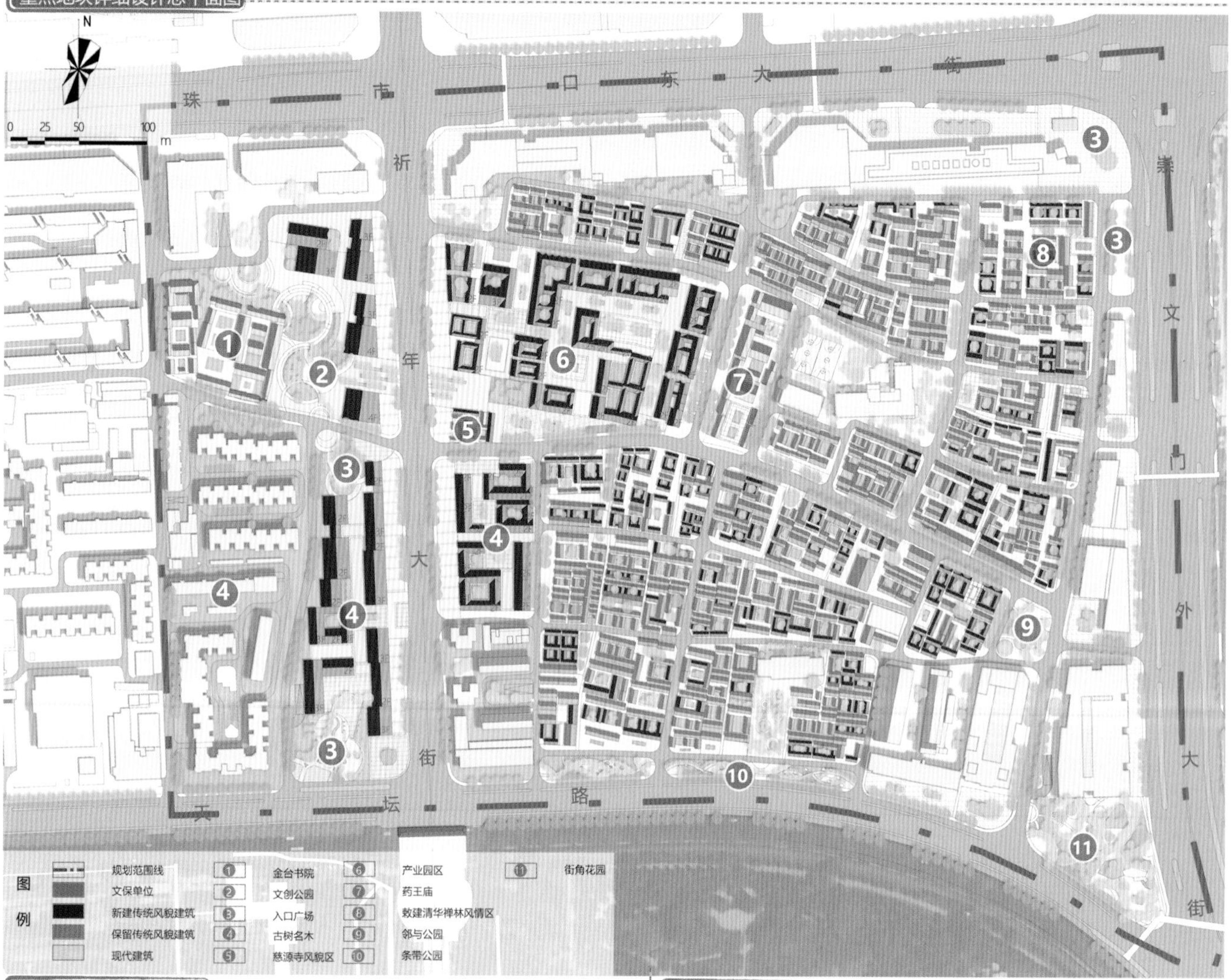

珠市口东大街
祈年大街
天坛路
崇文门外大街

图例

规划范围线	① 金台书院	⑥ 产业园区	⑪ 街角花园
文保单位	② 文创公园	⑦ 药王庙	
新建传统风貌建筑	③ 入口广场	⑧ 敕建清华禅林风情区	
保留传统风貌建筑	④ 古树名木	⑨ 邻与公园	
现代建筑	⑤ 慈源寺风貌区	⑩ 条带公园	

重点地块街区单元划分

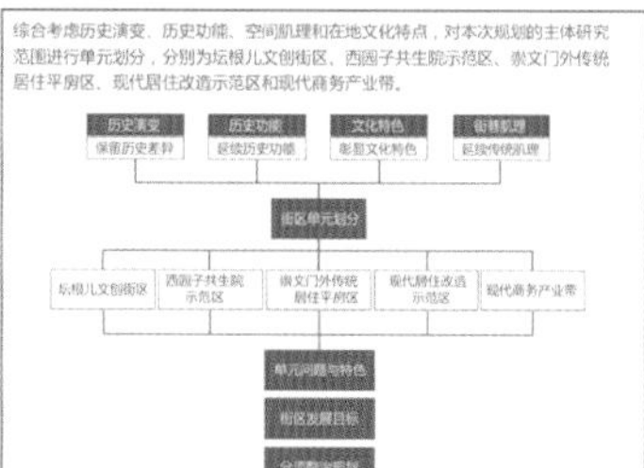
综合考虑历史演变、历史功能、空间肌理和在地文化特点，对本次规划的主体研究范围进行单元划分，分别为坛根儿文创街区、西园子共生院示范区、崇文门外传统居住平房区、现代居住改造示范区和现代商务产业带。

重点地块街巷肌理规划引导

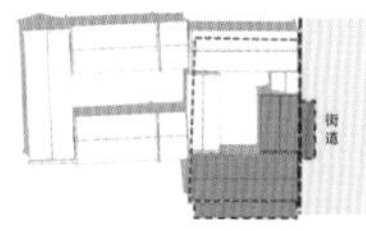
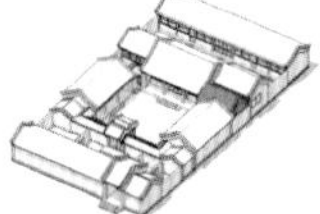

根据规划范围内现状建筑的图底关系，对规划范围内的街巷肌理进行梳理，拆除违建部分，疏通街巷，形成具有古城风貌的秩序化肌理状态。

单元更新要求

针对不同的单元，提出对应的改造要求。
其中，坛根儿文创街区以历史文化保护和植入新兴功能为主；西园子共生院示范区旨在营造多元文化、多样建筑、代际人群相互融合共生的试点社区；崇文门外传统居住平房区以基本生活服务和公共服务提升、生活质量提高为重点；现代居住改造示范区则重点解决停车难的问题，塑造稳静交通；现代商务产业带以增补停车设施为主。

01 坛根儿文创街区

历史建筑可依法转让、抵押、出租，鼓励引入图书馆、博物馆、美术馆、实体书店、非遗展示中心等文化服务功能。对于规划新建部分应列明负面清单，新建建筑风貌应与历史风貌相协调，新植入功能应尊重街区历史功能。

02 崇文门外传统居住平房区

拆除违章建筑，梳理街巷道路，确保消防安全。按照生活圈的公共服务设施配置要求，优先增补养老院、社区文化中心、社区医疗站等设施，满足社区范围内的生活需求。

在具体院落更新上，采用开间更新的方式：选取10m×12m的开间作为局部更新单元，配置公共厨房、公共洗衣房、公共卫生间等基本生活服务，提高生活质量。对建筑立面进行修缮，增加绿化和公共交往空间，改善居住环境。

03现代商务产业带

处理沿街商务办公建筑与街道的连接形式，进行分类指引。
针对建筑底层不设置商业的建筑，公共空间地面铺装与人行道相协调，出入口与人行道连接顺畅，并且设置适当隔断，公共空间合理安排停车位和其他公共服务设施，合理组织交通。绿化带应尽量设置在建筑前，合理配置植物，营造丰富的绿化景观。隔断应尽可能采取通透栏杆，尽量增加垂直绿化。
针对建筑底层设置商业的建筑，绿化空间尽量设置在人行道一侧，绿化宽度小于3m时以绿化布置为主，大于3m时可不止布置花圃林荫路，并设置座椅等休憩设施，公共空间结合建筑公共出入口布置，合理安排人行道、停车位和其他公共服务设施。

04 西园子共生院示范区

在符合《北京历史文化名城保护条例》有关规定及历史街区风貌保护要求和相关技术、标准的前提下，对平方院落进行申请式退租、换租及保护性修缮和恢复性修建，打造共生院，消除安全隐患，保护传统风貌，改善居住条件。腾退空间优先用于保障完善地区公共服务和文化服务。同时，鼓励腾退空间用于传统文化展示、体验及特色服务，建设众创空间或发展租赁住房。
分析街区内的四合院组团肌理，选取9-10个四合院作为一个组团，在组团内增补公共服务站，承担公共厨房、洗衣房、会议室、图书室等功能，满足四合院留住居民的日常生活需求，提高生活质量。

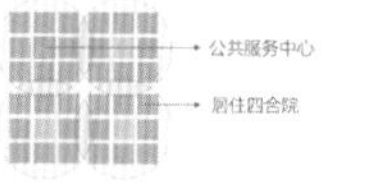

05 现代居住改造示范区

实施老旧小区综合整治改造，可利用小区现状房屋和公共空间补充便民商业、养老服务等公共服务设施；可利用空地、拆违腾退用地等增加停车位，或设置机械式停车设施等便民设施。鼓励住区交通稳静化。鼓励老旧住宅加装电梯。

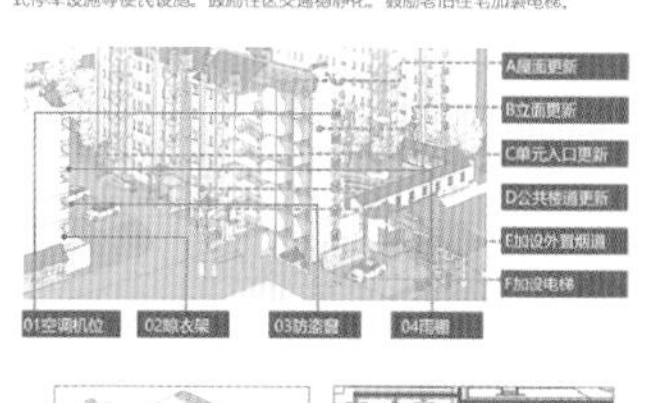

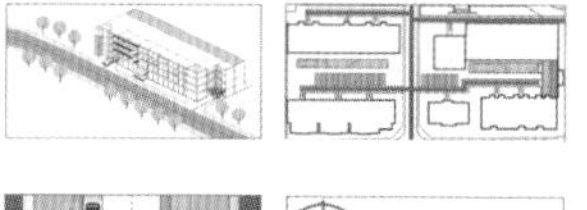
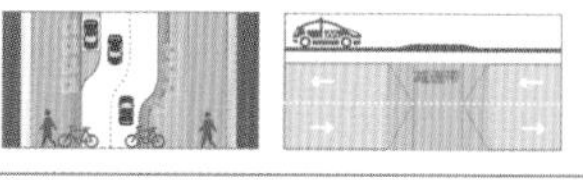

天地之间 黎庶繁息

——首都功能核心区天坛北侧地块城市设计 肆

重点地块详细设计鸟瞰图

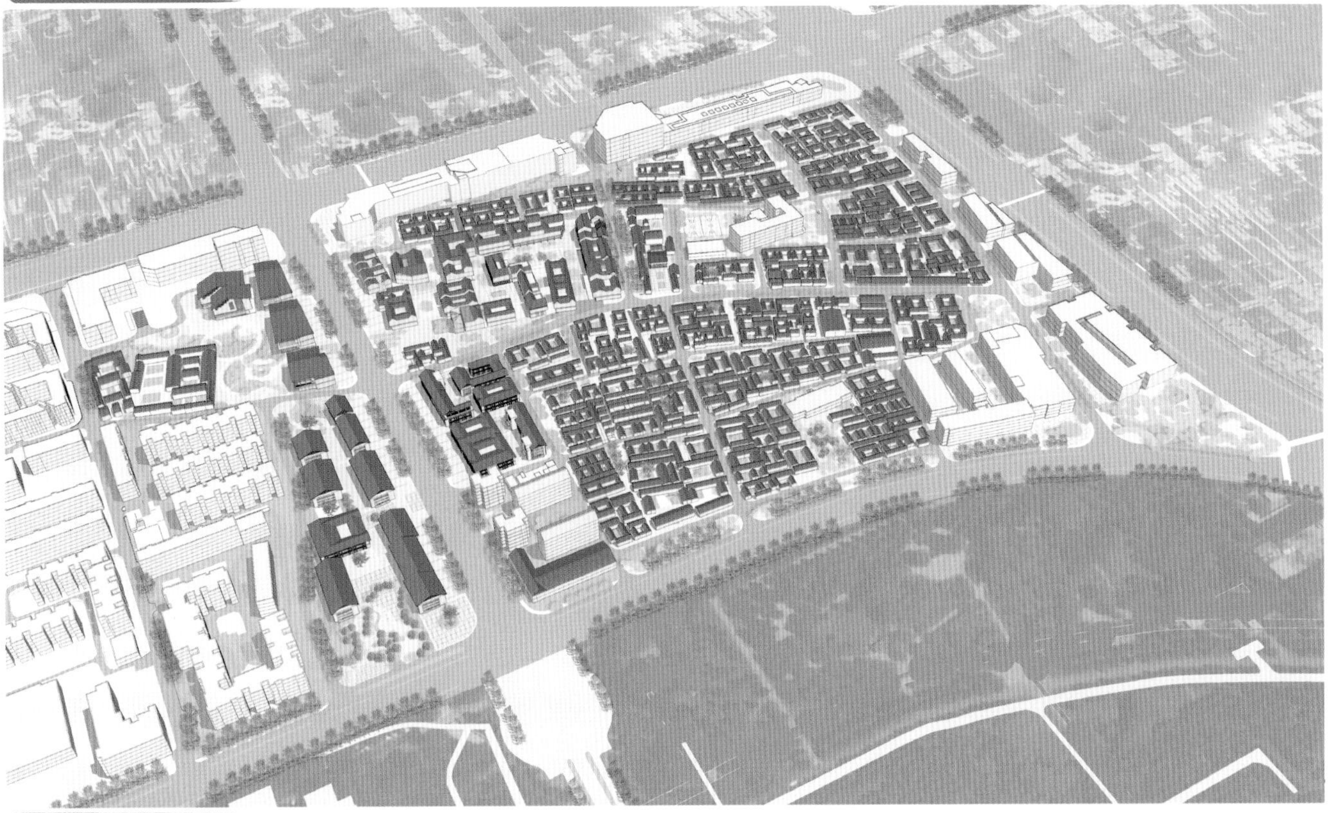

重点地块节点详细设计

控制要求

1.新建建筑的建筑形式、体量、色调、肌理等应与原有建筑风貌相协调。

2.祈年大街东侧的地块界面价值更高，应合理利用并于祈年大街两侧形成风貌展示界面。

3.加强街区与古都风貌保护区相衔接的公共空间与建筑界面的管控，充分体现对历史原貌的尊重，营造古今交融、和谐过渡的城市风貌。

4.新建建筑应严格按照天坛文物保护单位建设控制地带控制高度，沿天坛北侧用地建筑高度不超过18米。

节点位置

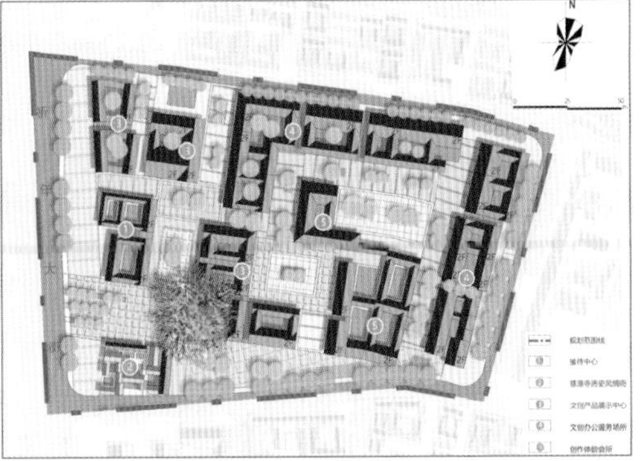

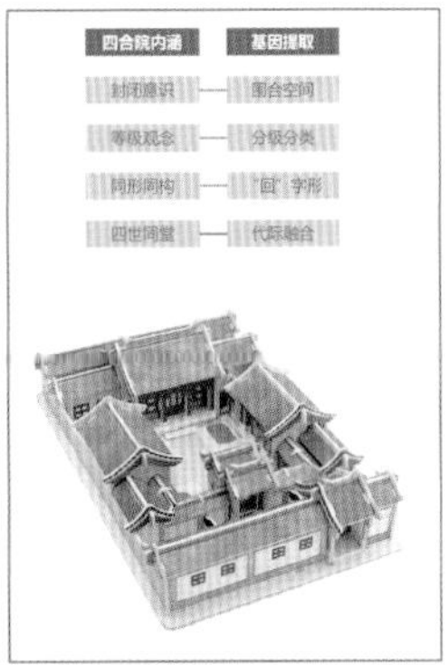

四合院内涵	基因提取
封闭意识	围合空间
等级观念	分级分类
同形同构	"回"字形
四世同堂	代际融合

重点地段土地利用规划

用地规划积极落实《首都功能核心区控制性详细规划(街区层面)(2018年—2035年)》的用地控制要求：规划以居住用地为主。

在此基础上，新增部分公共服务设施用地和公园绿地，满足街区内居民的生活服务和公共交往需求。

用地性质	用地面积 /hm²	占比 /(%)
二类居住用地	4.6	11.5
零售商业用地	3.2	8
商务办公用地	6.1	15.25
公共服务设施用地	5.4	13.5
保护区用地	15.6	39
公园绿地	1.5	3.75
道路用地	3.6	9
总计	40	100

重点地段道路交通规划引导

基地内道路分为城市道路和街巷胡同两类。

珠市口东大街、崇文门外大街为主干道，红线宽度分别为60m、64m，沿街建筑后退分别为7m、5m。天坛路和祈年大街为次干道，道路红线宽度分别为36m、40m，沿街建筑后退分别为7m、5m。

东晓市街为基地功能主轴，道路性质以商业服务为主，街巷宽度为9m，鼓励骑行、步行等慢行交通方式，促进人群交往。西园子街、清华街、清晓街、校磁路、兴旺胡同、西园子一二四巷、校西巷等街巷主要承担生活服务职能，街巷宽度为6m，满足消防车通过，鼓励慢行交通。祈庙巷以商业服务为主，街巷宽度为6m。龙须沟路以景观休闲功能为主，街巷宽度为6m，鼓励慢行交通。其他街巷以生活服务职能为主，街巷宽度2m，限制车行，以步行为主要交通方式。

道路交通规划引导图

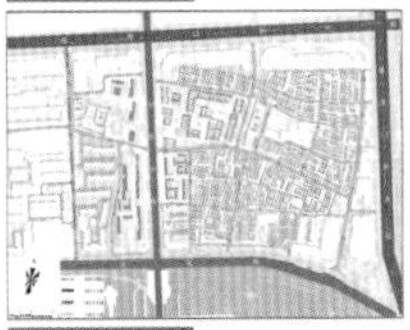

慢行系统规划引导图

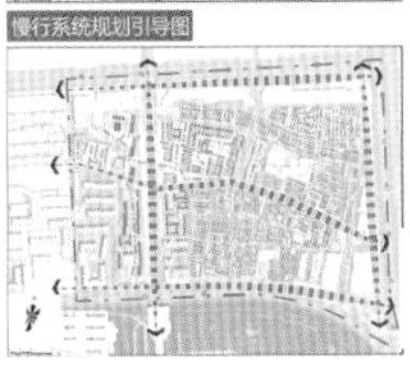

道路名称	街巷性质	街道宽度
东晓市街	商业服务	9m
西园子街	生活服务	6m
清华街	生活服务	6m
清晓街	生活服务	6m
校磁路	生活服务	6m
龙须沟路	景观休闲	6m
兴旺胡同	生活服务	6m
西园子一巷	生活服务	6m
西园子二巷	生活服务	6m
西园子四巷	生活服务	6m
校西巷	生活服务	6m
祈庙巷	商业服务	6m
其他街巷	生活服务	2m

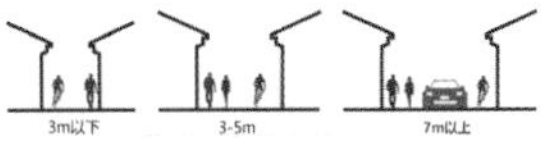

3m以下　3-5m　7m以上

祈年大街西侧立面示意图

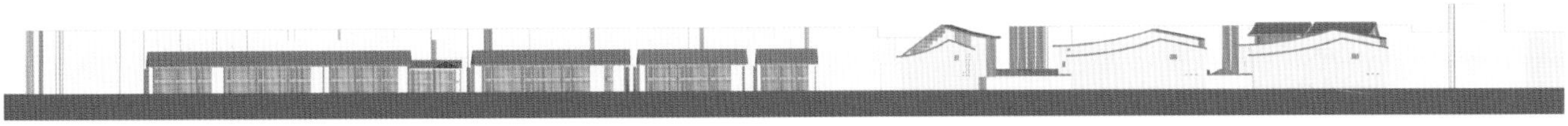

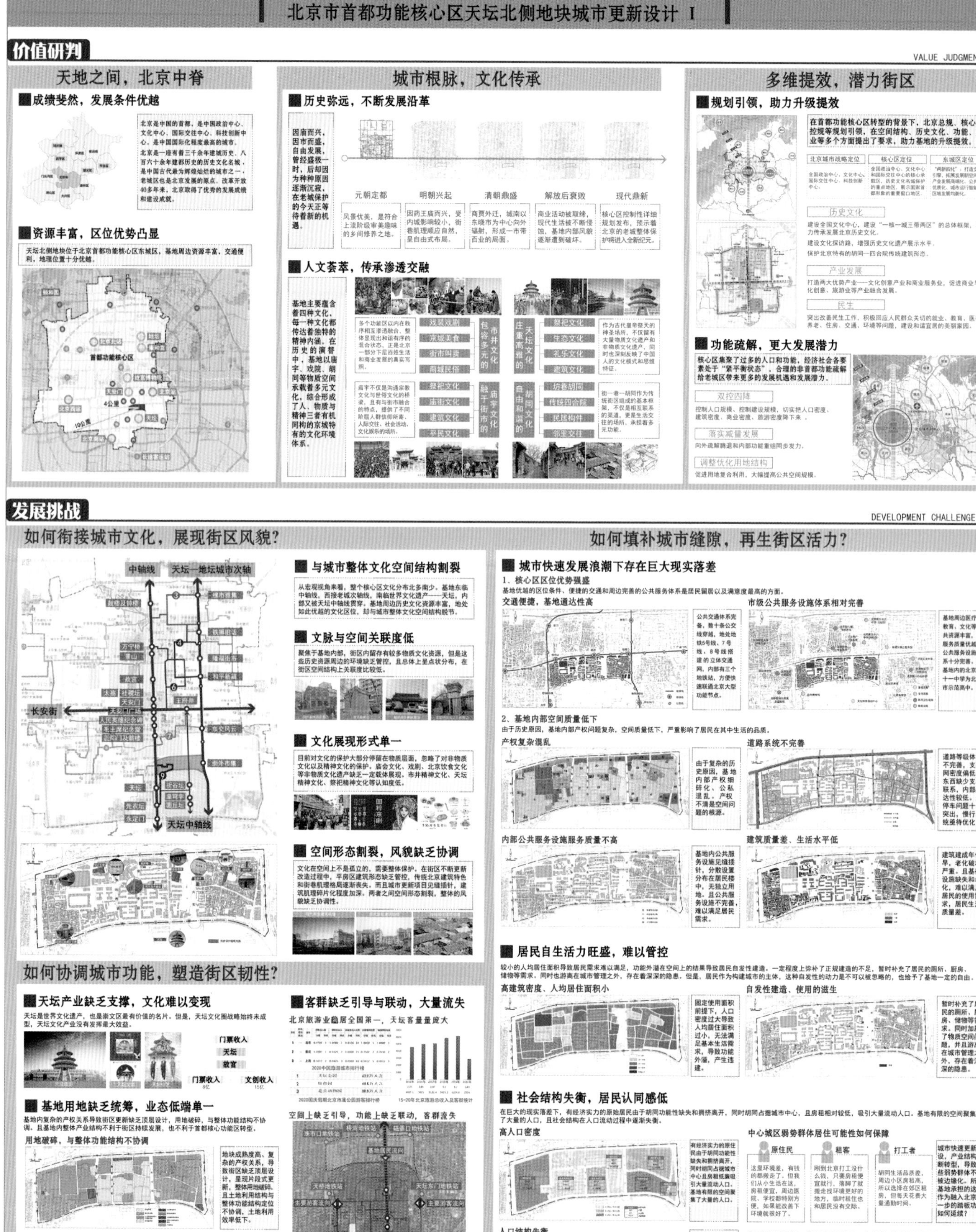
坛庙寻市，黎庶新生
北京市首都功能核心区天坛北侧地块城市更新设计 I
价值研判
VALUE JUDGMENT
天地之间，北京中脊
成绩斐然，发展条件优越
资源丰富，区位优势凸显
城市根脉，文化传承
历史弥远，不断发展沿革
元朝定都
明朝兴起
清朝鼎盛
解放后衰败
现代鼎新
人文荟萃，传承渗透交融
多维提效，潜力街区
规划引领，助力升级提效
功能疏解，更大发展潜力
发展挑战
DEVELOPMENT CHALLENGES
如何衔接城市文化，展现街区风貌？
中轴线
天坛—地坛城市次轴
长安街
天坛中轴线
与城市整体文化空间结构割裂
文脉与空间关联度低
文化展现形式单一
空间形态割裂，风貌缺乏协调
如何填补城市缝隙，再生街区活力？
城市快速发展浪潮下存在巨大现实落差
交通便捷，基地通达性高
市级公共服务设施体系相对完善
产权复杂混乱
道路系统不完善
内部公共服务设施服务质量不高
建筑质量差、生活水平低
居民自生活力旺盛，难以管控
高建筑密度、人均居住面积小
自发性建造、使用的滋生
社会结构失衡，居民认同感低
高人口密度
中心城区弱势群体居住可能性如何保障
原住民
租客
打工者
人口结构失衡
人口教育结构失衡
人口年龄结构失衡
人口经济结构失衡
街区精神瓦解，居民认同感低，与周边社会隔离严重
如何协调城市功能，塑造街区韧性？
天坛产业缺乏支撑，文化难以变现
门票收入
文创收入
天坛
故宫
客群缺乏引导与联动，大量流失
北京旅游业稳居全国第一，天坛客量量庞大
基地用地缺乏统筹，业态低端单一
用地破碎，与整体功能布局不协调
功能业态单一，特色不鲜明
空间上缺乏引导，功能上缺乏联动，客群流失

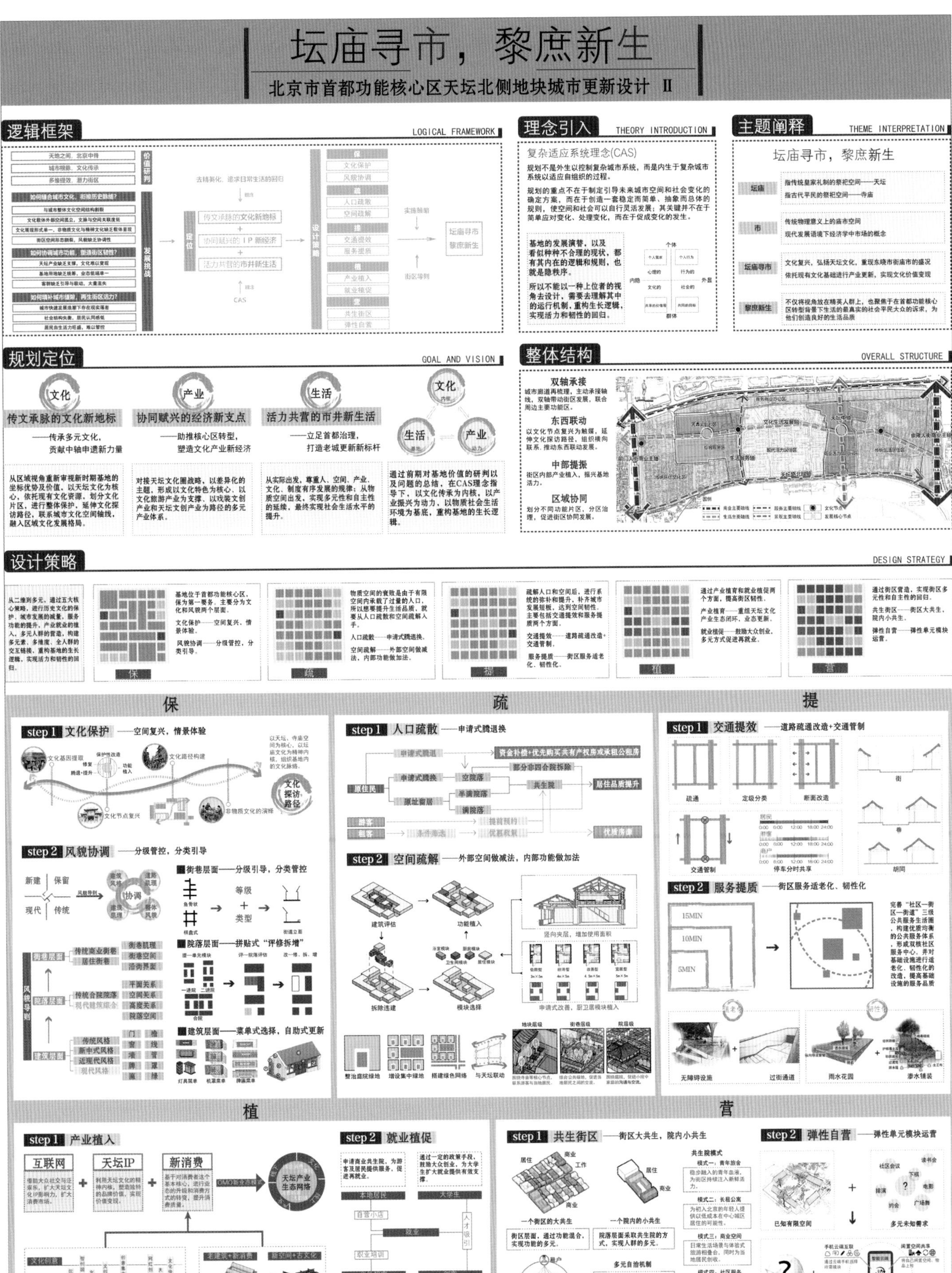

坛庙寻市，黎庶新生
北京市首都功能核心区天坛北侧地块城市更新设计 Ⅱ
逻辑框架
LOGICAL FRAMEWORK
天地之间，北京中轴
城市根脉，文化传承
多维提效，潜力街区
价值研判
发展挑战
定位
设计策略
传文承脉的文化新地标
协同赋兴的IP新经济
活力共营的市井新生活
坛庙寻市
黎庶新生
理念引入
THEORY INTRODUCTION
复杂适应系统理念(CAS)
规划不是外生以控制复杂城市系统，而是内生于复杂城市系统以适应自组织的过程。
规划的重点不在于制定引导未来城市空间和社会变化的确定方案，而在于创造一套稳定而简单、抽象而总体的规则，使空间和社会可以自行灵活发展；其关键并不在于简单应对变化、处理变化，而在于促成变化的发生。
基地的发展演替，以及看似种种不合理的现状，都有其内在的逻辑和规则，也就是隐秩序。
所以不能以一种上位者的视角去设计，需要去理解其中的运行机制，重构生长逻辑，实现活力和韧性的回归。
主题阐释
THEME INTERPRETATION
坛庙寻市，黎庶新生
坛庙
指传统皇家礼制的祭祀空间——天坛
指古代平民的祭祀空间——寺庙
市
传统物理意义上的庙市空间
现代发展语境下经济学中市场的概念
坛庙寻市
文化复兴，弘扬天坛文化，重现东晓市街庙市的盛况
依托现有文化基础进行产业更新，实现文化价值变现
黎庶新生
不仅将视角放在精英人群上，也聚焦于在首都功能核心区转型背景下生活的最真实的社会平民大众的诉求，为他们创造良好的生活品质
规划定位
GOAL AND VISION
文化
产业
生活
传文承脉的文化新地标
——传承多元文化，贡献中轴申遗新力量
协同赋兴的经济新支点
——助推核心区转型，塑造文化产业新经济
活力共营的市井新生活
——立足首都治理，打造老城更新新标杆
从区域视角重新审视新时期基地的坐标优势及价值，以天坛文化为核心，依托现有文化资源，划分文化片区，进行整体保护，延伸文化探访路径，联系城市文化空间轴线，融入区域文化发展格局。
对接天坛文化圈战略，以差异化的主题，形成以文化特色为核心，以文化旅游产业为支撑，以戏装文创产业和天坛文创产业为路径的多元产业体系。
从实际出发，尊重人、空间、产业、文化、制度有序发展的规律；从物质空间出发，实现多元性和自主性的延续，最终实现社会生活水平的提升。
通过前期对基地价值的研判以及问题的总结，在CAS理念指导下，以文化传承为内核，以产业振兴为动力，以物质社会生活环境为基底，重构基地的生长逻辑。
整体结构
OVERALL STRUCTURE
双轴承接
城市廊道再梳理，主动承接轴线，双轴带动街区发展，联合周边主要功能区。
东西联动
以文化节点复兴为触媒，延伸文化探访路径，组织横向联系，推动东西联动发展。
中部提振
街区内部产业植入，振兴基地活力。
区域协同
划分不同功能片区，分区治理，促进街区协同发展。
设计策略
DESIGN STRATEGY
从二维到多元，通过五大核心策略，进行历史文化的保护、城市发展的减量、服务功能的提升、产业就业的植入、多元人群的营造，构建多元素、多维度、全人群的交互链接，重构基地的生长逻辑，实现活力和韧性的回归。
保
疏
提
植
营
保
step 1 文化保护——空间复兴，情景体验
step 2 风貌协调——分级管控，分类引导
街巷层面——分级引导，分类管控
院落层面——拼贴式“评修拆增”
建筑层面——菜单式选择，自助式更新
疏
step 1 人口疏散——申请式腾退换
step 2 空间疏解——外部空间做减法，内部功能做加法
提
step 1 交通提效——道路疏通改造+交通管制
step 2 服务提质——街区服务适老化、韧性化
植
step 1 产业植入
互联网
天坛IP
新消费
天坛产业生态网络
step 2 就业植促
营
step 1 共生街区——街区大共生，院内小共生
step 2 弹性自营——弹性单元模块运营

坛庙寻市，黎庶新生

北京市首都功能核心区天坛北侧地块城市更新设计 Ⅲ

总平面图 1:1500

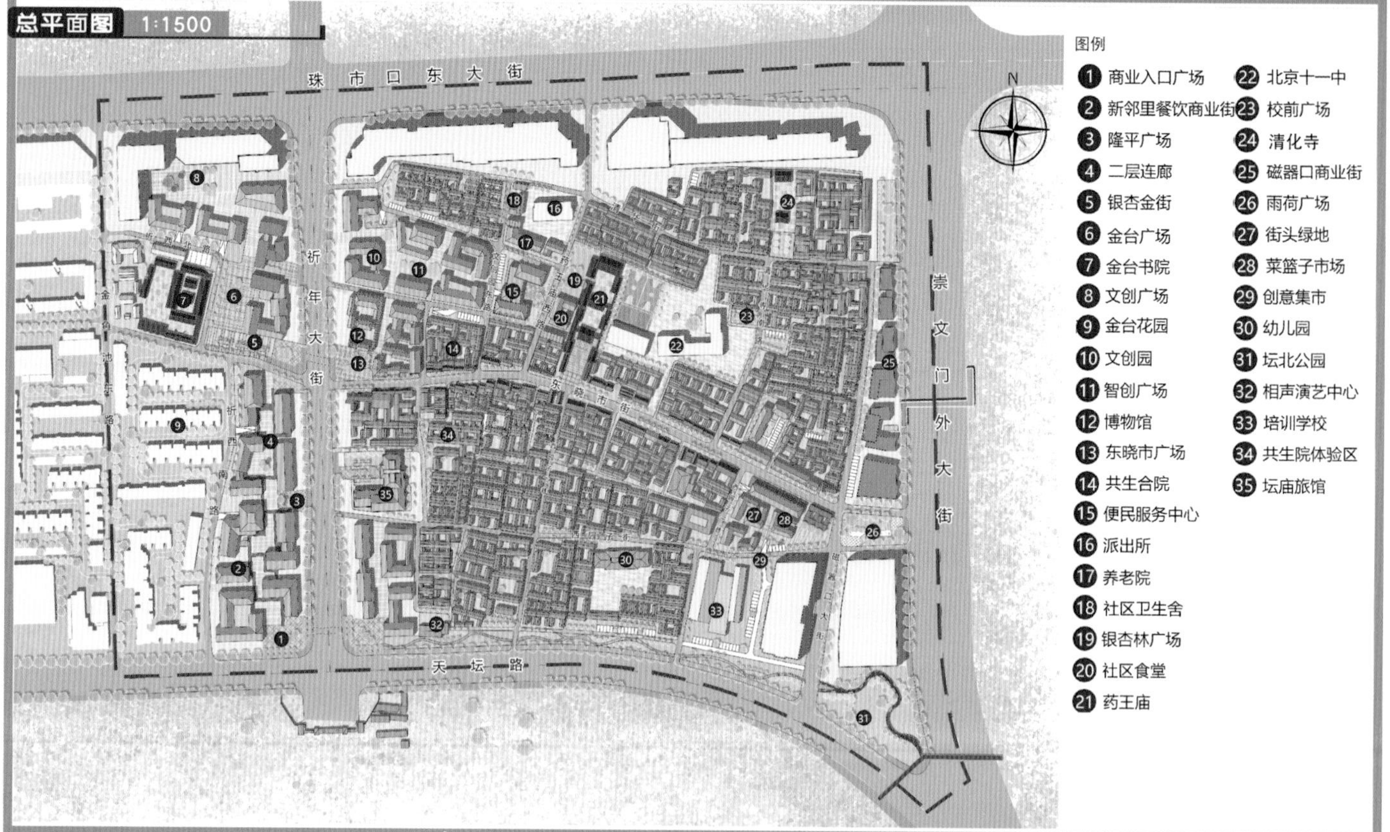

珠市口东大街　祈年大街　东晓市街　崇文门外大街　天坛路　祈西南路

图例

1 商业入口广场
2 新邻里餐饮商业街
3 隆平广场
4 二层连廊
5 银杏金街
6 金台广场
7 金台书院
8 文创广场
9 金台花园
10 文创园
11 智创广场
12 博物馆
13 东晓市广场
14 共生合院
15 便民服务中心
16 派出所
17 养老院
18 社区卫生舍
19 银杏林广场
20 社区食堂
21 药王庙
22 北京十一中
23 校前广场
24 清化寺
25 磁器口商业街
26 雨荷广场
27 街头绿地
28 菜篮子市场
29 创意集市
30 幼儿园
31 坛北公园
32 相声演艺中心
33 培训学校
34 共生院体验区
35 坛庙旅馆

规划结构

规划结构

规划以祈年大街为主轴发展文化商业，同时打通东晓市街坛庙寻市生活主轴，以庙宇等文化节点为中心，形成文化探访路径；以药王庙和西园子四巷为路径，形成两条公共服务轴；多节点活力韧性激发。形成"一轴访古今，四心拥古城，三脉系天地，多点新崇雍"的规划结构。

道路交通结构

规划区内主次干路采用"小街区，密路网"布局，共形成"两横两纵"的城市干道结构系统和"四横五纵"的胡同结构系统。本规划片区在符合国家标准规范的要求的基础上，结合现状道路格局居民出行特点与方式，合理确定道路走向与断面形式，完善道路等级。内部恢复胡同特色街道传统肌理，通过街巷环境整治，在提升胡同通行效率的同时，最大限度地保留片区风貌。并且通过地下停车为主，地面停车为辅的途径，解决基地内的停车问题。

公服设施结构

派出所、文化站、消防站等区域性公共设施按片区规划要求控制用地位置与规模，区内主要公建、托幼、小学、中学等公共服务配套设施，原则上根据人口规模，结合绿地与步行交通系统布置。规划区外围对规划区影响较大的配套设施包括北京市第九十六中学、北京同仁堂医院等，在规划中对这些影响因素应予以充分考虑。

景观系统结构

以充分利用现状景观资源和提升片区生活品质为原则，在规划区内形成"五横七纵"网状绿地系统结构，促进天坛生态向基地内渗透。通过公共活动空间的着重塑造，结合绿地与步行交通系统布置，提高绿地系统的使用率和改善公共活动空间环境，挖掘环境增值效益，为形成片区内宜人的步行环境创造条件。通过控制高层标志性景观建筑区、低层特色景观建筑区，公园、公共空间节点和景观视线通廊，形成富有片区特色的天际轮廓线。

祈年大街西立面

规划分析

规划用地分析

规划确定本片区建设用地总量为40.08公顷，片区开发总量控制在150万平方米以内。

建筑改造分析

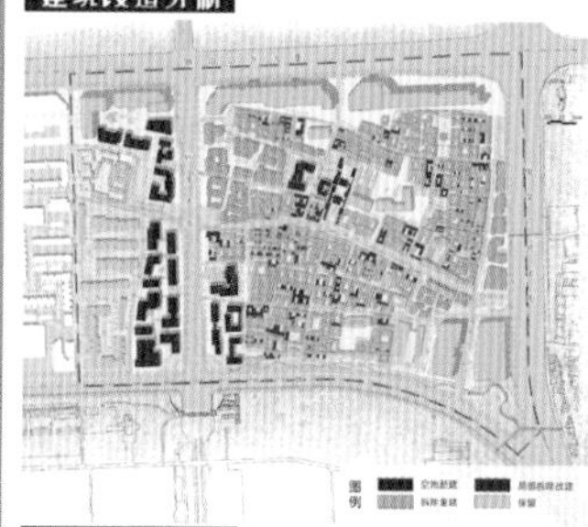

以较小的改造动作实现更大的效益。综合建筑区位、资源条件等，综合判断建筑处置方式，针对核心活力节点周边进行重点设计和改造，实现整体环境质量提升。

空地新建——在空地上新增加的建筑，主要在西侧祈西危改空地地区；
拆除重建——城市更新单元，主要为文创产业园片区和东侧现代商务地区；
加建扩建、局部拆建——复合更新地块中的新建建筑，主要为整合四合院中采取的局部改建等；
保留——保留的原有建筑。

功能分区分析

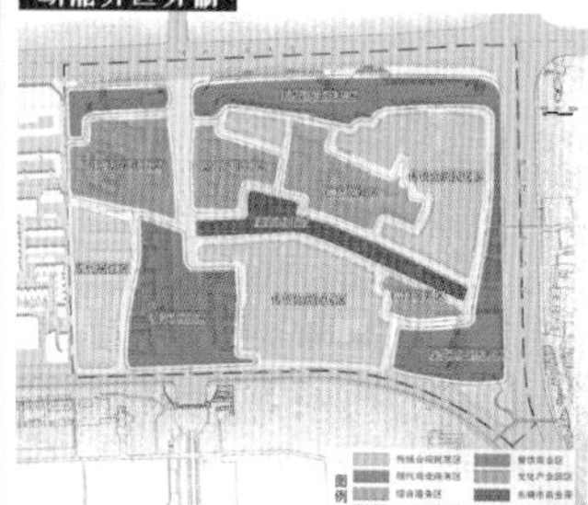

餐饮商业区：以祈年大街为轴线建设商业餐饮片区，延续东晓市商业活动的传承。
传统合院民居区：对四合院落进行重新梳理和品质提升，以居住为主要功能布置共生院落。
文创产业园区：结合天坛庙宇和传统民间庙宇布置文创产业片区，提供岗位和商业产值。
庙市商业带：结合东晓市街两侧分布建设袋装商业区，为居民和外来游客提供商业服务。
综合服务区：结合特有文化符号集中布置服务设施，为街区居民提供便利服务。
现代商业商务区：保留现代风貌商务办公建筑，形成连续的商务功能片区。
现代居住区：结合现有居住布置形成现代风貌活力生活区。
天坛文化商业区：以天坛为核心打造文化中心，提供文化与商业结合的周边文化商业中心。

规划主要项目一览表

序号	项目名称	规划功能	占地面积 / hm²	开发模式
01	新邻里商业街区南段	零售商业、餐饮业、体验式商业购物	1.79	市场主导新建
02	旅馆建设	旅馆、商业	0.44	政府主导的共建运营
03	文化创意园区	文化展示、创意产业、公共服务	1.60	政府资源新建
04	共生院改造	居住、商业	2.31	社区自发改造
05	四合院品质提升	居住	15.51	综合整治
06	磁器口商业街	商务办公、商业休闲娱乐	0.71	政府资源新建
07	东晓市商业街	零售商业、体验式商业购物	2.24	新旧结合的商业开发
08	坛庙文化中心	广场、服务业	0.18	政府资源新建
09	新邻里商业街区北段	商业、文化	2.21	政府主导的共建运营
10	药王庙庙宇恢复	文化、文创	0.77	政府主导的综合整治

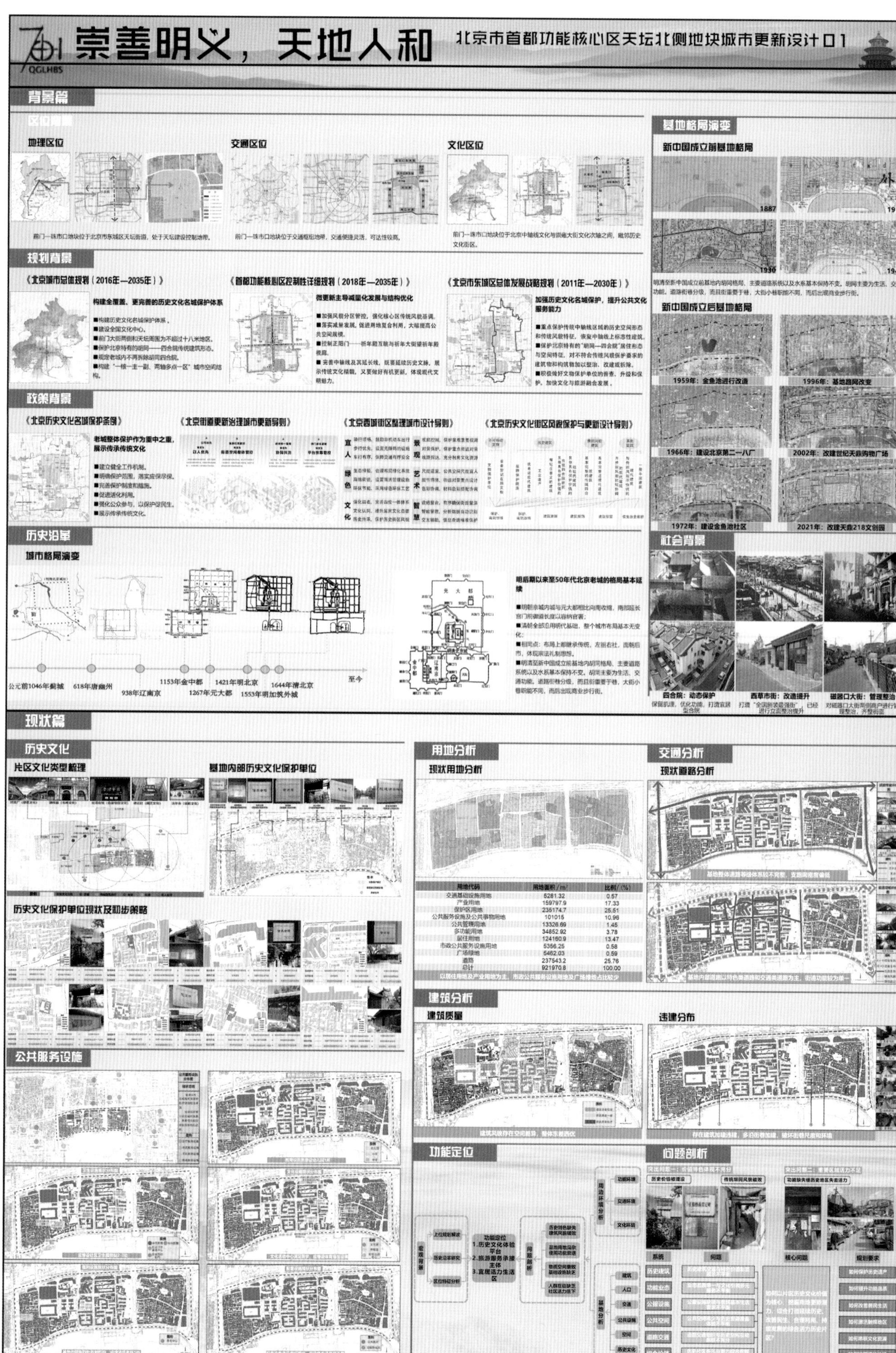

用地代码	用地面积/m²	比例/(%)
交通基础设施用地	5281.32	0.57
产业用地	159797.9	17.33
保护区用地	235174.7	25.51
公共服务设施及公共事物用地	101015	10.96
公共管理用地	13326.69	1.45
多功能用地	34852.92	3.78
居住用地	124160.9	13.47
市政公共服务设施用地	5356.25	0.58
广场绿地	5462.03	0.59
道路	237543.2	25.76
总计	921970.8	100.00

以居住用地及产业用地为主，市政公共服务设施用地及广场绿地占比较少

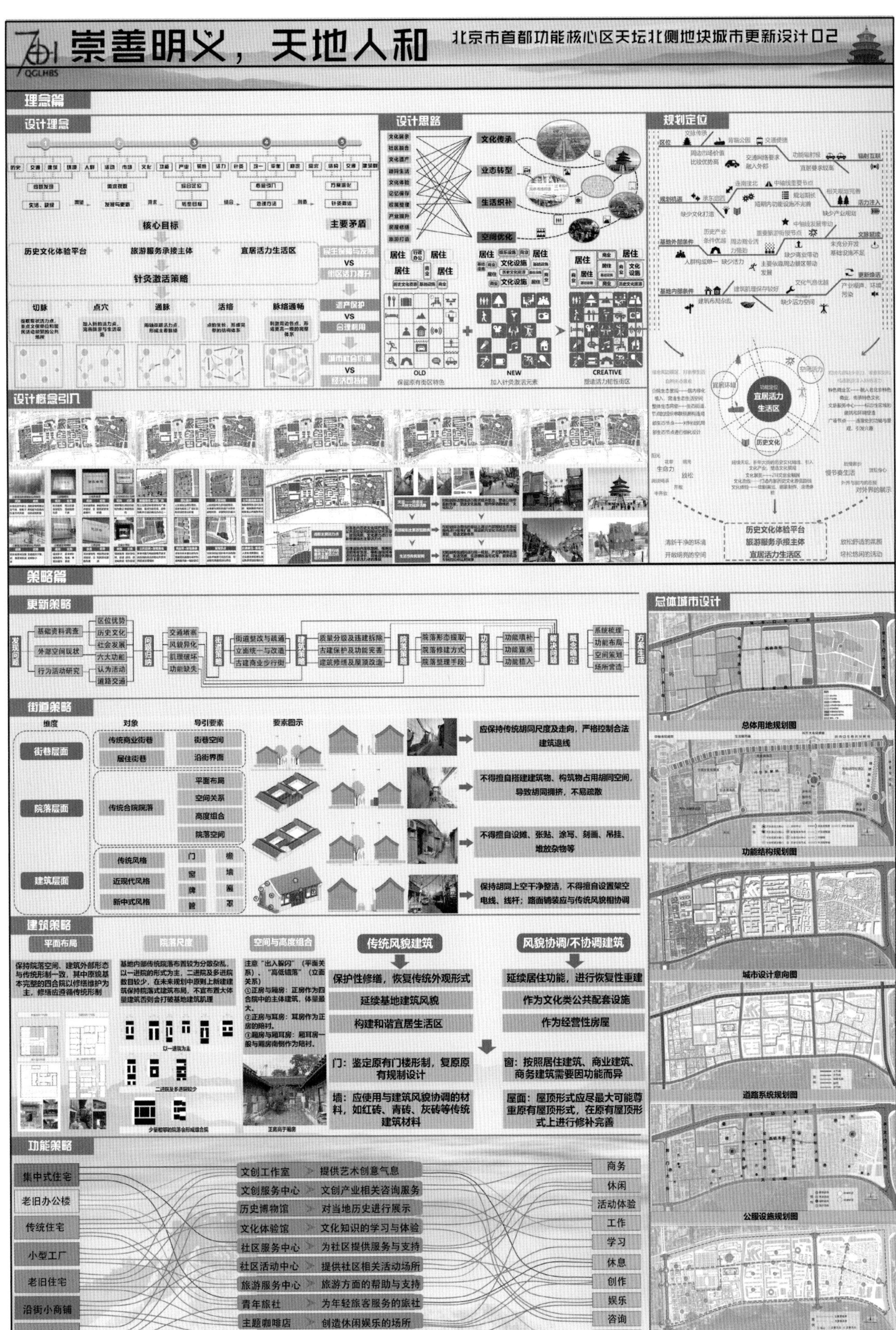

崇善明义，天地人和
北京市首都功能核心区天坛北侧地块城市更新设计 02
理念篇
设计理念
核心目标
历史文化体验平台
旅游服务承接主体
宜居活力生活区
针灸激活策略
切脉
点穴
通脉
活络
脉络通畅
主要矛盾
设计思路
文化传承
业态转型
生活织补
空间优化
OLD
NEW
CREATIVE
保留原有街区特色
加入针灸激活元素
塑造活力和性街区
规划定位
设计概念引入
策略篇
更新策略
发现问题
问题归纳
街道策略
建筑策略
院落策略
功能策略
解决问题
概念确定
方案生成
街道策略
维度
对象
导引要素
要素图示
街巷层面
院落层面
建筑层面
传统商业街巷
居住街巷
传统合院院落
传统风格
近现代风格
新中式风格
应保持传统胡同尺度及走向，严格控制合法建筑退线
不得擅自搭建建筑物、构筑物占用胡同空间，导致胡同拥挤，不易疏散
不得擅自设摊、张贴、涂写、刻画、吊挂、堆放杂物等
保持胡同上空干净整洁，不得擅自设置架空电线、线杆；路面铺装应与传统风貌相协调
建筑策略
平面布局
院落尺度
空间与高度组合
传统风貌建筑
风貌协调/不协调建筑
保护性修缮，恢复传统外观形式
延续基地建筑风貌
构建和谐宜居生活区
延续居住功能，进行恢复性重建
作为文化类公共配套设施
作为经营性房屋
门：鉴定原有门楼形制，复原原有规制设计
墙：应使用与建筑风貌协调的材料，如红砖、青砖、灰砖等传统建筑材料
窗：按照居住建筑、商业建筑、商务建筑需要因功能而异
屋面：屋顶形式应尽最大可能尊重原有屋顶形式，在原有屋顶形式上进行修补完善
功能策略
集中式住宅
老旧办公楼
传统住宅
小型工厂
老旧住宅
沿街小商铺
小型公共建筑
文创工作室 提供艺术创意气息
文创服务中心 文创产业相关咨询服务
历史博物馆 对当地历史进行展示
文化体验馆 文化知识的学习与体验
社区服务中心 为社区提供服务与支持
社区活动中心 提供社区相关活动场所
旅游服务中心 旅游方面的帮助与支持
青年旅社 为年轻旅客服务的旅社
主题咖啡店 创造休闲娱乐的场所
小商品市场 满足有课的购物需求
商务
休闲
活动体验
工作
学习
休息
创作
娱乐
咨询
购物
总体城市设计
总体用地规划图
功能结构规划图
城市设计意向图
道路系统规划图
公服设施规划图
绿地系统规划图

崇善明义，天地人和

北京市首都功能核心区天坛北侧地块城市更新设计 03

QGLHBS

规划篇

总平面图

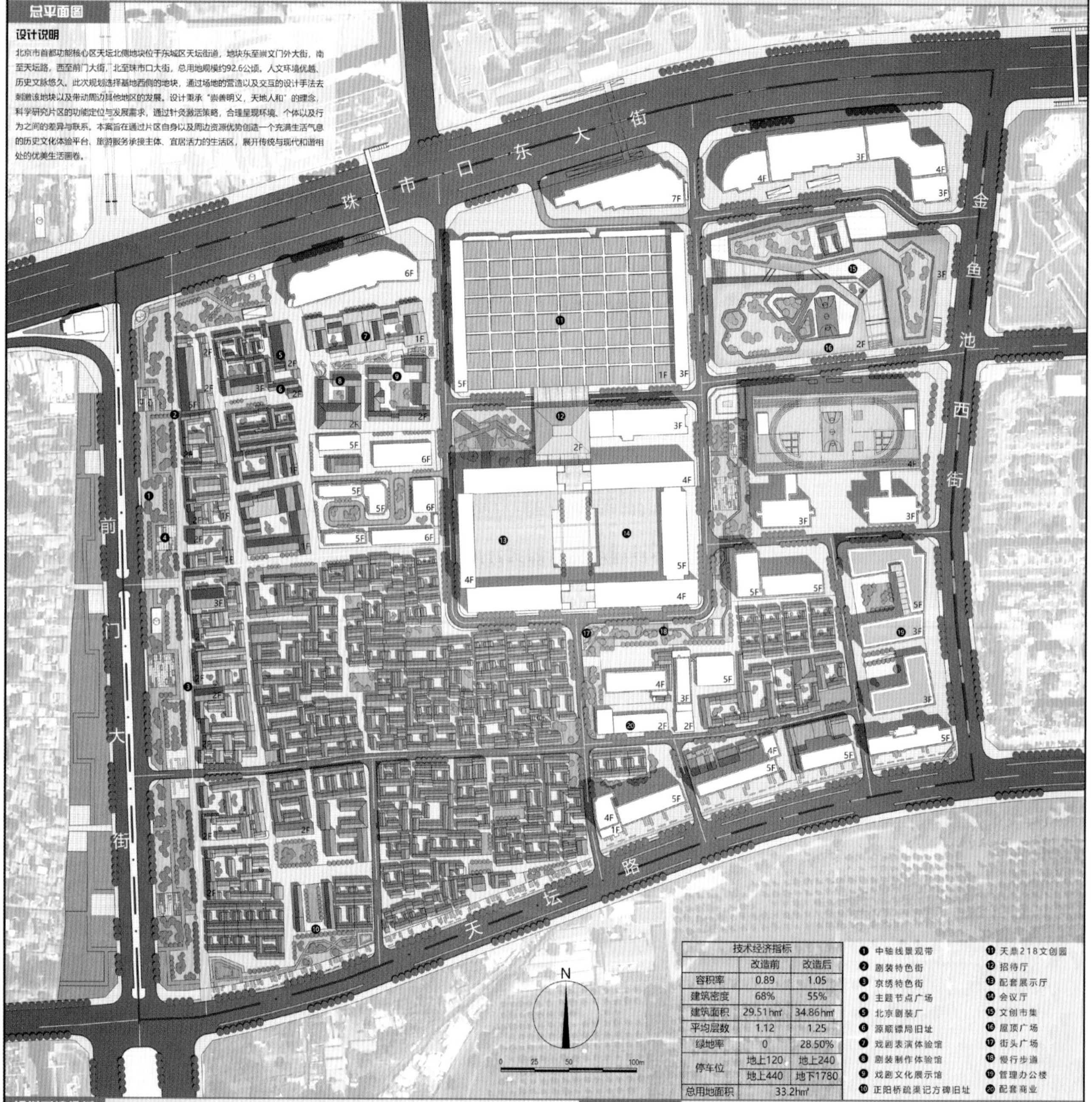

设计说明

北京市首都功能核心区天坛北侧地块位于东城区天坛街道，地块东至崇文门外大街，南至天坛路，西至前门大街，北至珠市口大街，总用地规模约92.6公顷。人文环境优越、历史文脉悠久。此次规划选择基地西侧的地块，通过场地的营造以及交互的设计手法去刺激该地块以及带动周边其他地区的发展。设计秉承"崇善明义，天地人和"的理念，科学研究片区的功能定位与发展需求，通过针灸激活策略，合理呈现环境、个体以及行为之间的差异与联系。本案旨在通过片区自身以及周边资源优势创造一个充满生活气息的历史文化体验平台、旅游服务承接主体、宜居活力的生活区，展开传统与现代和谐相处的优美生活画卷。

技术经济指标		
	改造前	改造后
容积率	0.89	1.05
建筑密度	68%	55%
建筑面积	29.51hm²	34.86hm²
平均层数	1.12	1.25
绿地率	0	28.50%
停车位	地上120	地上240
	地上440	地下1780
总用地面积	33.2hm²	

1. 中轴线景观带
2. 剧装特色街
3. 京绣特色街
4. 主题节点广场
5. 北京剧装厂
6. 源顺镖局旧址
7. 戏剧表演体验馆
8. 剧装制作体验馆
9. 戏剧文化展示馆
10. 正阳桥疏渠记方碑旧址
11. 天鼎218文创园
12. 招待厅
13. 配套展示厅
14. 会议厅
15. 文创市集
16. 屋顶广场
17. 街头广场
18. 慢行步道
19. 管理办公楼
20. 配套商业

规划系统分析

功能结构规划图

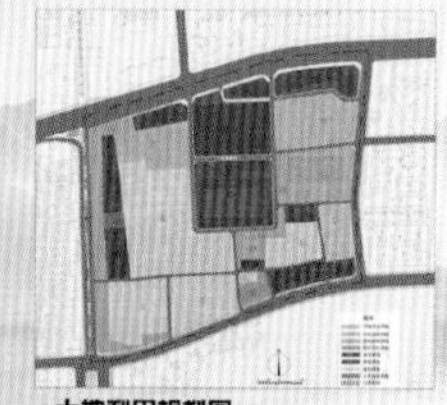

土地利用规划图

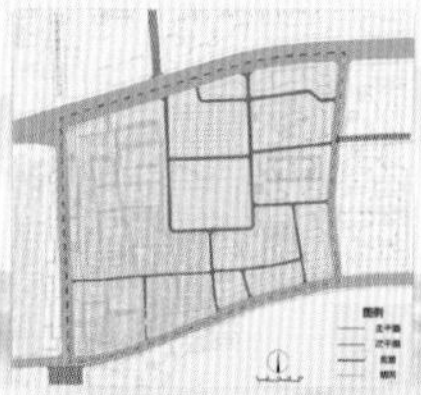

综合交通规划图

地下空间规划图

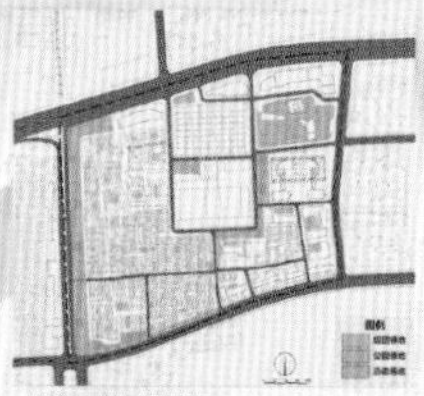

公共空间规划图

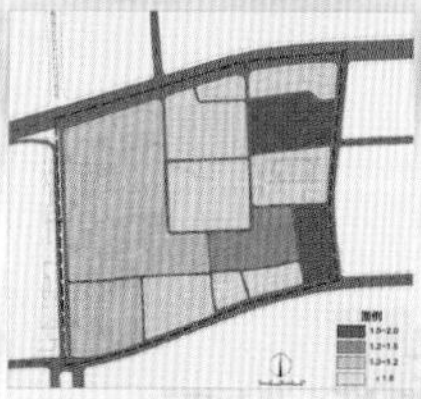

开发强度规划图

规划理念落实

历史文化体验平台　旅游服务承接主体　宜居活力生活区

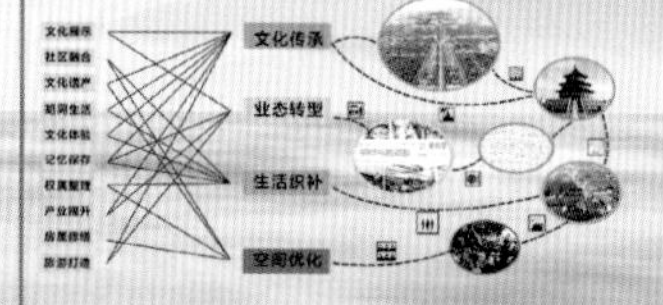

文化传承

- 结合周边具有重要历史文化价值的节点、脉络进行呼应
- 对基地内部存在的文物保护单位和普查登记文物进行修缮维护，有针对性地定制焕活方案

业态转型

- 对西草市街的戏装"产—销—展—体"体系进行构建，使原有单一售卖转型
- 对基地内部产业进行分类划片整理，对同一业态类型或具有密切联系的业态进行设计提升，找准定位

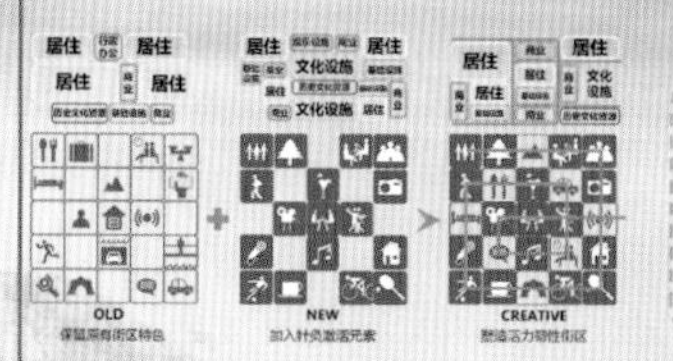

生活织补

- 对基地内部生活区中的公共服务设施缺少或质量较差问题进行整治提升，补齐短板
- 对道路进行统一梳理，科学合理安排停车设施，整治胡同内部违建等影响风貌设施

空间优化

- 对原有建筑肌理进行梳理，在科学合理分析的前提下对建筑空间进行提升
- 对基地内部部分重点空间进行单独设计，提出定制设计方案，以点带面地激活基地活力

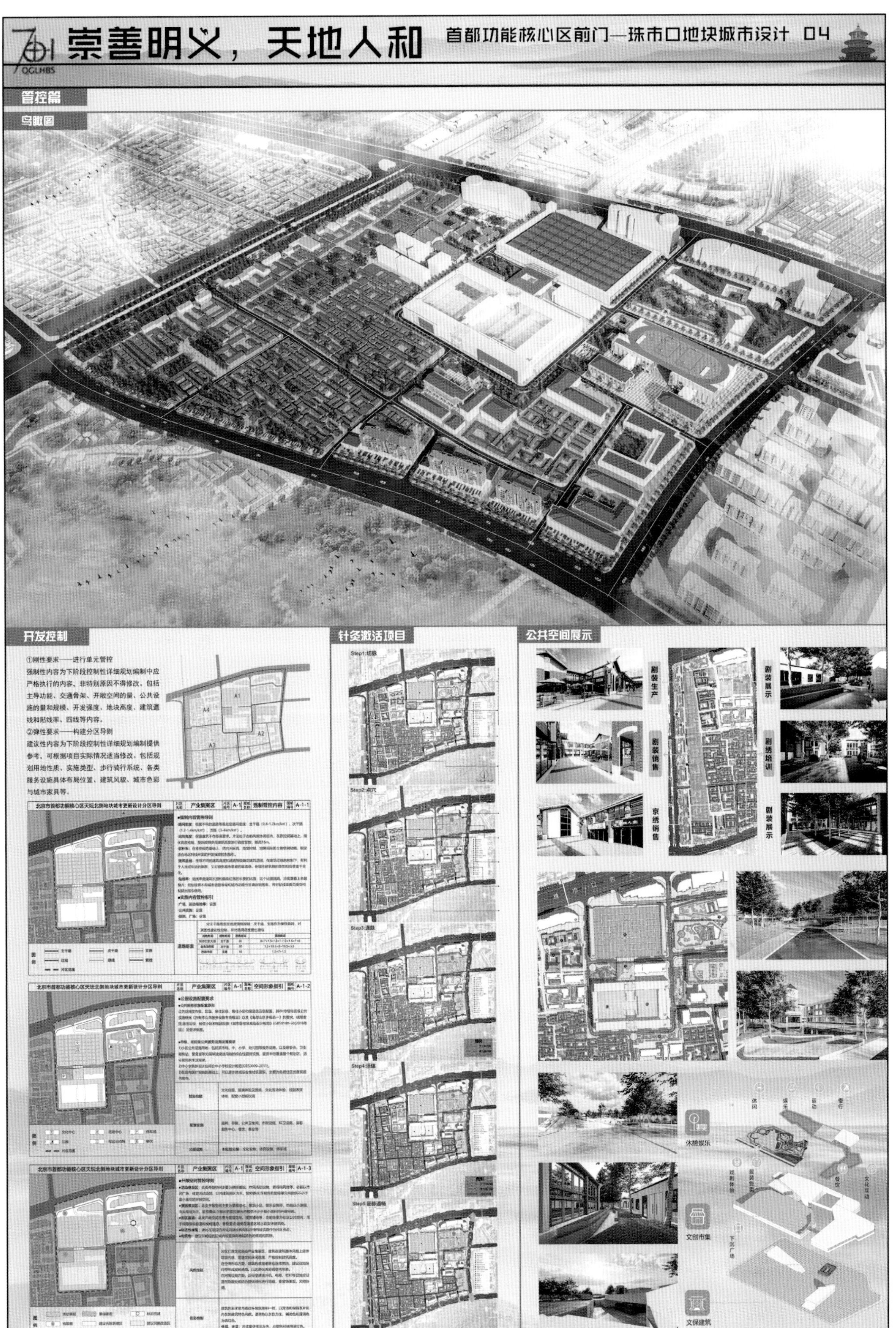
崇善明义，天地人和
首都功能核心区前门—珠市口地块城市设计 04
QGLHBS
管控篇
鸟瞰图
开发控制
①刚性要求——进行单元管控
强制性内容为下阶段控制性详细规划编制中应严格执行的内容，非特别原因不得修改。包括主导功能、交通骨架、开敞空间的量、公共设施的量和规模、开发强度、地块高度、建筑退线和贴线率、四线等内容。
②弹性要求——构建分区导则
建议性内容为下阶段控制性详细规划编制提供参考，可根据项目实际情况适当修改。包括规划用地性质、实施类型、步行骑行系统、各类服务设施具体布局位置、建筑风貌、城市色彩与城市家具等。
北京市首都功能核心区天坛北侧地块城市更新设计分区导则
产业集聚区
强制管控内容
空间形象指引
A-1-1
A-1-2
A-1-3
针灸激活项目
Step1:切脉
Step2:点穴
Step3:通路
Step4:活络
Step5:全龄通畅
公共空间展示
剧装生产
剧装销售
京绣销售
剧装展示
剧绣培训
剧装展示
休闲娱乐
文创市集
文保建筑
休闲
娱乐
运动
餐行
文化传动
下沉广场

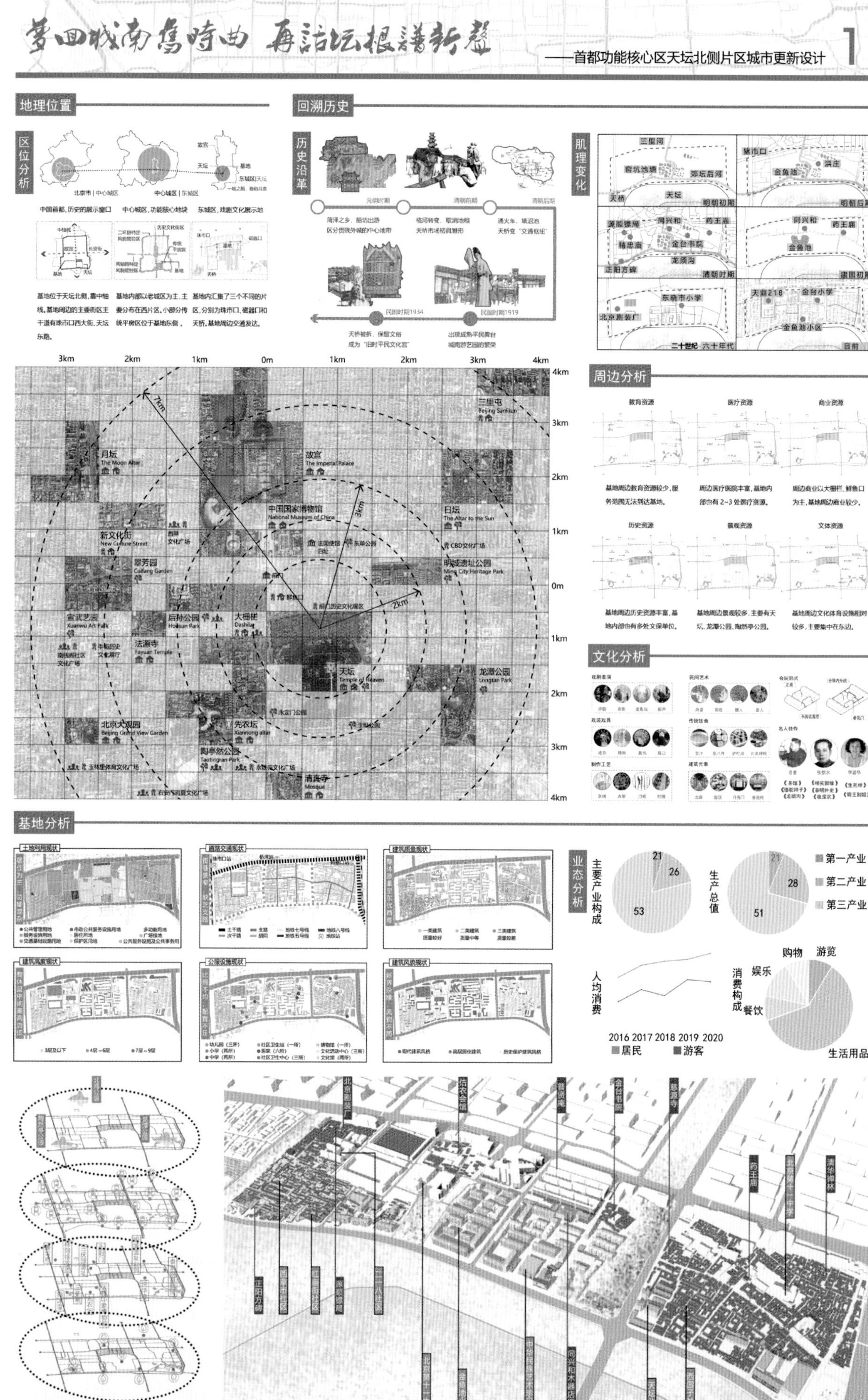

梦回城南旧时曲 再话坛根谱新声
——首都功能核心区天坛北侧片区城市更新设计
1
地理位置
区位分析
中国首都，历史的展示窗口
中心城区，功能核心地块
东城区，戏剧文化展示地
基地位于天坛北侧，靠中轴线，基地周边的主要街区主干道有珠市口西大街、天坛东路。
基地内部以老城区为主，主要分布在西片区，小部分传统平房区位于基地东侧。
基地内汇集了三个不同的片区，分别为珠市口、磁器口和天桥，基地周边交通发达。
回溯历史
历史沿革
元明时期
清朝前期
清朝后期
民国时期1934
民国时期1919
肌理变化
明朝初期
明朝后期
清朝时期
建国初期
二十世纪 六十年代
目前
周边分析
教育资源
医疗资源
商业资源
历史资源
景观资源
文体资源
基地周边教育资源较少，服务范围无法到达基地。
周边医疗资源丰富，基地内部也有2~3处医疗资源。
周边商业以大栅栏、鲜鱼口为主，基地周边商业较少。
基地周边历史资源丰富，基地内部也有多处文保单位。
基地周边景观较多，主要有天坛、龙潭公园、陶然亭公园。
基地周边文化体育设施相对较多，主要集中在东边。
文化分析
故宫 The Imperial Palace
中国国家博物馆 National Museum of China
月坛 The Moon Altar
日坛 The Altar to the Sun
三里屯 Beijing Sanlitun
新文化街 New Culture Street
翠芳园 Cuifang Garden
明城墙遗址公园 Ming City Heritage Park
宣武艺园 Xuanwu Art Park
后孙公园 Housun Park
大栅栏 Dashilar
法源寺 Fayuan Temple
天坛 Temple of Heaven
龙潭公园 Longtan Park
北京大观园 Beijing Grand View Garden
先农坛 Xiannong altar
陶然亭公园 Taotingran Park
清真寺 Mosque
基地分析
土地利用现状
道路交通现状
建筑质量现状
建筑高度现状
公服设施现状
建筑风貌现状
业态分析
主要产业构成
生产总值
第一产业
第二产业
第三产业
人均消费
2016 2017 2018 2019 2020
居民
游客
消费构成
购物
游览
娱乐
餐饮
生活用品

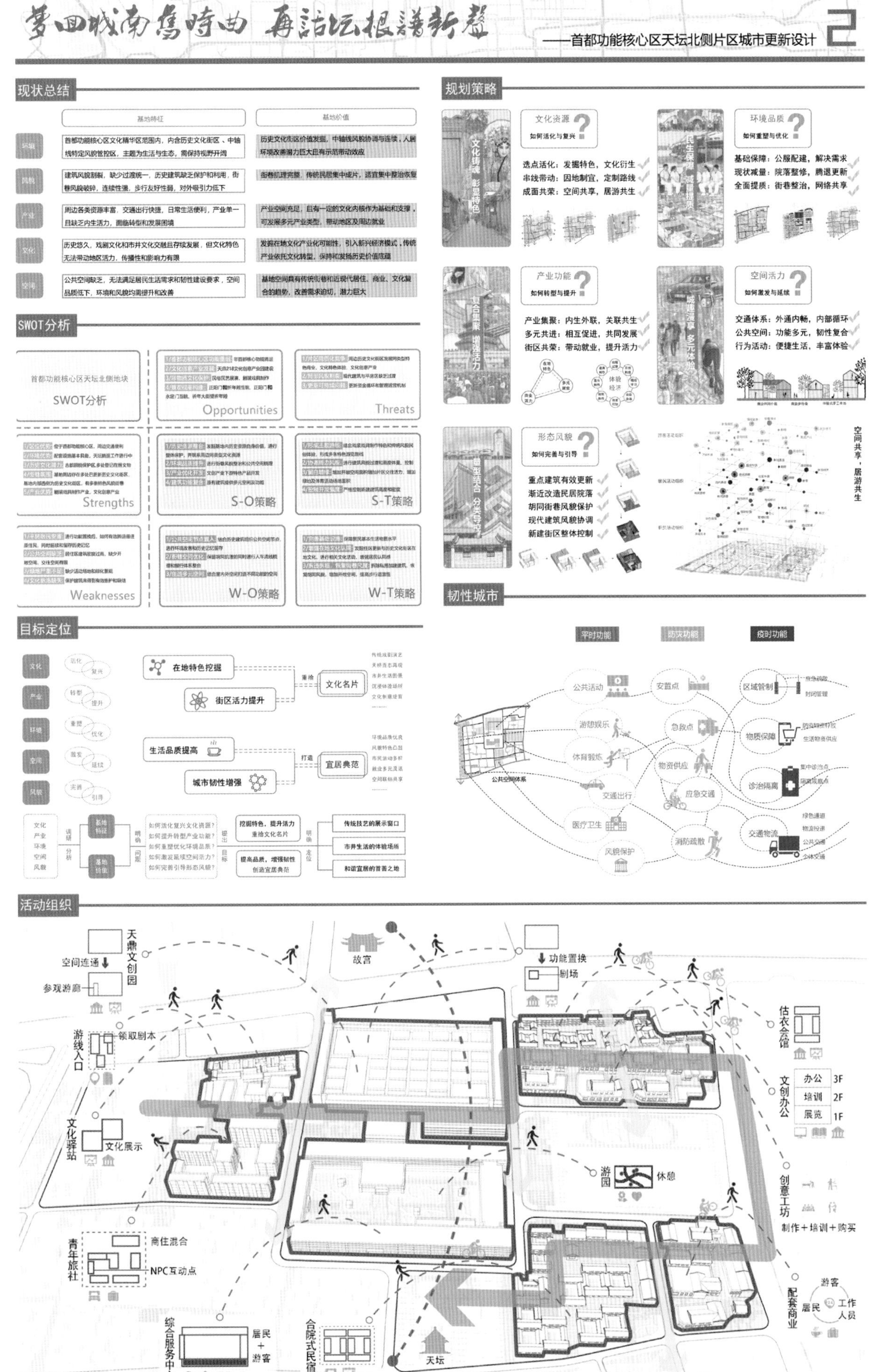
梦回城南旧时曲 再话坛根谱新声
——首都功能核心区天坛北侧片区城市更新设计
2
现状总结
基地特征
基地价值
首都功能核心区文化精华区范围内，内含历史文化街区、中轴线特定风貌管控区，主题为生活与生态，需保持视野开阔
历史文化区位价值突出，中轴线风貌协调与连续，人居环境改善潜力巨大且有示范带动效应
建筑风貌割裂，缺少过渡统一，历史建筑缺乏保护和利用，街巷风貌破碎，连续性差，步行友好性弱，对外吸引力低下
街巷肌理完整，传统民居集中成片，适宜集中整治恢复
周边各类资源丰富，交通出行快捷，日常生活便利，产业单一且缺乏内生活力，面临转型和发展困境
产业空间充足，且有一定的文化内核作为基础和支撑，可发展多元产业类型，带动地区及周边就业
历史悠久，戏剧文化和市井文化交融且存续发展，但文化特色无法带动地区活力，传播性和影响力有限
发扬在地文化产业化可能性，引入新兴经济模式，传统产业依托文化转型，保持和发扬历史价值底蕴
公共空间缺乏，无法满足居民生活需求和韧性建设要求，空间品质低下，环境和风貌均需提升和改善
基地空间具有传统街巷和近现代居住、商业、文化复合的趋势，改善需求迫切，潜力巨大
SWOT分析
首都功能核心区天坛北侧地块
SWOT分析
Opportunities
Threats
Strengths
S-O策略
S-T策略
Weaknesses
W-O策略
W-T策略
目标定位
文化
产业
环境
空间
风貌
在地特色挖掘
街区活力提升
文化名片
生活品质提高
城市韧性增强
宜居典范
如何活化复兴文化資源？
如何提升转型产业功能？
如何重塑优化环境品质？
如何激发延续空间活力？
如何完善引导形态风貌？
挖掘特色，提升活力
重拾文化名片
提高品质，增强韧性
创造宜居典范
传统技艺的展示窗口
市井生活的体验场所
和谐宜居的首善之地
规划策略
文化资源
如何活化与复兴
选点活化：发掘特色，文化衍生
串线带动：因地制宜，定制路线
成面共荣：空间共享，居游共生
环境品质
如何重塑与优化
基础保障：公服配建，解决需求
现状减量：院落整修，腾退更新
全面提质：街巷整治，网络共享
产业功能
如何转型与提升
产业集聚：内生外联，关联共生
多元共进：相互促进，共同发展
街区共荣：带动就业，提升活力
空间活力
如何激发与延续
交通体系：外通内畅，内部循环
公共空间：功能多元，韧性复合
行为活动：便捷生活，丰富体验
形态风貌
如何完善与引导
重点建筑有效更新
渐近改造民居院落
胡同街巷风貌保护
现代建筑风貌协调
新建街区整体控制
空间共享，居游共生
韧性城市
平时功能
防灾功能
疫时功能
公共活动
安置点
区域管制
游憩娱乐
急救点
物资保障
体育锻炼
物资供应
诊治隔离
交通出行
应急交通
医疗卫生
消防疏散
交通物流
风貌保护
公共空间体系
活动组织
天鼎文创园
空间连通
参观游廊
故宫
功能置换
剧场
游线入口
领取剧本
估衣会馆
文创办公
办公 3F
培训 2F
展览 1F
文化驿站
文化展示
游园
休憩
创意工坊
制作+培训+购买
青年旅社
商住混合
NPC互动点
配套商业
游客
居民
工作人员
综合服务中心
居民
+
游客
合院式民宿
天坛

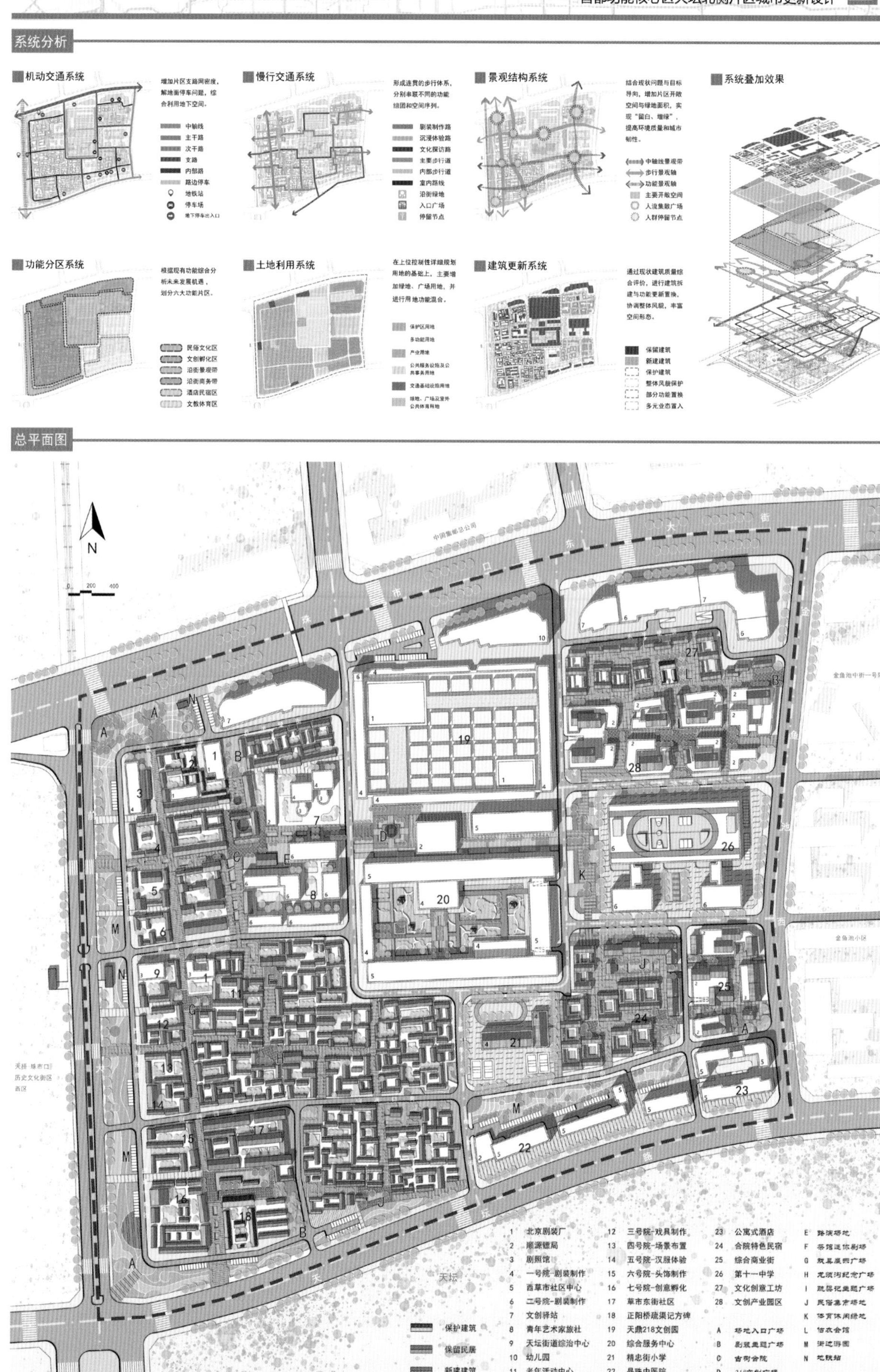
——首都功能核心区天坛北侧片区城市更新设计
3
系统分析
机动交通系统
增加片区支路网密度，解地面停车问题，综合利用地下空间。
中轴线
主干路
次干路
支路
内部路
路边停车
地铁站
停车场
地下停车出入口
慢行交通系统
形成连贯的步行体系，分别串联不同的功能组团和空间序列。
剧装制作路
沉浸体验路
文化探访路
主要步行道
内部步行道
室内路线
沿街绿地
入口广场
停留节点
景观结构系统
结合现状问题与目标导向，增加片区开敞空间与绿地面积，实现“留白、增绿”，提高环境质量和城市韧性。
中轴线景观带
步行景观轴
功能景观轴
主要开敞空间
人流集散广场
人群停留节点
系统叠加效果
功能分区系统
根据现有功能综合分析未来发展机遇，划分六大功能片区。
民俗文化区
文创孵化区
沿街景观带
沿街商务带
酒店民宿区
文教体育区
土地利用系统
在上位控制性详细规划用地的基础上，主要增加绿地、广场用地，并进行用地功能混合。
保护区用地
多功能用地
产业用地
公共服务设施及公共事务用地
交通基础设施用地
绿地、广场及室外公共体育用地
建筑更新系统
通过现状建筑质量综合评价，进行建筑拆建与功能更新置换，协调整体风貌，丰富空间形态。
保留建筑
新建建筑
保护建筑
整体风貌保护
部分功能置换
多元业态置入
总平面图
N
天坛
保护建筑
保留民居
新建建筑
1 北京剧装厂
2 顺源镖局
3 剧照馆
4 一号院-剧装制作
5 西草市社区中心
6 二号院-剧装制作
7 文创驿站
8 青年艺术家旅社
9 天坛街道综治中心
10 幼儿园
11 老年活动中心
12 三号院-戏具制作
13 四号院-场景布置
14 五号院-汉服体验
15 六号院-头饰制作
16 七号院-创意孵化
17 草市东街社区
18 正阳桥疏渠记方碑
19 天鼎218文创园
20 综合服务中心
21 精忠街小学
22 晶珠中医院
23 公寓式酒店
24 合院特色民宿
25 综合商业街
26 第十一中学
27 文化创意工坊
28 文创产业园区
A 场地入口广场
B 剧装主题广场
C 古街合院
D 218文创广场
E 路演场地
F 茶馆迷你剧场
G 戏具展示广场
H 龙须沟纪念广场
J 民俗集市场地
K 体育休闲绿地
L 估衣会馆
M 街边游园
N 地铁站

梦回城南旧时曲 再话坛根谱新声

——首都功能核心区天坛北侧片区城市更新设计 4

方案鸟瞰

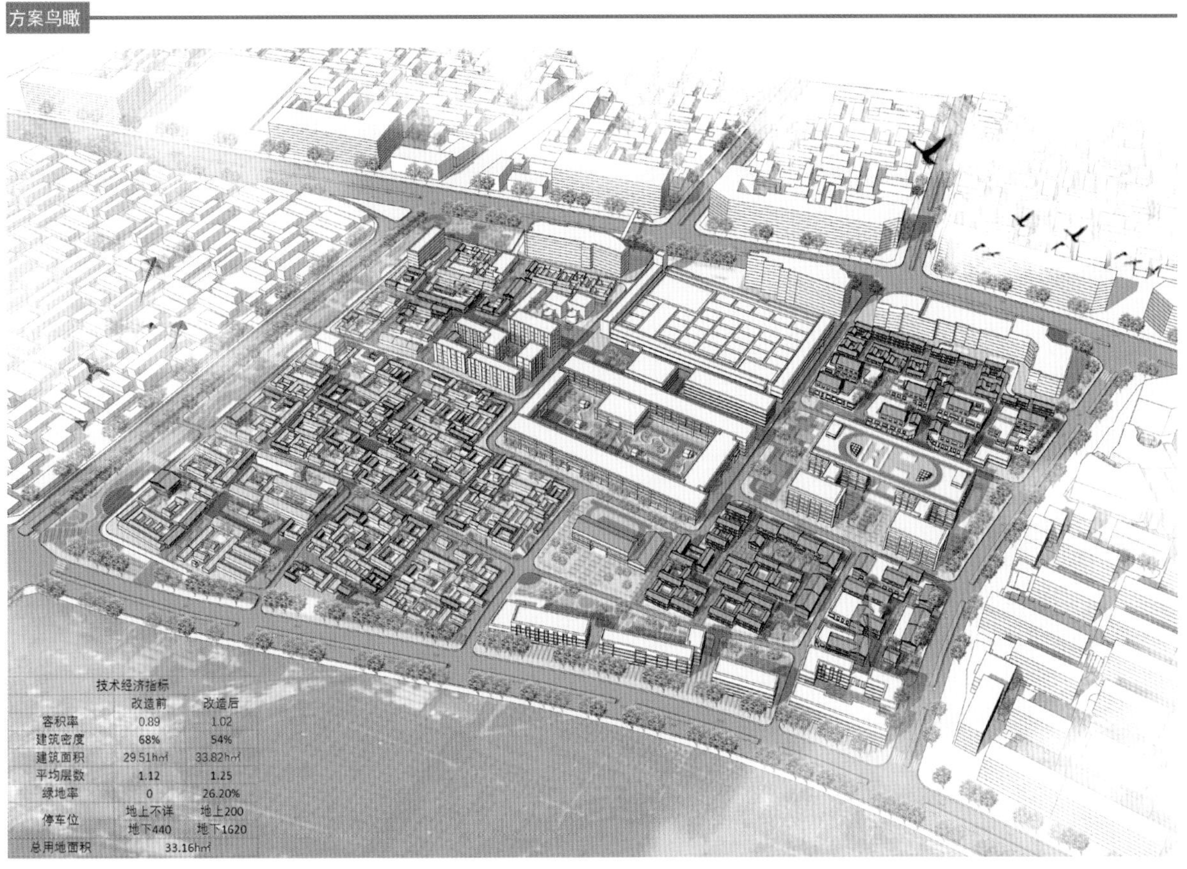

技术经济指标	改造前	改造后
容积率	0.89	1.02
建筑密度	68%	54%
建筑面积	29.51hm²	33.82hm²
平均层数	1.12	1.25
绿地率	0	26.20%
停车位	地上不详 地下440	地上200 地下1620
总用地面积	33.16hm²	

节点展示

■ 文化创意工坊街区

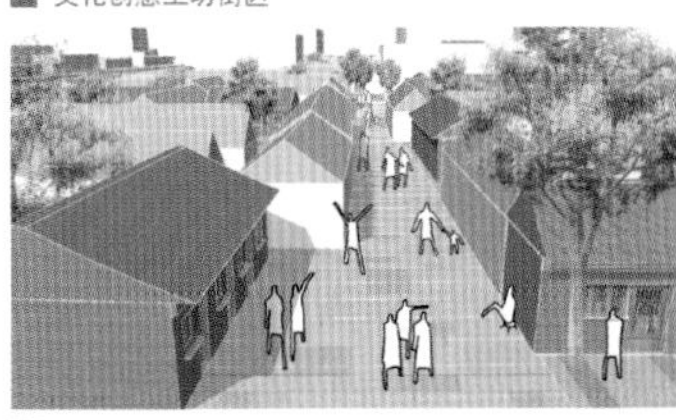

■ 市井生活体验街区

■ 合院特色民宿区

■ 文创主题商业街

控制体系

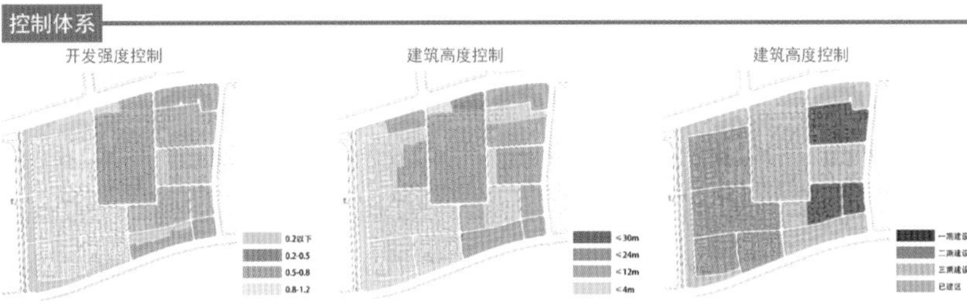

特色线路

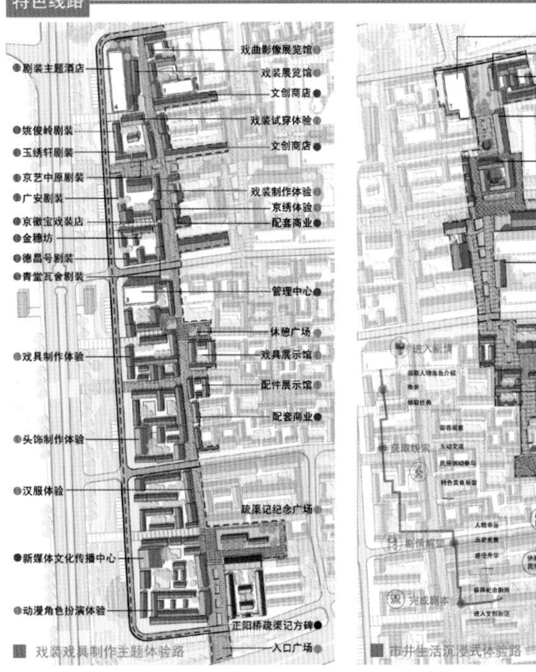

■ 戏装戏具制作主题体验路

■ 市井生活沉浸式体验路

"宿+X"——合院共生 北京市首都功能核心区天坛北侧城市更新设计

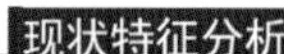

规划背景分析

历史沿革背景

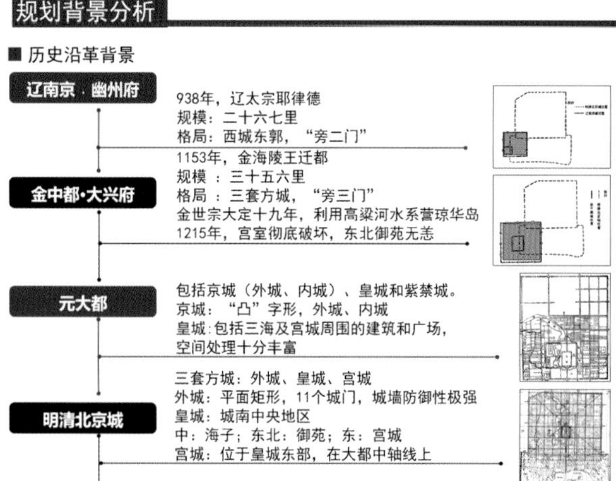

辽南京 · 幽州府

938年，辽太宗耶律德
规模：二十六七里
格局：西城东郭，"旁二门"

金中都·大兴府

1153年，金海陵王迁都
规模：三十五六里
格局：三套方城，"旁三门"
金世宗大定十九年，利用高梁河水系营琼华岛
1215年，宫室彻底破坏，东北御苑无恙

元大都

包括京城（外城、内城）、皇城和紫禁城。
京城："凸"字形，外城、内城
皇城：包括三海及宫城周围的建筑和广场，空间处理十分丰富

明清北京城

三套方城：外城、皇城、宫城
外城：平面矩形，11个城门，城墙防御性极强
皇城：城南中央地区
中：海子；东北：御苑；东：宫城
宫城：位于皇城东部，在大都中轴线上

区域发展背景

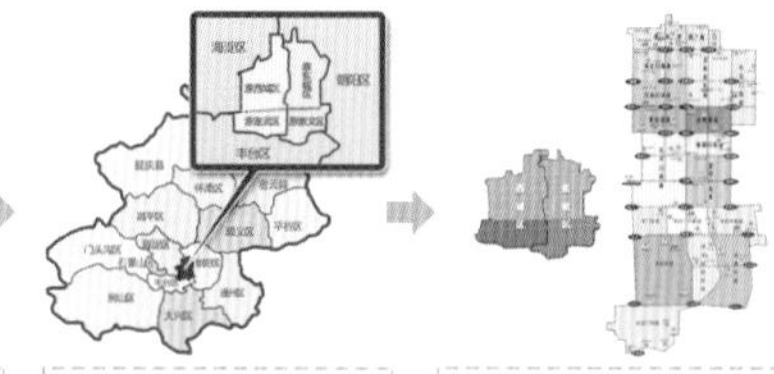

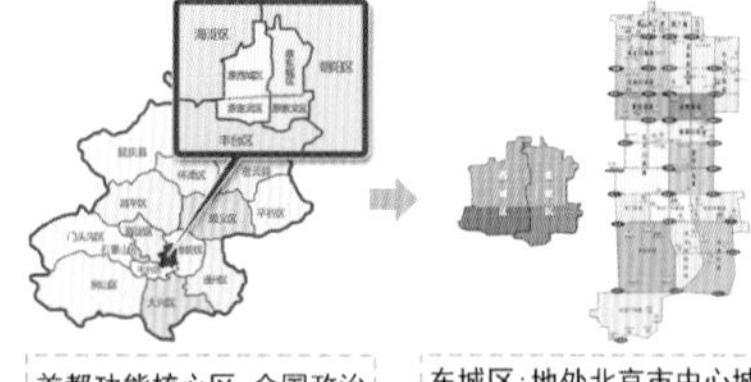

区域层面：着眼打造以首都为核心的世界级城市群，完善城市体系。

首都功能核心区：全国政治中心、文化中心和国际交往中心的核心承载区。

东城区：地处北京市中心城区的东部，东城区是北京文物古迹最为集中的区域。

相关规划背景

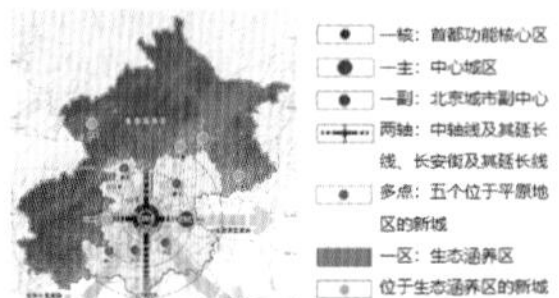

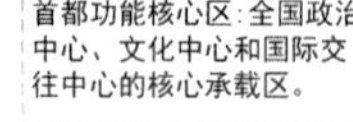

《首都功能核心区控制性详细规划（街区层面）（2018年—2035年）》

在北京市域范围内形成"一核一主一副、两轴多点一区"的城市空间结构，着力改变单中心集聚的发展模式，构建北京新的城市发展格局。

一核：首都功能核心区；一主：中心城区；
一副：北京城市副中心；一区：生态涵养区；
两轴：中轴线及其延长线、长安街及其延长线；
多点：5个位于平原地区的新城。

落实核心区的战略定位、发展目标、规模和空间布局，建设政务环境优良、文化魅力彰显、人居环境一流的核心区。强化"两轴、一城、一环"的城市空间结构，落实城市战略定位，延续古都历史格局，保障首都功能。

两轴：长安街和中轴线；一城：北京老城；
一环：沿二环路的文化景观环线。

文化背景

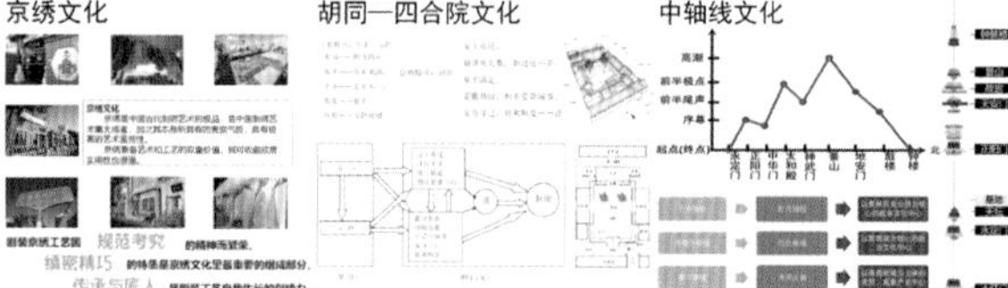

旅游产业背景

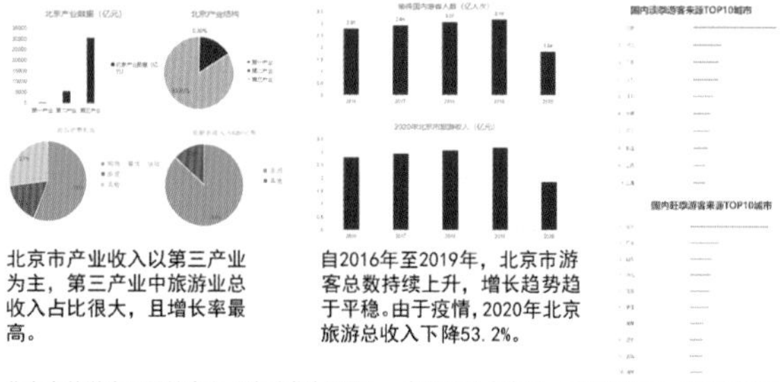

北京市产业收入以第三产业为主，第三产业中旅游业总收入占比很大，且增长率最高。

自2016年至2019年，北京市游客总数持续上升，增长趋势趋于平稳。由于疫情，2020年北京旅游总收入下降53.2%。

北京市的游客以男性为主（淡季尤为明显），年龄多分布在25～34岁年龄段，学历以本科为主，收入比例较为均衡，无孩无车者较多。

现状特征分析

现状用地分析

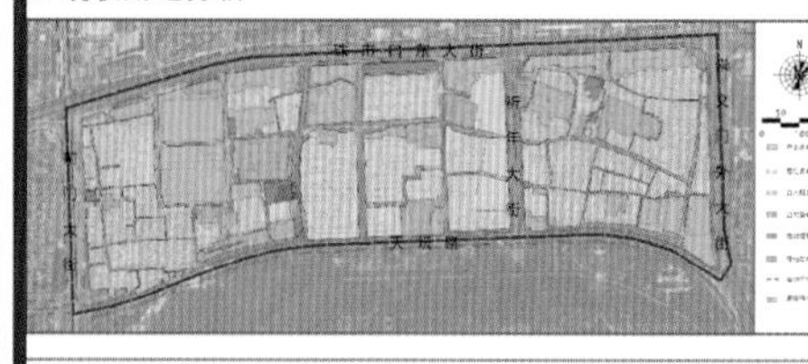

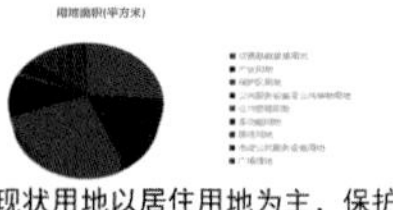

现状用地以居住用地为主，保护区用地与居住用地均作居住使用，占总用地比例约39%。产业用地规模较大，用地混杂破碎，结构不完善，现状与区位价值不相符。

现状道路系统分析

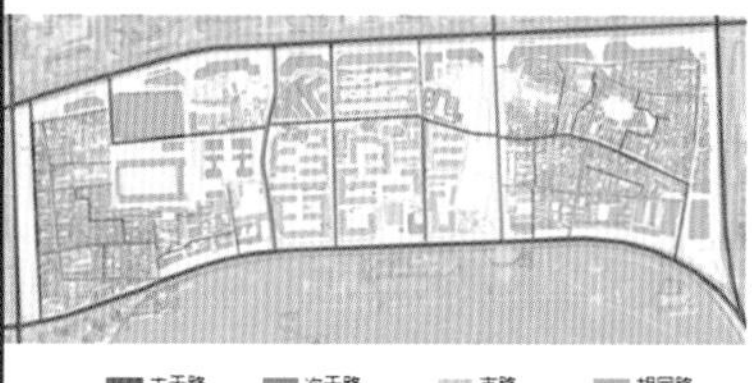

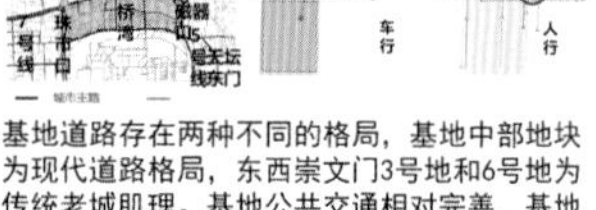

基地道路存在两种不同的格局，基地中部地块为现代道路格局，东西崇文门3号地和6号地为传统老城肌理。基地公共交通相对完善，基地北侧有三个轨道交通站点，南部三个公交站点。

现状建筑分析

建筑功能

以居住、办公、公服为主。其中居住主要为四合院、传统平房和新建住宅小区三种，大量砖砌平房亟待更新。办公以小型沿街写字楼为主。

建筑质量

基地整体建筑质量较差，新旧参杂，违建较多。建筑大部分为建造较早的平房，现已不符合建设标准，质量较好建筑约占整体建筑规模的30%。三类建筑以低层平房为主，安全性差，不符合现在的需求，需进行重新规划。二类建筑以小区低层楼房为主，需要进行更新改造。一类建筑以沿街办公楼为主，质量较好，建议保留。

建筑高度

整体较低，以1层的平房及四合院为主，4~6层建筑以公服、部分住宅为主，7~11层以办公写字楼为主。基地内建筑整体上呈现出中间高两边低、南边高北边低的形态。

现状产业结构分析

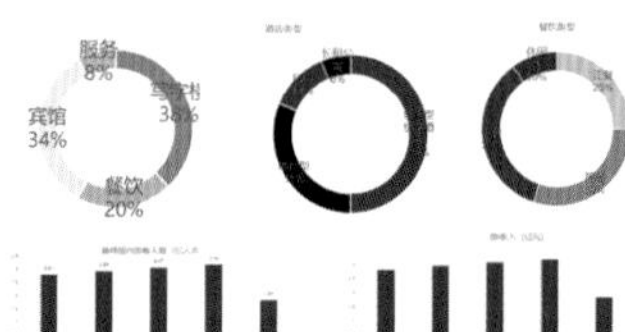

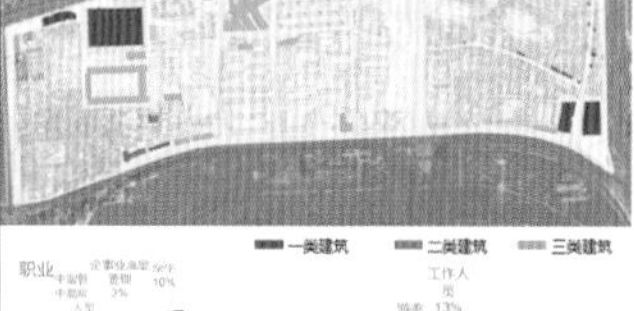

人口结构失衡，基地内消费水平有限，低收入人群基数大，老龄化严重。

商业结构失衡，人群吸引力不足，商业对基地内部活力缺少带动作用。业态低端单一，经济活力不足，以写字楼以及酒店为主，缺乏餐饮医疗等，且分布不均匀，主要集中分布在北部，客流少且经营状况堪忧。

现状文化分析

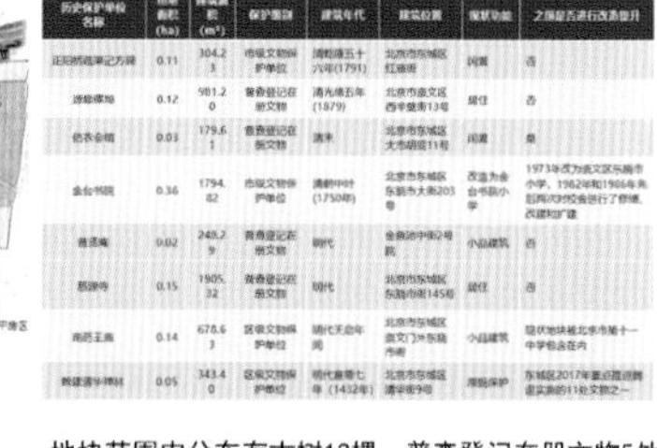

历史延续性中断，文化辨识度低，主要表现为：
① 文化资源利用率低，资源点没落；
② 文保单位周边环境差，管控手段滞后。
原因剖析：
① 文化资源碎片化，散落不成体系；
② 人群喜好多元化，缺乏创新吸引点；
③ 保护方式僵化，缺乏标志引导空间。

地块范围内分布有古树12棵；普查登记在册文物5处，分别为慈源寺、敕建清华禅林、普贤庵、估衣会馆、源顺镖局；市级文物保护单位1处，即金台书院；区级文物保护单位1处，即药王庙；多条传统风貌胡同；不可移动文物——正阳桥疏渠记方碑。

宿+X”——合院共生

北京市首都功能核心区天坛北侧城市更新设计

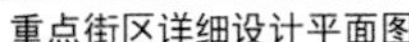

重点街区

重点街区详细设计平面图

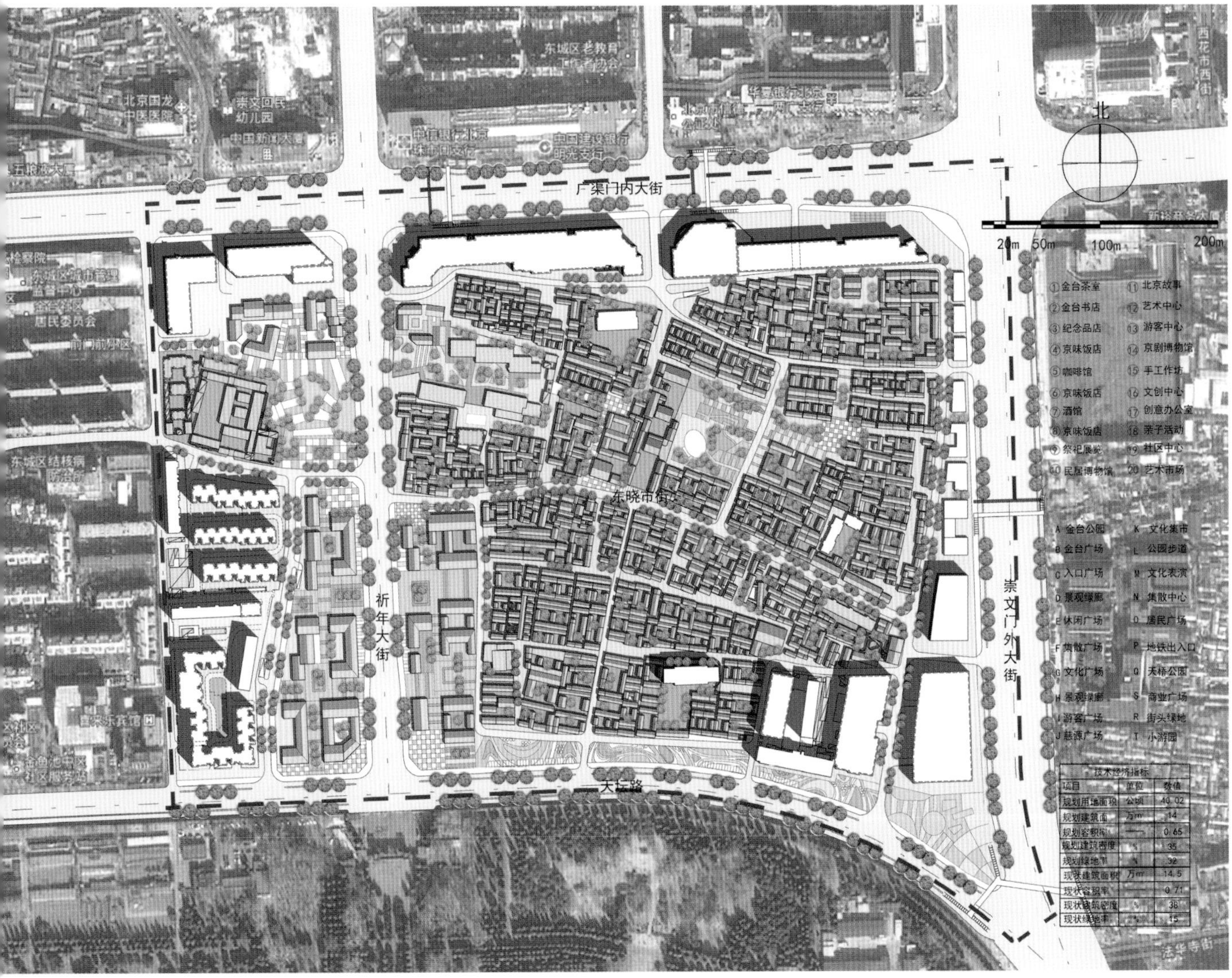

广渠门内大街
东晓市街
祈年大街
崇文门外大街
天坛路
北
20m 50m 100m 200m
①金台茶室
②金台书店
③纪念品店
④京味饭店
⑤咖啡馆
⑥京味饭店
⑦酒馆
⑧京味饭店
⑨祭祀展览
⑩民居博物馆
⑪北京故事
⑫艺术中心
⑬游客中心
⑭京剧博物馆
⑮手工作坊
⑯文创中心
⑰创意办公室
⑱亲子活动
⑲社区中心
⑳艺术市场
A 金台公园
B 金台广场
C 入口广场
D 景观绿廊
E 休闲广场
F 集散广场
G 文化广场
H 景观绿廊
I 游客广场
J 慈源广场
K 文化集市
L 公园步道
M 文化表演
N 集散中心
O 居民广场
P 地铁出入口
Q 天桥公园
S 商业广场
R 街头绿地
T 小游园
法华寺街

技术经济指标		
项目	单位	数值
规划用地面积	公顷	40.02
规划建筑面	万m²	14
规划容积率	——	0.65
规划建筑密度	%	35
规划绿地率	%	32
现状建筑面积	万m²	14.5
现状容积率	——	0.71
现状建筑密度	%	38
现状绿地率	%	15

重点街区分析图

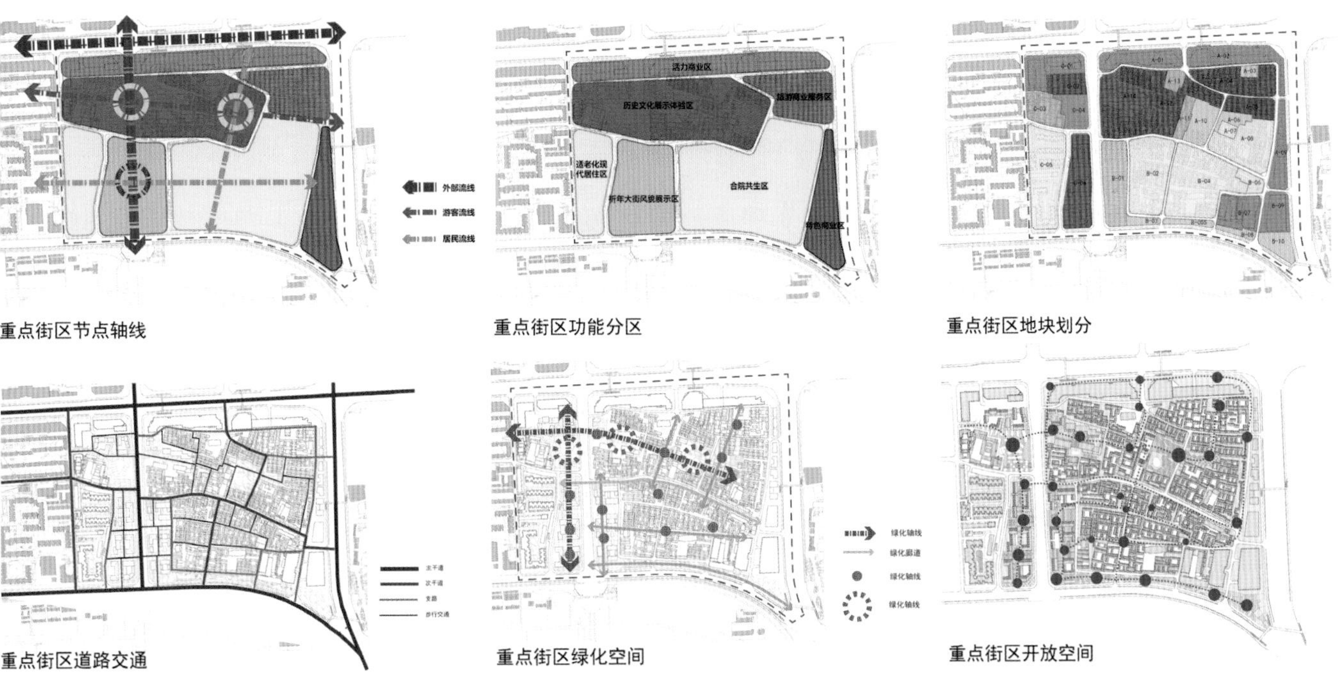

外部流线
游客流线
居民流线

重点街区节点轴线

活力商业区
历史文化展示体验区
旅游商业服务区
适老化现代居住区
祈年大街风貌展示区
合院共生区
特色商业区

重点街区功能分区

重点街区地块划分

重点街区道路交通

绿化轴线
绿化廊道

重点街区绿化空间

重点街区开放空间

"宿+X"——合院共生 北京市首都功能核心区天坛北侧城市更新设计

设计策略

■ 延续老城肌理，重塑合院空间

"合院"是一种民居建筑形式，合院式民居有着强烈的内向性，它的布局以庭院天井为中心，以前后两进房与两侧的用房围合形成合院。

按空间时间的不同，"共生"可分为：城市历史中过去与现在的共生；新结构和旧结构、主体建筑与居民自发构筑物的共生；庭院中新功能与原始功能的共生；人文因素与自然因素的共生；院内居民与游览者的共生。

按功能类型的不同，"宿+X"主要分为两类：一类是面向游客的功能，主要是"居住+餐饮""居住+宿"等形式；另一类是面向居民的功能，主要是"居住+社交""居住+社区中心"等形式。

按照空间尺度的不同，城市肌理可分为区域、街区、建筑。在不同尺度下，城市肌理的空间形态、结构和特征也不同。

区域：宏观上反映城市的形态结构，是对城市整体的印象。

街区：中观尺度的城市肌理，与人在城市中感受和生活体验密切相关。

建筑：微观尺度的城市肌理，是城市功能的基本组成单位。

街区肌理的控制主要通过街巷与建筑的虚实对比来体现，在实体空间中表现在街巷空间的D/H与街巷空间的贴线率，通过对街巷空间的D/H与街巷空间的贴线率的控制来把握街区肌理。

通过对基地内部以及杨梅斜街的分析，将较小的街巷空间的D/H控制在0.6~0.7之间，传统街巷的贴线率保持在80%左右。

但是为符合现状的使用功能，在适当的空间不必完全遵守这种街区控制，在适当的位置应该增加小游园、街头绿地等空间。

建筑肌理的控制主要通过建筑与院落的虚实对比来体现，具体在空间中通过对合院的建筑密度与院落空间的D/H来把握建筑肌理。

通过对基地内部的建筑与青云胡同中梅兰芳故居的分析，将传统院落空间建筑密度保持在70%~80%之间，院落中的D/H保持在1.0~1.2之间。

为符合现状功能的使用，建筑体量可适当调整，但是建筑密度与院落空间应该尽量保持。

合院共生的优势在于探索了传统胡同院落中公共与私人共同生活的可能。共生院重新布置了木梁架结构和内外空间关系室，私人居住空间与公共展览空间环绕院子实现共生。

共生院是标准营造继微胡同、微杂院之后，对北京旧城四合院有机更新改造新模式的进一步探索和实践。其目的是探索在传统胡同格局中公共与私人共同生活的可能性，并实验如何在局限空间中满足全部基础设施需求，创造胡同小尺度舒适生活。在对内部的环境进行相关的重建和优化之后，共生院不仅完美地继承了传统四合院的优点，还满足了现代社会的需要，不仅仅是满足了人们的居住需求，还具备了展览和休闲等特色功能。

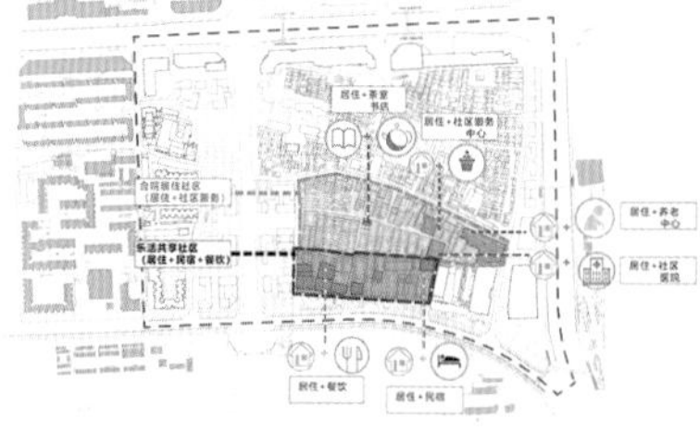

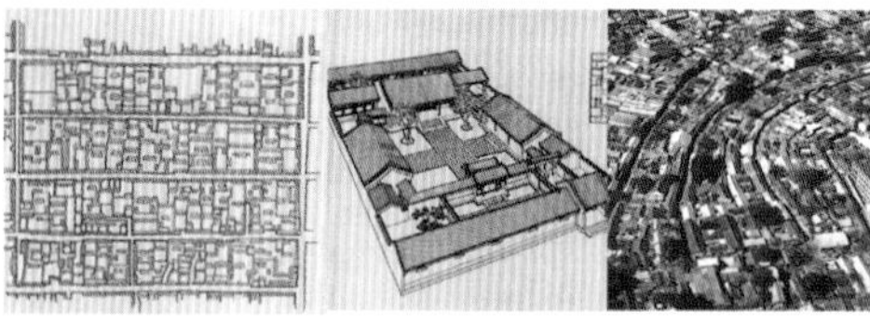

■ 焕活历史建筑 延续文化传承

基地内部的历史建筑或因为质量较差、缺少吸引力，或有其他的功能而切断了与外界的使用联系，导致历史节点活力不足，不能发挥景观节点的作用。

通过对历史建筑的改造，以及对周边环境的优化，根据建筑的功能不同，在周边建立禁止建设区、功能协调区、环境协调区，来满足不同历史建筑的使用功能。

将历史建筑串联起来，形成连续、成体系的景观网络，增强历史建筑的吸引力。构建完整的步行交通体系，提高游客黏性，增加基地内部的人流活力。

除了修复历史建筑主体，形成配套且适用的协调空间也是不可或缺的，在展示性建筑周边应建立足够的广场空间，而在体验、交互性建筑周边应建立足够的配套设施，构成完整的服务体系。而在过于拥挤或质量较差的周围空间应建立足够的公园绿地，提高游客和居民的使用体验。

在完成历史建筑的焕活之后，将各个节点通过步行空间联系起来，并增设空间活力节点，来完善历史建筑网。

在现状质量较差的区域周围建立历史建筑环境协调区，使废弃的历史建筑重新焕发活力，实现功能提升调整，提高历史建筑风貌。

在使用功能与现状不合适的区域周围建立历史建筑功能协调区，实现历史建筑内部的功能置换，进而提高历史建筑的使用效率。

在等级较高的建筑周围设立禁止建设区，在实现保护修正复原之后，对外开放展览，保护历史建筑的原有风貌，重新展示历史建筑原有的风采。

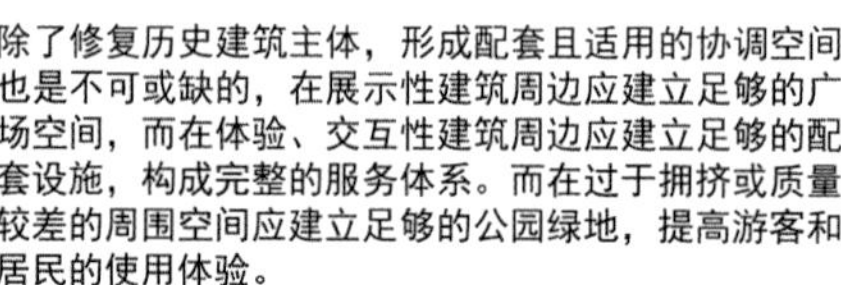

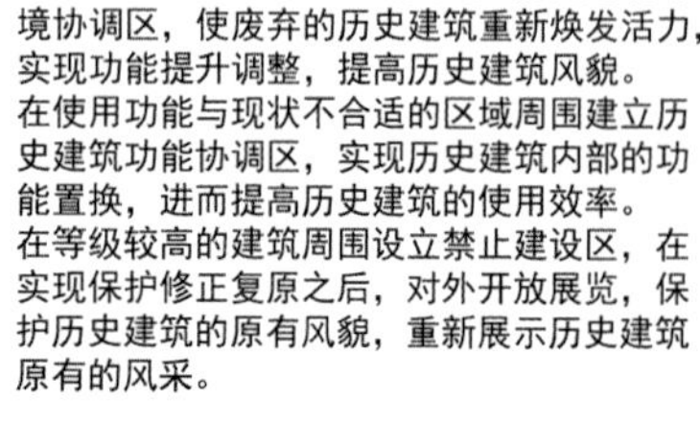

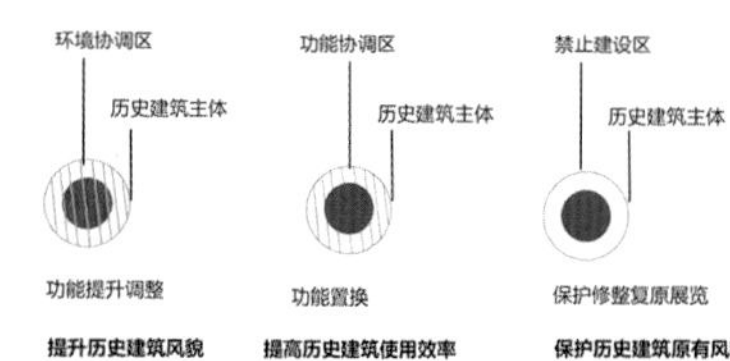

■ 完善交通路网 提高道路等级

腾退违章建筑，留出足够的步行空间。

增加树木绿化，提升空间质量。

改善建筑立面，营造富有北京特色的街道空间。

增加交通容量，完善交通系统；提高道路等级及质量；整治胡同，将胡同路提升为城市支路；打破围栏、围墙，拆除违建，提高道路可达性及通达性。

丰富交通肌理，构建环形道路；减少断头路，构建完整的道路系统网络。

■ 打造活力节点 形成城市开放空间

改善社交空间，满足居民需求。

增加社区服务中心，解决居民生活问题。

增加空间绿化，提高空间质量。

增加社区商业服务，避免居民远距离出行。

社区活力空间主要集中于东西两侧，以社区中心为骨、绿化空间为翼，构建适宜生活的慢行流线，打造完整的生活服务圈。在慢行流线的沿街提供商业服务设施，解决人们日常生活外出难、购物难的处境。

随着社区活力空间的进一步发展，营造出更加富有活力的空间，也是基地内部向外界展示北京生活氛围、烟火气息的重要窗口。既丰富了游客的体验层次感，也提高了当地公共空间的活力，为进一步发展服务业、商业提供了可能性。

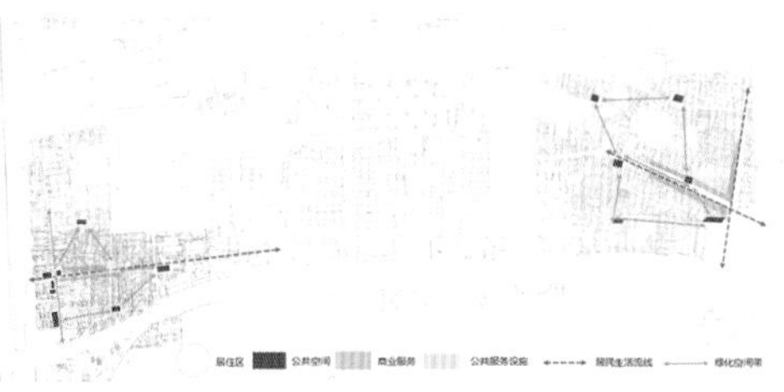

基地内部公共服务设施意向图

对基地内部现有的社交空间进行评价，活力较高的进一步发展，活力较低的进行改造拆除。并选择其他富有活力但是缺少空间的位置新增社交空间。

需要社区服务来满足当地居民的厨房、浴室等功能需要。

一方面增加绿化数量，构建绿化交通网络，另一方面提升绿化质量，配置植物，形成春花夏叶秋果冬枝的季相变化，打造日日见绿的城市景观。

在社区服务中心周边增加商业服务设施，一方面服务当地居民，另一方面为居民提供就业机会，增加收入来源，改善生活质量。

"宿+X"——合院共生 北京市首都功能核心区天坛北侧城市更新设计

重点街区

重点设计街区鸟瞰图

详细地块设计

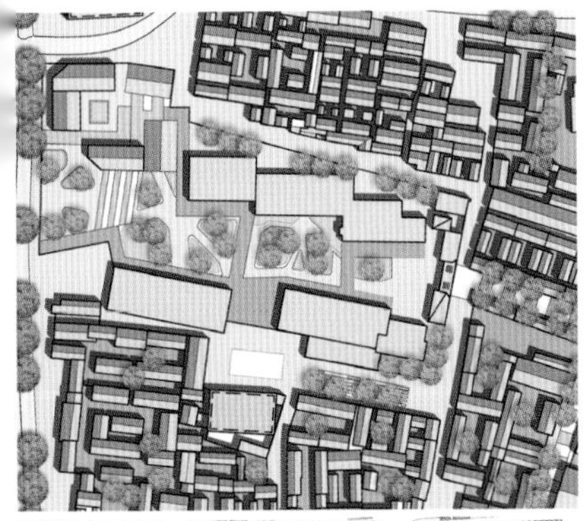

创新产业组团

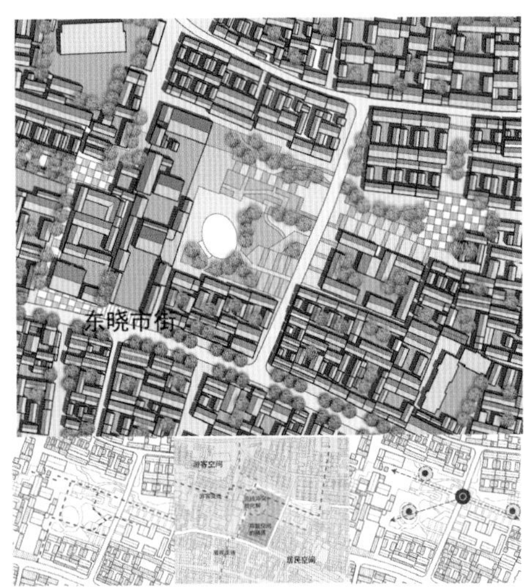

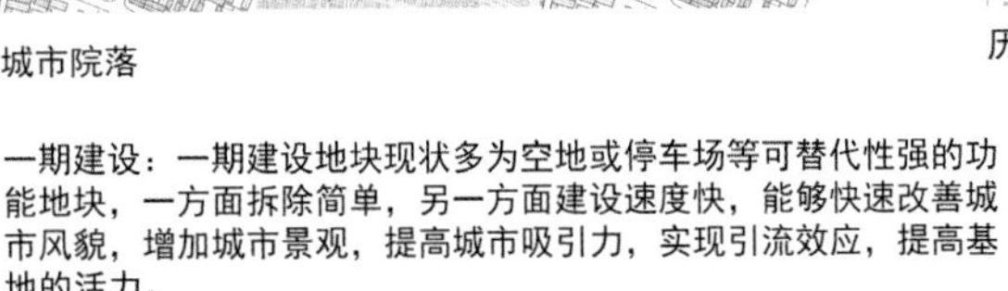

城市院落

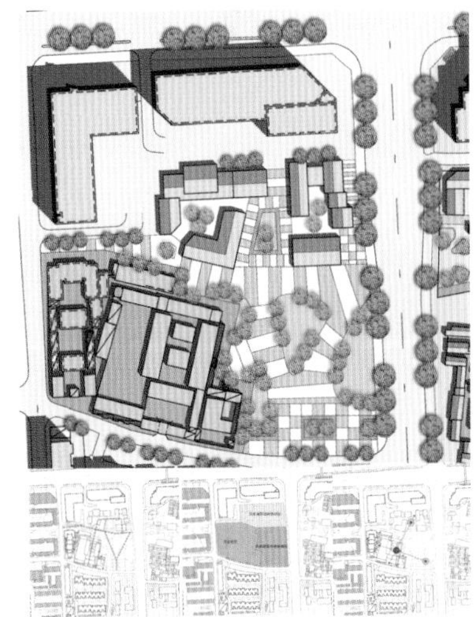

历史建筑协调区

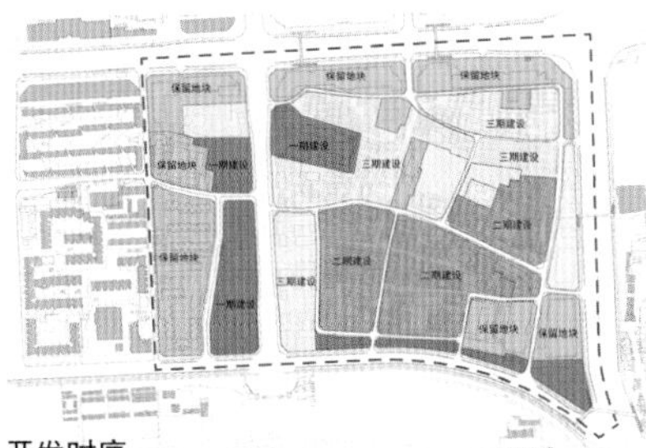

开发时序

一期建设：一期建设地块现状多为空地或停车场等可替代性强的功能地块，一方面拆除简单，另一方面建设速度快，能够快速改善城市风貌，增加城市景观，提高城市吸引力，实现引流效应，提高基地的活力。

二期建设：二期建设地块以改建为主，在城市活力提高之后，利用其带来的经济效益提升居民的生活质量。一是可以更好地完善城市活力网络，二是可以增加活力节点，进一步提升城市活力。

三期建设：最后拆除与首都核心功能不符合或建筑风貌较差的建筑，构建完整的城市服务体系，实现功能的完整置换，达成建设目标。

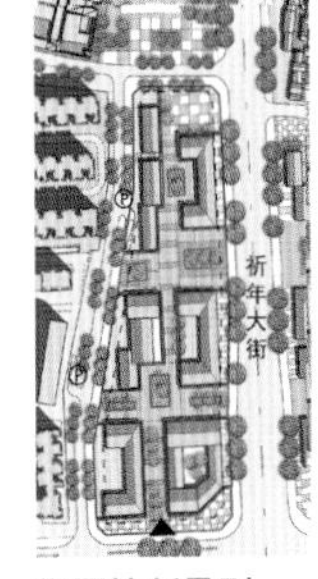

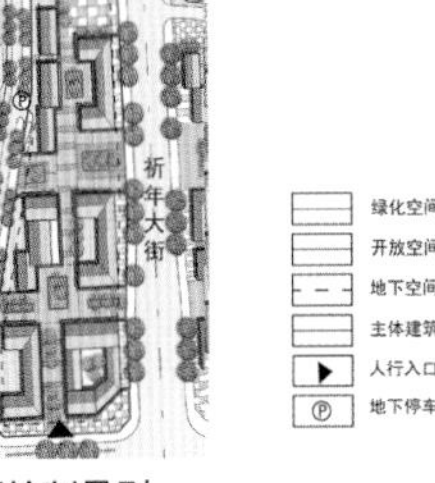

街区控制导则

容积率控制

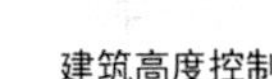

建筑高度控制

建筑密度控制

西安建筑科技大学

戏韵新生 × 京味活态 / 71

绣庄京韵　市井坛根 / 77

游院京梦 · 坛根新生 / 83

戏韵新生×京味活态

首都功能核心区天坛北侧地块城市更新设计

寻 溯史

历史沿革

金朝时期 | 元朝时期 | 明朝初期 | 明朝后期 | 清朝时期 | 民国时期

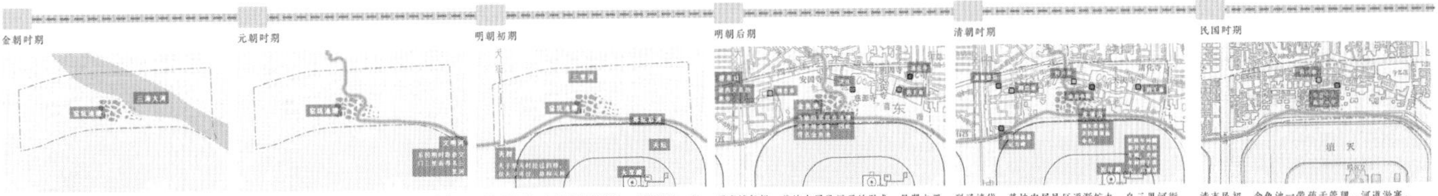

金代人们取土烧砖形成窑坑池塘；同时期永定河第三次改道，其故道也流经基地，与池塘相连。

到了元朝，金口河延长段流经基地，成为窑坑池塘的主要水源，基地内的部分名为文明河。

明永乐年间，在南郊修建天坛、山川坛时，在其北侧挖了一条排水沟，故名"郊坛后河"，后得名三里河。

明嘉靖年间，基地内居民区开始形成，早期主要沿前门大街、三里河路两侧，同时修建了清化寺、药王庙等延续至今的历史遗存，以及消逝于历史洪流中的精忠庙等。

到了清代，基地内居民区逐渐扩大，自三里河街（北侧道路）至龙须沟，形成围绕金鱼池的居民区，街巷基本成形；留下了金台书院、正阳桥疏渠记方碑、源顺镖局等历史遗迹。

清末民初，金鱼池一带疏于管理，河道淤塞，导致环境恶化，日益衰败；当地居民生活困苦贫寒，是旧北京有名的贫民窟。不过同兴和的二层洋楼也是建于这一时期。

寻 相地

地理区位

■ 首都核心区在整个北京的中心偏南　■ 北京市核心区包含东城区和西城区　■ 基地位于天坛街道

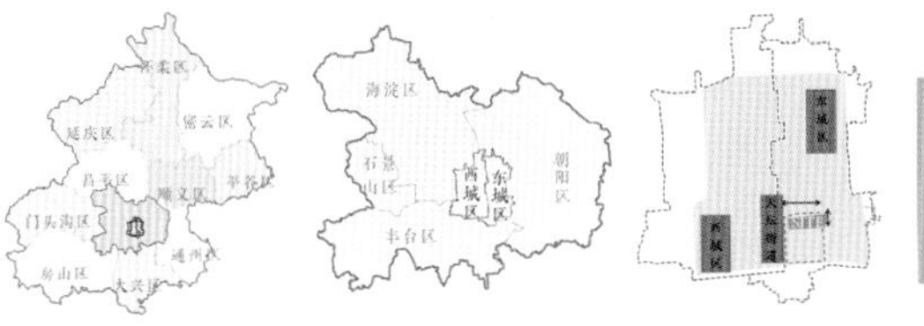

前门—珠市口地块位于北京老城核心区，属于东城区中的天坛街道，基地南北长665m，东西宽约1750m，总用地规模约92.6公顷。

文化区位

■ 北京地区世界文化遗产分布图

北京共有7个世界文化遗产，遗产遗迹丰富，根据下图可以看出，距地块较近的有故宫和天坛。

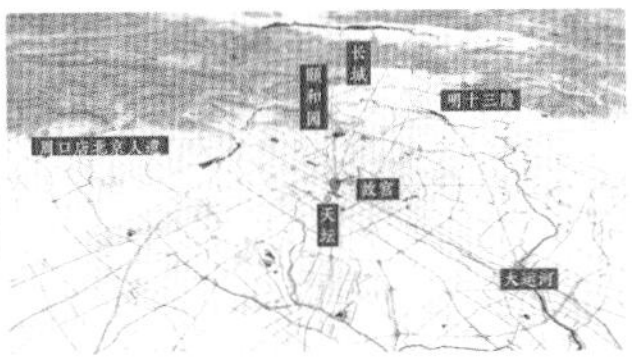

■ 首都功能控制性详细规划图

基地西侧地块将被拟定为新增历史文化街区，其中，天坛—先农坛—天桥文化探访路线也经过基地。

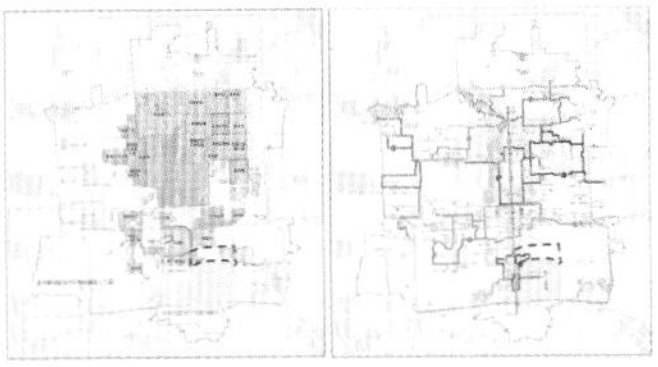

■ 轴线分析图

永定门到天桥作为老城中轴线的南段，体现着舒朗流线的庄严，天坛轴线向北延伸穿过基地。

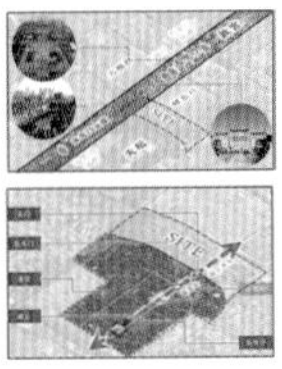

寻 度势

上位规划

■《北京城市总体规划（2016-2035）》

（1）市域空间结构

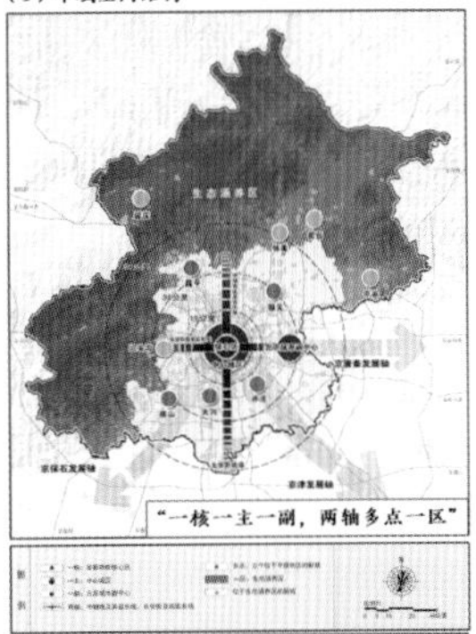

"一核一主一副，两轴多点一区"

首都功能核心区

全国政治中心、文化中心和国际交往中心的承载区

历史文化名城保护重点地区

（2）市域风貌分区

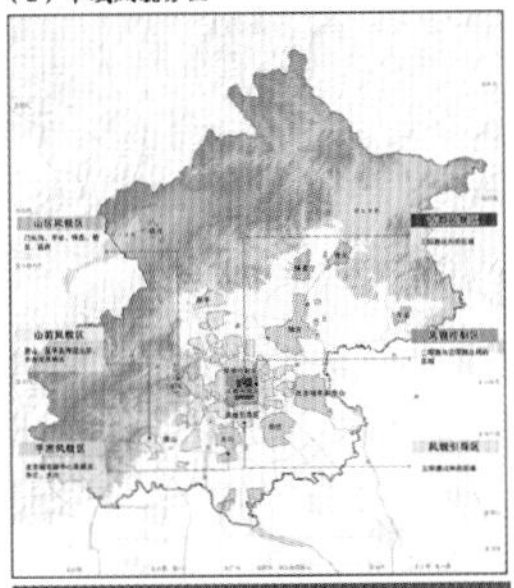

古都风貌区 → 风貌管控 → 严控建筑高度、体量、色彩与第五立面等要素；逐步拆除或改造与古都风貌不协调的建筑

■《首都功能核心区控制性详细规划（街区层面）（2018年-2035年）》

（3）中心城区通风廊道

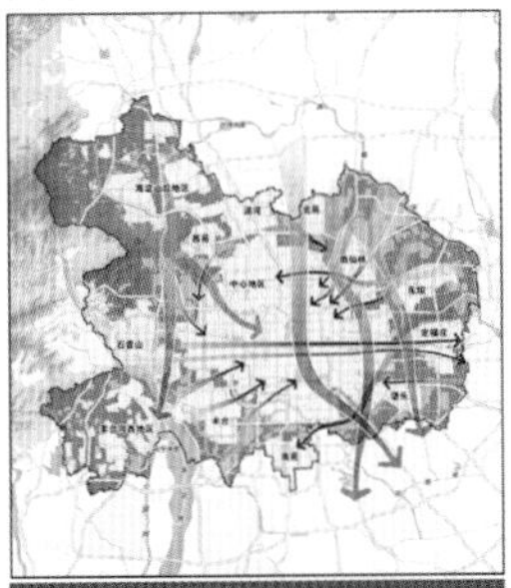

一级通风廊道 → 宽度达500米以上（2035年）→ 严控建设规模；逐步打通阻碍廊道连通的关键节点

（4）历史文化街区规划

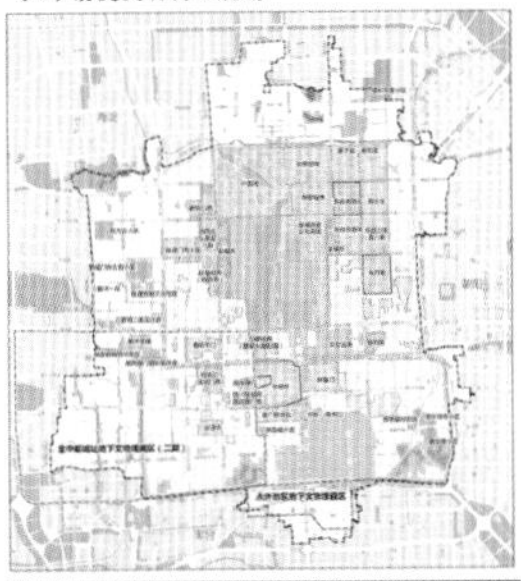

天桥-珠市口历史文化街区、传统平房区 → 风貌管控 → 整体风貌、建筑、街巷空间及附属设施三个层次规范引导规划与建设；确定传统风貌控制措施

（5）景观视廊保护控制

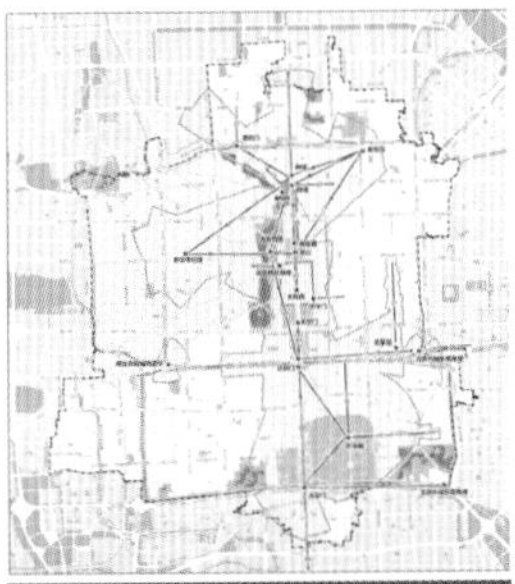

"正阳门-祈年殿互眺"视廊、"祈年大街望祈年殿"视廊、"正阳门-永定门互眺" → 历史类景观视廊管控 → 加强建筑高度、建筑色彩、建筑体量和屋顶形式的综合管控

■ 规划条件表

	保护内容	街区肌理	建筑风貌	建筑体量	建筑屋顶	立面材料	建筑限高	建筑色彩	天际线
规划条件总结	协调传统街巷、传统建筑的各项要素								
	路网骨架、街巷格局（传统胡同）和传统建筑形态（包含优秀的近现代建筑）	随人文环境及历史变迁而形成的布局较为自由的街区肌理	院落式布局	传统建筑体量	历史文化街区以坡屋顶为主，其余多为平屋顶	传统或现代灰砖、灰色陶面砖或石材、抹灰涂料	18m	以青灰色为主的街区色彩基调	平缓有序

我们结合北京市总规、核心区控规、北京市历史文化名城保护条例等上位规划的要求进行汇总得到我们最终的规划条件表。

诊 文韵

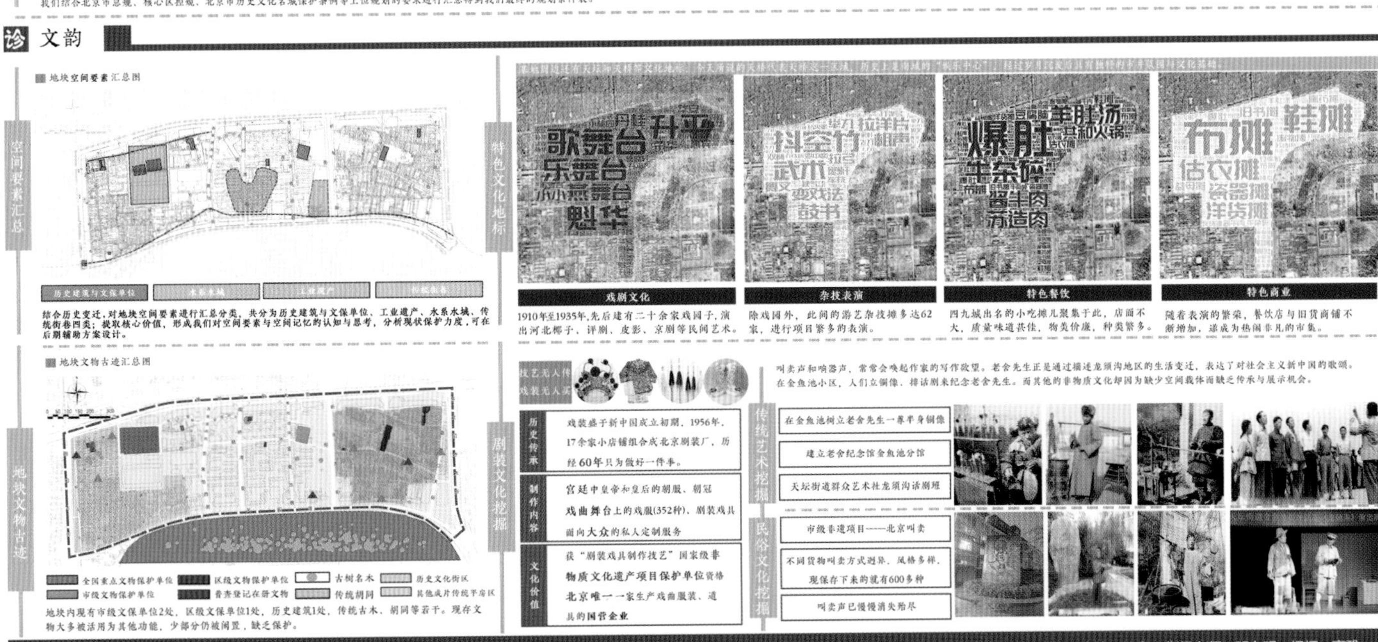

戏韵新生·京味活态

西安建筑科技大学建筑学院：安昊琳、李慧敏、嵇薪颖、张婷、杨豪　指导老师：邓向明、杨辉、高雅

戏韵新生×京味活态

首都功能核心区天坛北侧地块城市更新设计

诊 行陌

对外交通

■对外交通分析

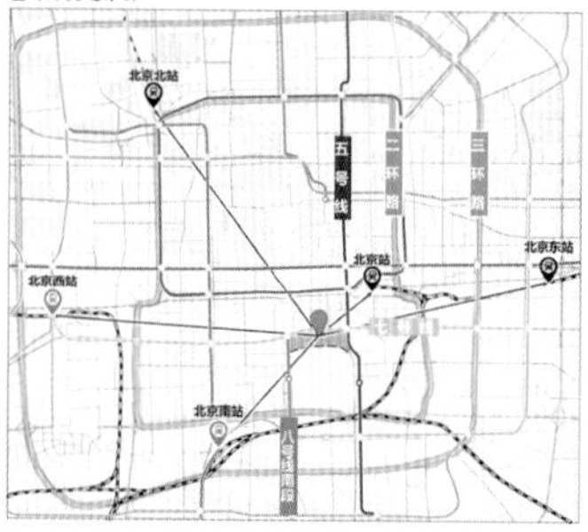

基地距北京站仅25分钟车程，周边有3条地铁线，3个地铁站

■公共交通及可达性分析

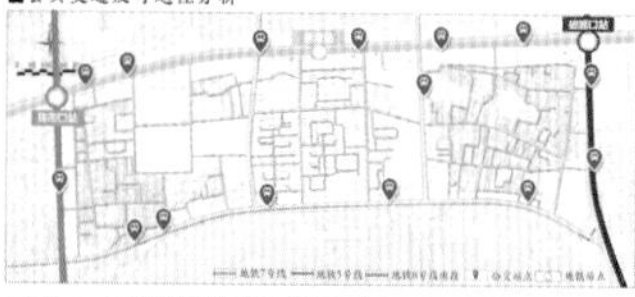

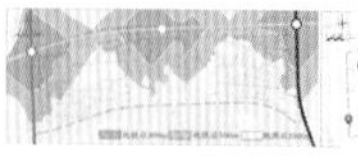

地铁站步行500m，覆盖率47%

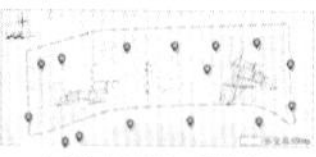

公交站步行300m，覆盖率79%

内部交通

■城市道路系统分析

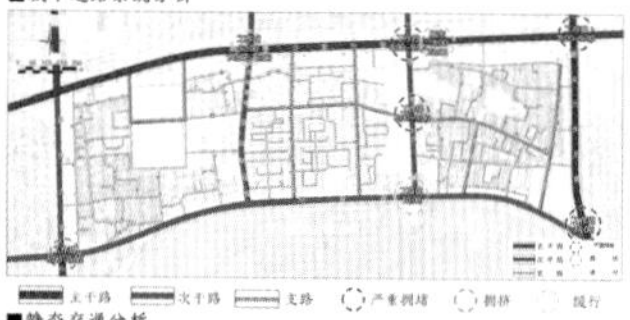

■静态交通分析

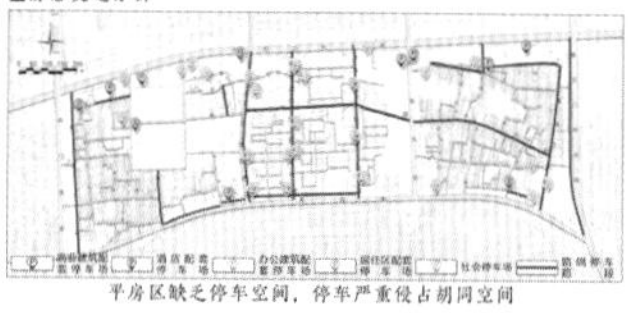

平房区缺乏停车空间，停车严重侵占胡同空间

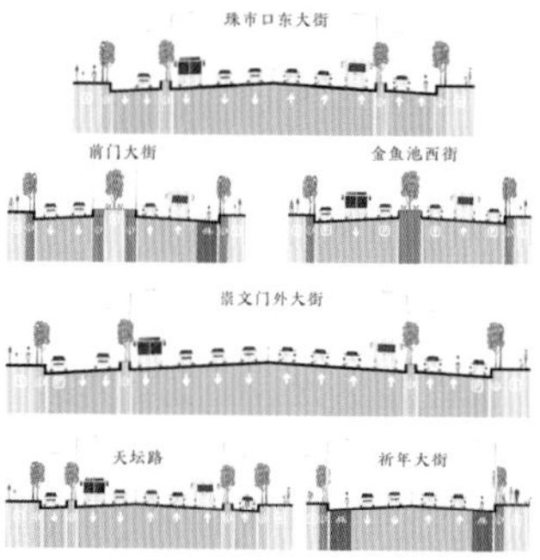

珠市口东大街

前门大街

金鱼池西街

崇文门外大街

天坛路

祈年大街

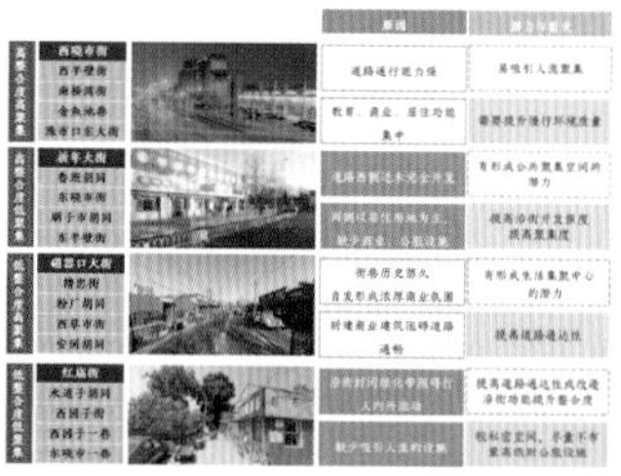

■慢行系统分析

D：H≈1时，尺度最舒适

潜力分析

■道路使用情况分析

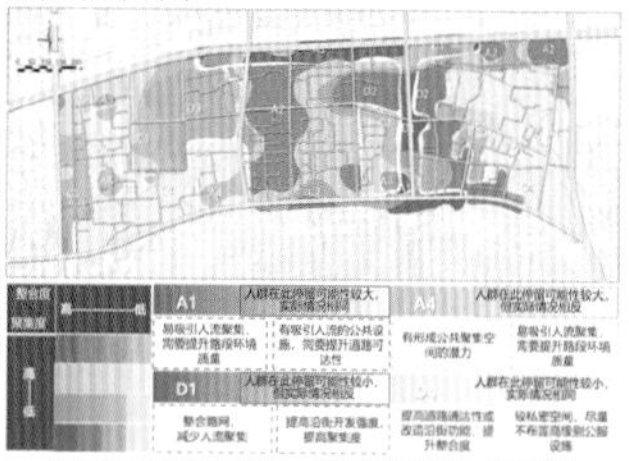

基地距北京站仅25分钟车程，周边有3条地铁线，3个地铁站

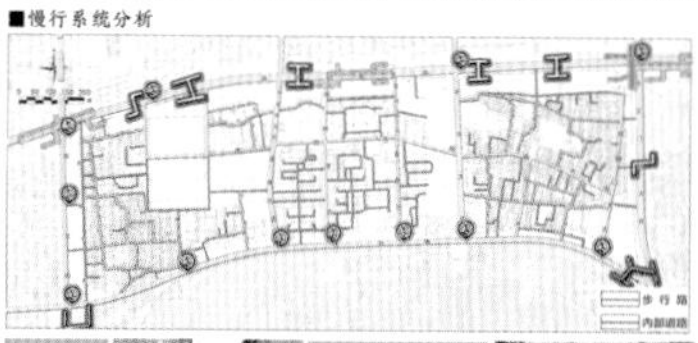

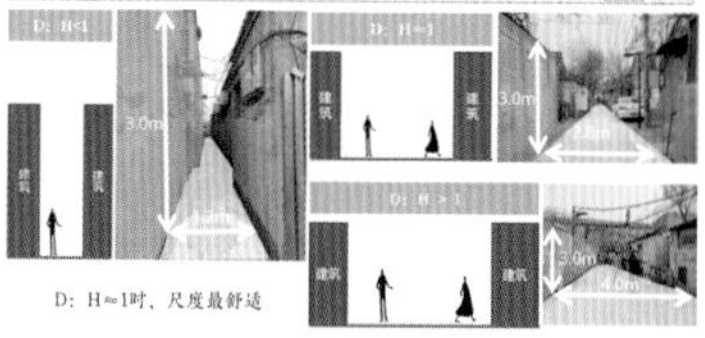

■公共空间潜力分析

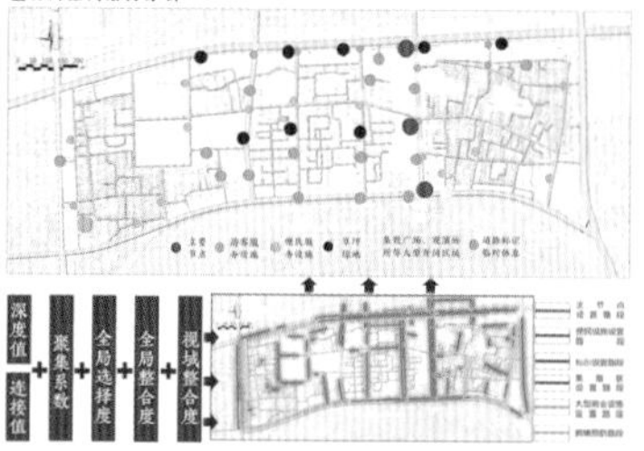

诊 居境

用地现状

■土地使用及权属

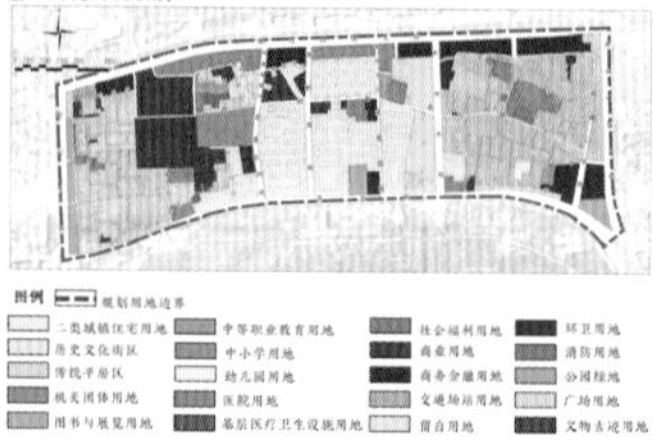

人口构成

■人口构成

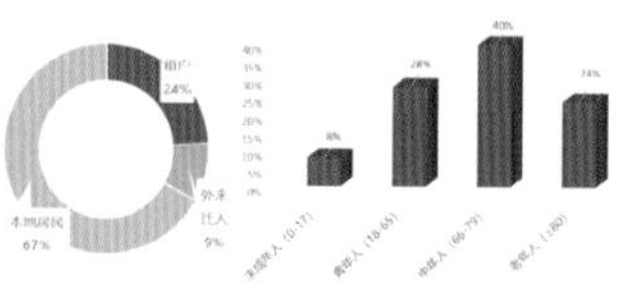

人口结构以中老年人为主，属老龄化较严重地区

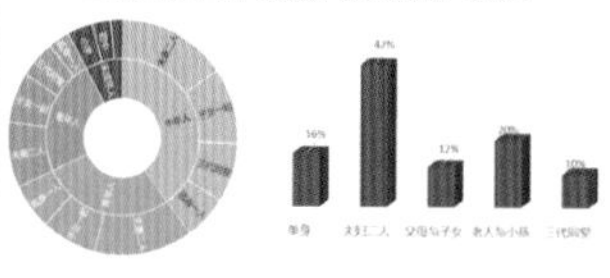

家庭结构以夫妇二人居住为主，家庭结构类型单一，其次是老人与小孩的家庭，小孩大多数为小学生

住区构成

■社区分布

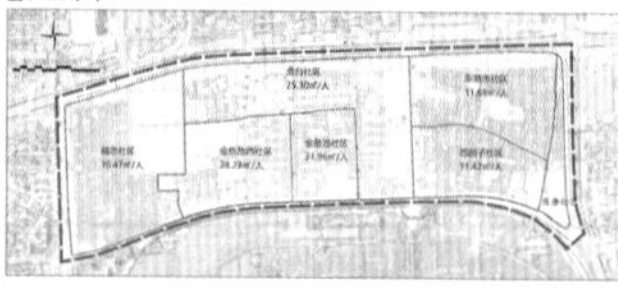

基地有6个完整社区和1个局部社区，共10406户，约2.8万人

名称	精忠社区	金鱼池西社区	金鱼池社区	金台社区	西园子社区	东晓市社区	西唐社区（局部）
面积（hm²）	19.96	11.42	6.72	19.34	9.85	13.57	2.74
户数（户）	3056	1159	937	1883	1534	1837	/
人口（人）	8552	3190	2651	4498	4103	5055	/
人均住宅面积（m²/人）	10.47	28.23	31.96	25.30	11.42	11.69	/

■风貌分区

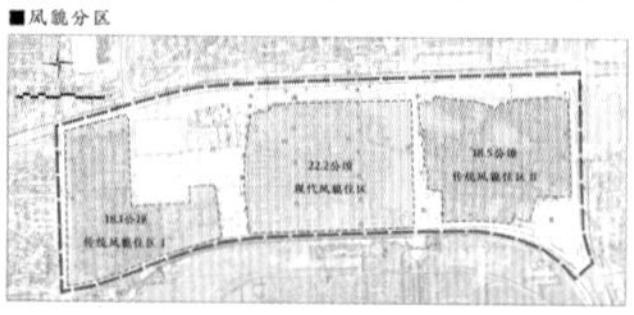

传统风貌住区保存有较好的四合院宅门风貌

■建筑形式

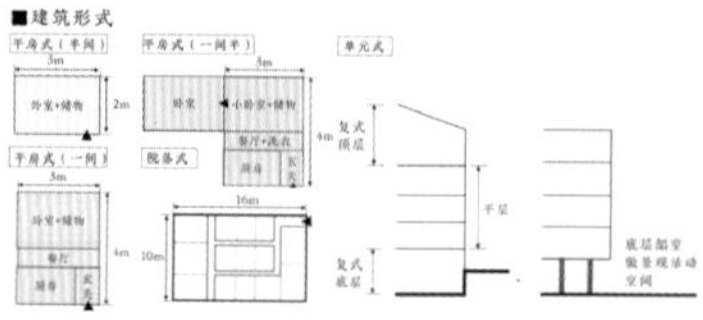

平房建筑居住功能缺失，院落建筑肌理破碎化，整体违章搭建现象严重

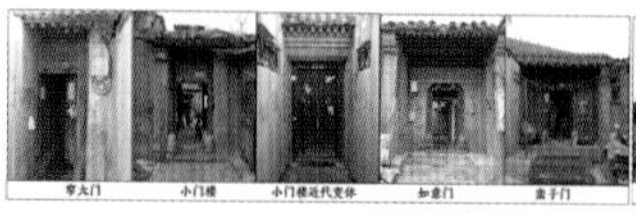

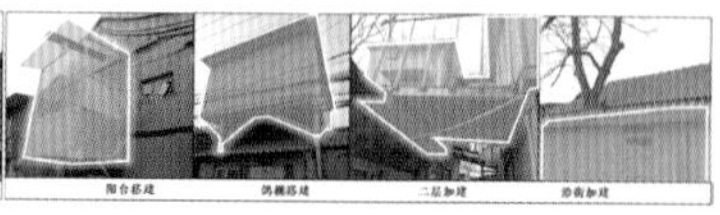

配套设施

■文化设施

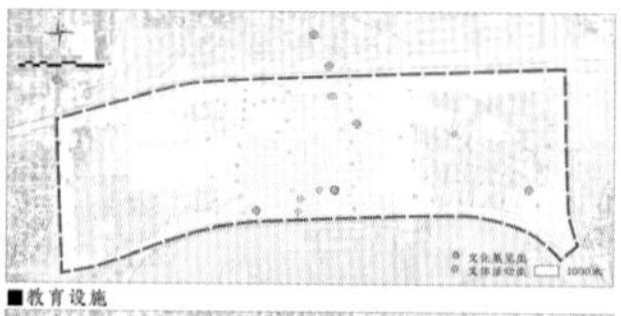

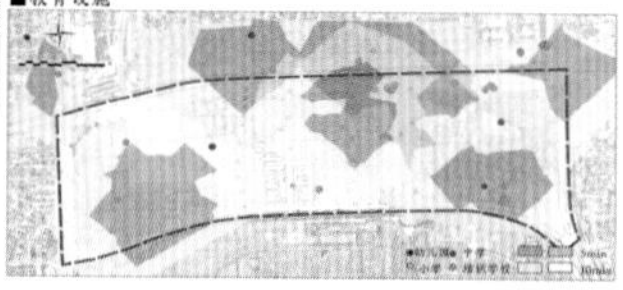

■医疗卫生设施

■教育设施

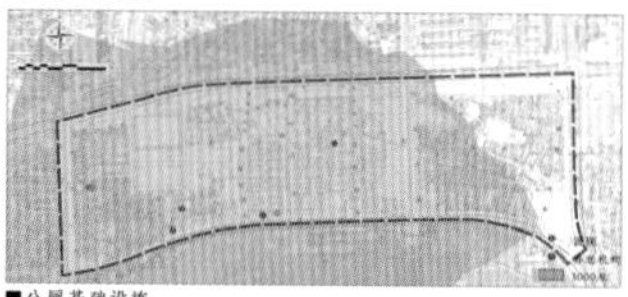

■公用基础设施

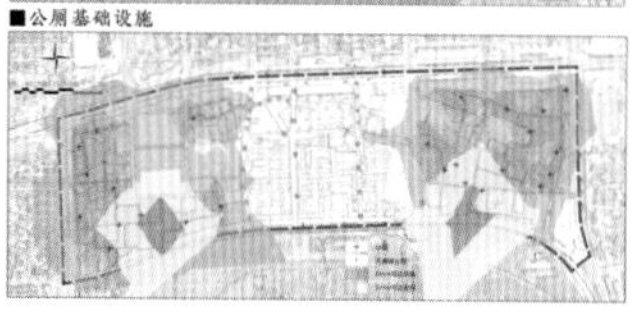

人群分析

■活动分析

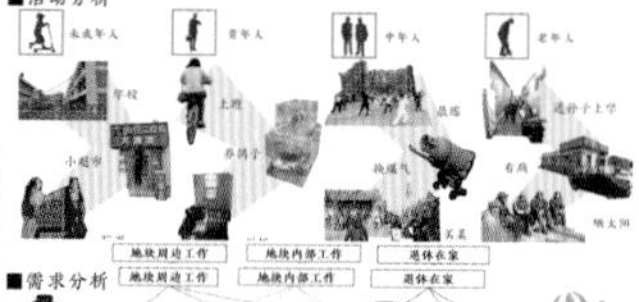

■需求分析

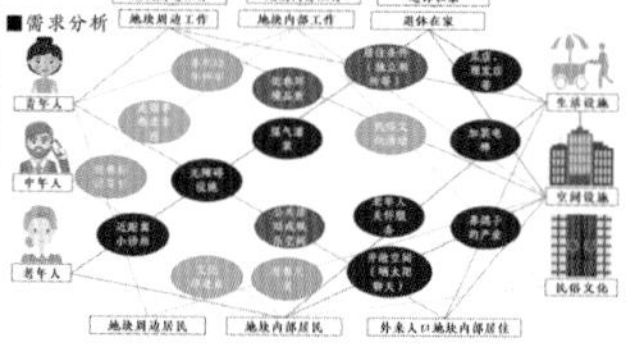

诊 形态

建筑形态

■现状肌理

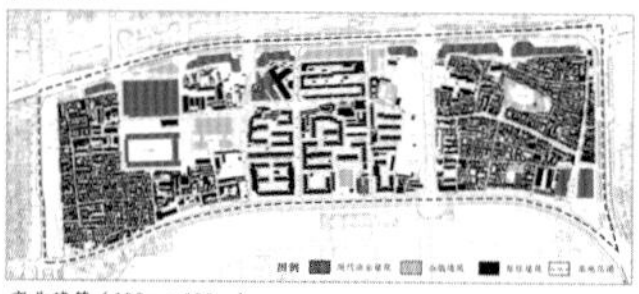

商业建筑（100m×100m）

公共建筑（100m×100m）

现代居住建筑（10m×10m）

传统居住建筑（10m×10m）

居住院落

传统遗存院落

加建更新院落

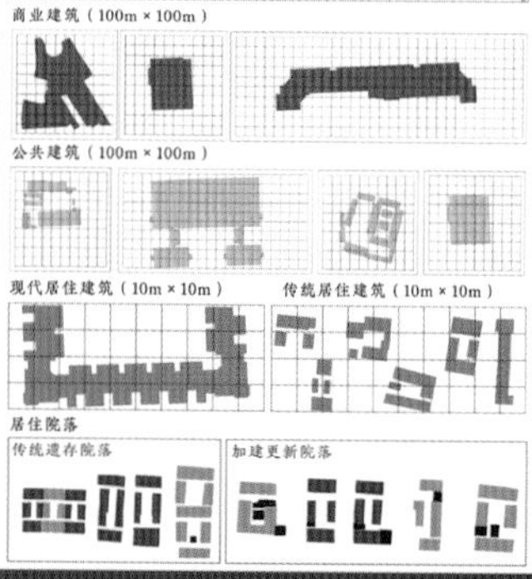

■院落组织

模式一：多院落围绕中心绿地形成组团

模式二：院落沿街巷排列组织

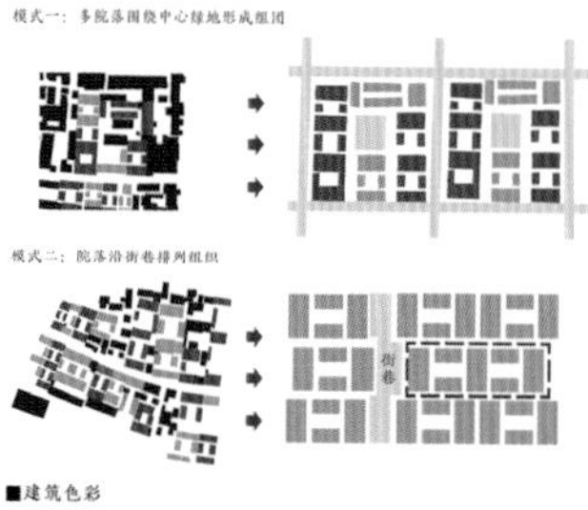

■建筑色彩

商业建筑

居住建筑

文化建筑

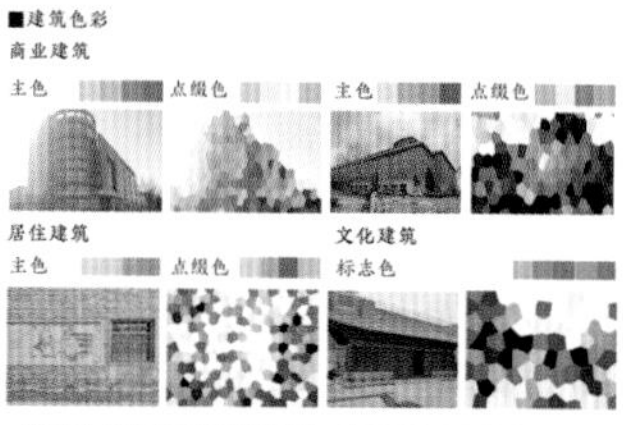

透过《北京城市色彩城市设计导则》，从现状建筑中提取主色和点缀色

街巷及开敞空间

■街巷形态

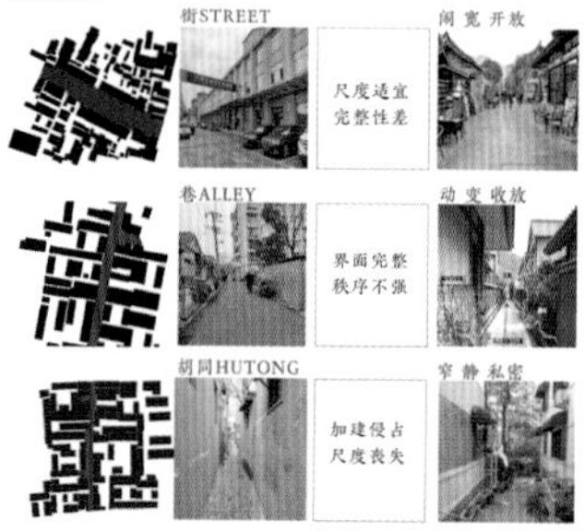

街STREET 宽阔开放 尺度适宜 完整性差

巷ALLEY 动变收放 界面完整 秩序不强

胡同HUTONG 窄静私密 加建侵占 尺度丧失

■开敞空间

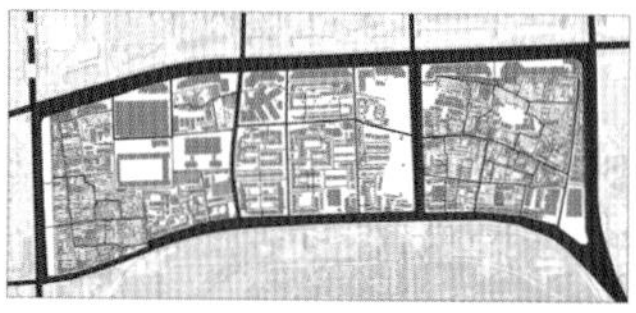

开敞空间少且利用率不高，缺乏社区性活动中心

建筑评价

■建筑质量综合评定

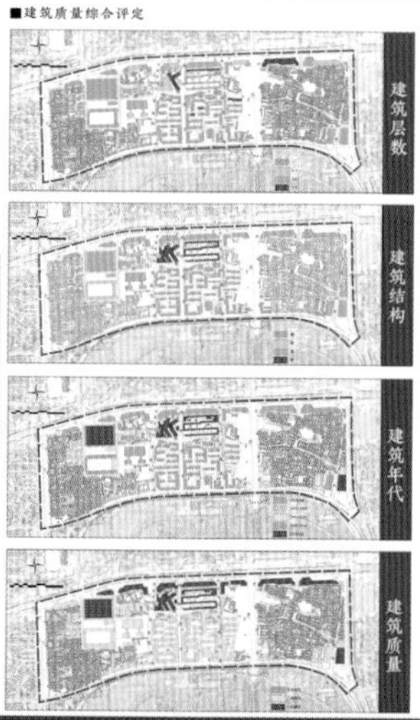

建筑层数

建筑结构

建筑年代

建筑质量

戏韵新生·京味活态

西安建筑科技大学建筑学院：安昊琳、李慧敏、嵇薪颖、张婷、杨豪　指导老师：邓向明、杨辉、高雅

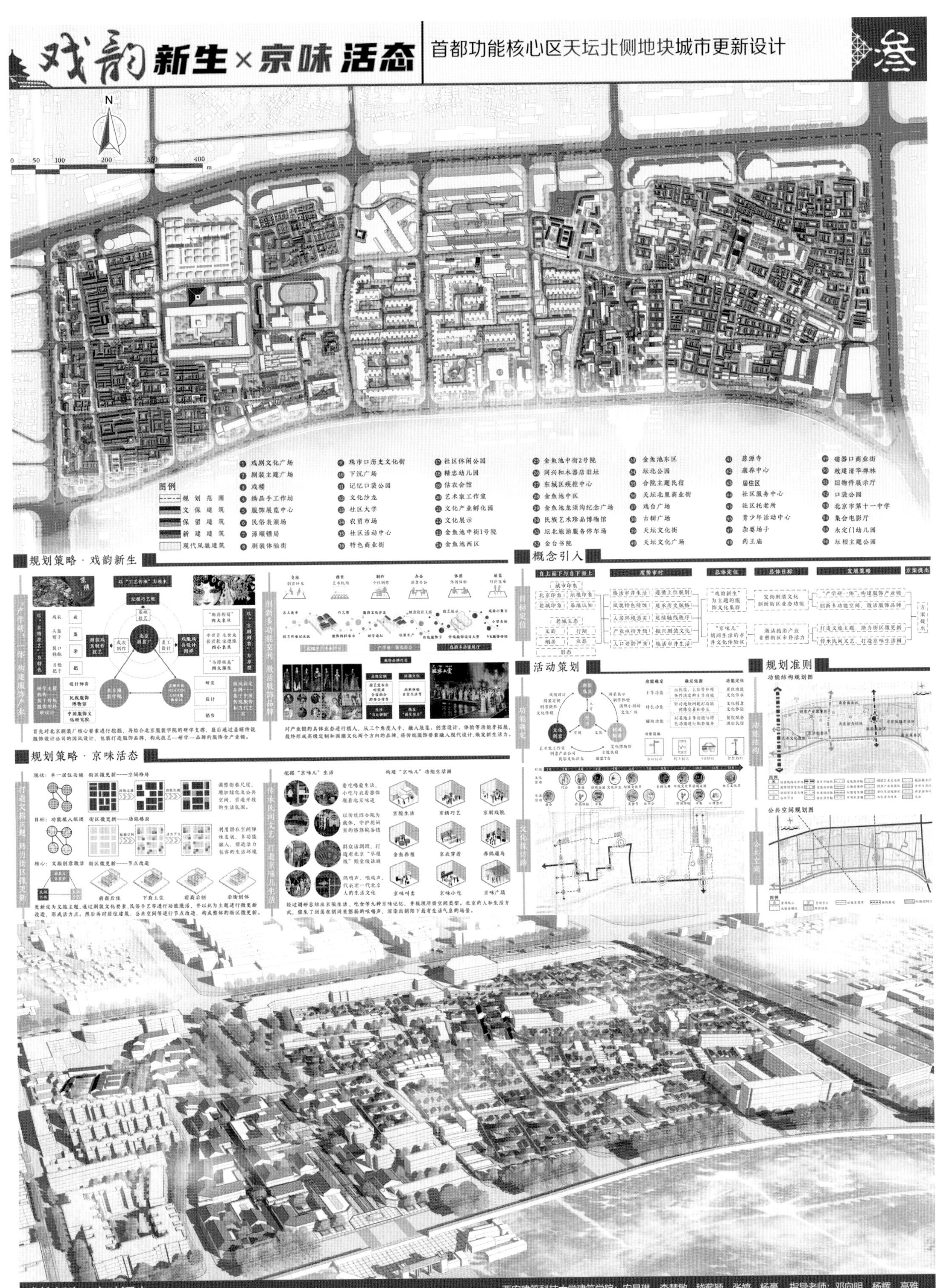

戏韵新生×京味活态
首都功能核心区天坛北侧地块城市更新设计
叁
N
0 50 100 200 300 400 m
图例
规划范围
文保建筑
保留建筑
新建建筑
现代风貌建筑
1 戏剧文化广场
2 戏剧主题广场
3 戏楼
4 精品手工作坊
5 服饰展览中心
6 民俗表演场
7 源顺镖局
8 剧装体验街
9 珠市口历史文化街
10 下沉广场
11 记忆口袋公园
12 文化沙龙
13 社区大学
14 农贸市场
15 社区活动中心
16 特色商业街
17 社区休闲公园
18 精忠幼儿园
19 估衣会馆
20 艺术家工作室
21 文化产业孵化园
22 文化展示
23 金鱼池中街1号院
24 金鱼池西区
25 金鱼池中街2号院
26 同兴和木器店旧址
27 东城区疾控中心
28 金鱼池中区
29 金鱼池龙须沟纪念广场
30 民族艺术珍品博物馆
31 坛北旅游服务停车场
32 金台书院
33 金鱼池东区
34 坛北公园
35 金院主题民宿
36 天坛北里商业街
37 戏台广场
38 古树广场
39 天坛文化街
40 天坛文化广场
41 慈源寺
42 康养中心
43 居住区
44 社区服务中心
45 社区托老所
46 青少年活动中心
47 杂耍场子
48 药王庙
49 磁器口商业街
50 教建清华操林
51 旧物件展示厅
52 口袋公园
53 北京市第十一中学
54 集合电影厅
55 永定门幼儿园
56 坛根主题公园
规划策略·戏韵新生
规划策略·京味活态
概念引入
活动策划
规划准则
戏韵新生·京味活态
西安建筑科技大学建筑学院：安昊琳、李慧敏、嵇薪颖、张婷、杨豪　指导老师：邓向明、杨辉、高雅

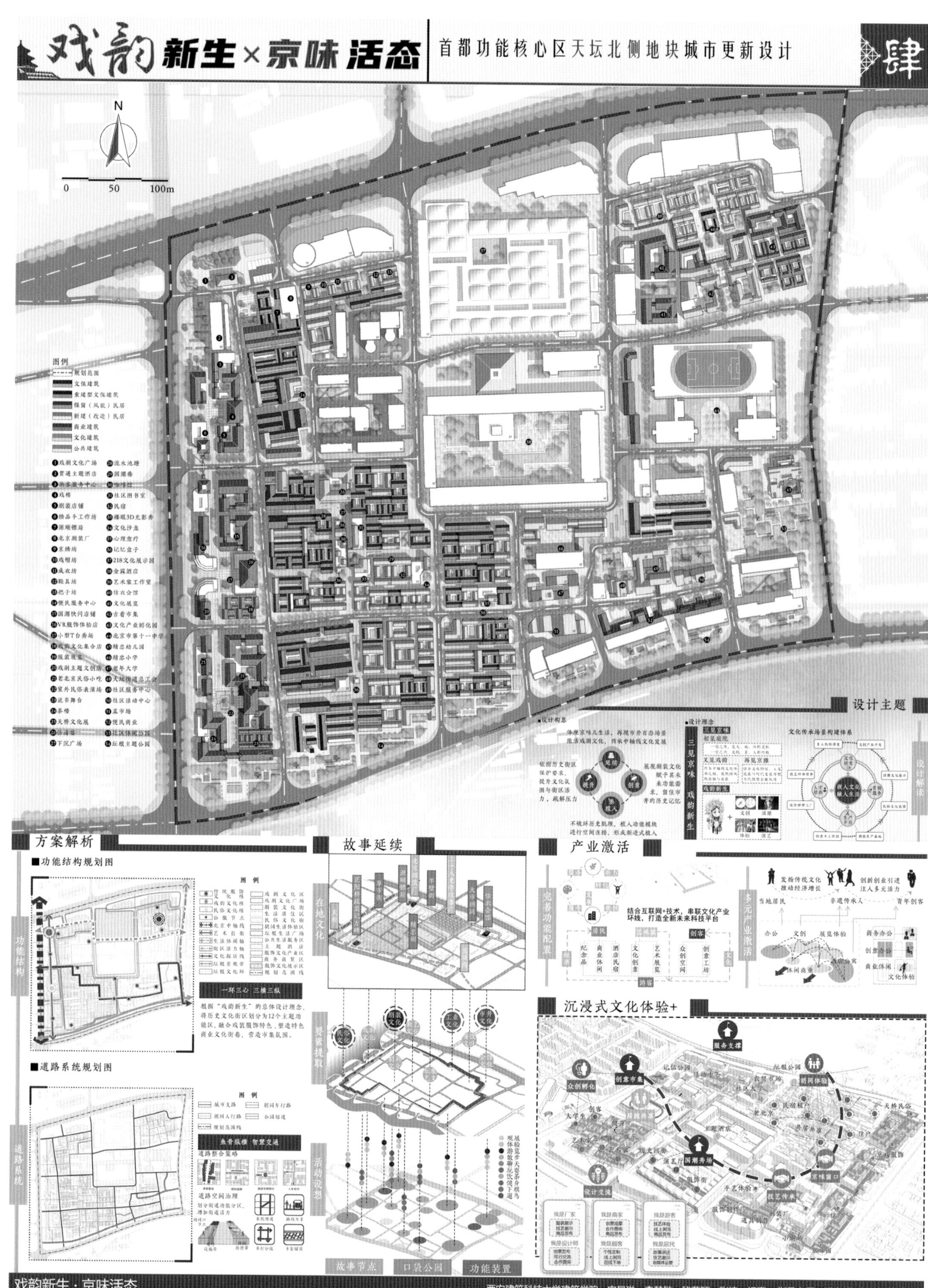

西安建筑科技大学建筑学院：安昊琳、李慧敏、嵇薪颖、张婷、杨豪 指导老师：邓向明、杨辉、高雅

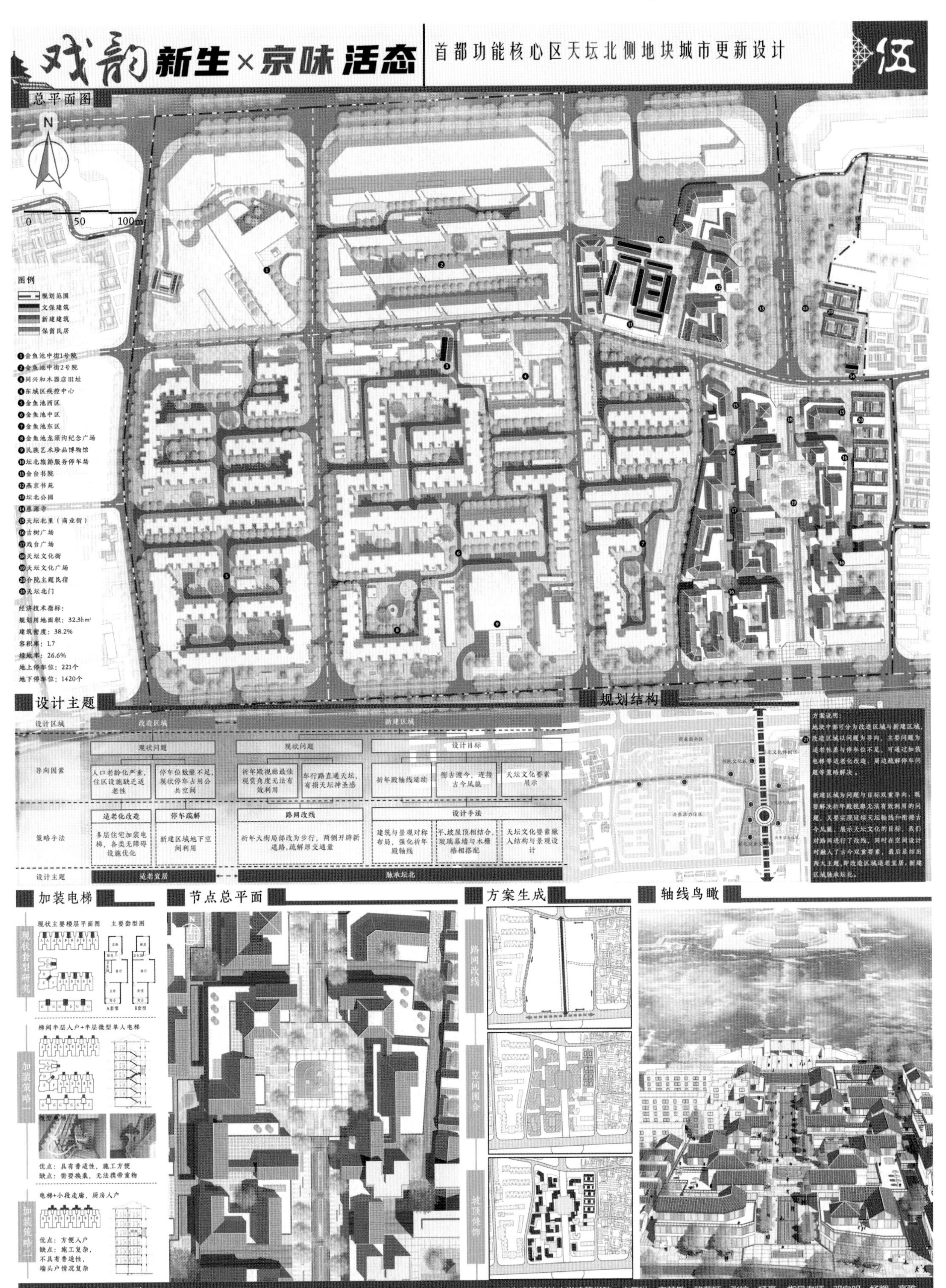
戏韵新生×京味活态
首都功能核心区天坛北侧地块城市更新设计
伍
总平面图
N
0
50
100m
图例
规划范围
文保建筑
新建建筑
保留民居
❶金鱼池中街1号院
❷金鱼池中街2号院
❸同兴和木器店旧址
❹东城区疾控中心
❺金鱼池西区
❻金鱼池中区
❼金鱼池东区
❽金鱼池龙须沟纪念广场
❾民族艺术珍品博物馆
❿坛北旅游服务停车场
⓫金台书院
⓬燕京书苑
⓭坛北公园
⓮慈源寺
⓯天坛北里（商业街）
⓰古树广场
⓱戏台广场
⓲天坛文化街
⓳天坛文化广场
⓴合院主题民宿
㉑天坛北门
经济技术指标：
规划用地面积：32.3hm²
建筑密度：38.2%
容积率：1.7
绿地率：26.6%
地上停车位：221个
地下停车位：1420个
设计主题
设计区域
改造区域
新建区域
导向因素
现状问题
现状问题
设计目标
人口老龄化严重，住区设施缺乏适老性
停车位数量不足，现状停车占用公共空间
祈年殿视廊最佳观赏角度无法有效利用
车行路直通天坛，有损天坛神圣感
祈年殿轴线延续
衔古渡今，连接古今风貌
天坛文化要素展示
策略手法
适老化改造
停车疏解
路网改线
设计手法
多层住宅加装电梯，各类无障碍设施优化
新建区域地下空间利用
祈年大街局部改为步行，两侧开辟新道路，疏解原交通量
建筑与景观对称布局，强化祈年殿轴线
平、坡屋顶相结合，玻璃幕墙与木栅格相搭配
天坛文化要素融入结构与景观设计
设计主题
适老宜居
脉承坛北
规划结构
方案说明：
地块中部可分为改造区域与新建区域，改造区域以问题为导向，主要问题为适老性差与停车位不足，可通过加装电梯等适老化改造、周边疏解停车问题等策略解决。
新建区域为问题与目标双重导向，既要解决祈年殿视廊无法有效利用的问题，又要实现延续天坛轴线和衔接古今风貌、展示天坛文化的目标，我们对路网进行了改线，同时在空间设计时融入了古今双重要素，最后总结出两大主题，即改造区域适老宜居，新建区域脉承坛北。
加装电梯
现状套型研究
现状主要楼层平面图
主要套型图
A套型
B套型
加装策略一
梯间半层入户+半层微型单人电梯
微型电梯
优点：具有普适性，施工方便
缺点：需要换乘，无法携带重物
加装策略二
电梯+小段走廊，厨房入户
优点：方便入户
缺点：施工复杂，不具有普适性，端头户情况复杂
节点总平面
N
方案生成
路网改线
空间围合
坡顶修饰
轴线鸟瞰
戏韵新生·京味活态
西安建筑科技大学建筑学院：安昊琳、李慧敏、嵇薪颖、张婷、杨豪　指导老师：邓向明、杨辉、高雅

戏韵新生×京味活态 | 首都功能核心区天坛北侧地块城市更新设计

N
0 50 100m

图例

- 规划范围
- 文保建筑
- 保留（风貌）民居
- 新建（改造）民居
- 商业建筑
- 文化建筑
- 公共建筑

1. 药王庙
2. 敕建清华禅林
3. 康养中心
4. 青少年活动中心
5. 社区服务中心
6. 天坛派出所
7. 北京市十一中学
8. 社区托老所
9. 茶艺评书社
10. 杂耍场子
11. 永定门幼儿园
12. 鞋具坊
13. 旧物件展示厅
14. 坛根主题公园
15. 社区食堂
16. 口袋公园
17. 集会电影厅
18. 戏剧文化广场
19. 元隆大厦
20. 集中停车场
21. 口袋公园
22. 彩虹跑道
23. 新世界燕京大厦
24. 千叶大厦
25. 丰泰大厦
26. 畅园
27. 大海楼酒家
28. 集中停车场
29. 雅园
30. 文化广场

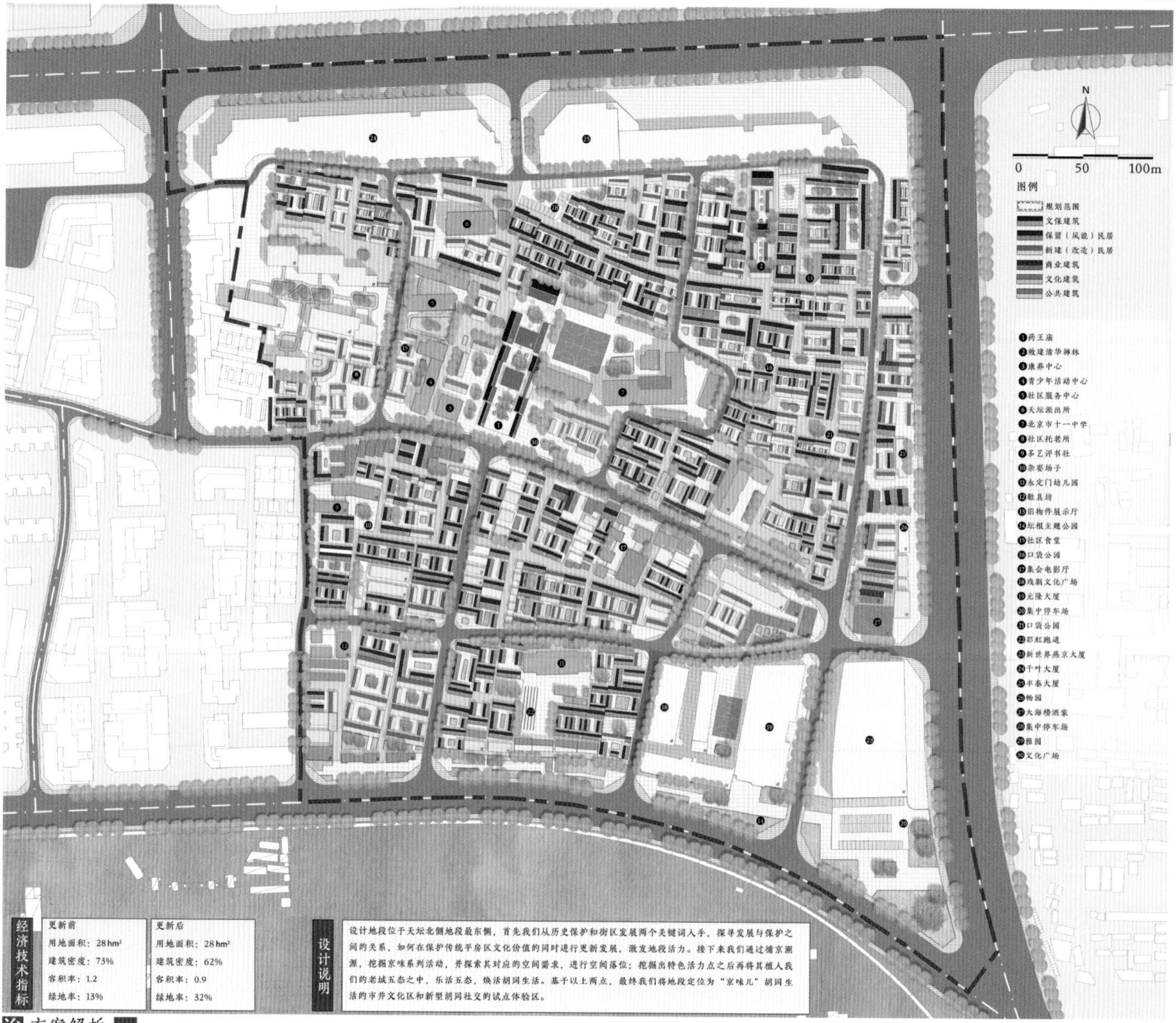

经济技术指标

更新前	更新后
用地面积：28 hm²	用地面积：28 hm²
建筑密度：73%	建筑密度：62%
容积率：1.2	容积率：0.9
绿地率：13%	绿地率：32%

设计说明

设计地段位于天坛北侧地段最东侧，首先我们从历史保护和街区发展两个关键词入手，探寻发展与保护之间的关系，如何在保护传统平房区文化价值的同时进行更新发展，激发地段活力。接下来我们通过循京溯源，挖掘京味系列活动，并探索其对应的空间需求，进行空间落位；挖掘出特色活力点之后再将其植入我们的老城五态之中，乐活五态，焕活胡同生活。基于以上两点，最终我们将地段定位为"京味儿"胡同生活的市井文化区和新型胡同社交的试点体验区。

治 方案解析

系统分析

■功能结构规划图

图例：商业核心、公服节点、公服核心、生活轴线、商业轴线、京味环线、代际交流区、无界市集区、民俗生活区、文化展示区、社区会客区、公服核心区、特色商业区、规划范围线

两心四轴 一环多区 多节点

根据"京味活态"的总体设计理念，将传统平房区划分为7个主题功能区，每个功能分区设置公服节点；2条特色商业街巷，营造市集氛围；2条生活轴线，打造胡同生活。

■道路系统规划图

图例：城市支路、胡同车行路、胡同人行路、公园绿道、规划范围线

四纵四横多巷

道路三级体系：
一级——城市支路
二级——胡同车行路
三级——胡同人行路
通过道路分级梳理，有效疏解车行交通；通过打通、拓宽、重组、禁止四种手法，完善胡同街巷肌理。

打通　拓宽　重组　禁止

空间格局

■建筑类型梳理

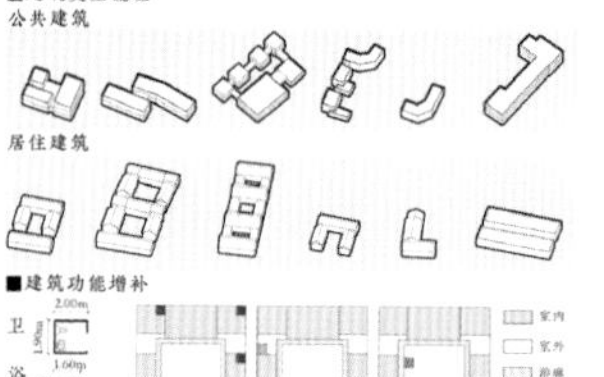

公共建筑

居住建筑

■建筑功能增补

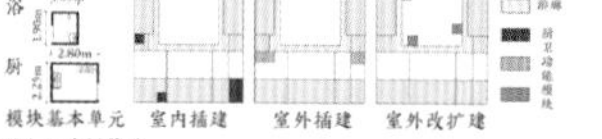

卫 2.00m 1.90m　浴 1.60m 1.90m　厨 2.80m 2.24m

模块基本单元　室内插建　室外插建　室外改扩建

室内　室外　游廊　厨卫功能模块

设计策略

■人口疏解策略

居住质量评估	空间利用评价	居住用地平衡
量化产权和私扩面积	降低地段建筑密度	确定更新院落和用地
评估建筑风貌及质量	提升地段容积率	量化更新后可容纳人数
核定人均居住面积	利用地下空间	量化可功能置换的院落数量

人口平衡

户籍管理	以房控人	教育疏解
清理集体户空挂户	文保单位腾退修缮	职业学校校址腾退
核销、外迁户籍	清退群租房拆除简易楼	大学校址外迁

现状：2个社区，3371户，9158人，住宅建筑总面积达10.6万㎡

规划：拆除和置换的住宅建筑面积1.7万㎡，新建后住宅建筑面积约9.1万㎡，人均住宅面积取20㎡/人（其中利用loft增加5㎡/人）

地段规划人口约6000人，2200户，退租率34.5%

■院落组合分析

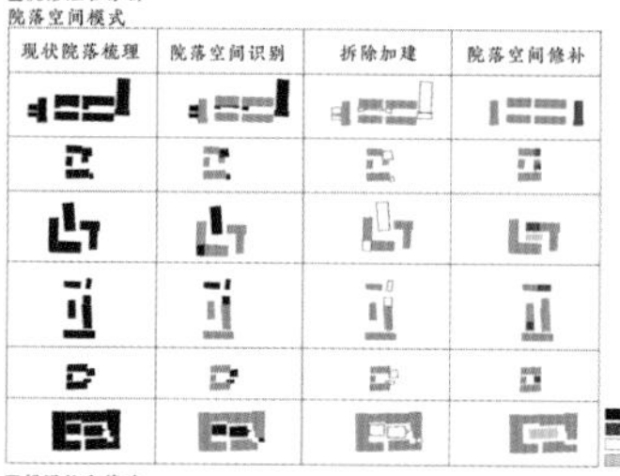

院落空间模式

现状院落梳理　院落空间识别　拆除加建　院落空间修补

现状建筑　增补建筑　拆除建筑　增园绿地

院落组合模式

并列式　对接式　垂直式　错落式

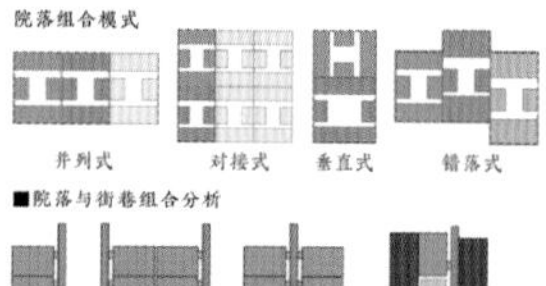

■院落与街巷组合分析

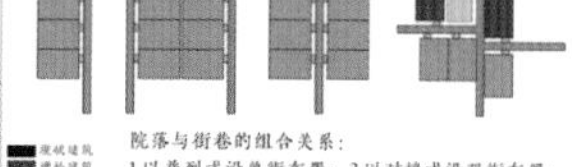

院落与街巷的组合关系：
1.以并列式沿单街布置；2.以对接式沿双街布置；
3.以错落式围合成组团沿街巷十字口布置

■胡同社交策略

便民多样的商业服务		康乐多样的社区文化	
理发店	建筑400㎡	相声话剧	建筑100㎡
布庄/裁缝铺		旧书局	建筑200㎡
中药铺		社区客厅（集会电影）	建筑500㎡
副食店		老物件展示	建筑100㎡
菜店		竹编、刺绣等手艺展示教学	建筑200㎡
京帽铺	建筑200㎡		
影像店			
瓷、木器店			

无处不在的健身空间		老有所养的乐龄生活	
室外健身器材区	因地制宜	养鸽遛鸟	/
青少年活动中心	用地500㎡	太极拳	用地100㎡
室内多功能场馆	用地800㎡	戏楼杂耍场子	用地300㎡
社区健身房	建筑200㎡	茶社评书	建筑100㎡
口袋公园	用地300-600㎡	歌舞演奏（快歌、乐器等）	用地300㎡

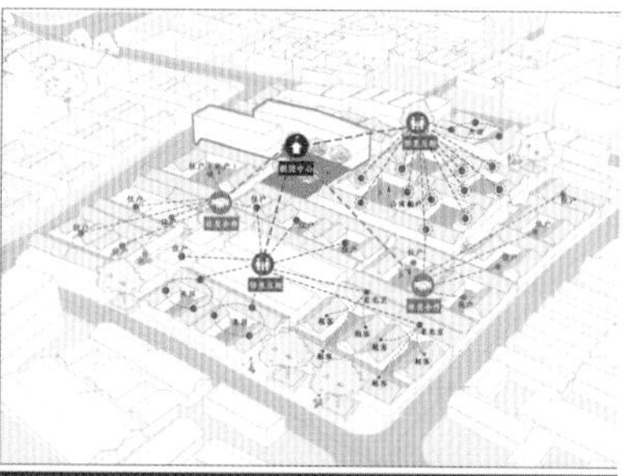

戏韵新生·京味活态　西安建筑科技大学建筑学院：安昊琳、李慧敏、嵇薪颖、张婷、杨豪　指导老师：邓向明、杨辉、高雅

绣装京韵 市井坛根

首都功能核心区天坛北侧地块城市更新设计

01

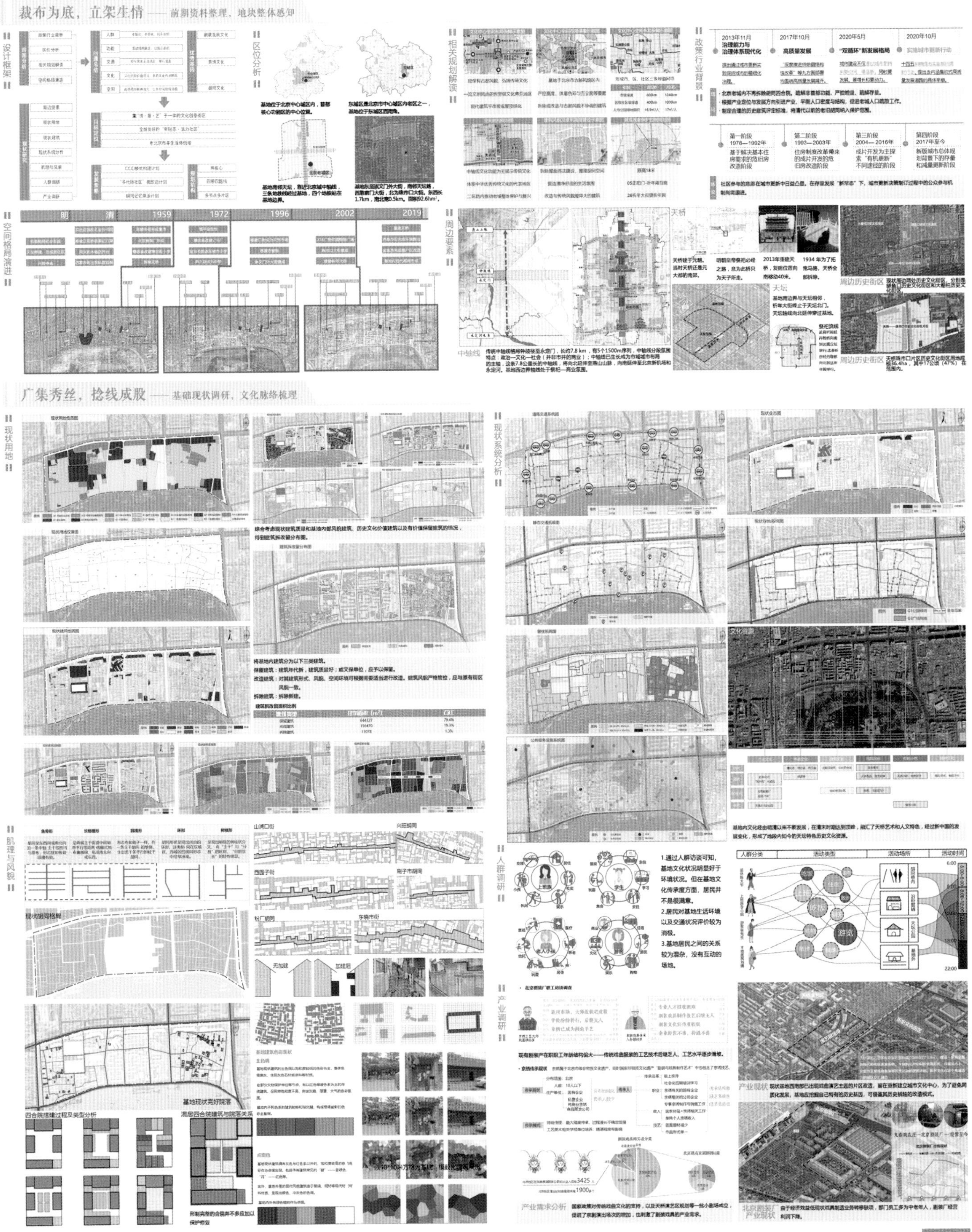

裁布为底，立架生情——前期资料整理，地块整体感知

设计框架

前期分析：政策行业背景、区位分析、相关规划解读、空间格局演进

现状研究：周边要素、现状用地、现状建筑、现状系统分析、肌理与风貌、人群调研、产业调研

问题总结：人群、功能、交通、文化、空间

优势基因：剧装戏具文化、京情文化、胡同文化

目标定位：集“情·景·艺”于一体的文化创意街区；全龄友好的“年轻态·活力社区”；老北京市井生活体验地

发展策略：CCD模式构建计划；“多代际社区”微改造计划；胡同记忆焕活计划

规划结构：两核心、四带四廊线、多节点多片区

区位分析

基地位于北京中心城区内，首都核心功能区的中心位置。

东城区是北京市中心城区内老区之一，基地位于东城区西南角。

基地南邻天坛，靠近北京城中轴线，三条地铁线经过基地，四个地铁站在基地边界。

基地东至崇文门外大街，南邻天坛路，西靠前门大街，北为珠市口大街。东西长1.7km，南北宽0.5km。面积92.6hm²。

相关规划解读

形成市、区、社区三级绿道网络

指标	2020	2035
市级绿道	500km	1240km
区级社区级绿道	400km	1000km
人均公园绿地面积	16.5m²/人	17m²/人

中轴线文化功能为主展示传统文化；体现中华优秀传统文化的代表地区；二环路内推动老城整体保护与复兴

拆除屋顶违法建设，整理胡同空间；营造清净舒适的生活氛围；改造与传统风貌差异大的建筑

距离18米；05正阳门-祈年殿互望；26祈年大街望祈年殿

政策行业背景

2013年11月 治理能力与治理体系现代化：提出通过城市更新实现促进城市的精细化治理。

2017年10月 高质量发展：“深度推进供给侧结构性改革”等九方面部署均围绕高质量发展展开。

2020年5月 “双循环”新发展格局：城市建设不仅要以城市更新……发展、增长和驱动力。

2020年10月 实施城市更新行动：十四五……提出由内涵集约式高质量发展……

- 北京老城内不再拆除胡同四合院。疏解非首都功能，严控增量，疏解存量。
- 根据产业定位与发展方向引进产业，平衡人口密度与结构，促进老城人口疏散工作。
- 制定合理的历史建筑评定标准，将清代以前的老旧胡同纳入保护范围。

第一阶段 1978—1992年：基于解决基本住房需求的危旧房改造阶段

第二阶段 1993—2003年：住房制度改革带来的成片开发的危旧房改造阶段

第三阶段 2004—2016年：成片开发为主探索“有机更新”不同途径的阶段

第四阶段 2017年至今：新版城市总体规划背景下的存量和减量更新阶段

社区参与的意愿在城市更新中日益凸显。在存量发展“新常态”下，城市更新决策制订过程中的公众参与机制尚需跟进。

空间格局演进

明 | 清 | 1959 | 1972 | 1996 | 2002 | 2019

周边要素

中轴线：传统中轴线格局钟鼓楼至永定门，长约7.8 km，有5个1500m序列，中轴线分段氛围特点：政治—文化—社会（并非市井的商业）；中轴线已生长成为市域城市布局的主轴，这条7.8公里长的中轴线，将向北延伸至燕山山脉，向南延伸至北京新机场和永定河。基地西边界轴线处于祭祀—商业氛围。

天桥：天桥建于元朝，当时天桥还是元大都的南郊。明朝皇帝祭祀必经之路，意为此桥只为天子所走。2013年重建天桥，复建位置向南移动40米。1934年为了拓宽马路，天桥全部拆除。

天坛：基地南边界与天坛相邻，祈年大街终止于天坛北门，天坛轴线向北延伸穿过基地。

周边历史街区：现状周边两处历史文化街区，分别是鲜鱼口历史文化街区和大栅栏历史文化街区。

周边历史街区：天桥珠市口片区历史文化街区用地规模36.4ha，其中17公顷（47%）在范围内。

广集秀丝，捻线成股——基础现状调研，文化脉络梳理

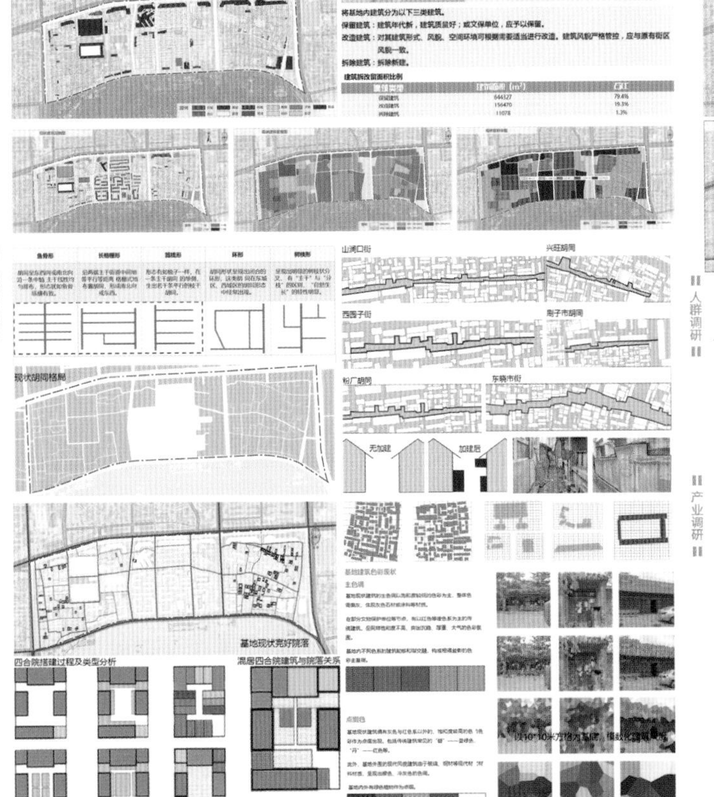

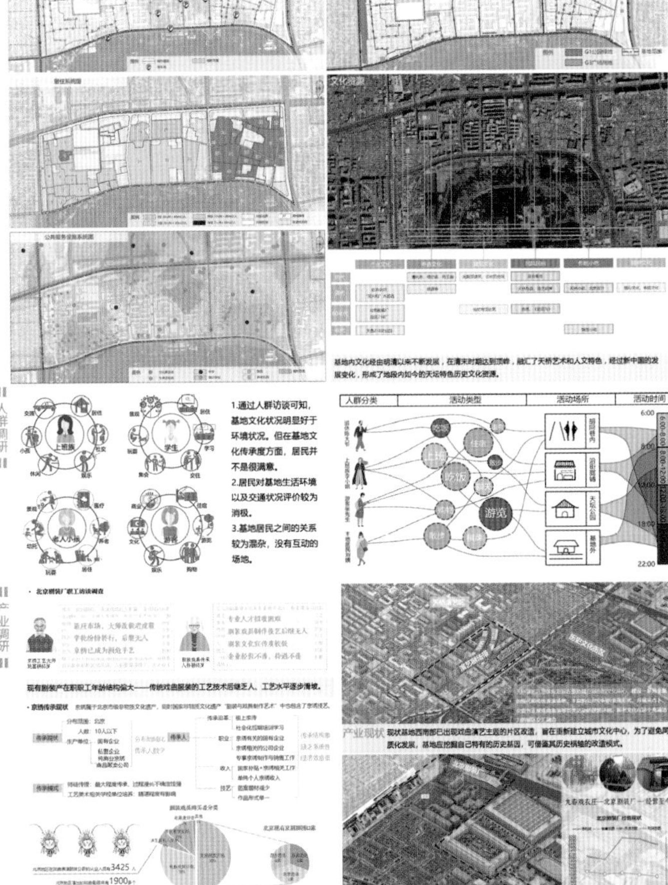

小组成员：李晨铭 张佳蕾 王诗涵 谢诗萱 李雨萱

指导教师：邓向明 杨辉 高雅

第11届“7+1”全国城乡规划专业联合毕业设计

西安建筑科技大学第2小组

绣装京韵 市井坛根

首都功能核心区天坛北侧地块城市更新设计

02

穿针引线，画样定基——问题趋势研判，发展策略勾勒

问题总结与发展趋势

人群	年龄结构 迁移情况 收入情况	人口数量、分布与密度 人口老龄化比例 人户分离比例 平均受教育水平 人均收入水平	老龄化 老贫化 低幸福感
功能	用地功能 公共服务 商业业态	用地指标及布局 机会用地分布及规模 公共服务设施指标、分布与可达性 公共服务设施需求度 各类业态数量、类型、布局及比例 生活性服务设施数量、类型、布局与可达性 文化相关类业态数量、类型及布局 老字号店铺数量、类型及布局	活动场地缺乏 公服品质低
交通	道路 公共交通 静态交通	路网密度 公交站点和地铁站点分布及可达性 路边停车、路内停车设施分布及规模 路边及路内停车需求	无法满足停车需求 慢行混乱 连接不畅
文化	物质文化 精神文化	文化资源数量、类型及价值评估 历史文化自由现状保护情况 居民生活记忆点及街巷生活氛围 地块传说典故	文化资源价值埋没 非遗文化传承断层
空间	街巷空间 开敞空间	街巷走向、宽度、绿化及环境 城市家具设施 公园广场分布、数量、规模及可达性 小区内开场空间分布及使用情况 健身活动场地分布及使用情况	街巷场所精神消失 公共空间使用消极

规划目标与定位

"绣·服·艺"于一体的文化创意街区	激活戏服文化 传承京绣技艺 活化历史遗迹 设计探访路线
全龄友好的年轻态活力社区	平衡人口结构 增加老幼设施 重塑街巷生活 改善居住模式
老北京传统市井生活体验地	置入多元业态 重整老字招牌 引导游客人流 延续天坛风貌

规划结构

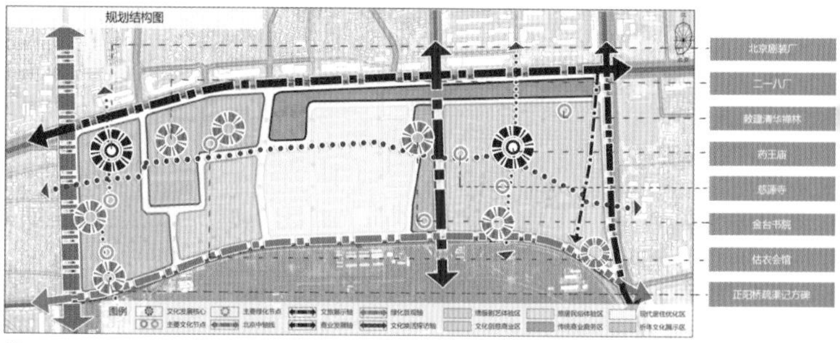

规划结构图

图例：文化发展核心、主要绿化节点、文旅展示轴、绿化景观轴、绣服剧艺体验区、胡同民俗体验区、现代居住优化区、主要文化节点、北京中轴线、商业发展轴、文化焕活探访轴、文化创意商业区、传统商业商务区、坛体文化展示区

北京剧装厂、二一八厂、敦建清华禅林、药王庙、慈源寺、金台书院、估衣会馆、正阳桥疏渠记方碑

结构 · 两核（文化展示核）

· 四带四路线（北京传统中轴带、商业发展带、绿化景观带、文旅展示带；历史文化焕活探访路线、京绣剧装文化体验路线、天坛文化展示游览路线、民俗生活氛围体验路线）

· 多节点多片区（寻找基地内部北京剧装厂、药王庙等特色文化节点，并以节点为核心，提取、划分出多个不同主题的发展片区）

规划策略

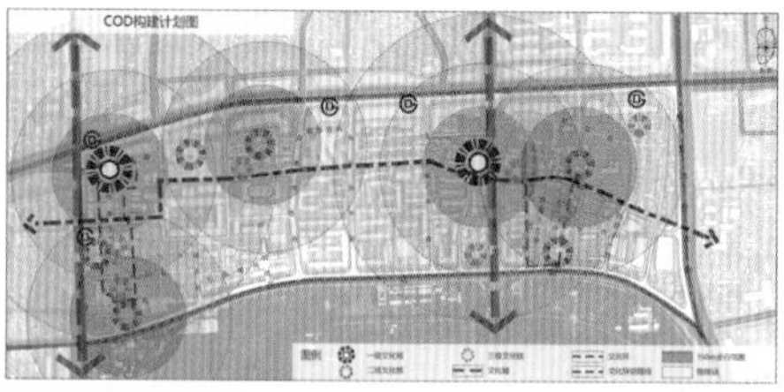

COD构建计划图

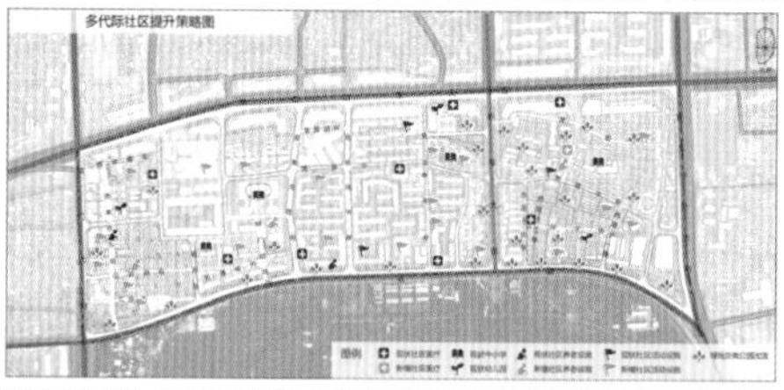

多代际社区提升策略图

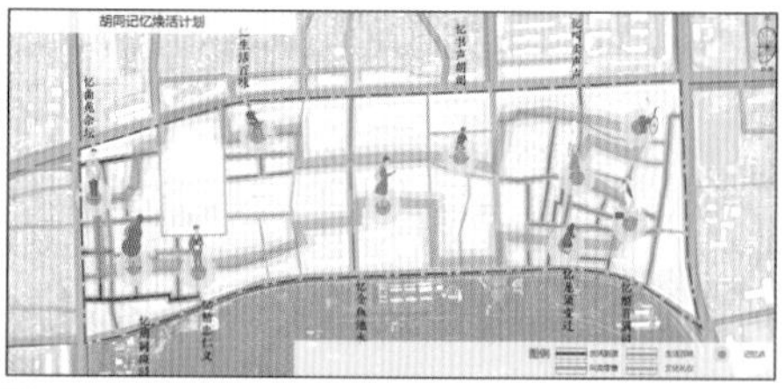

胡同记忆焕活计划

规划控制引导

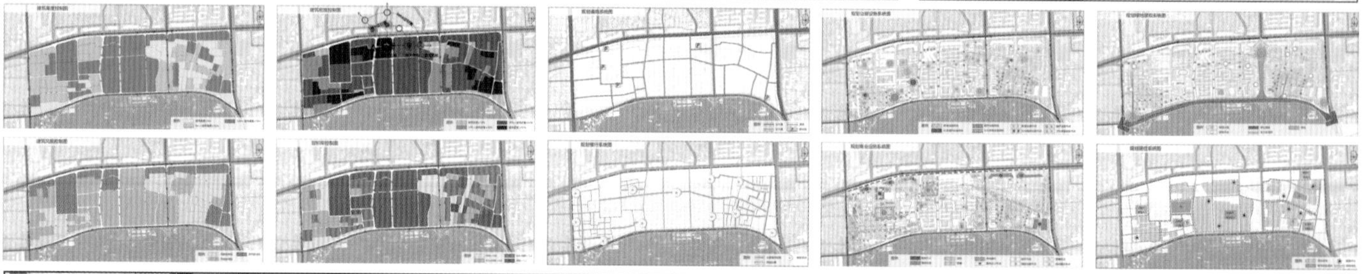

总平面图

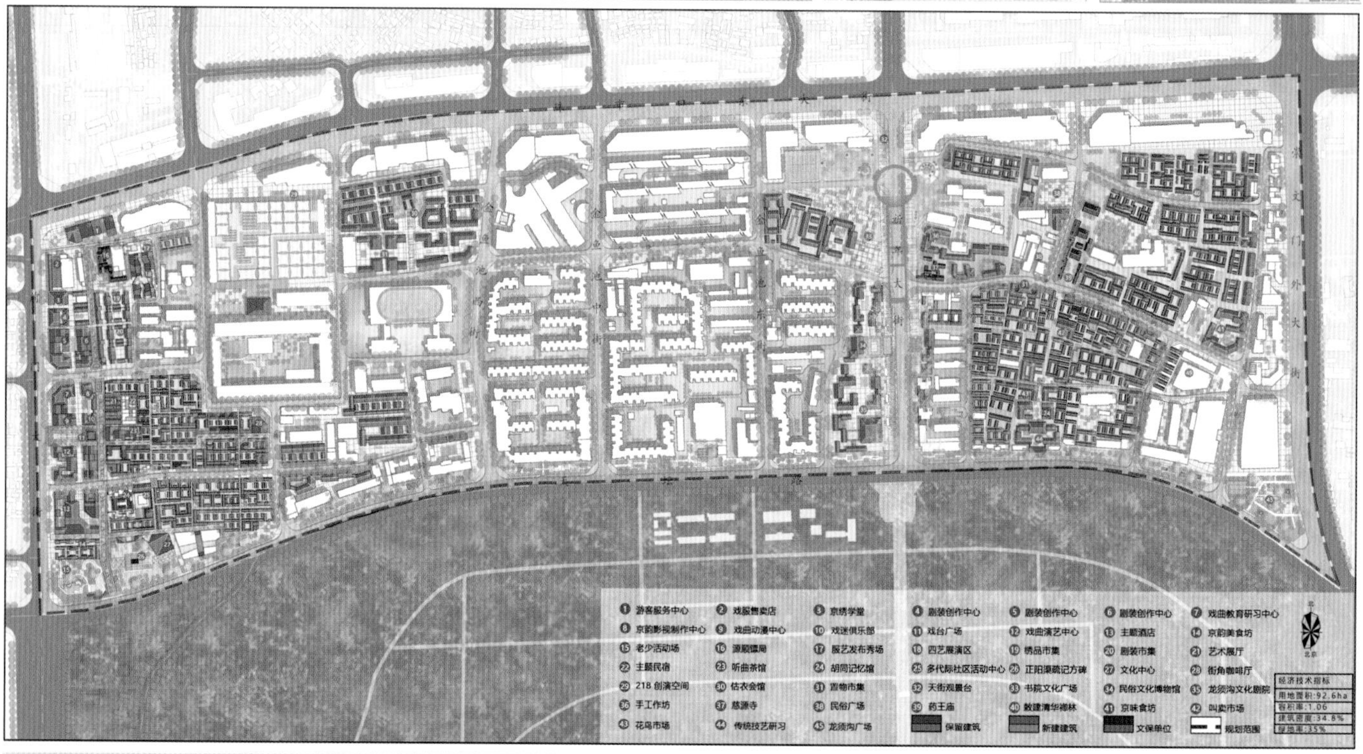

① 游客服务中心	② 戏服售卖店	③ 京绣学堂	④ 剧装创作中心	⑤ 剧装创作中心	⑥ 剧装创作中心	⑦ 戏曲教育研习中心
⑧ 京韵影视制作中心	⑨ 戏曲动漫中心	⑩ 戏迷俱乐部	⑪ 戏台广场	⑫ 戏曲演艺中心	⑬ 主题酒店	⑭ 京韵美食坊
⑮ 老少活动场	⑯ 源顺镖局	⑰ 服艺发布秀场	⑱ 四艺展演区	⑲ 绣品市集	⑳ 剧装市集	㉑ 艺术展厅
㉒ 主题民宿	㉓ 听曲茶馆	㉔ 胡同记忆馆	㉕ 多代际社区活动中心	㉖ 正阳渠疏记方碑	㉗ 文化中心	㉘ 街角咖啡厅
㉙ 218 创演空间	㉚ 估衣会馆	㉛ 旧物市集	㉜ 天街观景台	㉝ 书院文化广场	㉞ 民俗文化博物馆	㉟ 龙须沟文化剧院
㊱ 手工作坊	㊲ 慈源寺	㊳ 民俗广场	㊴ 药王庙	㊵ 敦建清华禅林	㊶ 京味食坊	㊷ 叫卖市场
㊸ 花鸟市场	㊹ 传统技艺研习	㊺ 龙须沟广场	保留建筑	新建建筑	文保单位	规划范围

经济技术指标
用地面积:92.6ha
容积率:1.06
建筑密度:34.8%
绿地率:35%

立面图

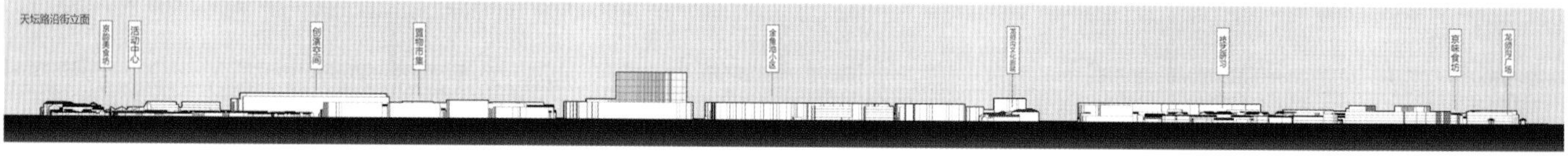

天坛路沿街立面图

京韵美食坊、活动中心、创演空间、旧物市集、金鱼池小区、龙须沟文化剧院、技艺研习、京味食坊、龙须沟广场

小组成员：李晨铭 张佳蕾 王诗涵 谢诗萱 李雨萱
指导教师：邓向明 杨辉 高雅

第11届"7+1"全国城乡规划专业联合毕业设计
西安建筑科技大学第2小组

绣装京韵 市井坛根

首都功能核心区天坛北侧地块城市更新设计

03

刺缀运针，织绣成锦

——未来情景构筑，空间布局落位

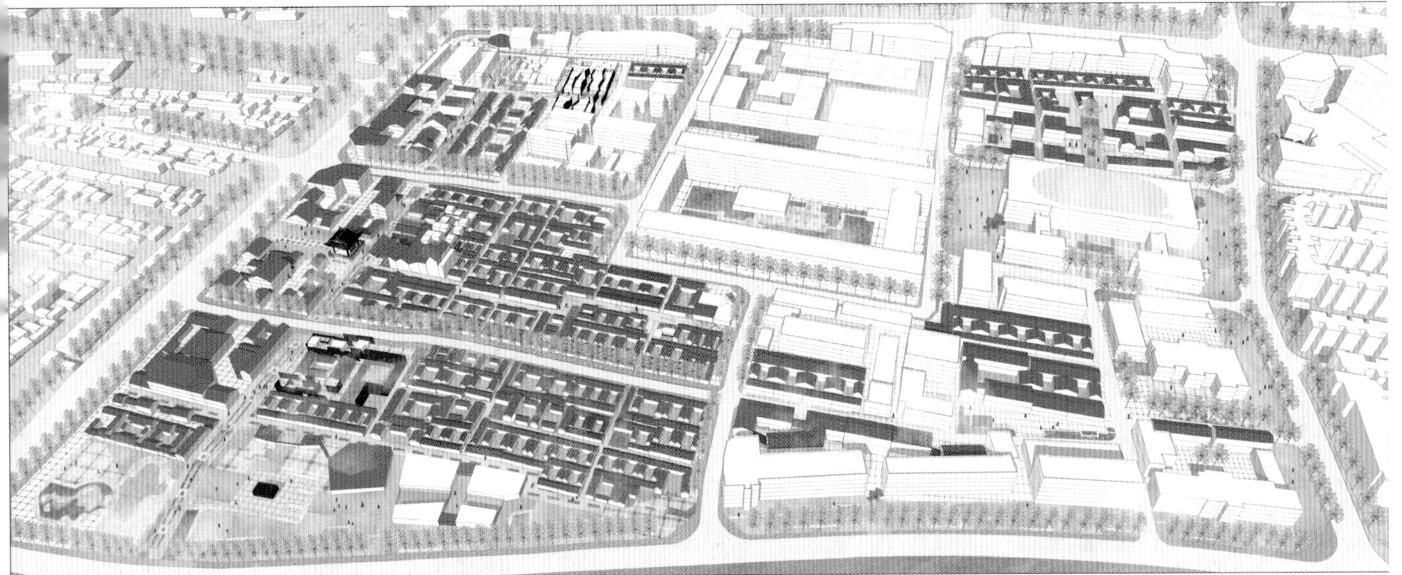

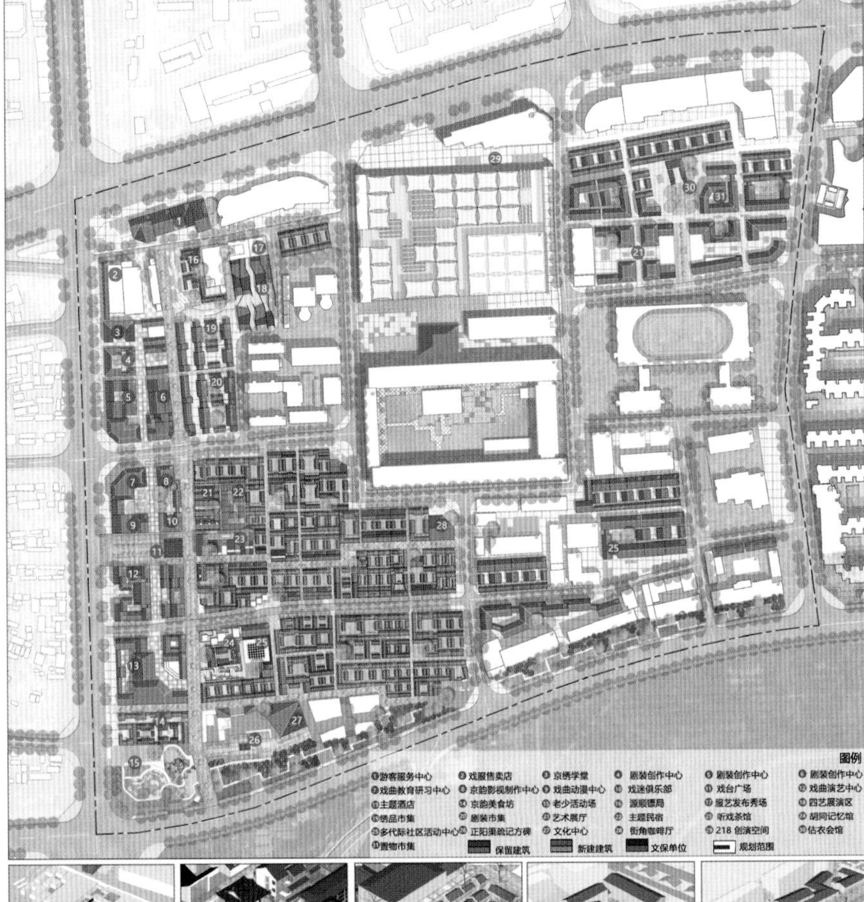

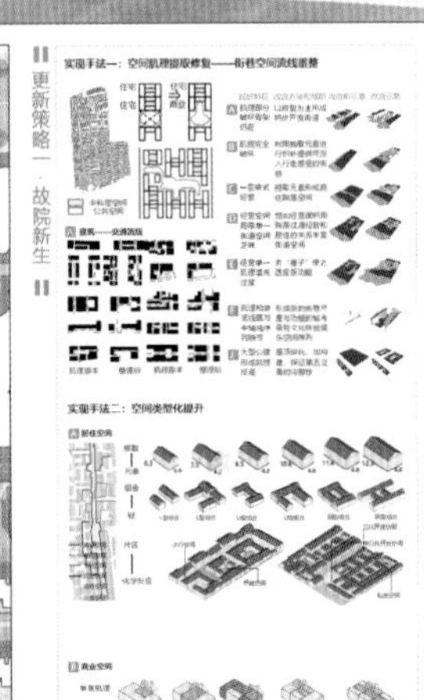

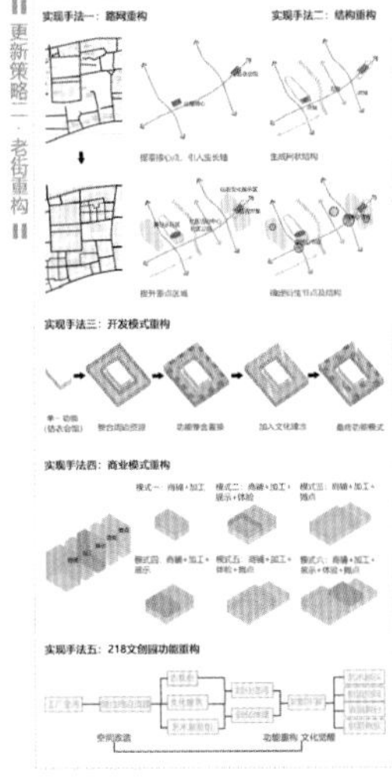

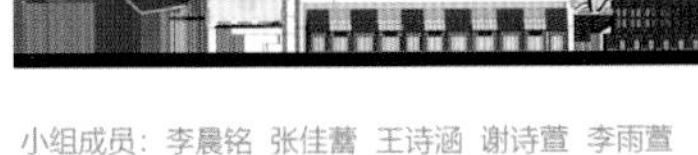

小组成员：李晨铭 张佳蕾 王诗涵 谢诗萱 李雨萱
指导教师：邓向明 杨辉 高雅

第11届"7+1"全国城乡规划专业联合毕业设计
西安建筑科技大学第2小组

绣装京韵 市井坛根

首都功能核心区天坛北侧地块城市更新设计

04

刺缀运针，织绣成锦 ——未来情景构筑、空间布局落位

鸟瞰图

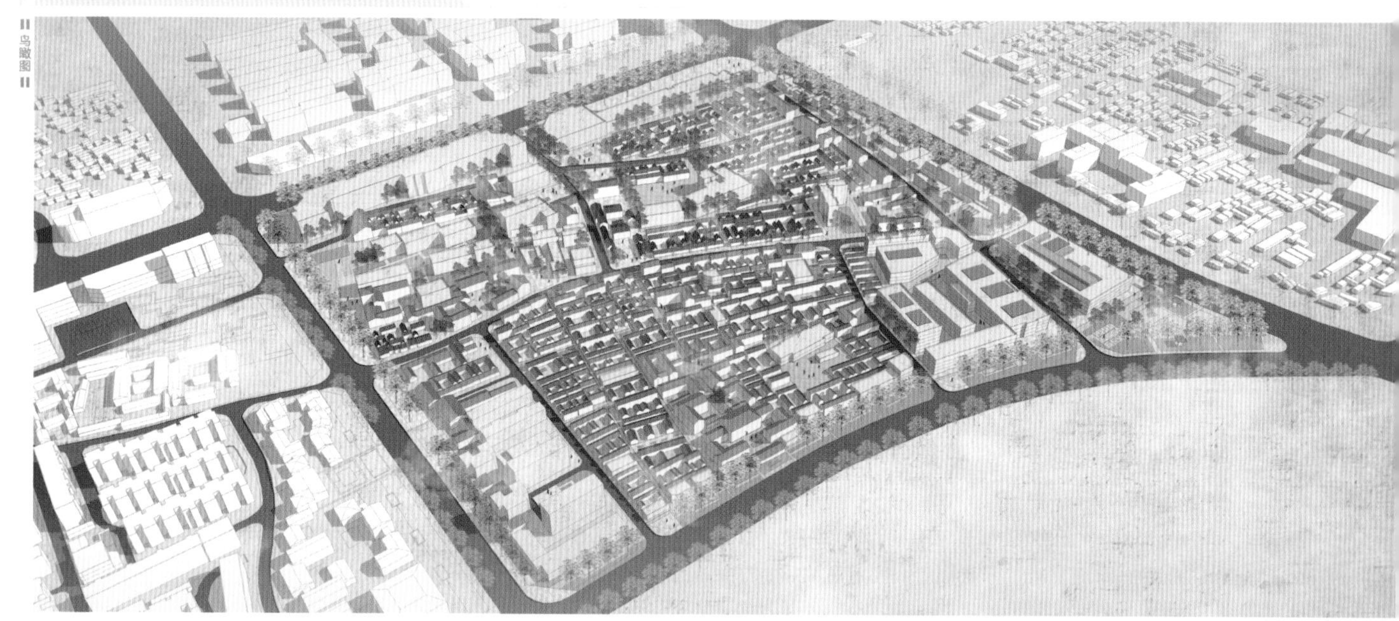

总平面图

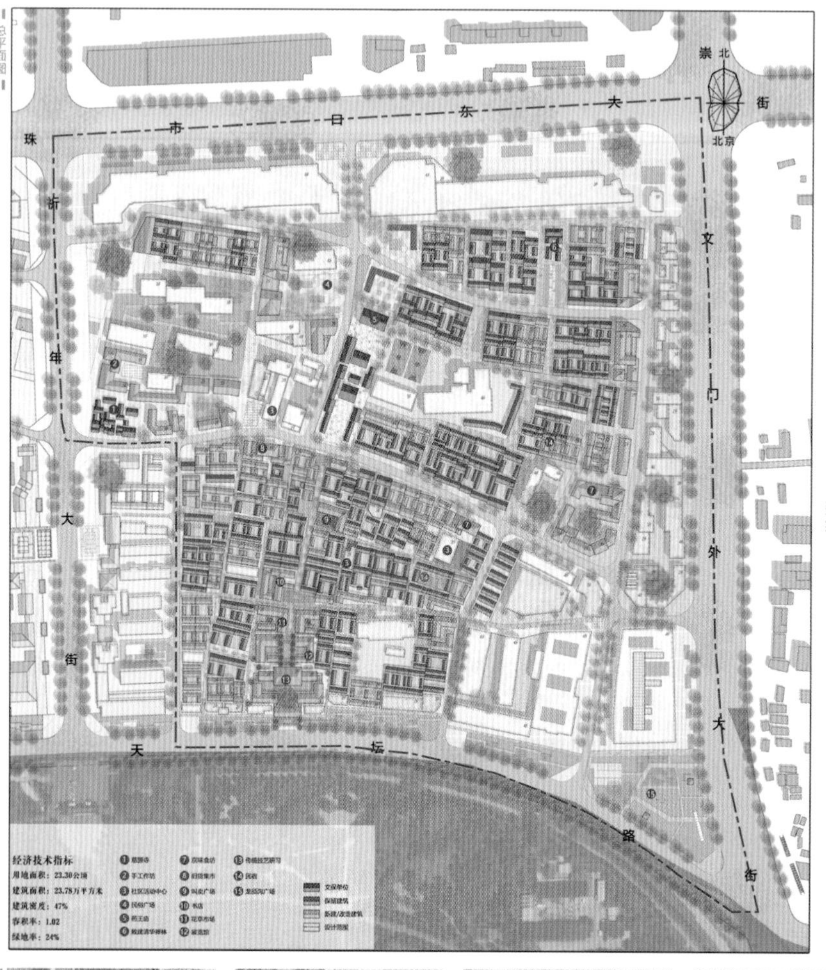

方案解析

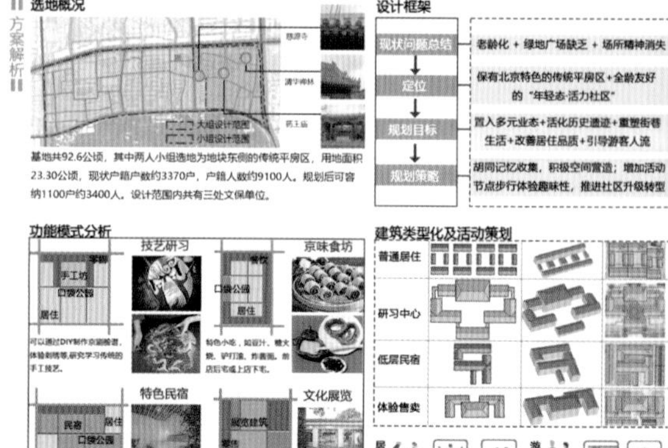

系统解析

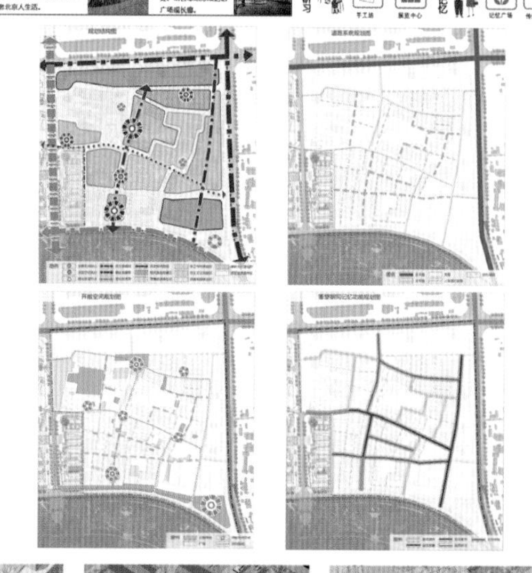

场景展示

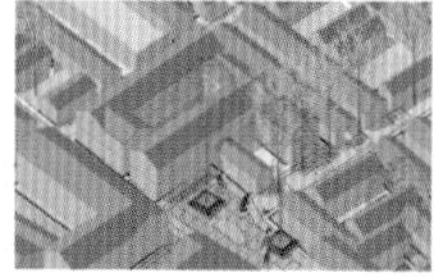
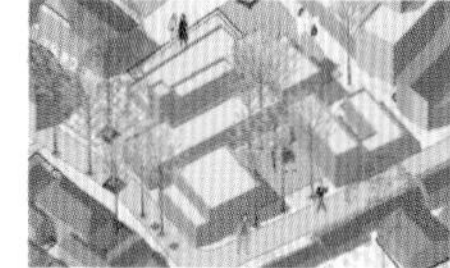

小组成员：李晨铭 张佳馨 王诗涵 谢诗萱 李雨萱
指导教师：邓向明 杨辉 高雅

第11届“7+1”全国城乡规划专业联合毕业设计
西安建筑科技大学第2小组

绣装京韵 市井坛根

首都功能核心区天坛北侧地块城市更新设计

05

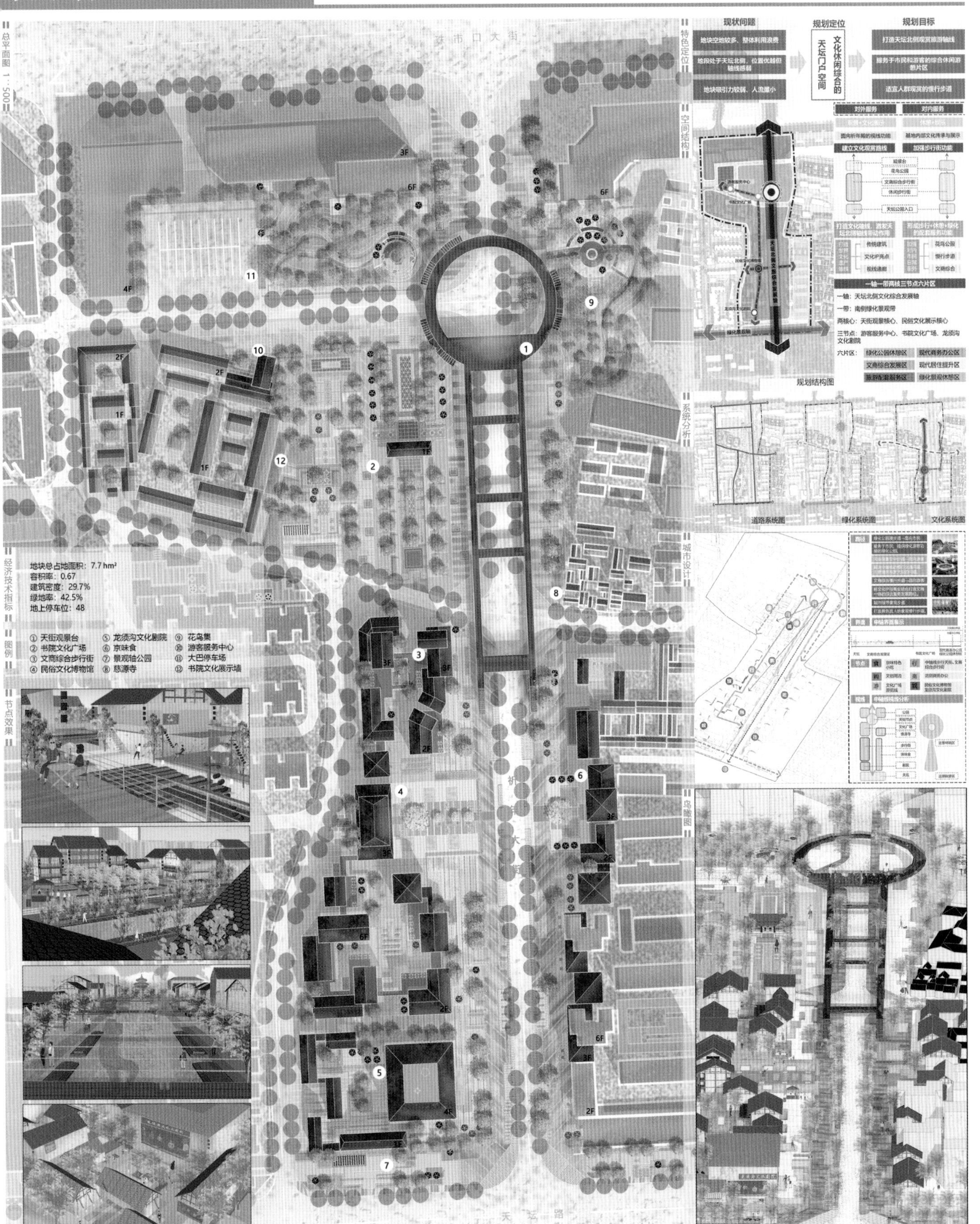

小组成员：李晨铭 张佳蕾 王诗涵 谢诗萱 李雨萱
指导教师：邓向明 杨辉 高雅

第11届"7+1"全国城乡规划专业联合毕业设计
西安建筑科技大学第2小组

绣装京韵 市井坛根

首都功能核心区天坛北侧地块城市更新设计

06

节点一

定位：中国戏曲朝圣地，老城文旅新地标。

主题：剧装戏曲文化。

理念：以戏为魂、以产为核展示传统戏曲与剧装文化魅力。

目标：将片区打造成中国戏曲文化对话世界艺术的交往平台、戏曲文化传承发展的实验平台、戏曲工作者的创业创新平台、戏曲爱好者的朝圣与研习体验平台。

节点二

区位图

个人地块位于基地东北，以估衣会馆为核心，面积2.64hm²

总平面图

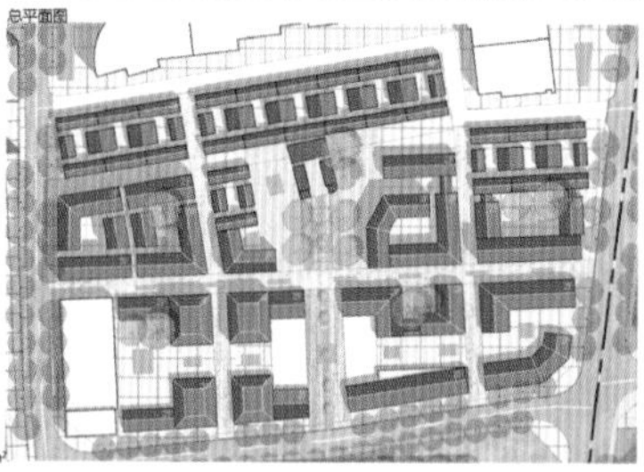

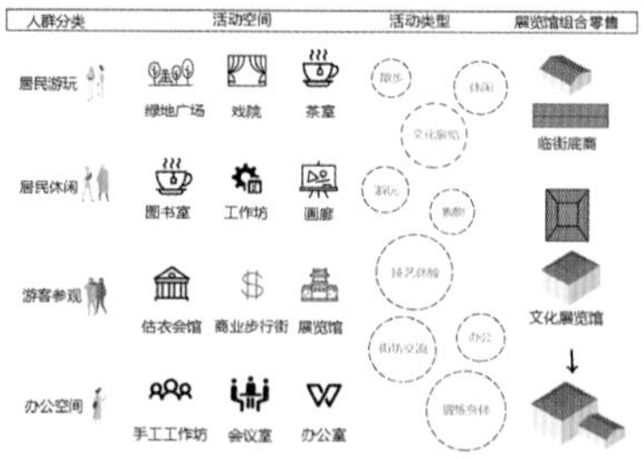

人群分类	活动空间	活动类型	展览馆组合零售
居民游玩	绿地广场 戏院 茶室		临街底商
居民休闲	图书室 工作坊 画廊		
游客参观	估衣会馆 商业步行街 展览馆		文化展览馆
办公空间	手工工作坊 会议室 办公室		

估衣广场

文化展览馆&手工技艺坊

结构图

两核 文化展览核心 绿化广场核心

两轴 商业发展轴 绿化景观轴

四片 合院居住区 估衣会馆风貌区 文化展览区 商住综合区

多节点 景观节点

功能分区图

道路交通系统图

绿地景观系统图

节点三

个人地块位于基地东北角，用地面积约为17.6公顷。设计范围内有药王庙、敕建清华禅林、慈源寺等文物保护单位及不可移动文物，建筑形式基本为传统平房，也有部分现代风貌建筑。

以街巷胡同为载体，按照体验内容的不同划分功能，主要包括民宿、文化展示、商业三大主要功能，并有公共服务与少量手工作坊。

民宿 文化展示 特色商业 手工作坊

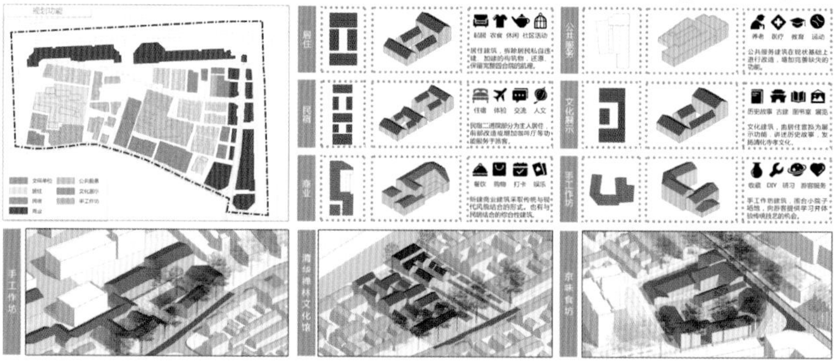

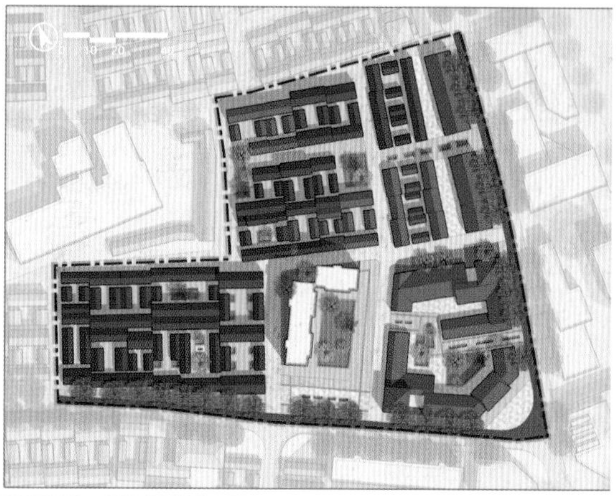

规划功能

手工作坊

节点四

两人组设计范围

个人设计范围

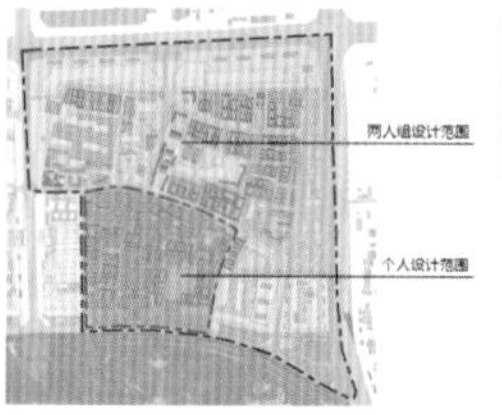

个人选地位于西园子社区中部，用地面积5.60公顷，设计后建筑面积3.64 hm²，是“保有北京特色的传统平房区”的重要组成部分。

街巷系统图

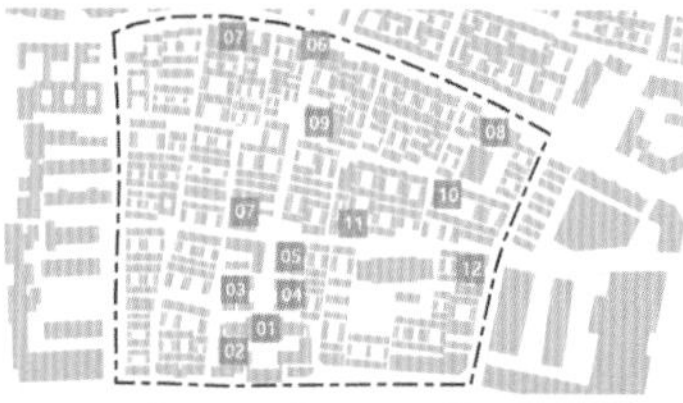

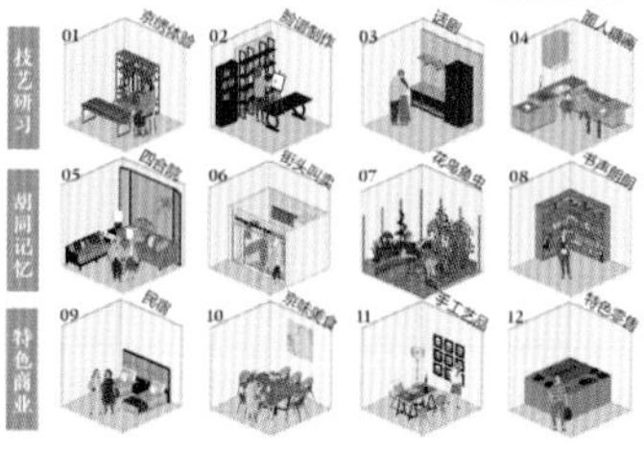

个人地段形成“三街四巷”的结构，即三条主要的步行街，其中南北向为主要的轴线通向药王庙。

改造模式——置入式

功能分析

技艺研习 胡同记忆 特色商业

街巷展示

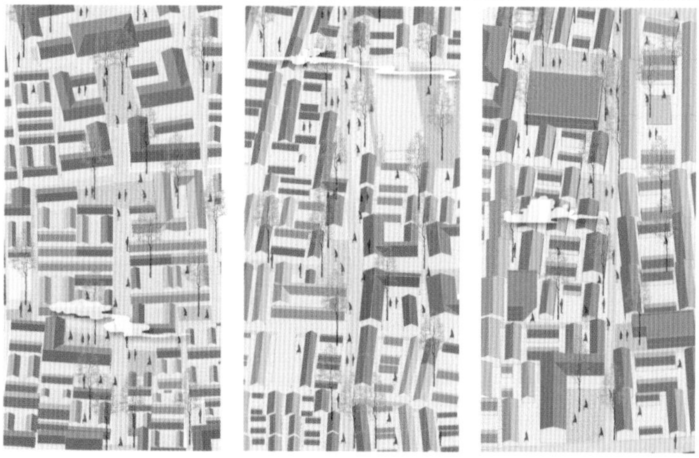

小组成员：李晨铭 张佳蕾 王诗涵 谢诗蕾 李雨萱
指导教师：邓向明 杨辉 高雅

第11届“7+1”全国城乡规划专业联合毕业设计
西安建筑科技大学第2小组

游院京梦·坛根新生

首都功能核心区天坛北侧地块城市更新设计

东部鸟瞰图

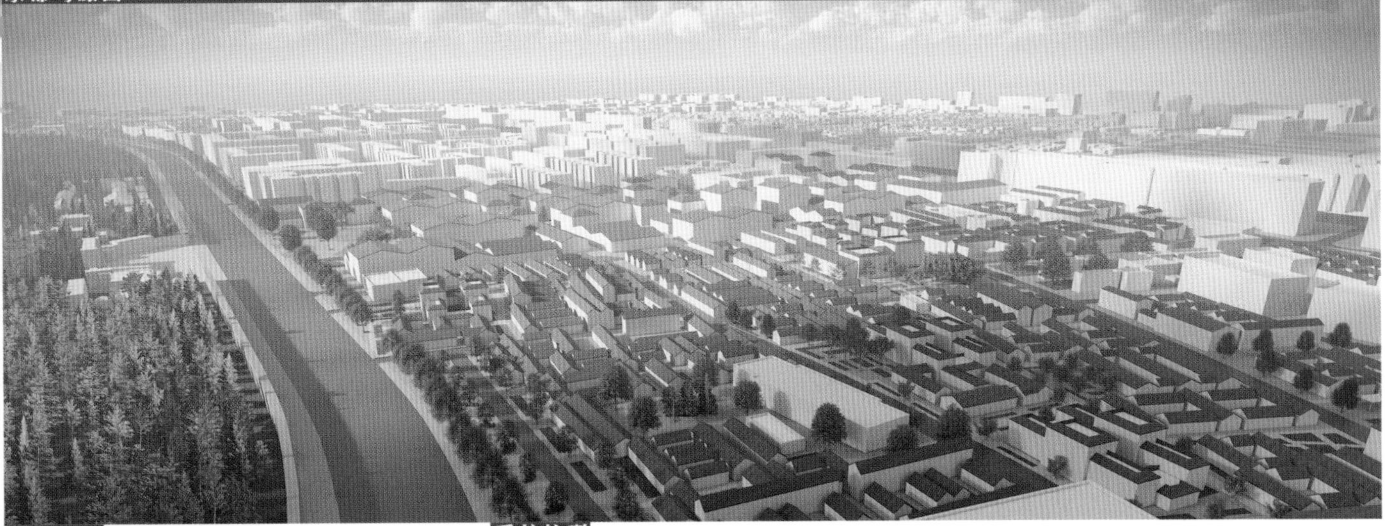

区位分析

市域层面—北京

宏观层面—中心城区

中观层面—东城区

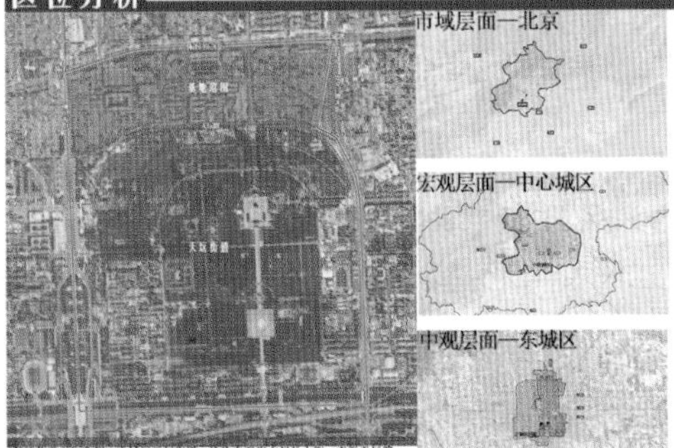

基地位于天坛北侧，东城区天坛街道。地块东至崇文门外大街，南至天坛路，西至前门大街，北至珠市口大街，总用地规模约92.6公顷。

系统梳理

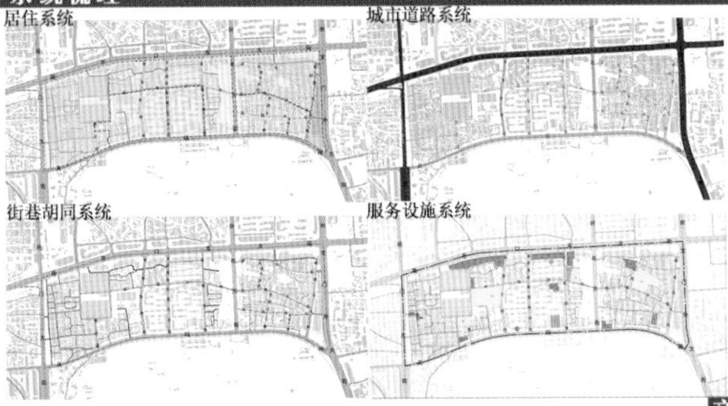

居住系统

城市道路系统

教育设施覆盖度

医疗设施覆盖度

街巷胡同系统

服务设施系统

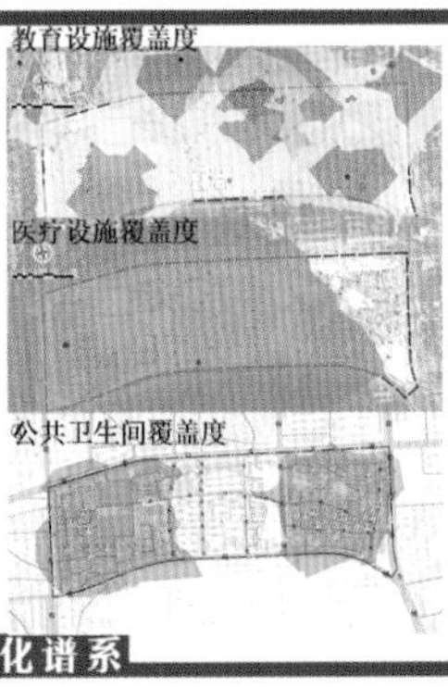

公共卫生间覆盖度

人群活动分析

静态活动空间可达性分析

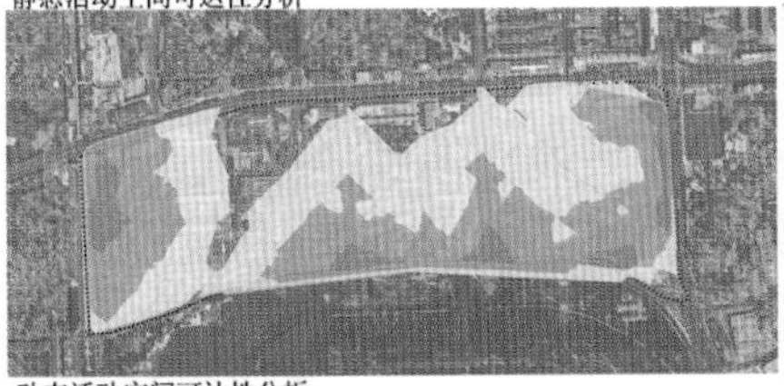

动态活动空间可达性分析

静态空间多承载了公共游憩。 动态空间承载了更多的产业活动。

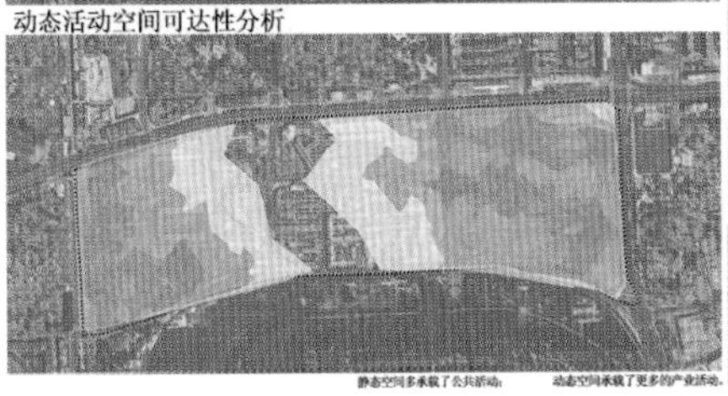

人群活动示意图

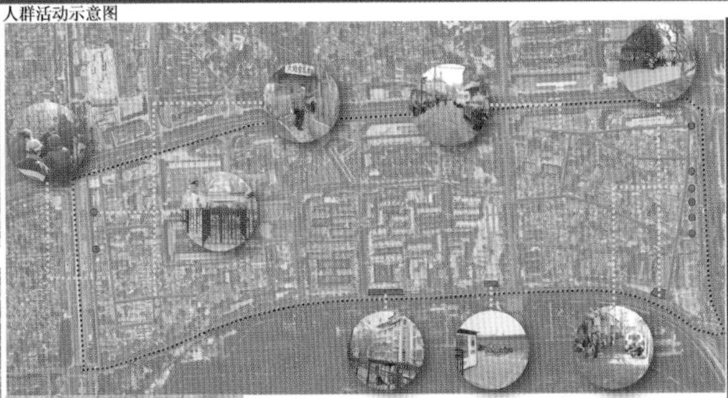

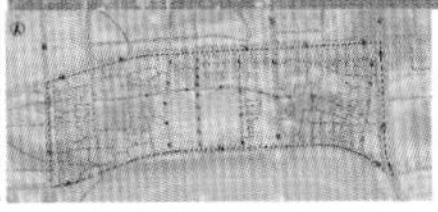

静态空间：可达性较差、设施较为敷衍、场地与实际人流意愿不匹配。

动态空间：街巷空间尺度过于拥挤、流线混乱、与静态空间结合差。

文化谱系

民俗文化

- 物质生活民俗
  - 手工业民俗：剧装制作、木器工艺、铁匠工艺
  - 商业贸易民俗：晓　市、老北京叫卖
  - 饮食民俗：磁器口豆汁
  - 服饰民俗：估　衣
- 社会生活民俗
  - 宗教节日：庙　会
  - 民间故事：大刀王五
  - 民间戏曲：京　剧、河北梆子、评　剧
- 精神生活民俗
  - 民间曲艺：相　声、京韵大鼓
  - 民间戏剧：皮影戏
  - 民间杂耍：耍中幡等
  - 民间体育：抖空竹等

剧装文化	建筑文化	书院文化
京剧艺术	寺庙建筑	金台书院
北京剧装厂		兵工文化
老舍《龙须沟》	四合院	二一八工厂

问题汇总

传统平房区部分

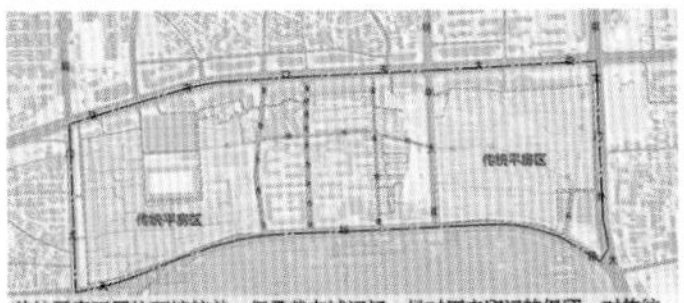

传统平房区居住环境较差、但承载老城记忆，是对历史印记的保留。对传统平房区采取建筑质量及风貌评价，保留风貌及质量较好的建筑及院落。

现代居住区部分

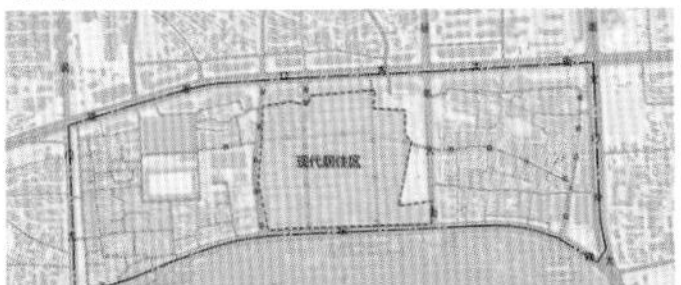

现代居住区居住环境良好、内部设施较为完善，考虑保留居住功能及建筑基本不变，对部分影响整体风貌的节点采取风貌改造措施。

特色文化发掘

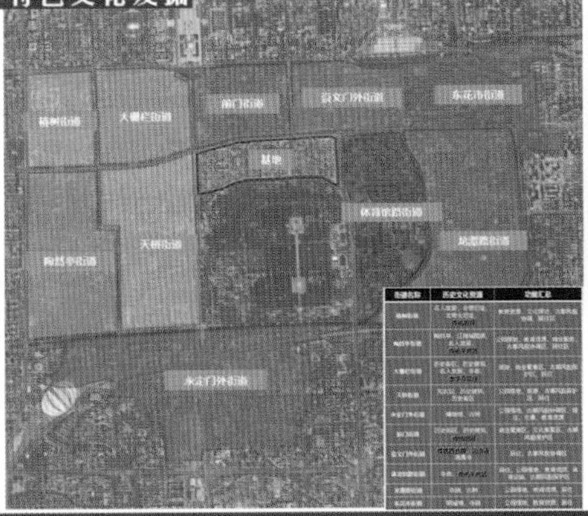

北京中轴线文化设施汇总

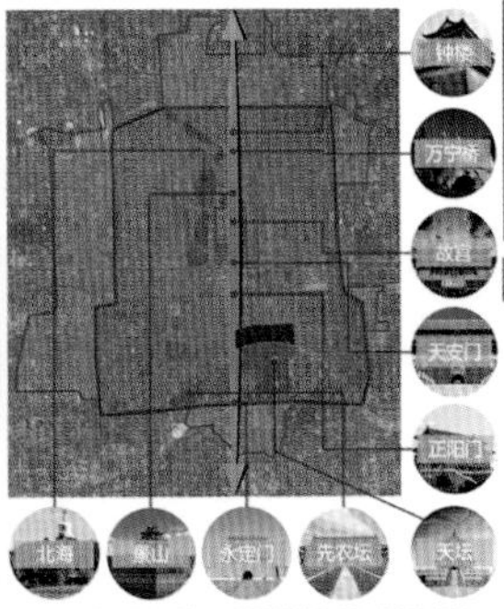

文化产业契机：基地西侧拥有现状的剧装售卖产业，依托此可以延伸发展与之有关的产业，从而激发基地整体的活力，丰富基地内的商业业态。

文化产业方向：着重引入依托空间形态的产业，如剧装制作售卖、戏剧演出、文化体验、文创及其周边售卖。

目标定位

功能定位：集展示、体验为一体的民俗文化街区，品味老北京市井文化的京味生活体验区，展示老北京生活场景的活力社区。

风貌定位：灰墙青瓦、古风古韵、深院窄巷、大隐于市，构建以历史文化景观与新中式建筑风格为主要特征、具有传统北京风韵的文化居住街区。

游院京梦·坛根新生　西安建筑科技大学·C组　小组成员：田磊 张云天 陈浩南 高雨田 姚家斌　指导教师：杨辉 高雅 邓向明

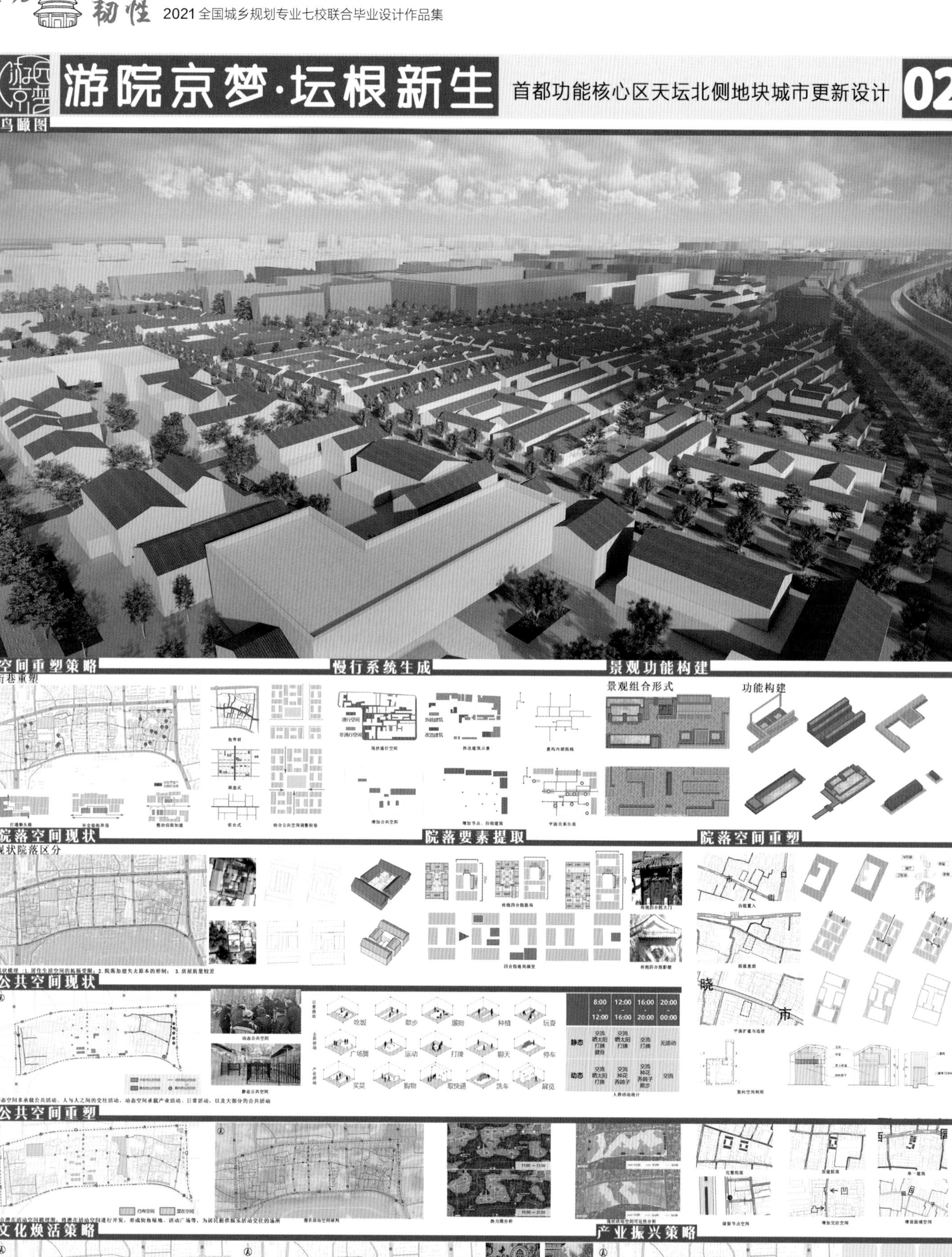

游院京梦·坛根新生 西安建筑科技大学·C组 小组成员：田磊 张云天 陈浩南 高雨田 姚家斌 指导教师：杨辉 高雅 邓向明

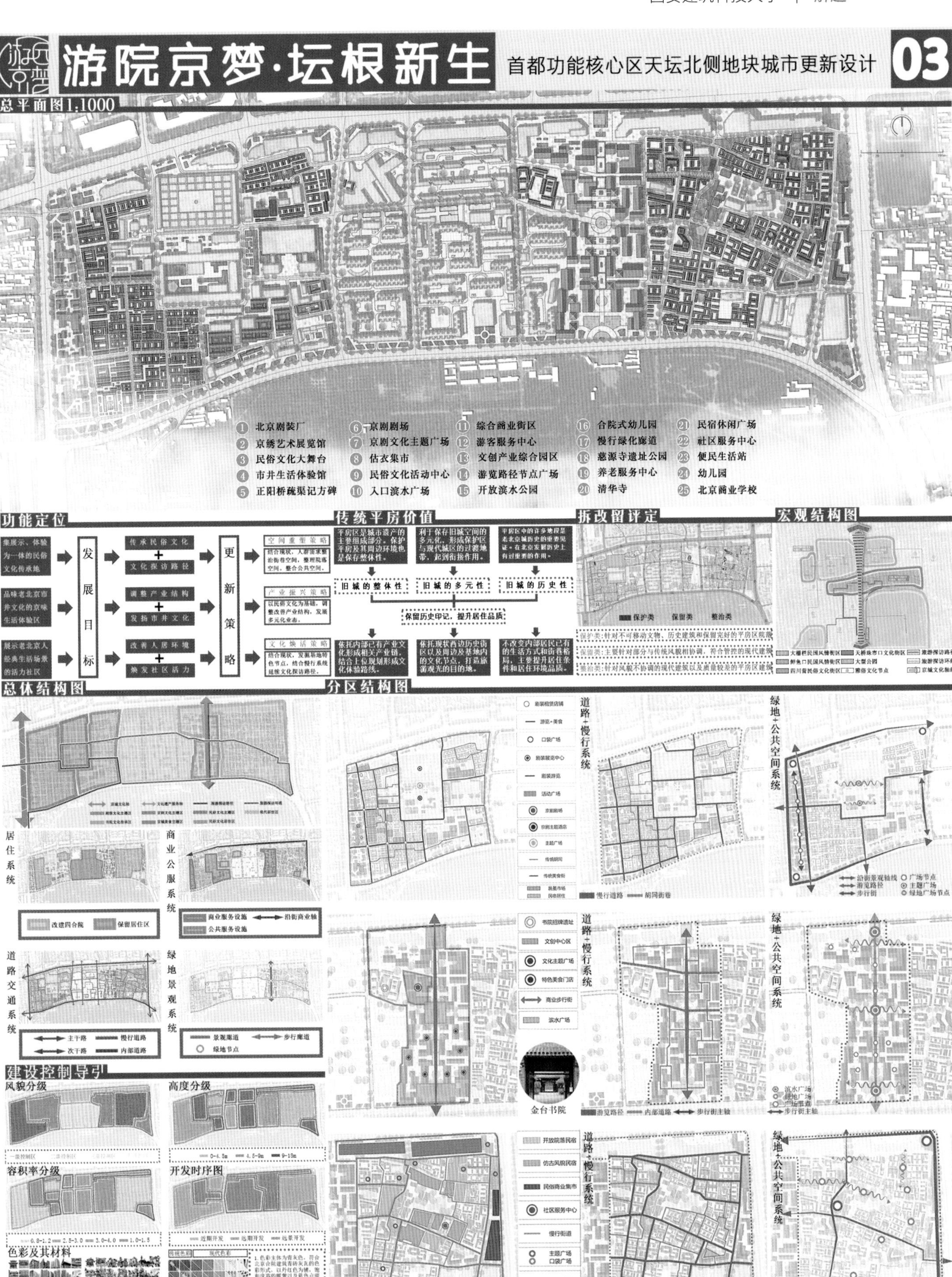
游院京梦·坛根新生
首都功能核心区天坛北侧地块城市更新设计
03
总平面图1:1000
1 北京剧装厂
2 京绣艺术展览馆
3 民俗文化大舞台
4 市井生活体验馆
5 正阳桥疏渠记方碑
6 京剧剧场
7 京剧文化主题广场
8 估衣集市
9 民俗文化活动中心
10 入口滨水广场
11 综合商业街区
12 游客服务中心
13 文创产业综合园区
14 游览路径节点广场
15 开放滨水公园
16 合院式幼儿园
17 慢行绿化廊道
18 慈源寺遗址公园
19 养老服务中心
20 清华寺
21 民宿休闲广场
22 社区服务中心
23 便民生活站
24 幼儿园
25 北京商业学校
功能定位
传统平房价值
拆改留评定
宏观结构图
发展目标
更新策略
传承民俗文化
文化探访路径
调整产业结构
发扬市井文化
改善人居环境
焕发社区活力
空间重塑策略
产业振兴策略
文化焕活策略
旧城的整体性
旧城的多元性
旧城的历史性
保留历史印记，提升居住品质
总体结构图
分区结构图
居住系统
商业公服系统
道路交通系统
绿地景观系统
改建四合院
保留居住区
商业服务设施
公共服务设施
沿街商业轴
主干路
次干路
慢行道路
内部道路
景观廊道
步行廊道
绿地节点
道路+慢行系统
绿地+公共空间系统
金台书院
建设控制导引
风貌分级
高度分级
容积率分级
开发时序图
色彩及其材料
游院京梦·坛根新生
西安建筑科技大学·C组 小组成员：田磊 张云天 陈浩南 高雨田 姚家斌 指导教师：杨辉 高雅 邓向明

游院京梦·坛根新生

首都功能核心区天坛北侧地块城市更新设计 04

片区总平面图

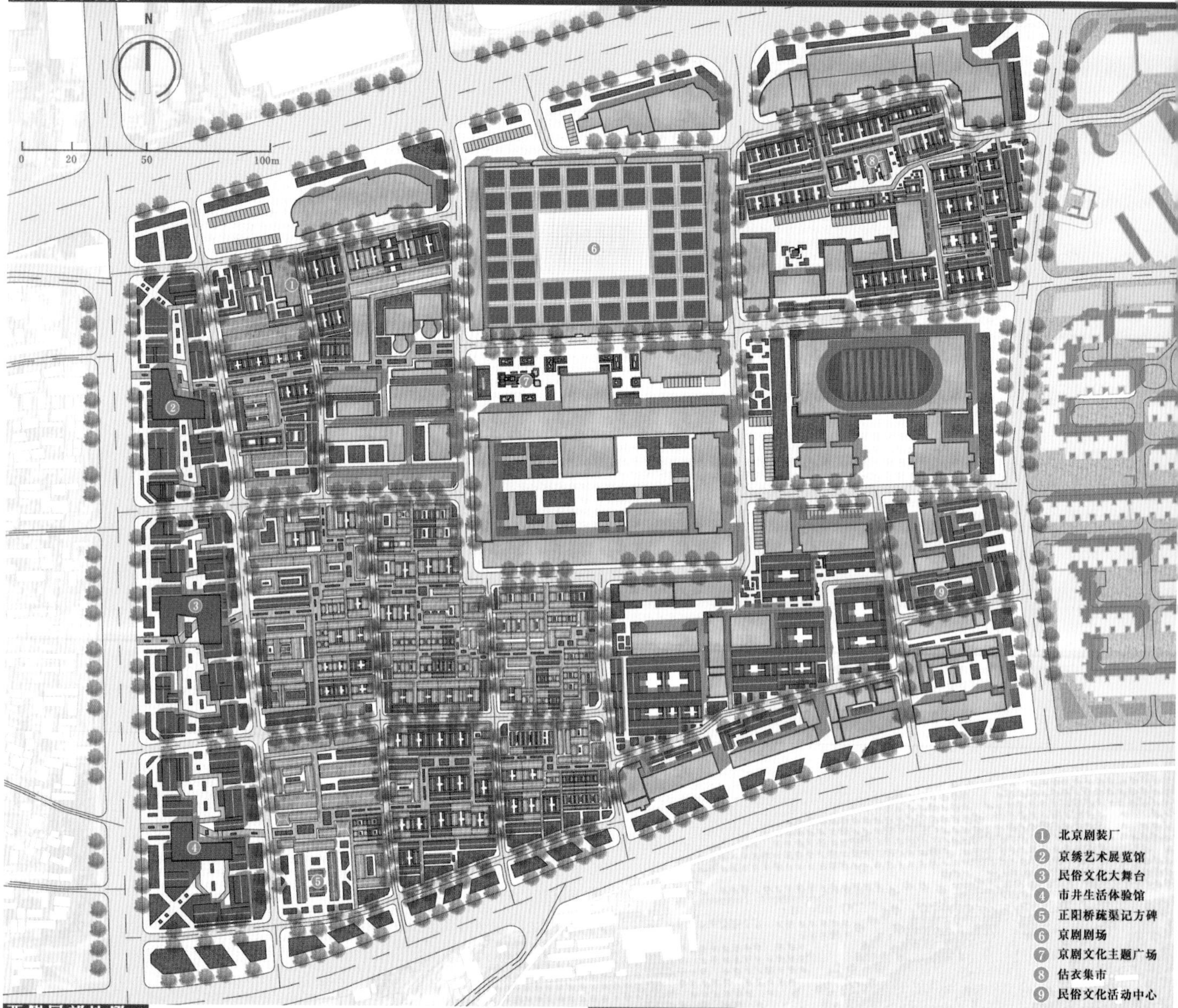

N

0 20 50 100m

1 北京剧装厂
2 京绣艺术展览馆
3 民俗文化大舞台
4 市井生活体验馆
5 正阳桥疏渠记方碑
6 京剧剧场
7 京剧文化主题广场
8 估衣集市
9 民俗文化活动中心

西侧局部地段一

目标定位

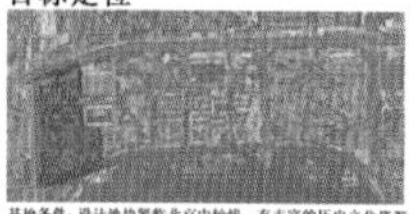

规划结构

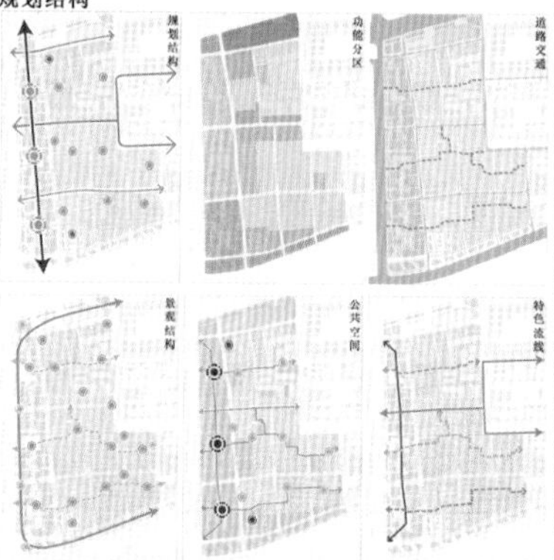

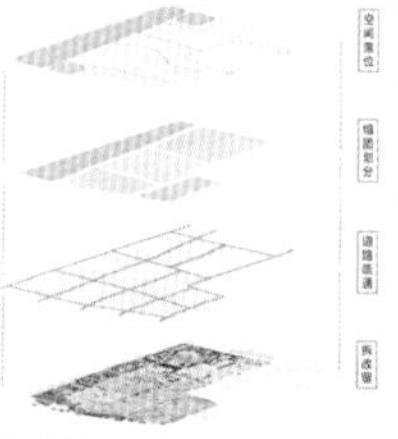

核心地块

方案生成

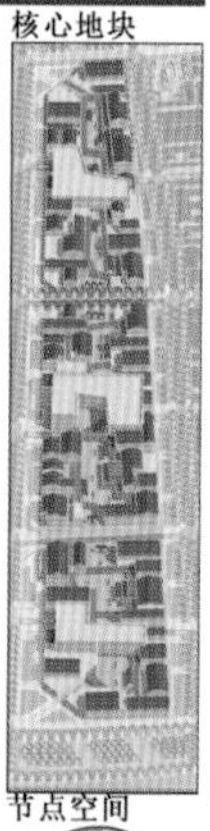

鸟瞰展示

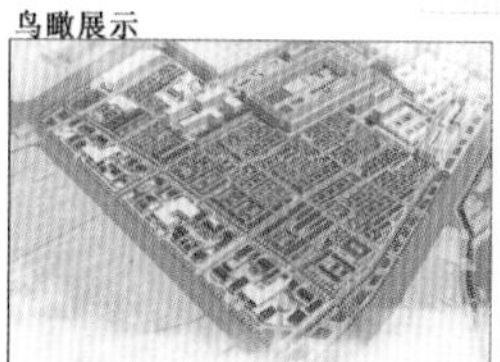

更新策略

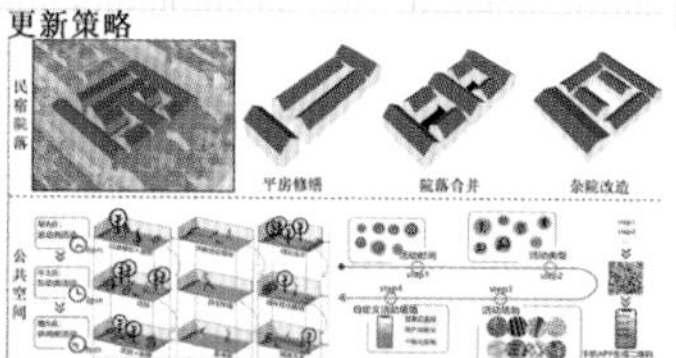

节点空间

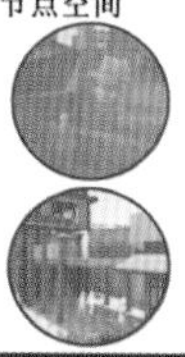

平面修缮 院落合并 杂院改造

西侧局部地段二

目标定位

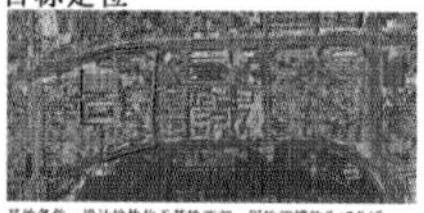

功能划分

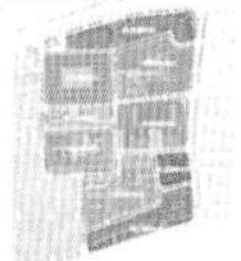

规划结构

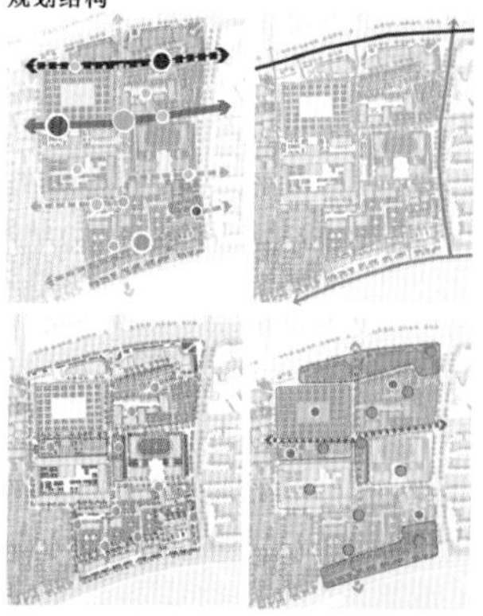

方案生成

鸟瞰展示

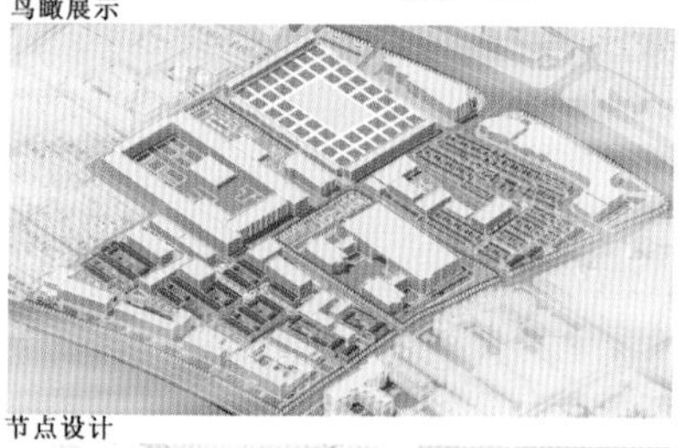

节点设计

游院京梦·坛根新生

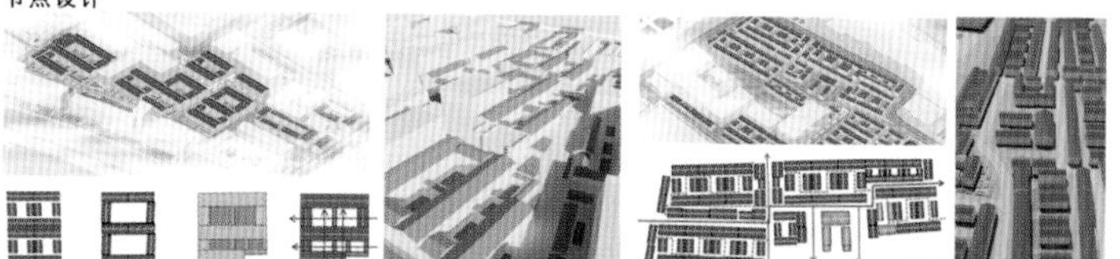

西安建筑科技大学·C组 小组成员：田磊 张云天 陈浩南 高雨田 姚家斌 指导教师：杨辉 高雅 邓向明

游院京梦·坛根新生

首都功能核心区天坛北侧地块城市更新设计 05

总平面图1：1000

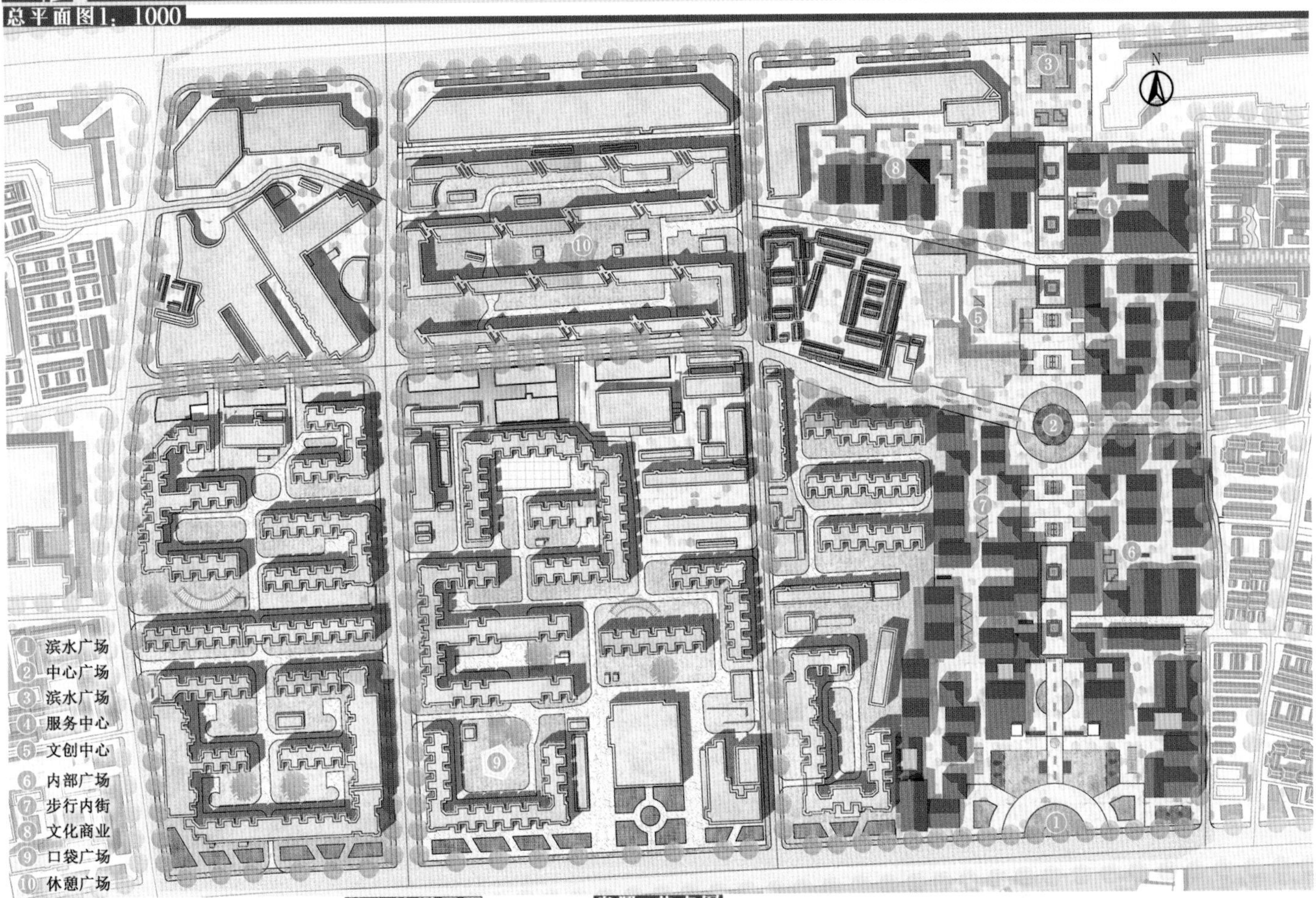

1 滨水广场
2 中心广场
3 滨水广场
4 服务中心
5 文创中心
6 内部广场
7 步行内街
8 文化商业
9 口袋广场
10 休憩广场

方案生成

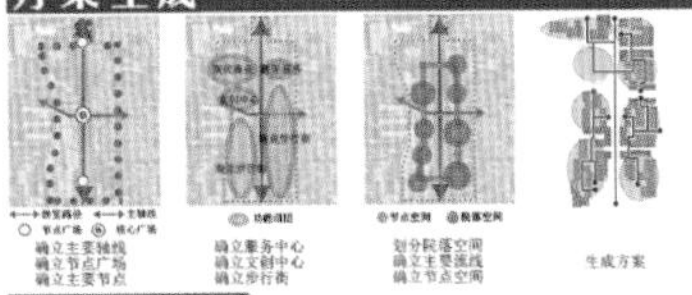

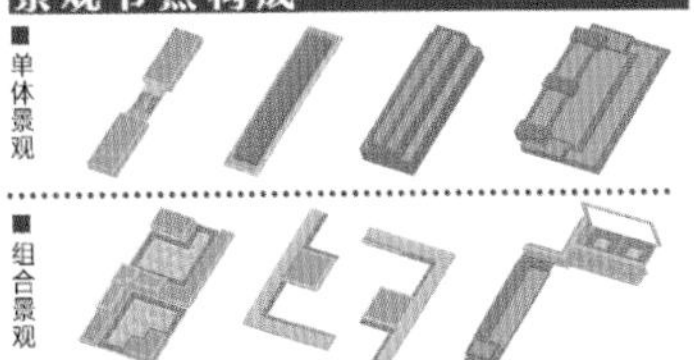

核心地段平面

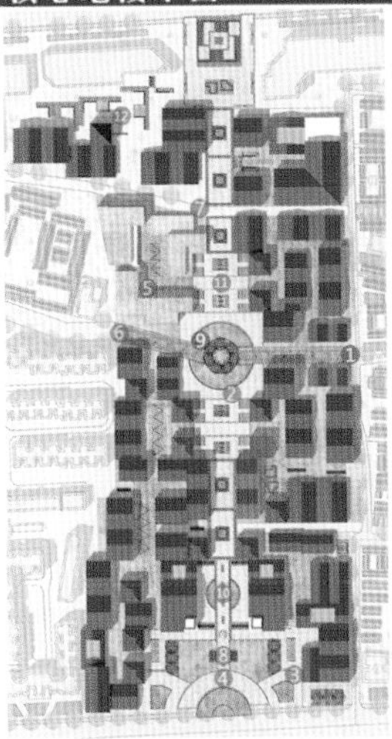

鸟瞰+节点图

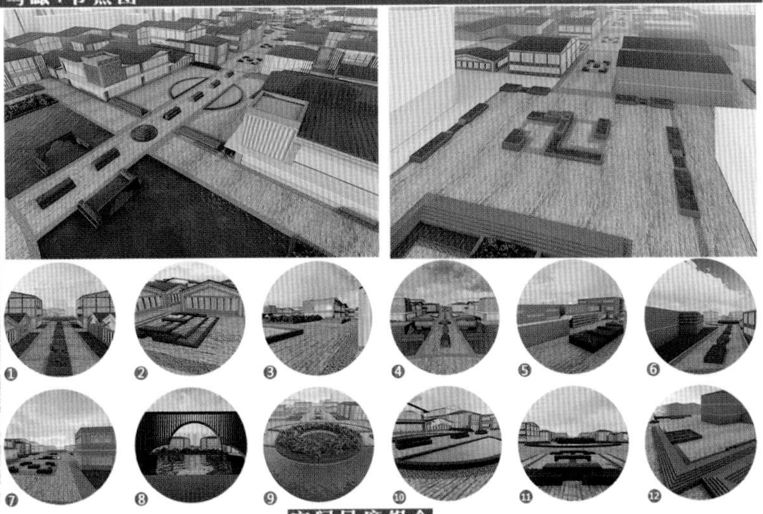

适老化改造

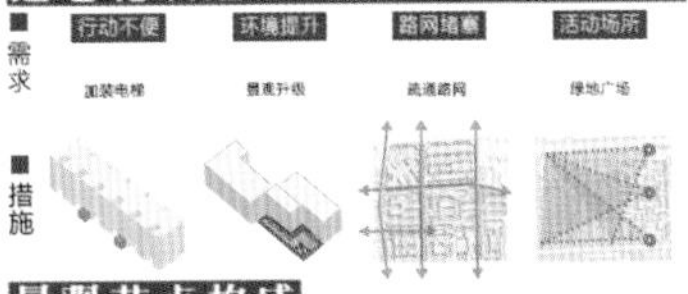

需求：行动不便　环境提升　路网堵塞　活动场所

措施

景观节点构成

单体景观

组合景观

建筑单体形式

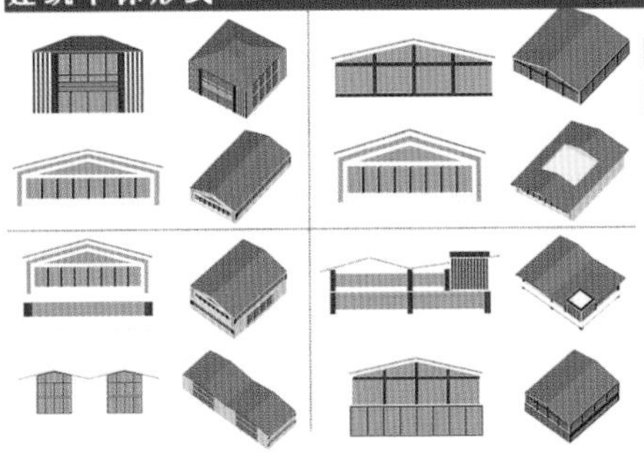

院落形式

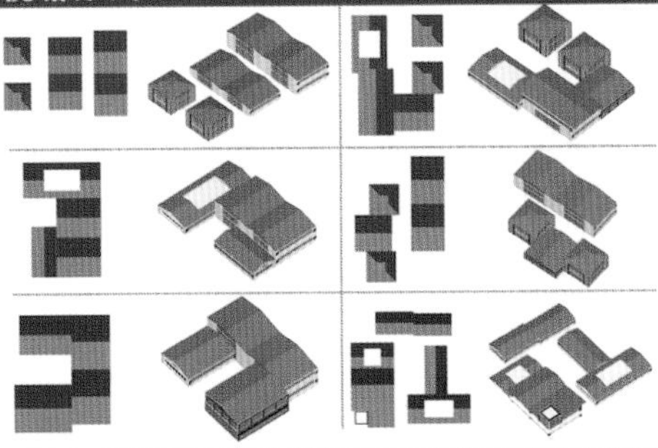

空间尺度组合

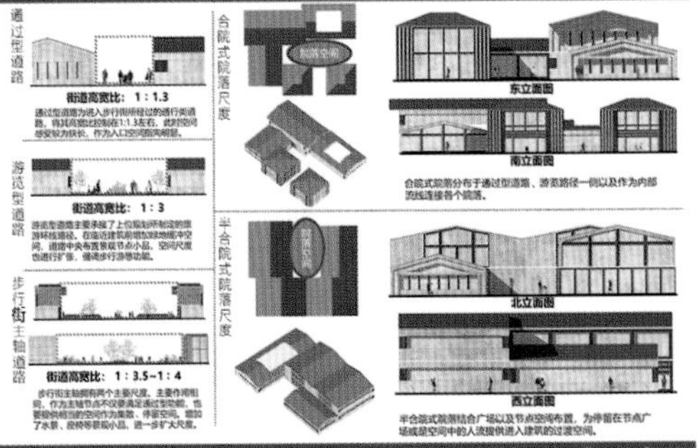

街道高宽比：1：1.3

街道高宽比：1：3

街道高宽比：1：3.5~1：4

东立面图

南立面图

北立面图

西立面图

游院京梦·坛根新生　西安建筑科技大学·C组　小组成员：田磊 张云天 陈浩南 高雨田 姚家斌　指导教师：杨辉 高雅 邓向明

游院京梦·坛根新生

首都功能核心区天坛北侧地块城市更新设计 06

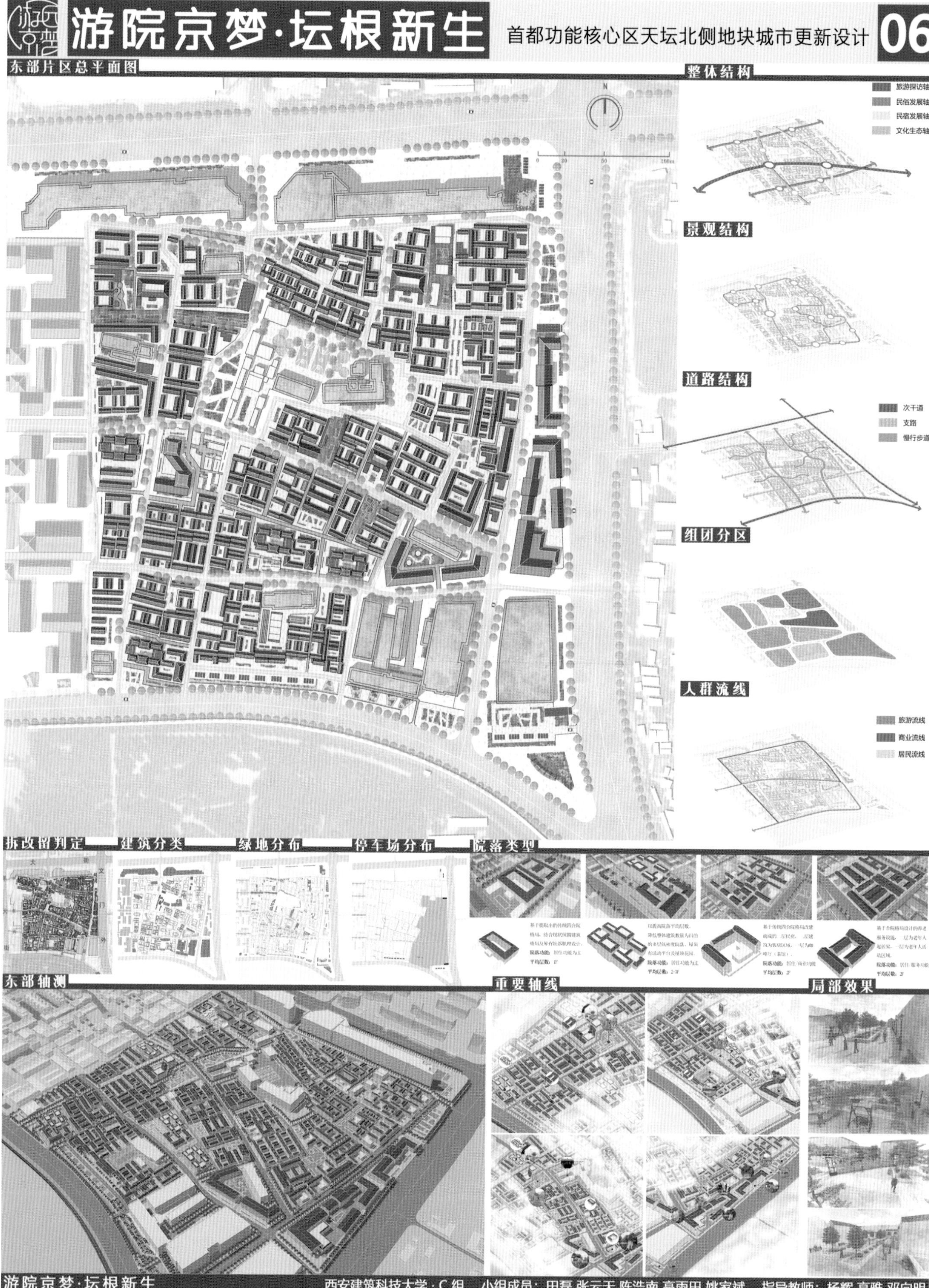

游院京梦·坛根新生 西安建筑科技大学·C组 小组成员：田磊 张云天 陈浩南 高雨田 姚家斌 指导教师：杨辉 高雅 邓向明

安徽建筑大学

智城乐境 · 焕京共生 /90

由韧有余 晓市合记 /94

故都迭代印记 巷院天地人和 /98

京字 · 三音坊 /102

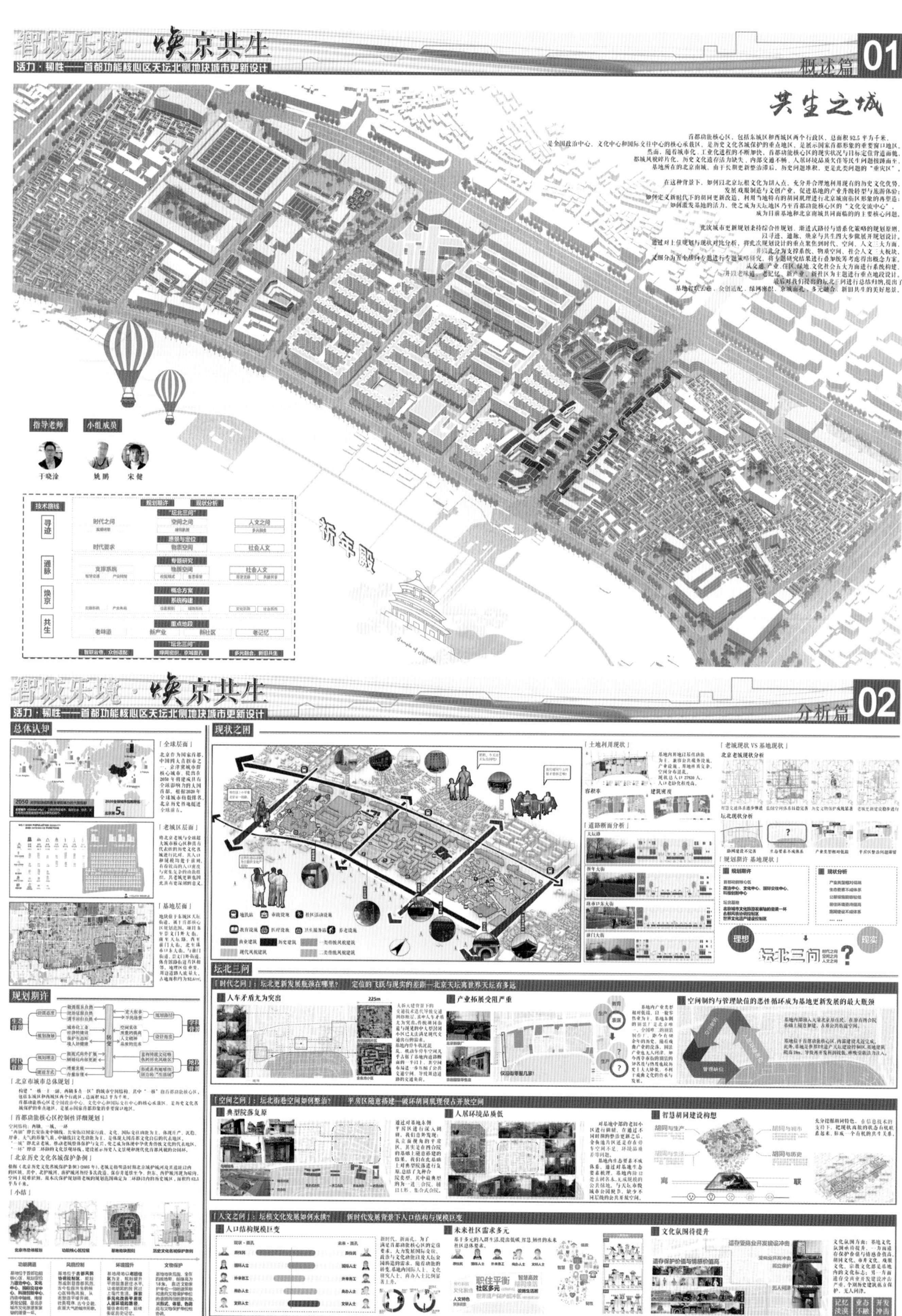
智城东境·焕京共生
活力·韧性——首都功能核心区天坛北侧地块城市更新设计
概述篇 01
共生之城
首都功能核心区，包括东城区和西城区两个行政区，总面积92.5平方千米，
是全国政治中心、文化中心和国际交往中心的核心承载区，是历史文化名城保护的重点地区，是展示国家首都形象的重要窗口地区。
然而，随着城市化、工业化进程的不断加快，首都功能核心区的现实状况与目标定位背道而驰，
都城风貌碎片化，历史文化遗存活力缺失，内部交通不畅，人居环境品质欠佳等民生问题接踵而至，
基地所在的北京南城，由于长期更新整治滞后，历史问题堆积，更是此类问题的“重灾区”。
在这种背景下，如何以北京坛根文化为切入点，充分并合理地利用现有的历史文化优势，
发展戏服制造与文创产业，促进基地的产业升级转型与旅游体验；
如何定义新时代下的胡同更新改造，利用当地特有的胡同肌理进行北京城南街区形象的再塑造；
如何激发基地的活力，使之成为天坛地区乃至首都功能核心区的“文化交流中心”，
成为目前基地和北京南城共同面临的的主要核心问题。
此次城市更新规划秉持综合性规划、渐进式路径与谱系化策略的规划原则，
以寻迹、通脉、焕京与共生四大步骤展开规划设计。
通过对上位规划与现状对比分析，将此次规划设计的重点聚焦到时代、空间、人文三大方面，
并以此分为支撑系统、物质空间、社会人文三大板块，
又细分为五个横向专题进行专题策略研究，将专题研究结果进行叠加统筹考虑得出概念方案，
从交通、产业、住区、绿地、文化社会五大方面进行系统构建，
并以老味道、老记忆、新产业、新社区为主题进行重点地段设计，
最后对我们提出的坛北三问进行总结归纳，提出了
基地智联云巷、众创适配、绿网密织、京城面孔、多元融合、新旧共生的美好愿景。
指导老师
小组成员
于晓淦
姚鹏
宋健
技术路线
寻迹
通脉
焕京
共生
祈年殿
智城东境·焕京共生
活力·韧性——首都功能核心区天坛北侧地块城市更新设计
分析篇 02
总体认知
现状之困
规划期许
坛北三问
人车矛盾尤为突出
产业拓展受阻严重
空间制约与管理缺位的恶性循环成为基地更新发展的最大瓶颈
典型院落复原
人居环境品质低
智慧胡同建设构想
人口结构规模巨变
未来社区需求多元
文化氛围待提升

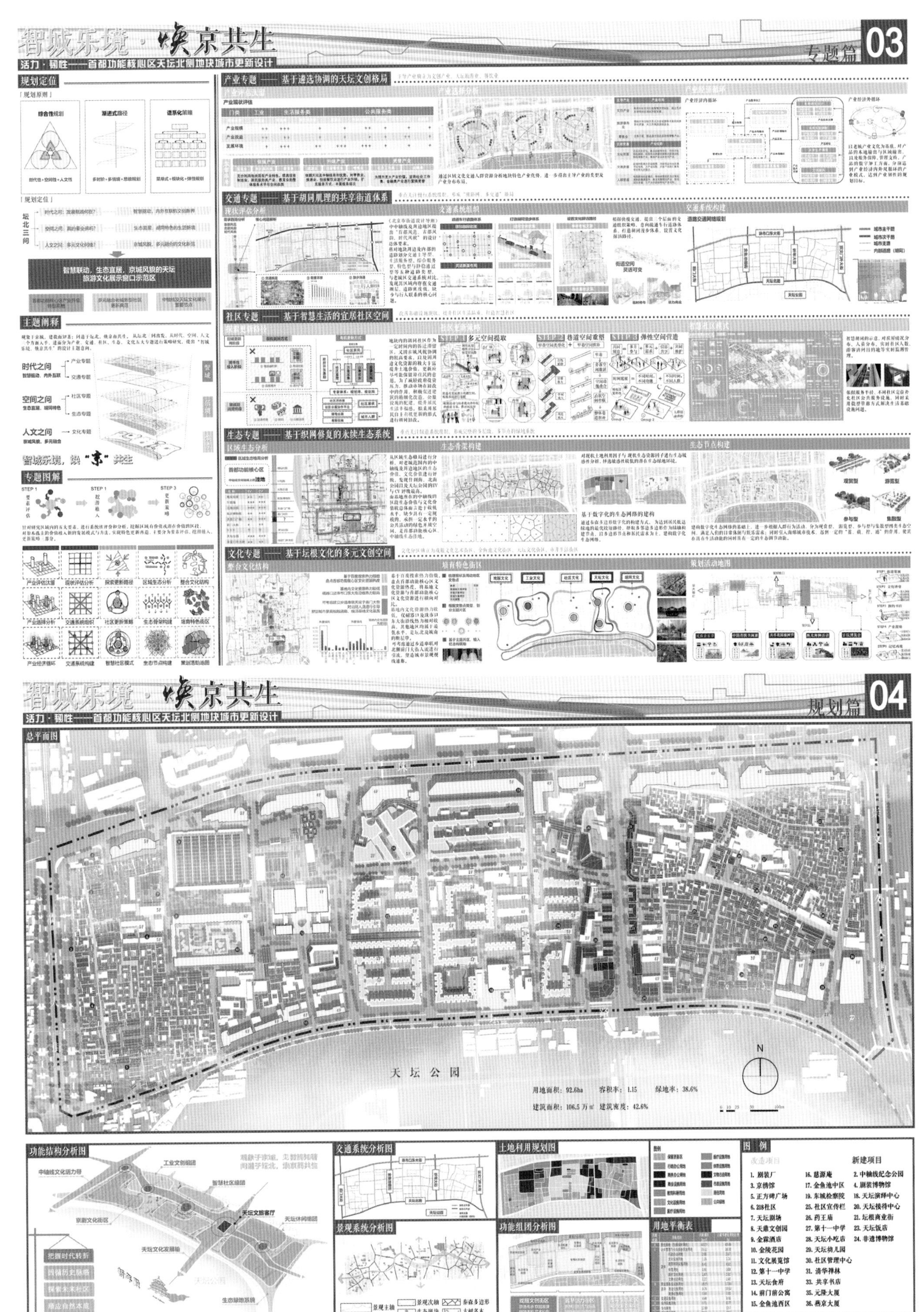
智城乐境·焕京共生
活力·韧性——首都功能核心区天坛北侧地块城市更新设计
专题篇 03
规划定位
主题阐释
专题图解
产业专题——基于遴选协调的天坛文创格局
交通专题——基于胡同肌理的共享街道体系
社区专题——基于智慧生活的宜居社区空间
生态专题——基于织网修复的永续生态系统
文化专题——基于坛根文化的多元文创空间
智慧联动，生态宜居，京城风貌的天坛旅游文化展示窗口示范区
时代之问
空间之问
人文之问
智城乐境，焕"京"共生
智城乐境·焕京共生
活力·韧性——首都功能核心区天坛北侧地块城市更新设计
规划篇 04
总平面图
天坛公园
用地面积：92.6ha 容积率：1.15 绿地率：38.6%
建筑面积：106.5万㎡ 建筑密度：42.6%
功能结构分析图
交通系统分析图
土地利用规划图
景观系统分析图
功能组团分析图
用地平衡表
图例
新建项目
1. 剧装厂
3. 京绣馆
5. 正方砖广场
6. 218社区
7. 天坛剧场
8. 天童文创园
9. 金霖酒店
10. 金陵花园
11. 文化展览馆
12. 第十一中学
13. 天坛食府
14. 前门后公寓
15. 金鱼池西区
16. 慈源庵
17. 金鱼池中区
19. 东城检察院
25. 社区宣传栏
26. 药王庙
27. 第十一中学
28. 天坛小吃店
29. 天坛幼儿园
30. 社区管理中心
31. 清华禅林
33. 共享书店
35. 元隆大厦
36. 燕京大厦
2. 中轴线纪念公园
4. 剧装博物馆
18. 天坛演绎中心
20. 天坛接待中心
21. 坛根商业街
23. 天坛饭店
24. 非遗博物馆

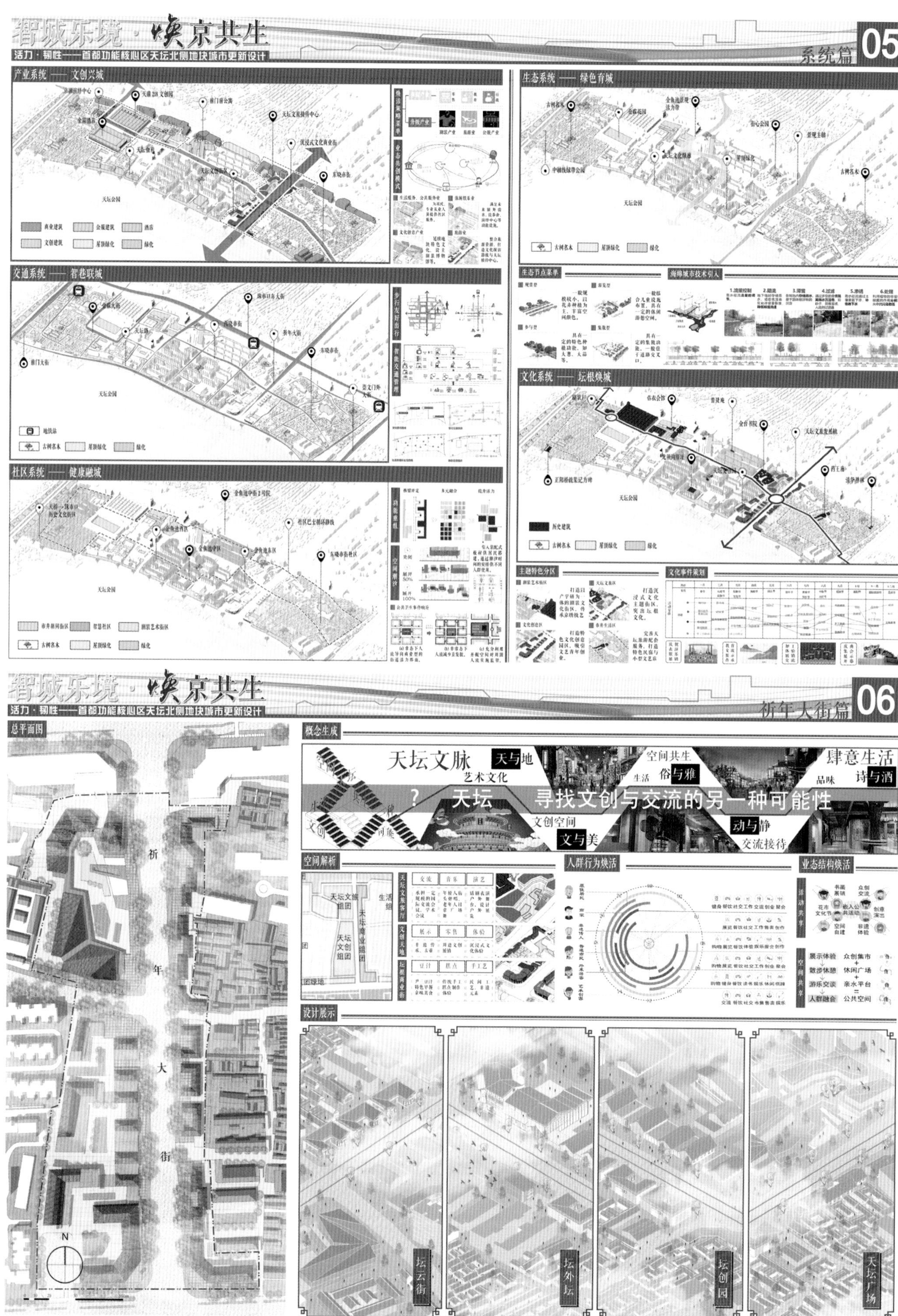
智城乐境·焕京共生
活力·韧性——首都功能核心区天坛北侧地块城市更新设计
05
系统篇
产业系统——文创兴城
生态系统——绿色育城
交通系统——智巷联城
社区系统——健康融城
生态节点菜单
海绵城市技术引入
文化系统——坛根焕城
主题特色分区
文化事件策划
天坛公园
06
祈年大街篇
总平面图
祈
年
大
街
概念生成
天坛文脉
天与地
艺术文化
空间共生
生活
俗与雅
肆意生活
品味
诗与酒
天坛
寻找文创与交流的另一种可能性
文创空间
文与美
动与静
交流接待
空间解析
人群行为焕活
业态结构焕活
设计展示
坛云街
坛外坛
坛创园
天坛广场

智城乐境·焕京共生
活力·韧性——首都功能核心区天坛北侧地块城市更新设计
胡同更新篇 07
现状问题综述
更新框架
多元场所构建
总平面图
效果图
智城乐境·焕京共生
活力·韧性——首都功能核心区天坛北侧地块城市更新设计
智慧社区篇 08
智慧社区展示
居住生活
互动空间
交通出行
生态绿化
共享·智慧生活管控
共享·智慧交通管理
共享·智慧生态空间
共享·智慧互动空间
社区现状问题
规划目标
实施管理篇
开发时序
城市设计导则
更新机制
答"坛北三问"

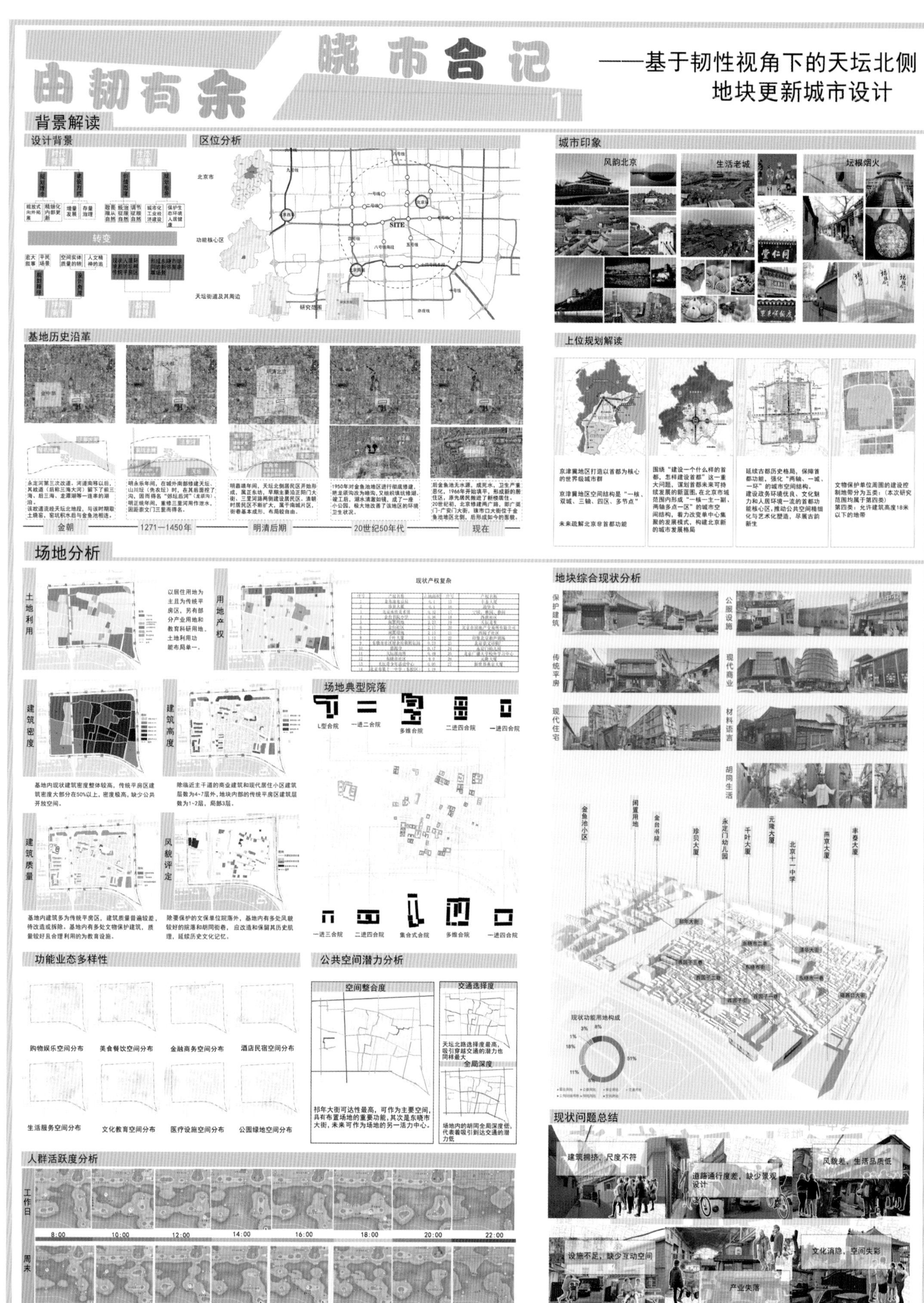

由韧有余 晓市合记
——基于韧性视角下的天坛北侧地块更新城市设计
1
背景解读
设计背景
转变
区位分析
北京市
功能核心区
天坛街道及其周边
研究范围
SITE
城市印象
风韵北京
生活老城
坛根烟火
上位规划解读
京津冀地区打造以首都为核心的世界级城市群
京津冀地区空间结构是"一核、双城、三轴、四区、多节点"
未来疏解北京非首都功能
基地历史沿革
金朝
1271—1450年
明清后期
20世纪50年代
现在
场地分析
土地利用
以居住用地为主且为传统平房区，另有部分产业用地和教育科研用地，土地利用功能布局单一。
用地产权
现状产权复杂
建筑密度
基地内现状建筑密度整体较高，传统平房区建筑密度大部分在50%以上，密度极高，缺少公共开放空间。
建筑高度
除临近主干道的商业建筑和现代居住小区建筑层数为4~7层外，地块内部的传统平房区建筑层数为1~2层，局部3层。
建筑质量
基地内建筑多为传统平房区，建筑质量普遍较差，待改造或拆除。基地内有多处文物保护建筑，质量较好且合理利用的为教育设施。
风貌评定
除要保护的文保单位院落外，基地内有多处风貌较好的院落和胡同街巷，应改造和保留其历史肌理，延续历史文化记忆。
场地典型院落
L型合院
一进二合院
多维合院
二进四合院
一进四合院
一进三合院
二进四合院
集合式合院
多维合院
一进四合院
地块综合现状分析
保护建筑
公服设施
传统平房
现代商业
现代住宅
材料语言
胡同生活
金鱼池小区
闲置用地
金台书院
珍贝大厦
永定门幼儿园
千叶大厦
元隆大厦
北京十一中学
燕京大厦
丰泰大厦
现状功能用地构成
功能业态多样性
购物娱乐空间分布
美食餐饮空间分布
金融商务空间分布
酒店民宿空间分布
生活服务空间分布
文化教育空间分布
医疗设施空间分布
公园绿地空间分布
公共空间潜力分析
空间整合度
交通选择度
全局深度
祁年大街可达性最高，可作为主要空间，具有布置场地的重要功能，其次是东晓市大街，未来可作为场地的另一活力中心。
天坛北路选择度最高，吸引穿越交通的潜力也同样最大
场地内的胡同全局深度低，代表着吸引到达交通的潜力低
现状问题总结
建筑拥挤，尺度不符
道路通行度差，缺少景观设计
风貌差，生活品质低
设施不足，缺少互动空间
产业失落
文化消隐，空间失彩
人群活跃度分析
工作日
周末
8:00
10:00
12:00
14:00
16:00
18:00
20:00
22:00

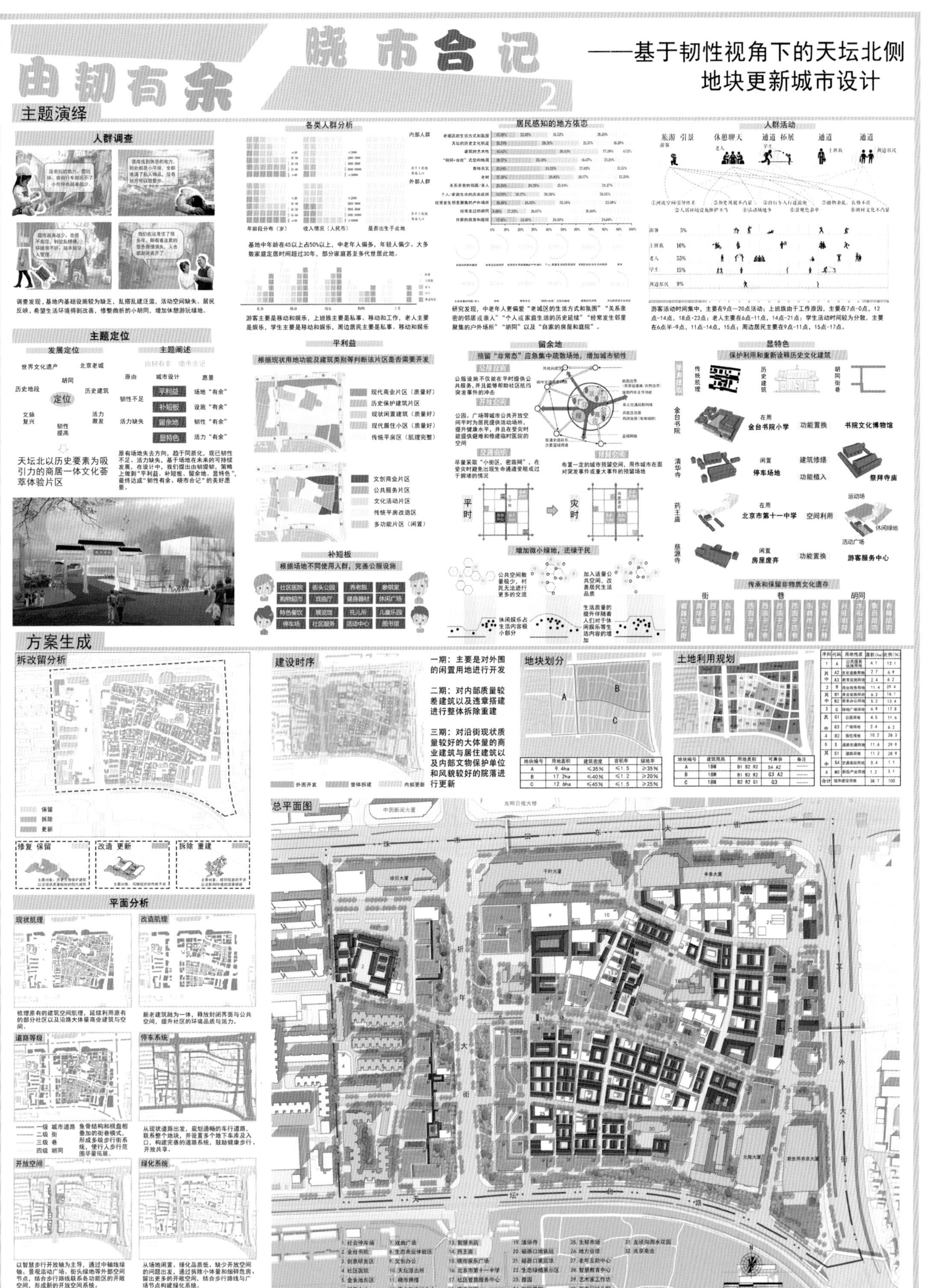

由韧有余 晓市合记 2
——基于韧性视角下的天坛北侧地块更新城市设计
主题演绎
人群调查
调查发现，基地内基础设施较为缺乏，乱搭乱建泛滥，活动空间缺失。居民反映，希望生活环境得到改善，修整曲折的小胡同，增加休憩游玩场地。
主题定位
发展定位
主题阐述
天坛北以历史要素为吸引力的商居一体文化荟萃体验片区
各类人群分析
基地中年龄在45以上占50%以上，中老年人偏多，年轻人偏少。大多数家庭定居时间超过30年，部分家庭甚至多代居住此地。
游客主要是移动和娱乐，上班族主要是私事、移动和工作，老人主要是娱乐，学生主要是移动和娱乐，周边居民主要是私事、移动和娱乐
居民感知的地方依恋
人群活动
平利益
根据现状用地功能及建筑类别等判断该片区是否需要开发
补短板
根据场地不同使用人群，完善公服设施
留余地
预留“非常态”应急集中疏散场地，增加城市韧性
增加微小绿地，还绿于民
显特色
保护利用和重新诠释历史文化建筑
传承和保留非物质文化遗产
方案生成
拆改留分析
修复 保留　改造 更新　拆除 重建
建设时序
一期：主要是对外围的闲置用地进行开发
二期：对内部质量较差建筑以及违章搭建进行整体拆除重建
三期：对沿街现状质量较好的大体量的商业建筑与居住建筑以及内部文物保护单位和风貌较好的院落进行更新
地块划分
土地利用规划
平面分析
现状肌理　改造肌理　道路等级　停车系统　开放空间　绿化系统
总平面图

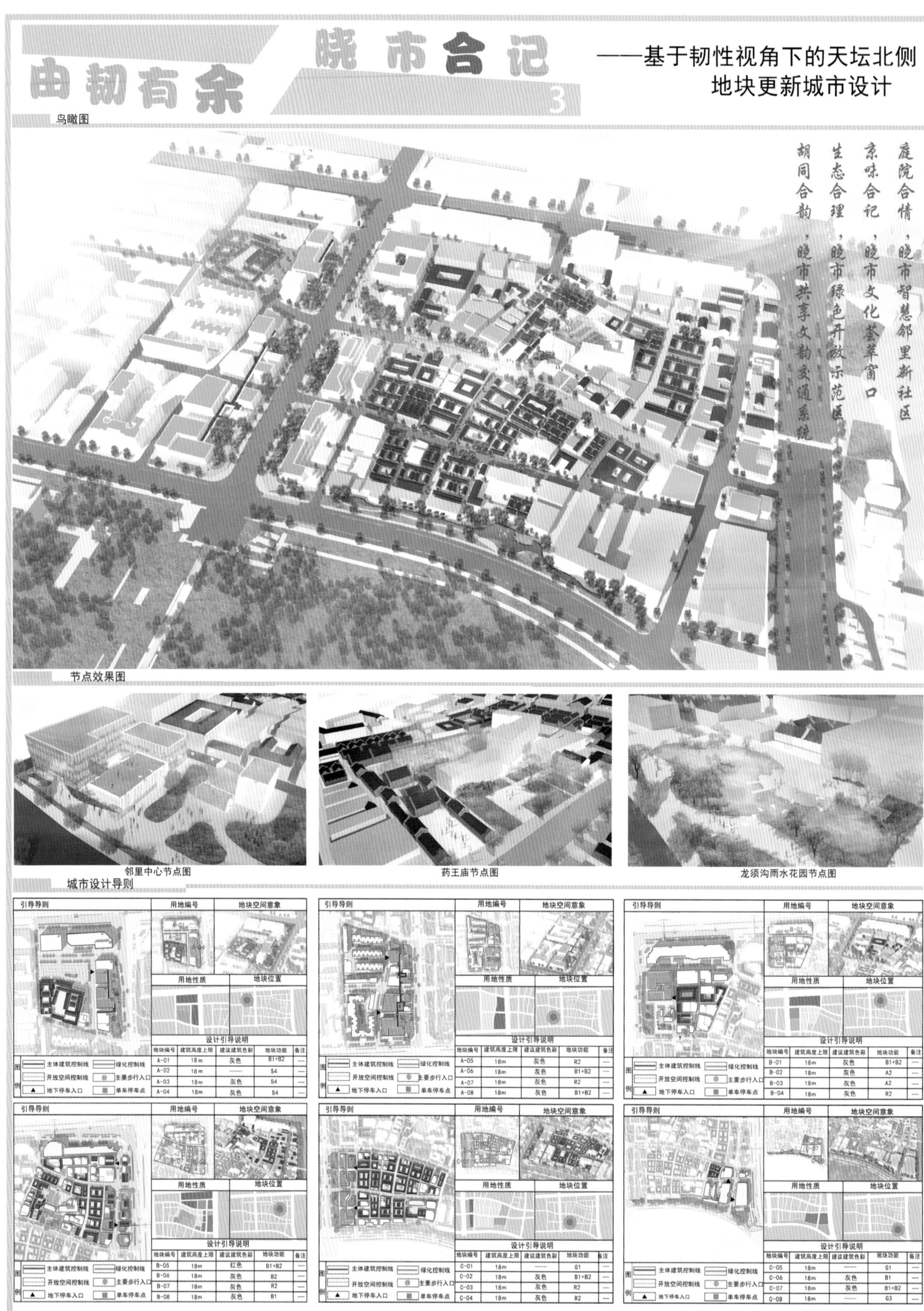

地块编号	建筑高度上限	建议建筑色彩	地块功能	备注
A-01	18m	灰色	B1+B2	—
A-02	18m	——	S4	—
A-03	18m	灰色	S4	—
A-04	18m	灰色	S4	—

地块编号	建筑高度上限	建议建筑色彩	地块功能	备注
A-05	18m	灰色	R2	—
A-06	18m	灰色	B1+B2	—
A-07	18m	灰色	R2	—
A-08	18m	灰色	B1+B2	—

地块编号	建筑高度上限	建议建筑色彩	地块功能	备注
B-01	18m	灰色	B1+B2	—
B-02	18m	灰色	A2	—
B-03	18m	灰色	A2	—
B-04	18m	灰色	R2	—

地块编号	建筑高度上限	建议建筑色彩	地块功能	备注
B-05	18m	红色	B1+B2	—
B-06	18m	灰色	B2	—
B-07	18m	灰色	R2	—
B-08	18m	灰色	B1	—

地块编号	建筑高度上限	建议建筑色彩	地块功能	备注
C-01	18m	——	G1	—
C-02	18m	灰色	B1+B2	—
C-03	18m	灰色	R2	—
C-04	18m	灰色	R2	—

地块编号	建筑高度上限	建议建筑色彩	地块功能	备注
C-05	18m	——	G1	—
C-06	18m	灰色	B1	—
C-07	18m	灰色	B1+B2	—
C-08	18m	——	G3	—

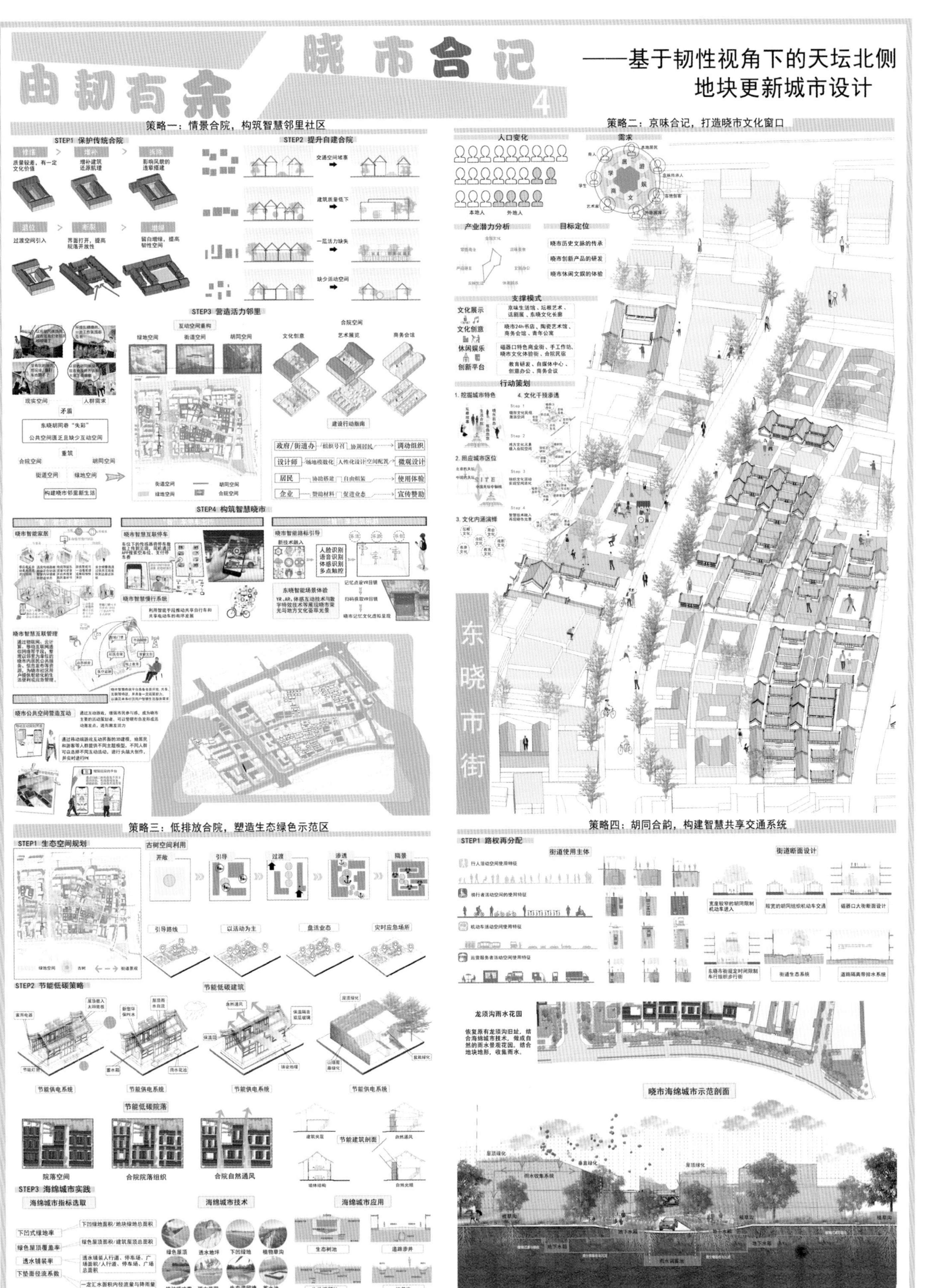
由韧有余
晓市合记
4
——基于韧性视角下的天坛北侧地块更新城市设计
策略一：情景合院，构筑智慧邻里社区
STEP1 保护传统合院
STEP2 提升自建合院
STEP3 营造活力邻里
STEP4 构筑智慧晓市
策略二：京味合记，打造晓市文化窗口
人口变化
需求
产业潜力分析
目标定位
晓市历史文脉的传承
晓市创新产品的研发
晓市休闲文娱的体验
支撑模式
文化展示
文化创意
休闲娱乐
创新平台
行动策划
东晓市街
策略三：低排放合院，塑造生态绿色示范区
STEP1 生态空间规划
STEP2 节能低碳策略
节能低碳建筑
节能低碳院落
STEP3 海绵城市实践
海绵城市指标选取
海绵城市技术
海绵城市应用
策略四：胡同合韵，构建智慧共享交通系统
STEP1 路权再分配
街道使用主体
街道断面设计
龙须沟雨水花园
恢复原有龙须沟旧址，结合海绵城市技术，做成自然的雨水景观花园，结合地块地形，收集雨水。
晓市海绵城市示范剖面

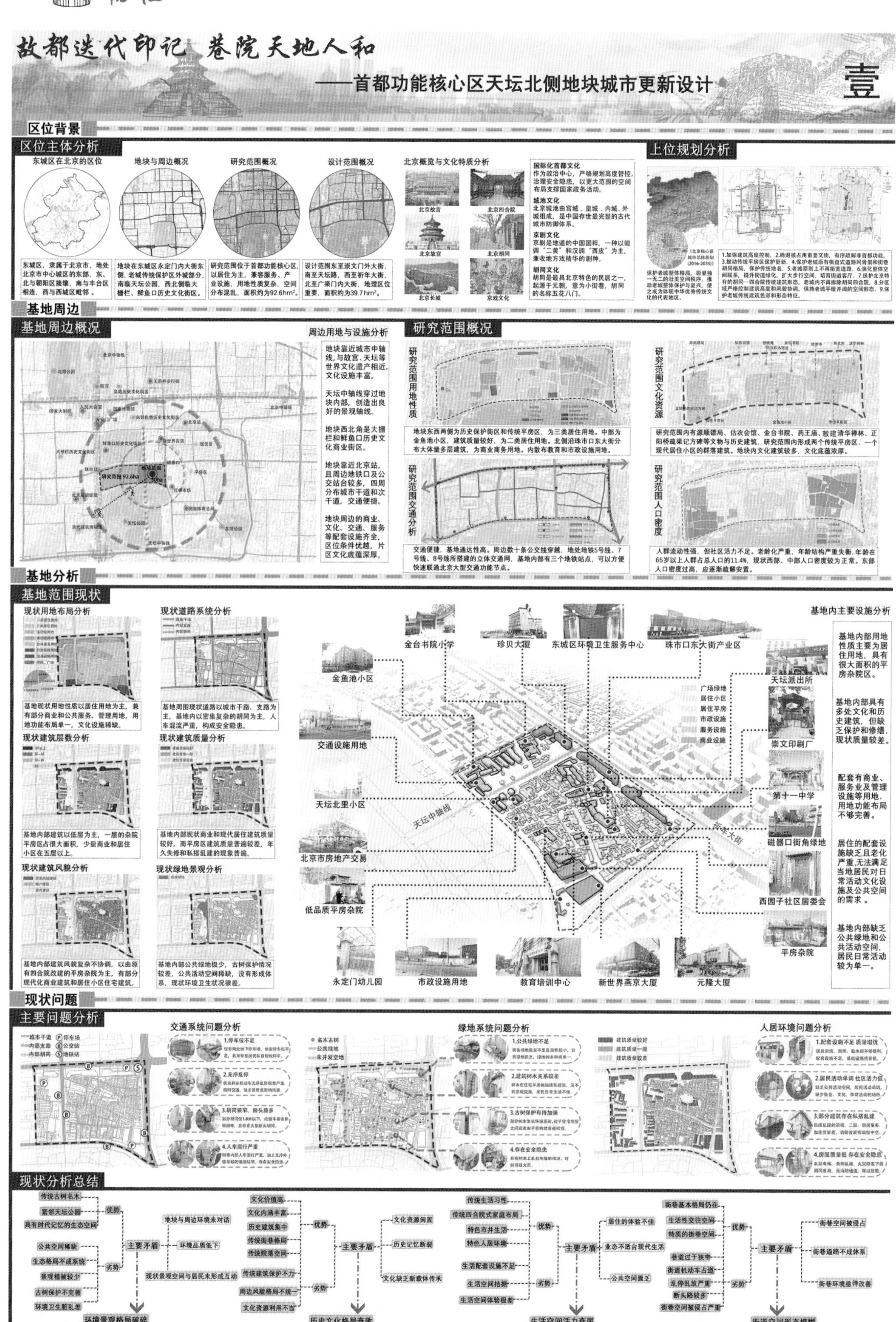
故都迭代印记 巷院天地人和
——首都功能核心区天坛北侧地块城市更新设计
壹
区位背景
区位主体分析
东城区在北京的区位
地块与周边概况
研究范围概况
设计范围概况
北京概览与文化特质分析
东城区，隶属于北京市，地处北京市中心城区的东部，东、北与朝阳区接壤，南与丰台区相连，西与西城区毗邻。
地块在东城区永定门内大街东侧，老城传统保护区外城部分，南临天坛公园，西北侧临大栅栏、鲜鱼口历史文化街区。
研究范围位于首都功能核心区，以居住为主，兼容服务、产业设施，用地性质复杂，空间分布混乱，面积约为92.6hm²。
设计范围东至崇文门外大街，南至天坛路，西至祈年大街，北至广渠门内大街，地理区位重要，面积约为39.7hm²。
北京故宫
北京四合院
北京故宫
北京胡同
北京长城
京戏文化
国际化首都文化
作为政治中心，严格规划高度管控，治理安全隐患，以更大范围的空间布局支撑国家政务活动。
城池文化
北京城池由宫城、皇城、内城、外城组成，是中国存世最完整的古代城市防御体系。
京剧文化
京剧是地道的中国国粹，一种以徽调“二黄”和汉调“西皮”为主，兼收地方戏精华的剧种。
胡同文化
胡同是最具北京特色的民居之一，起源于元朝，意为小街巷，胡同的名称五花八门。
上位规划分析
基地周边
基地周边概况
周边用地与设施分析
研究范围 92.6ha
地块靠近城市中轴线，与故宫、天坛等世界文化遗产相近，文化设施丰富。
天坛中轴线穿过地块内部，创造出良好的景观轴线。
地块西北角是大栅栏和鲜鱼口历史文化商业街区。
地块靠近北京站，且周边地铁口及公交站台较多，四周分布城市干道和次干道，交通便捷。
地块周边的商业、文化、交通、服务等配套设施齐全，区位条件优越，片区文化底蕴深厚。
研究范围概况
研究范围用地性质
地块东西两侧为历史保护街区和传统平房区，为三类居住用地。中部为金鱼池小区，建筑质量较好，为二类居住用地。北侧沿珠市口东大街分布大体量多层建筑，为商业商务用地。内散布教育和市政设施用地。
研究范围文化资源
研究范围内有源顺镖局、佑农会馆、金台书院、药王庙、致道清华禅林、正阳桥疏记方碑等文物与历史建筑，研究范围内形成两个传统平房区、一个现代居住小区的群落建筑。地块内文化建筑较多，文化底蕴浓厚。
研究范围交通分析
交通便捷，基地通达性高。周边数十条公交线穿越，地处地铁5号线、7号线、8号线所搭建的立体交通网，基地内部有三个地铁站点，可以方便快速联通北京大型交通功能节点。
研究范围人口密度
人群流动性强，但社区活力不足。老龄化严重，年龄结构严重失衡，年龄在65岁以上人群占总人口的11.4%，现状西部、中部人口密度较为正常。东部人口密度过高，应逐渐疏解安置。
基地分析
基地范围现状
现状用地布局分析
基地现状用地性质以居住用地为主，兼有部分商业和公共服务、管理用地，用地功能布局单一，文化设施稀缺。
现状道路系统分析
基地周围现状道路以城市干路、支路为主，基地内以密集复杂的胡同为主，人车混流严重，构成安全隐患。
现状建筑层数分析
基地内部建筑以低层为主，一层的杂院平房区占很大面积，少量商业和住区小区在五层以上。
现状建筑质量分析
基地内部现状商业和现代居住建筑质量较好，而平房区建筑质量普遍较差，年久失修和私搭乱建的现象普遍。
现状建筑风貌分析
基地内部建筑风貌复杂不协调，以由原有四合院改建的平房杂院为主，有部分现代化商业建筑和居住小区住宅建筑。
现状绿地景观分析
基地内部公共绿地级少，古树保护情况较差，公共活动空间稀缺，没有形成体系，现状环境卫生状况很差。
基地内主要设施分析
金台书院小学
珍贝大厦
东城区环境卫生服务中心
珠市口东大街产业区
金鱼池小区
天坛派出所
交通设施用地
崇文印刷厂
天坛北里小区
第十一中学
天坛中轴线
祈年大街
磁器口街角绿地
北京市房地产交易
低品质平房杂院
西园子社区居委会
平房杂院
永定门幼儿园
市政设施用地
教育培训中心
新世界燕莎大厦
元隆大厦
广场绿地
居住小区
居住平房
市政设施
服务设施
商业设施
基地内部用地性质主要为居住用地，具有很大面积的平房杂院区。
基地内部具有多处文化和历史建筑，但缺乏保护和修缮，现状质量较差。
配套有商业、服务业及管理设施等用地，用地功能布局不够完善。
居住的配套设施缺乏且老化严重，无法满足当地居民对日常活动文化设施及公共空间的需求。
基地内部缺乏公共绿地和公共活动空间，居民日常活动较为单一。
现状问题
主要问题分析
交通系统问题分析
城市干道
内部支路
内部胡同
停车场
公交站
地铁站
1.停车位不足
2.无序乱停
3.胡同狭窄、断头路多
4.人车混行严重
绿地系统问题分析
名木古树
公共绿地
未开发空地
1.公共绿地不足
2.建筑树木关系较差
3.古树保护有待加强
4.存在安全隐患
人居环境问题分析
建筑质量较好
建筑质量一般
建筑质量较差
1.配套设施不足 质量堪忧
2.居民活动单调 社区活力低
3.部分建筑存在私搭乱建
4.房屋质量差 存在安全隐患
现状分析总结
传统古树名木
紧邻天坛公园
具有时代记忆的生态空间
优势
公共空间稀缺
生态格局不成系统
景观植被较少
古树保护不完善
环境卫生脏乱差
劣势
主要矛盾
地块与周边环境未对话
环境品质低下
现状景观空间与居民未形成互动
环境景观格局破碎
文化价值高
文化内涵丰富
历史建筑集中
传统街巷格局
传统院落空间
优势
传统建筑保护不力
周边风貌格局不统一
文化资源利用不当
劣势
主要矛盾
文化资源闲置
历史记忆断裂
文化缺乏新载体传承
历史文化格局衰败
传统生活习性
传统四合院式家庭布局
特色市井生活
特色人居环境
优势
生活配套设施不足
生活空间拮据
生活空间体验较差
劣势
主要矛盾
居住的体验不佳
业态不适合现代生活
公共空间匮乏
生活空间活力衰弱
街巷基本格局仍在
生活性交往空间
特质的街巷空间
优势
巷道过于狭窄
街道机动车占道
乱停乱放严重
断头路较多
街巷空间被侵占严重
劣势
主要矛盾
街巷空间被侵占
街巷道路不成体系
街巷环境亟待改善
街道空间形态模糊

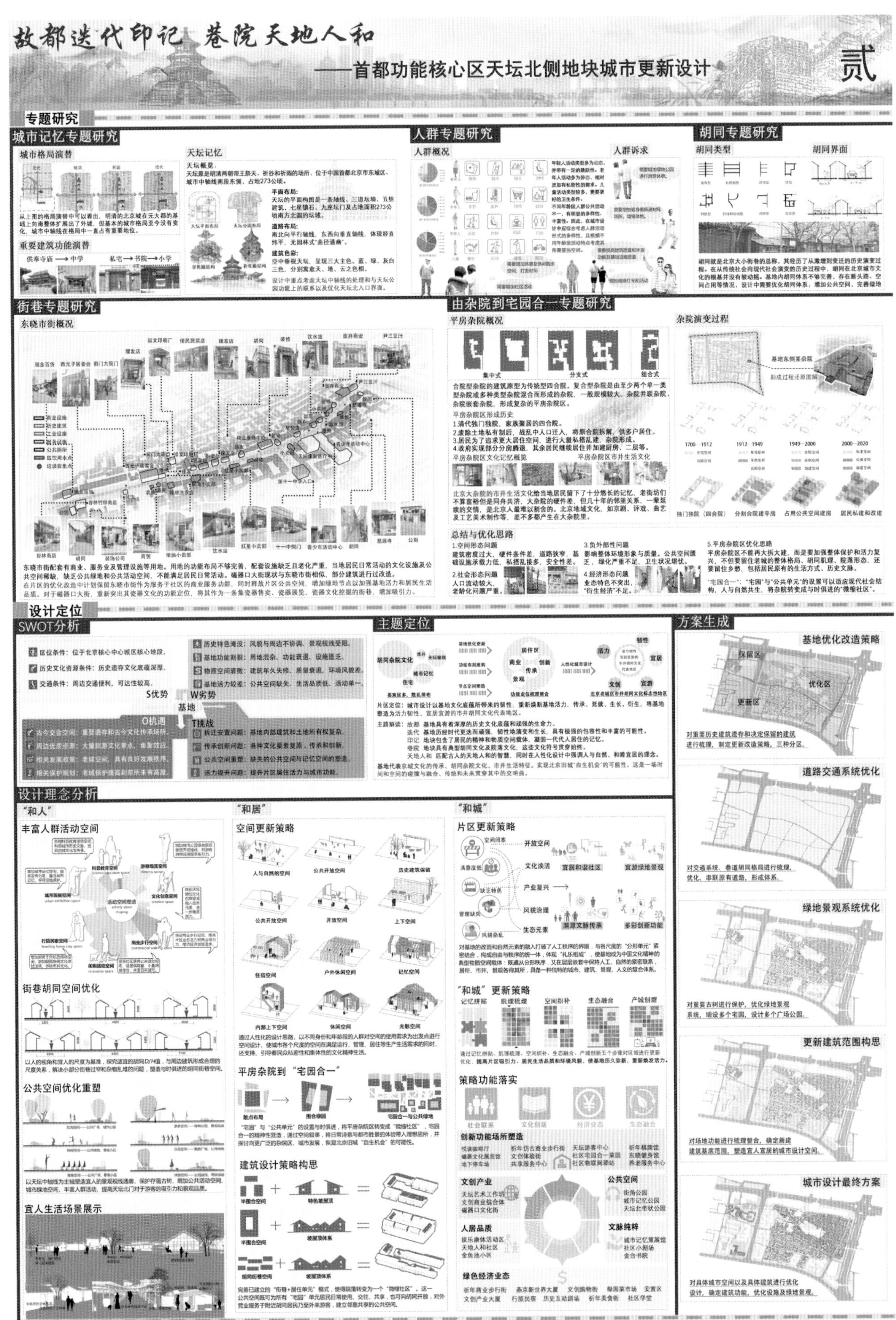
故都迭代印记 巷院天地人和
——首都功能核心区天坛北侧地块城市更新设计
贰
专题研究
城市记忆专题研究
人群专题研究
胡同专题研究
街巷专题研究
由杂院到宅园合一专题研究
设计定位
SWOT分析
主题定位
方案生成
基地优化改造策略
道路交通系统优化
绿地景观系统优化
更新建筑范围构思
城市设计最终方案
设计理念分析
"和人"
"和居"
"和城"

总用地面积	39.7hm²
非建设用地面积	10.35hm²
总建筑面积	25.4hm²
容积率	0.64
建筑密度	47.6%
绿地率	27.5%
停车位 地上	240
停车位 地下	2300

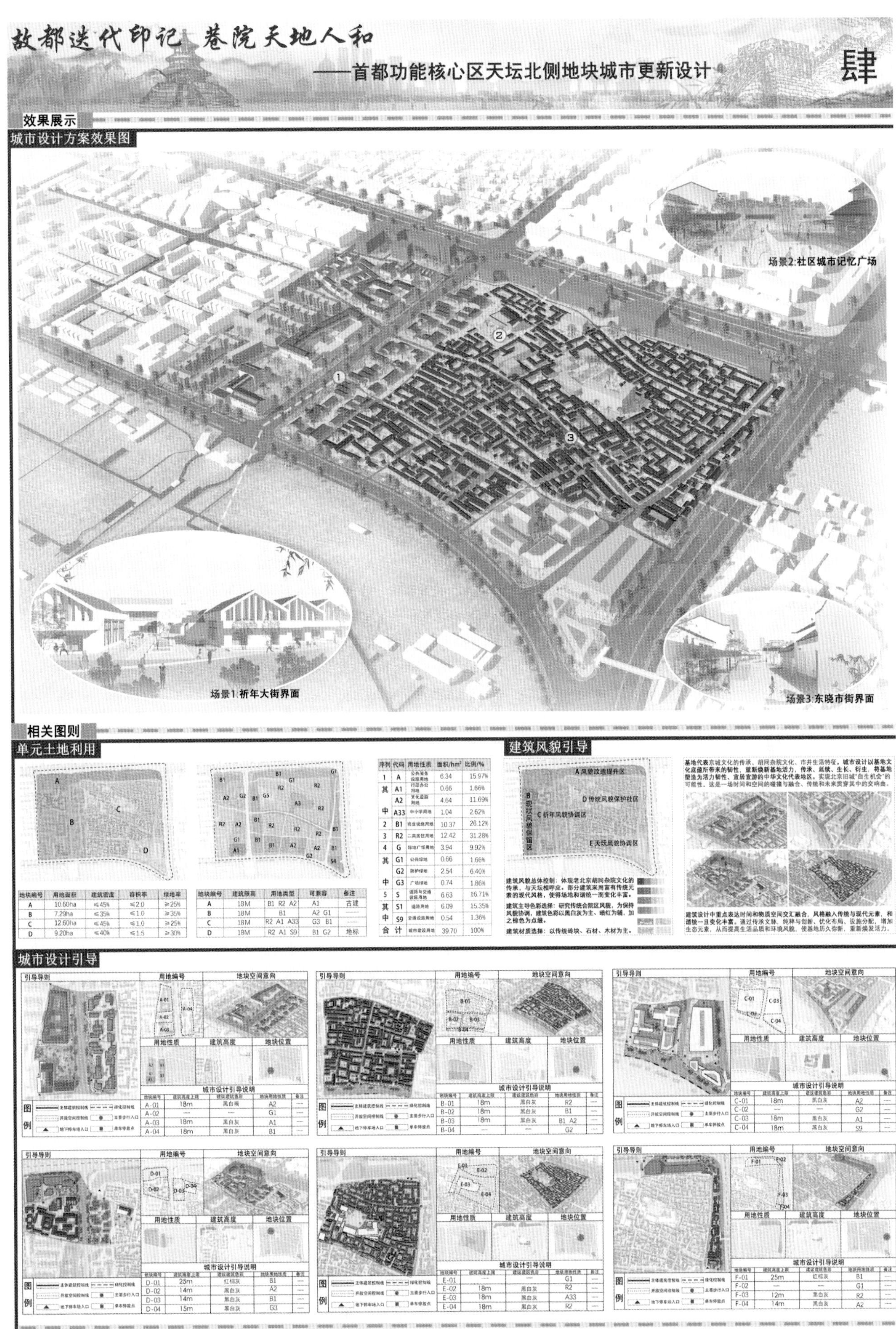
故都迭代印记 巷院天地人和
——首都功能核心区天坛北侧地块城市更新设计
肆
效果展示
城市设计方案效果图
场景2:社区城市记忆广场
场景1:祈年大街界面
场景3:东晓市街界面
相关图则
单元土地利用
建筑风貌引导
A风貌改造提升区
B现状风貌保留区
C祈年风貌协调区
D传统风貌保护社区
E天坛风貌协调区
城市设计引导
引导导则
用地编号
地块空间意向
用地性质
建筑高度
地块位置
城市设计引导说明
图例

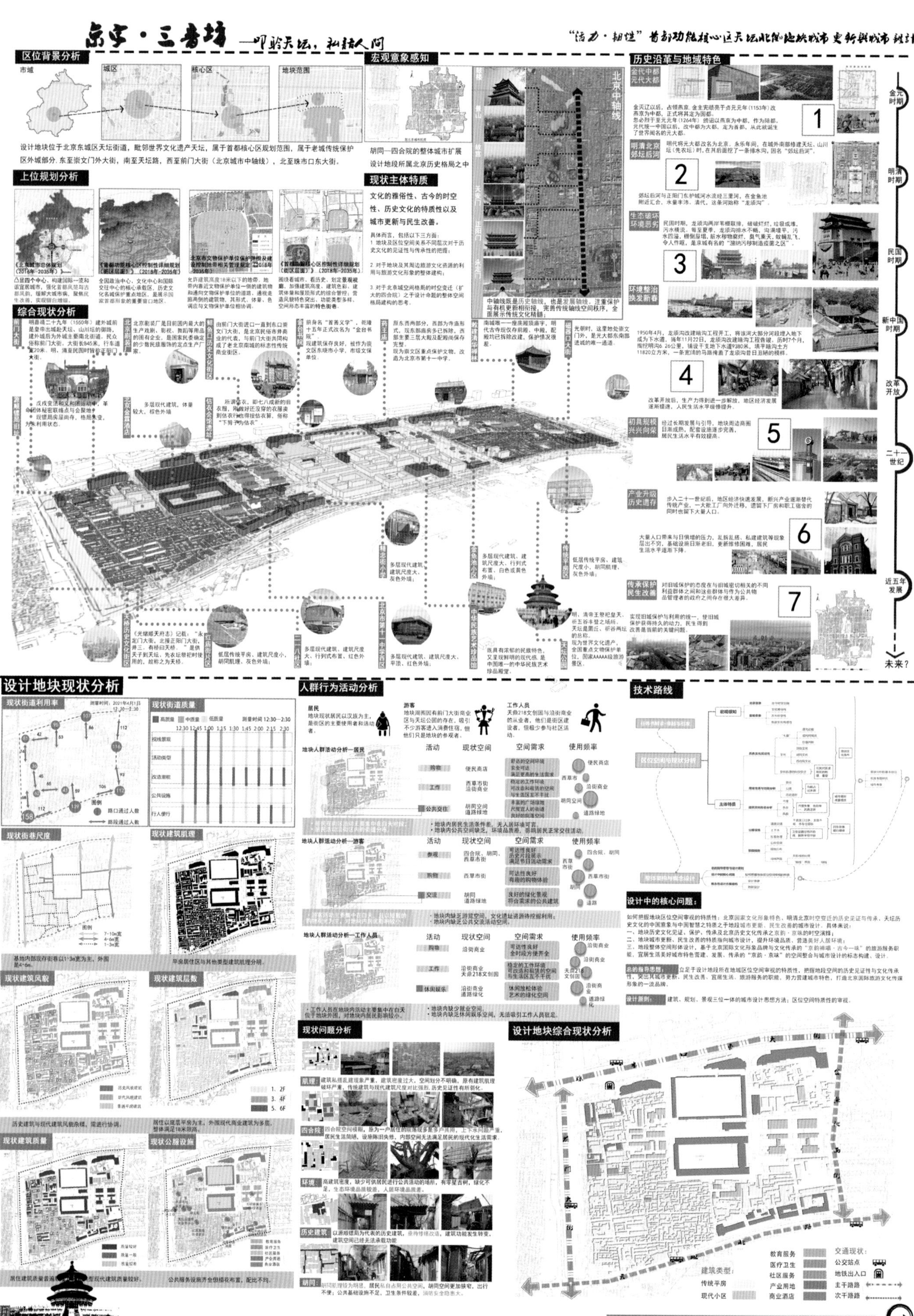

东宇·三番坊 ——叩聆天坛，私结人间
"活力·韧性"首都功能核心区天坛北侧地块城市更新与城市设计
区位背景分析
市域
城区
核心区
地块范围
设计地块位于北京东城区天坛街道，毗邻世界文化遗产天坛，属于首都核心区规划范围，属于老城传统保护区外城部分，东至崇文门外大街，南至天坛路，西至前门大街（北京城市中轴线），北至珠市口东大街。
宏观意象感知
胡同—四合院的整体城市扩展
设计地段所属北京历史格局之中
北京中轴线
中轴线既是历史轴线，也是发展轴线，注重保护与有机更新相衔接，完善传统轴线空间秩序，全面展示传统文化精髓。
历史沿革与地域特色
金代中都元代大都
金元时期
明清北京郊坛后河
明清时期
生态破坏环境恶劣
民国时期
环境整治焕发新春
新中国时期
改革开放
初具规模兴兴向荣
二十一世纪
产业升级历史遗存
传承保护民生改善
近五年发展
未来？
上位规划分析
《北京城市总体规划（2016年—2035年）》
《首都功能核心区控制性详细规划（街区层面）》（2018年—2035年）
现状主体特质
文化的雅俗性、古今的时空性、历史文化的特质性以及城市更新与民生改善。
综合现状分析
设计地块现状分析
现状街道利用率
现状街道质量
现状街巷尺度
现状建筑肌理
现状建筑风貌
现状建筑层数
现状建筑质量
现状公服设施
人群行为活动分析
居民
游客
工作人员
地块人群活动分析—居民
地块人群活动分析—游客
地块人群活动分析—工作人员
活动
现状空间
空间需求
使用频率
现状问题分析
肌理
四合院
环境
历史建筑
胡同
技术路线
设计中的核心问题：
总的指导思想：
设计原则：
设计地块综合现状分析
教育服务
医疗卫生
社区服务
产业用地
商业酒店
建筑类型：
传统平房
现代小区
交通现状：
公交站点
地铁出入口
主干路路
次干路路

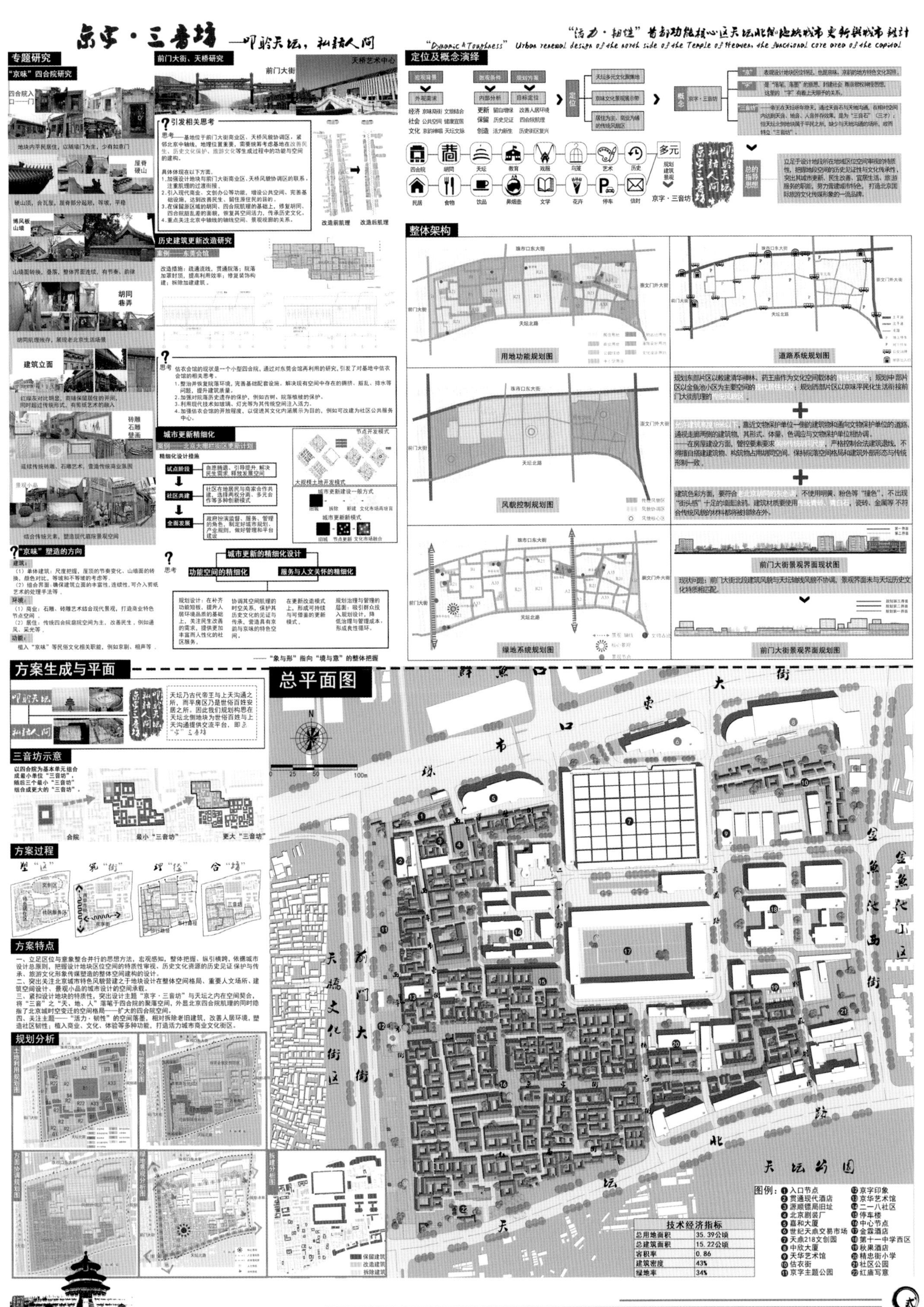

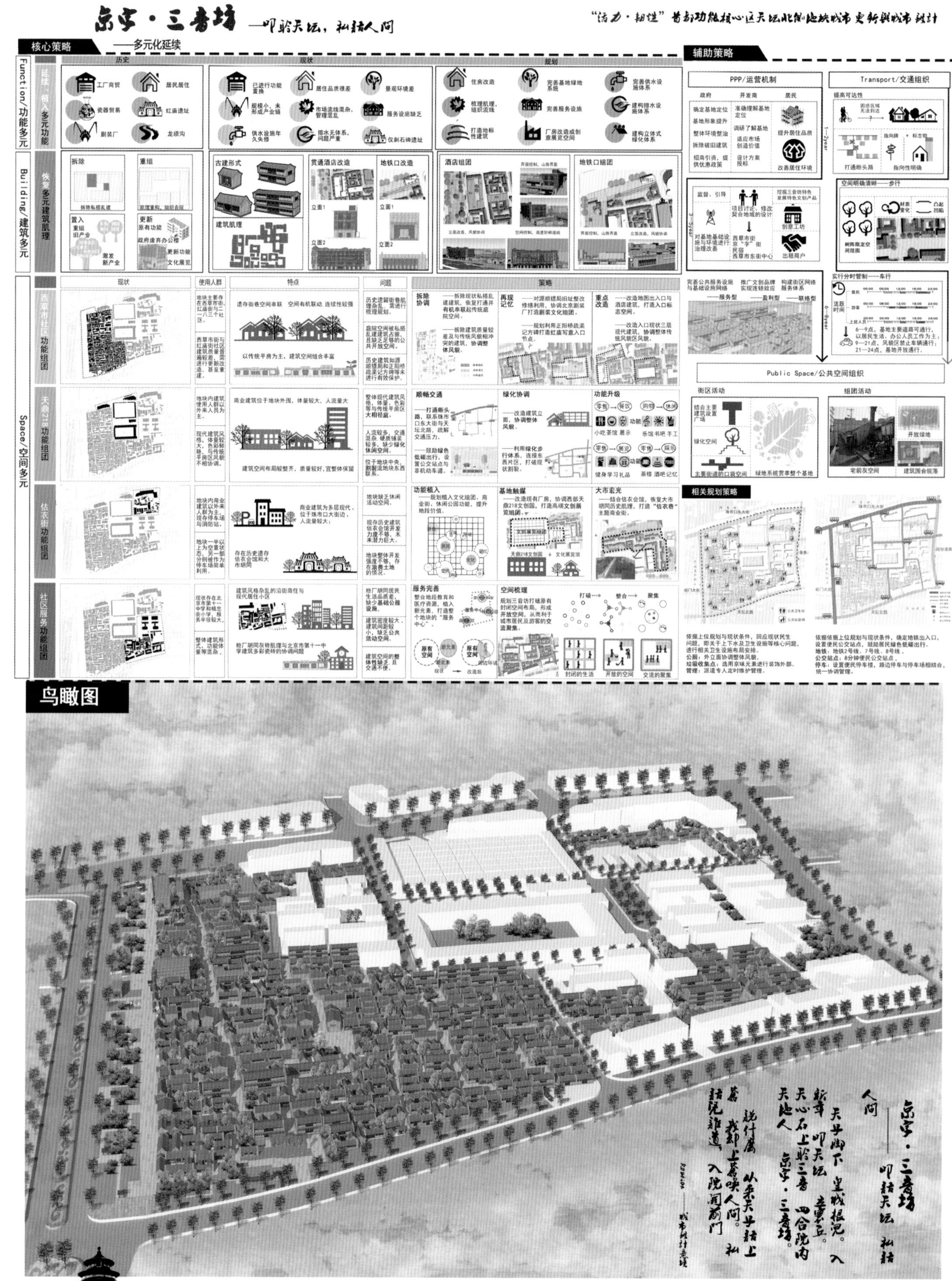

“活力·韧性”首都功能核心区天坛北侧地块城市更新与城市设计
核心策略
——多元化延续
Function/功能多元
Building/建筑多元
Space/空间多元
历史
现状
规划
延续 植入 多元功能
恢复 多元建筑肌理
拆除
重组
置入
更新
古建形式
建筑肌理
贯通酒店改造
地铁口改造
酒店组团
地铁口组团
现状
使用人群
特点
问题
策略
西草市社区功能组团
天桥218功能组团
估衣街功能组团
社区服务功能组团
辅助策略
PPP/运营机制
政府
开发商
居民
Transport/交通组织
提高可达性
空间明确清晰——步行
实行分时管制——车行
Public Space/公共空间组织
街区活动
组团活动
相关规划策略
鸟瞰图

京字·三鲁坊 —叩盼天坛，私语人间
"活力·韧性"首都功能核心区天坛北侧地块城市更新规划设计
商业街节点布局图
商业街功能分区图
图例
商业建筑
核心景点
立面位置
人文景观节点
自然景观节点
核心节点
设计场地实景
设计意象构成
设计手稿节选
空间意象展示
北京现代贯通酒店立面改造
西幕市街主入口节点设计
红庙街主入口节点设计
西半壁街立面改造示意图
A-A
B-B
C-C
D-D
城市设计导则
引导图则
地块空间意象
设计引导说明
图例
地块编号
主体建筑控制线
开放空间控制线
绿化控制线
主要步行入口
停车位置
历史建筑控制线
B-06
B-07
B-08
I-03
I-04
I-05
J-04
J-05
J-06
B-01
B-02
B-03
F-01
F-02
K-07
K-08
K-02
K-03
E-01
E-02
C-01
C-02

浙江工业大学

以文兴旅，倚天向阳 /107

舒经活韧，融生古今 /111

大城小市 /115

天上·人间 /119

以文興旅，倚天向陽

活力 · 韧性：首都功能核心区天坛北侧地块城市更新设计

壹 微光

区位分析——文创产业集聚区内

基地位于北京，北京是我国五大创意产业集聚区之一。

基地位于天坛文化圈的前门文化创意集聚区内。

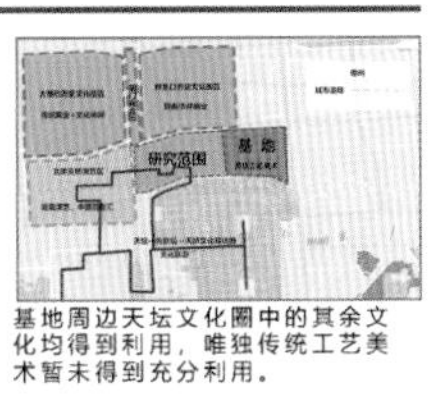

基地周边天坛文化圈中的其余文化均得到利用，唯独传统工艺美术暂未得到充分利用。

上位规划——传承文化，推动更新，焕发活力，宜居宜业

《京津冀协同发展规划纲要》

北京定位为全国文化中心。

《北京城市总体规划》

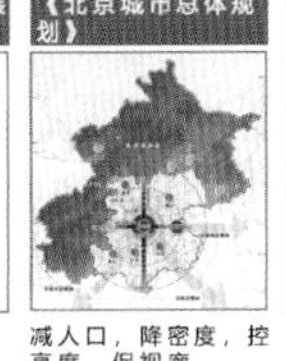

减人口，降密度，控高度，保视廊。

首都功能核心区控制性详细规划（2018-2035）

文化核心承载，营视廊，控高度，管风貌，布设施。

文旅之基——资源丰富的历史文化

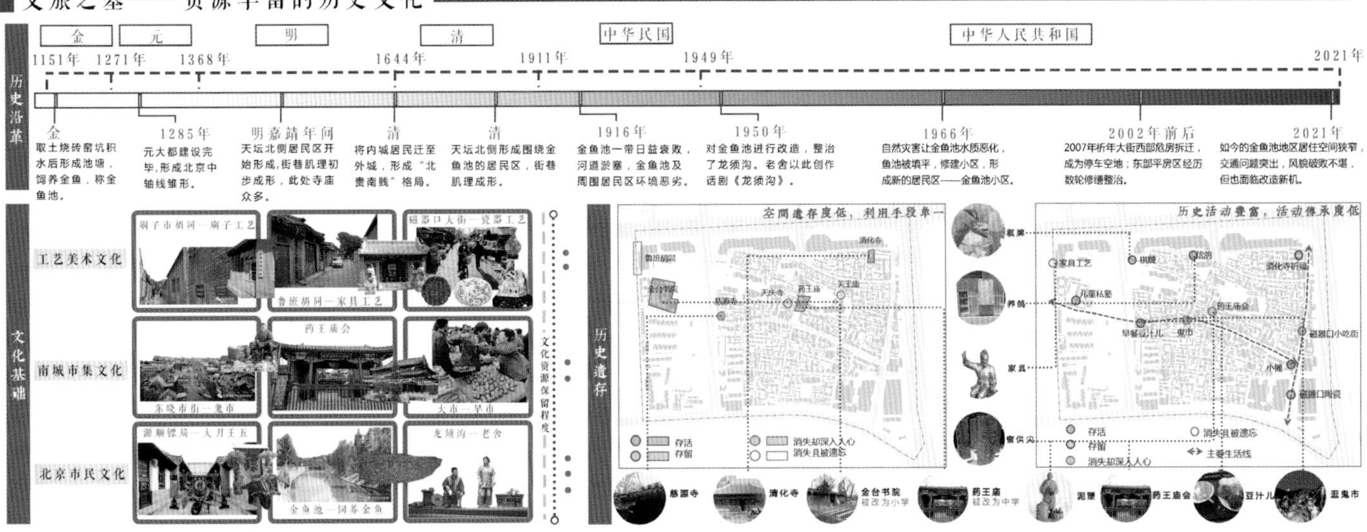

现状之疾——亟待提升的空间环境

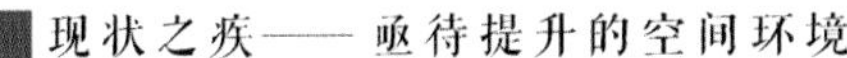

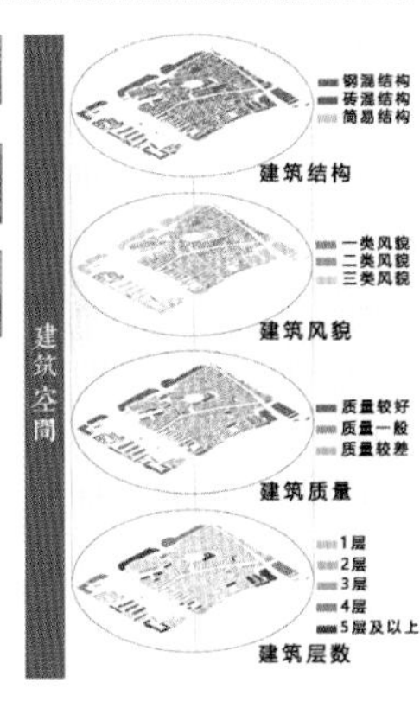

现状之疾——问题突出的民生条件

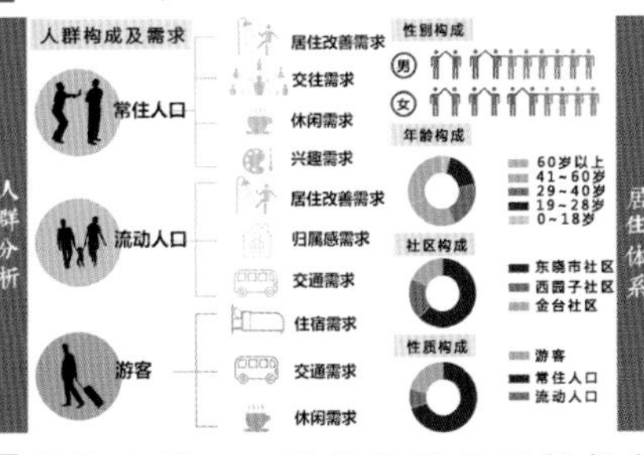

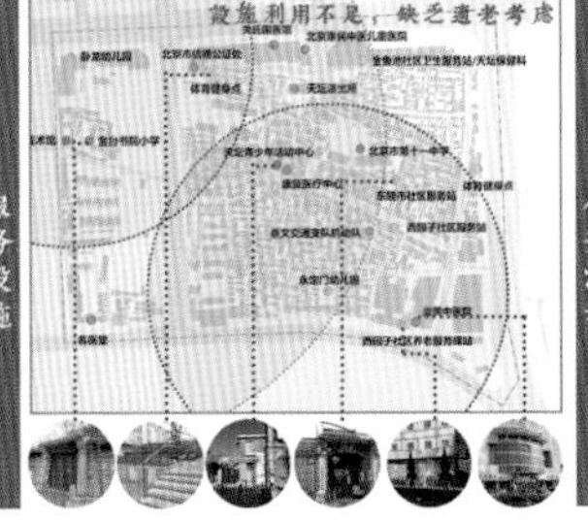

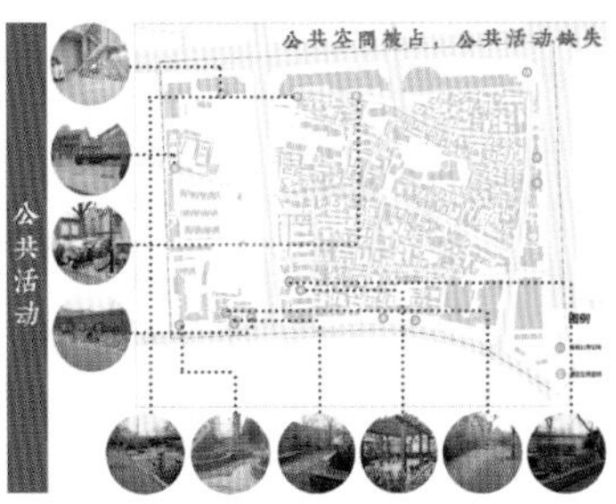

现状之疾——滞后失灵的更新机制

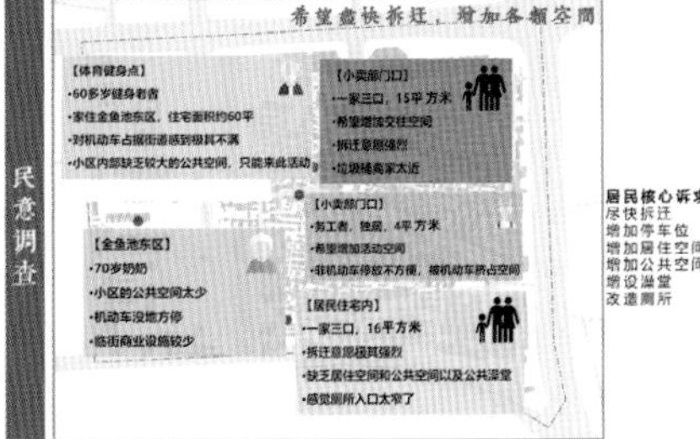

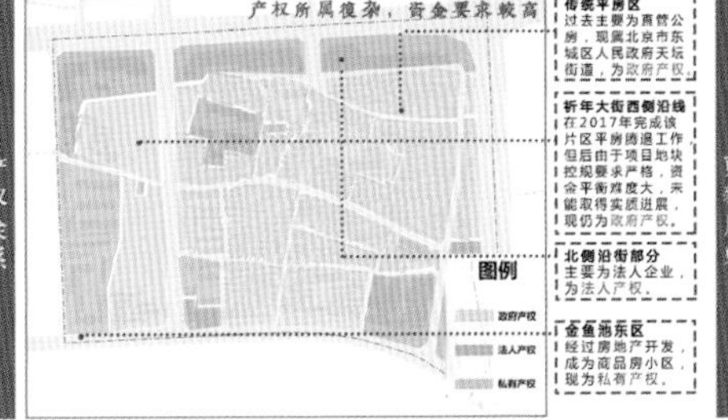

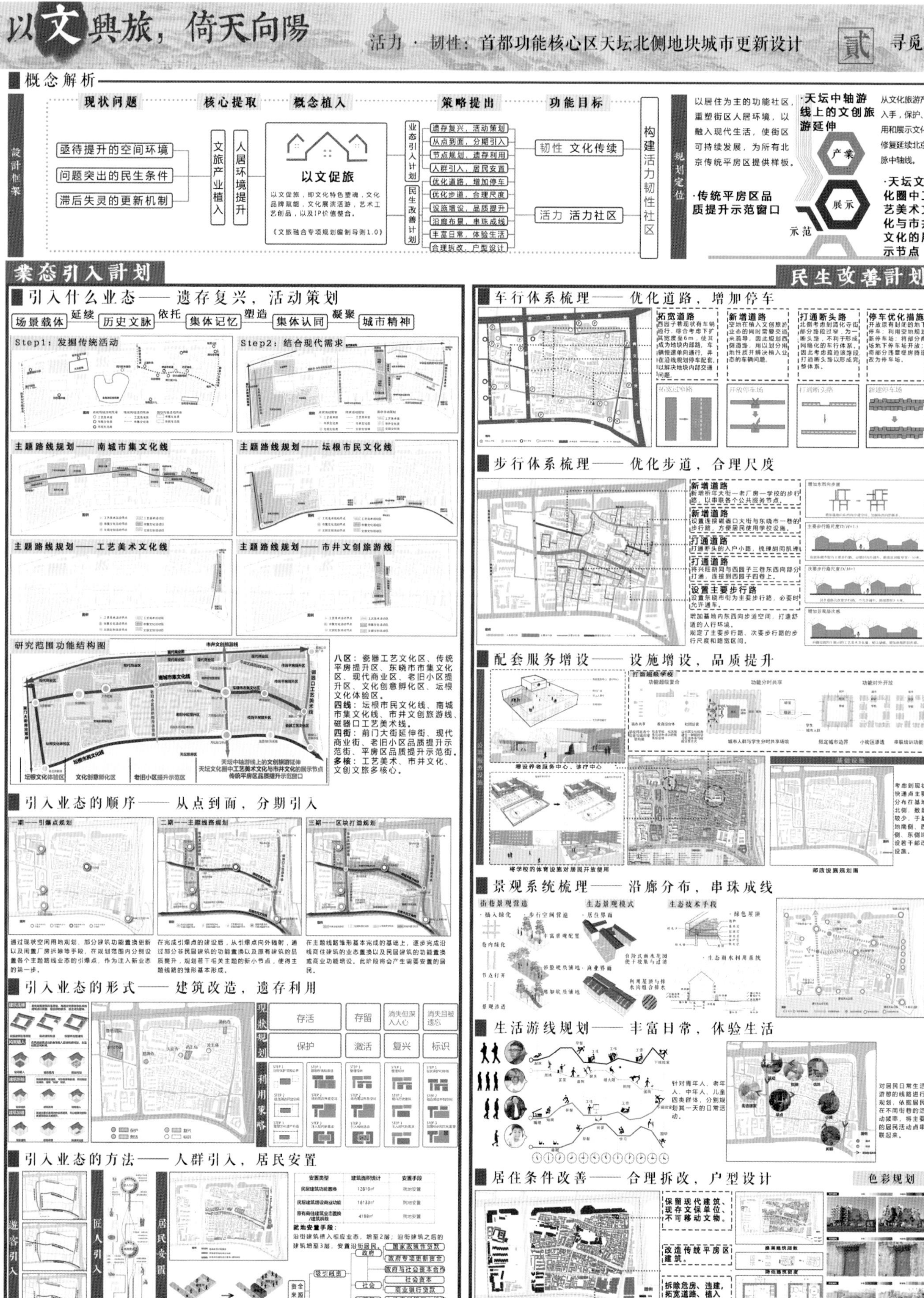

以文興旅，倚天向陽
活力 · 韧性：首都功能核心区天坛北侧地块城市更新设计
贰 寻觅
概念解析
設計框架
现状问题
核心提取
概念植入
策略提出
功能目标
亟待提升的空间环境
问题突出的民生条件
滞后失灵的更新机制
文旅产业植入
人居环境提升
以文促旅
以文促旅，即文化特色塑魂，文化品牌赋能，文化演活游，艺术工艺创品，以及IP价值整合。
《文旅融合专项规划编制导则1.0》
业态引入计划
民生改善计划
遗存复兴，活动策划
从点到面，分期引入
节点规划，遗存利用
人群引入，居民安置
优化道路，增加停车
优化步道，合理尺度
设施增设，品质提升
沿廊布景，串珠成线
丰富日常，体验生活
合理拆改，户型设计
韧性 文化传续
活力 活力社区
构建活力韧性社区
规划定位
以居住为主的功能社区，重塑街区人居环境，以融入现代生活，使街区可持续发展，为所有北京传统平房区提供样板。
·天坛中轴游线上的文创旅游延伸
·传统平房区品质提升示范窗口
从文化旅游产业入手，保护、利用和展示文化，修复延续北京文脉中轴线。
·天坛文化圈中工艺美术文化与市井文化的展示节点
产业
展示
示范
业态引入计划
引入什么业态——遗存复兴，活动策划
场景载体 延续 历史文脉 依托 集体记忆 塑造 集体认同 凝聚 城市精神
Step1：发掘传统活动
Step2：结合现代需求
主题路线规划——南城市集文化线
主题路线规划——坛根市民文化线
主题路线规划——工艺美术文化线
主题路线规划——市井文创旅游线
研究范围功能结构图
八区：瓷器工艺文化区、传统平房提升区、东晓市市集文化区、现代商业区、老旧小区提升区、文化创意孵化区、坛根文化体验区。
四线：坛根市民文化线、南城市集文化线、市井文创旅游线、磁器口工艺美术线。
四街：前门大街延伸街、现代商业街、老旧小区品质提升示范街、平房区品质提升示范街。
多核：工艺美术、市井文化、文创文旅多核心。
坛根文化体验区
文化创意孵化区
老旧小区提升示范区
天坛中轴游线上的文创旅游延伸
天坛文化圈中工艺美术文化与市井文化的展示节点
传统平房区品质提升示范窗口
引入业态的顺序——从点到面，分期引入
一期——引爆点规划
二期——主题线路规划
三期——区块打造规划
引入业态的形式——建筑改造，遗存利用
现状规划
利用策略
存活
存留
消失但深入人心
消失且被遗忘
保护
激活
复兴
标识
引入业态的方法——人群引入，居民安置
游客引入
匠人引入
居民安置
安置类型
建筑面积统计
安置手段
民居建筑功能置换
12810㎡
民居建筑提设商业功能
16133㎡
居民搬迁建筑业态置换/建筑拆除
4190㎡
就地安置手段：
资金来源
吸引融资
政府
社会
居民
国家政策性贷款
政府专项更新资金
政府与社会资本合作
社会资本
商业银行贷款
土地房屋权属人投资
政策优惠
税收优惠
税费减免
免收行政事业费用
民生改善计划
车行体系梳理——优化道路，增加停车
拓宽道路
新增道路
打通断头路
停车优化措施
步行体系梳理——优化步道，合理尺度
新增道路
打通道路
设置主要步行路
配套服务增设——设施增设，品质提升
打造超级学校
功能超级复合
功能分时共享
功能对外开放
增设养老服务中心、诊疗中心
将学校的体育设施对居民开放使用
邮政设施规划图
景观系统梳理——沿廊分布，串珠成线
街巷景观营造
生态景观模式
生态技术手段
生活游线规划——丰富日常，体验生活
针对青年人、老年人、中年人、儿童四类群体，分别规划其一天的日常活动。
对居民日常生活游憩的线路进行规划，依据居民在不同街巷的活动频率，将主要的居民活动点串联起来。
居住条件改善——合理拆改，户型设计
色彩规划
保留现代建筑、现存文保单位、不可移动文物。
改造传统平房区建筑。
拆除危房、违建，拓宽道路、植入业态，打造空间必须拆除的部分。

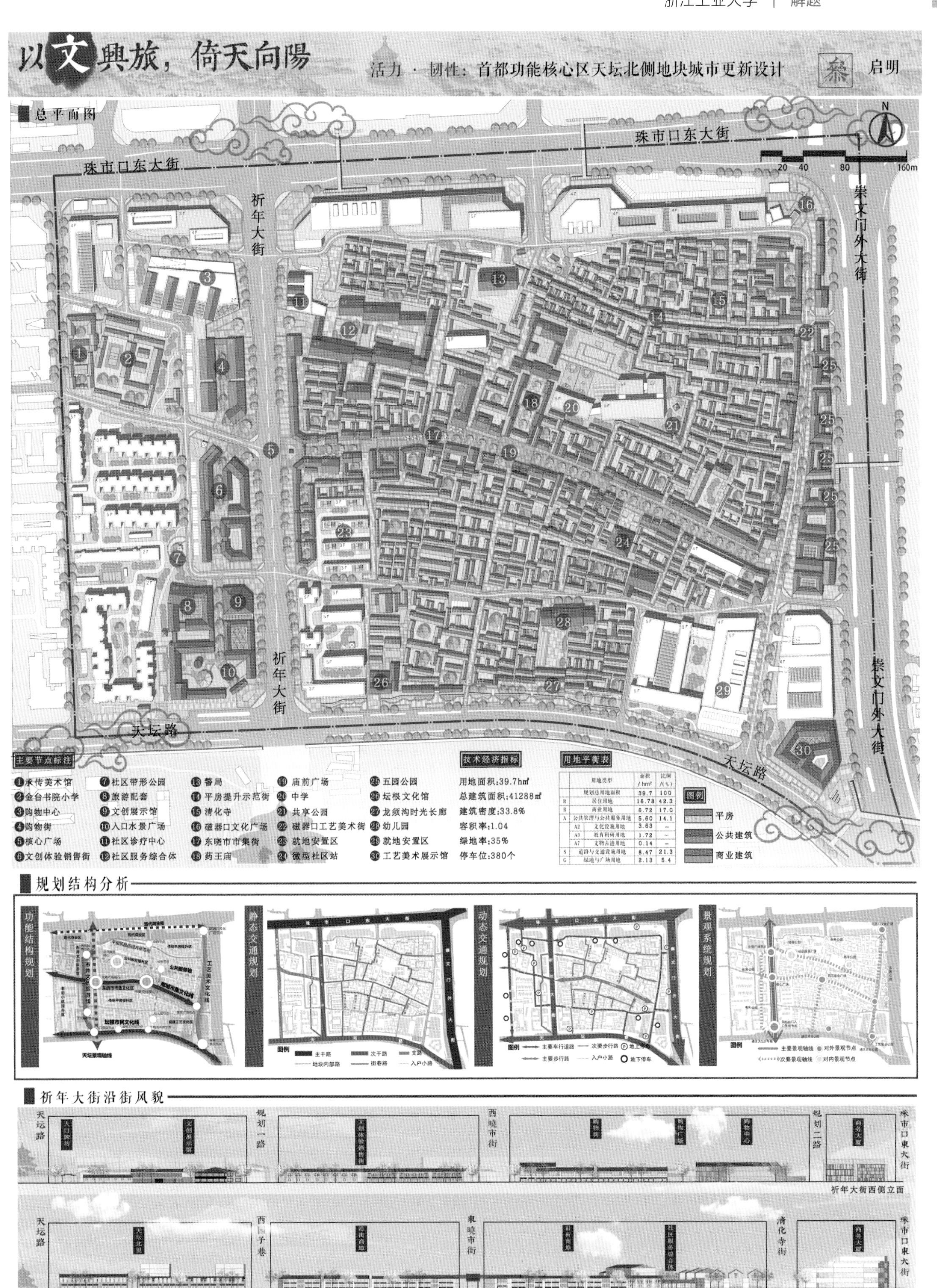

	用地类型		面积/hm²	比例/(%)
	规划总用地面积		39.7	100
R	居住用地		16.78	42.3
B	商业用地		6.72	17.0
A	公共管理与公共服务用地		5.60	14.1
	A2	文化设施用地	3.63	–
	A3	教育科研用地	1.72	–
	A7	文物古迹用地	0.14	–
S	道路与交通设施用地		8.47	21.3
G	绿地与广场用地		2.13	5.4

以文興旅，倚天向陽

活力 · 韧性：首都功能核心区天坛北侧地块城市更新设计　肆　向阳

鳥瞰圖

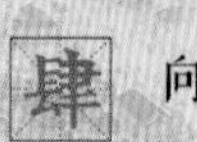

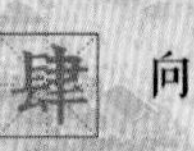

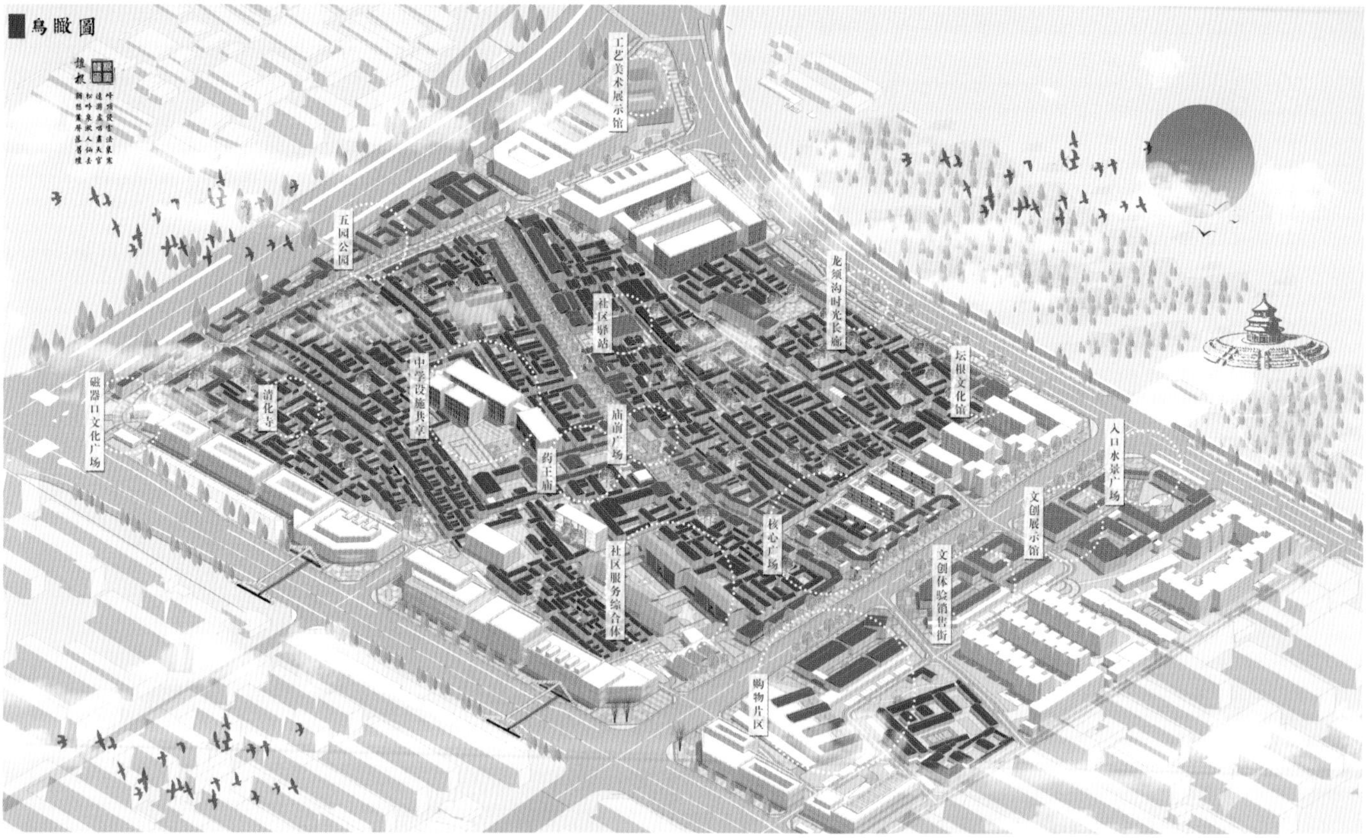

工艺美术展示馆
五园公园
社区驿站
龙须沟时光长廊
坛根文化馆
中学设施共享
清化寺
磁器口文化广场
庙前广场
药王庙
入口水景广场
文创展示馆
核心广场
社区服务综合体
文创体验销售街
购物片区

四大流线片区及节点展示

市井文创旅游线+天坛景观轴线
文创展示片区
文创体验销售街
购物中心广场
东晓市街街景
庙会广场
核心广场
工艺美术文化线
购物中心广场
五园公园
工艺美术展示馆
坛根市民文化线
坛根印象墙
龙须沟时光长廊
坛根文化馆

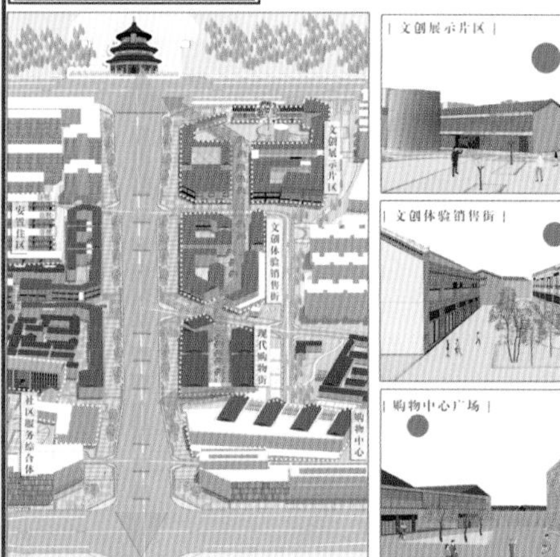

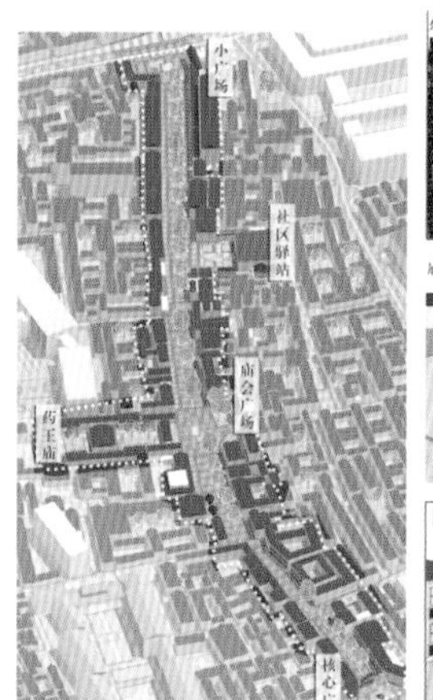

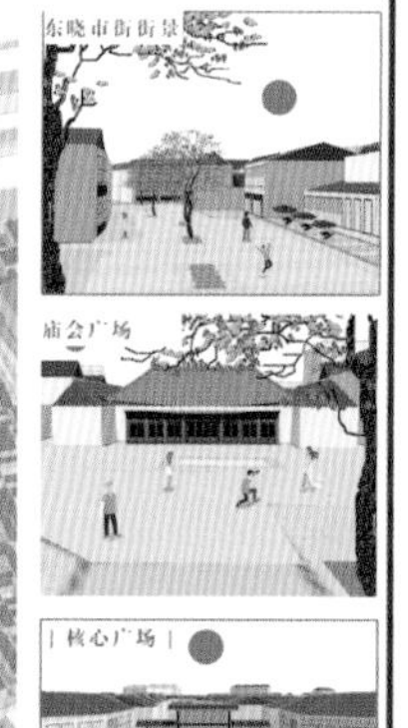

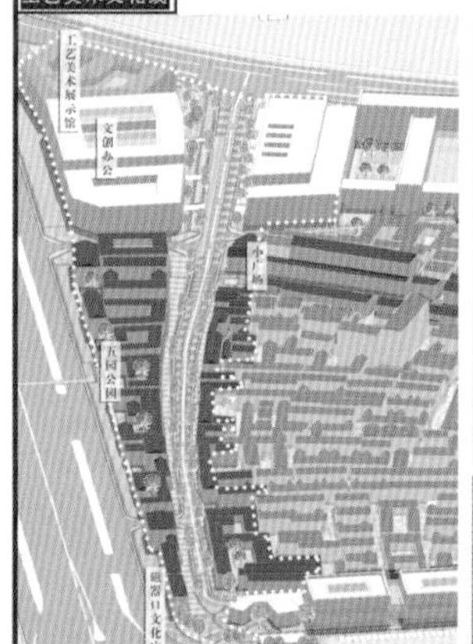

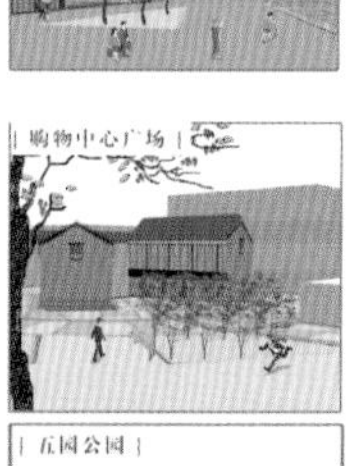

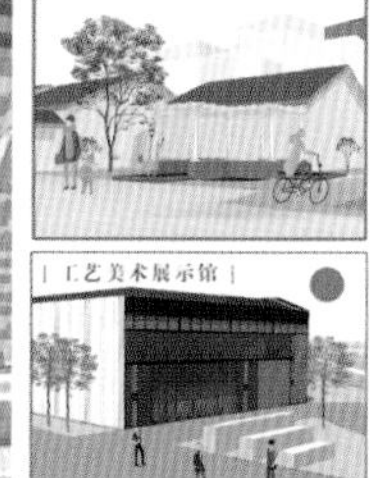

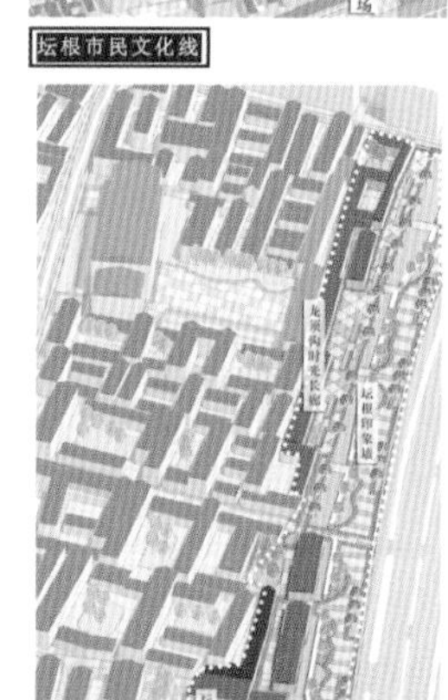

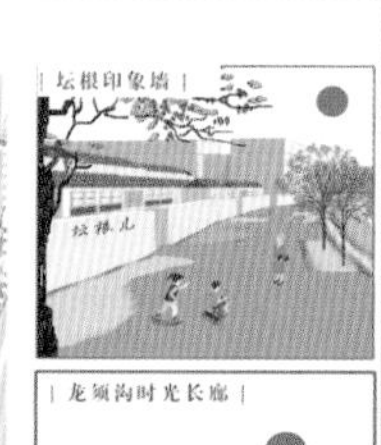

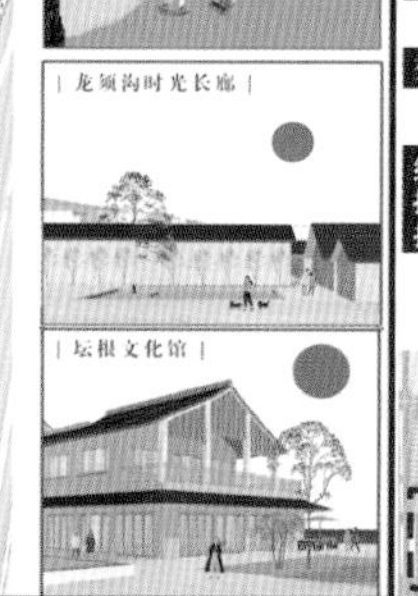

文化线智慧互动方式

智慧街巷

· 采用手绘地图+手机地图+路标三种方式进行游线指导，手绘地图及路标融入基地特色，手机地图提高方便度与体验感。

· 在景区内部使用不同性能的监视探测器，进行数据的收集。

· 在开放空间放置符合文化特色的长椅，美观同时供人们休息。

· 对景区内部实行Wi-Fi全覆盖，在方便进行景区数据信息收集汇总管理的同时，方便游客，提升游线体验。

游客：沿地图等介绍的游线对各个重要节点进行参观，通过智慧系统提升游客体验感。

景区工作者：每天对现场及信息收集系统进行关注，满足游客需求，解决问题。

平台管理

物联网
互联网
无线网
环境监测数据
交通数据
客流量数据
生活服务数据
房屋管理数据

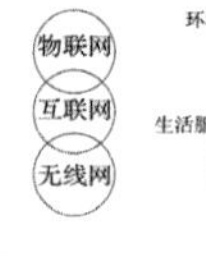

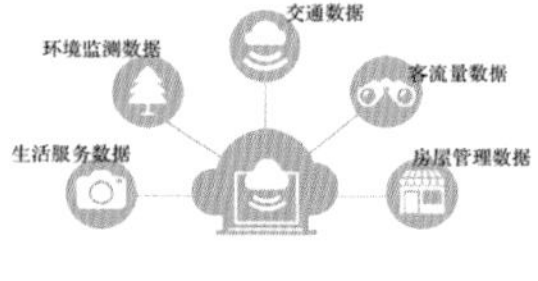

城市设计导则

类型　以文化产业、商业为主的混合功能布局。

功能　底层主要为商业功能，二层主要为体验类工作室。

特征　保留原有工厂的塔楼;以合院形式组织商业，将线性空间转为面式商业空间。

景观　祈年大街两侧建筑退让10m以留出空间进行街道绿化；沿街建筑保持完整性，以广场破开立面。

交通　以步行串联功能区块，以内部车行流线解决停车问题。

经济技术指标

地块面积：4.13hm²

建筑密度：34.8%

容积率：0.76

绿地率：34%

		用地类型	面积/hm²
		规划总用地面积	4.13
B		商业用地	1.35
A		公共管理与公共服务用地	0.79
	A2	文化设施用地	0.79
S		道路与交通设施用地	1.80
G		绿地与广场用地	0.19

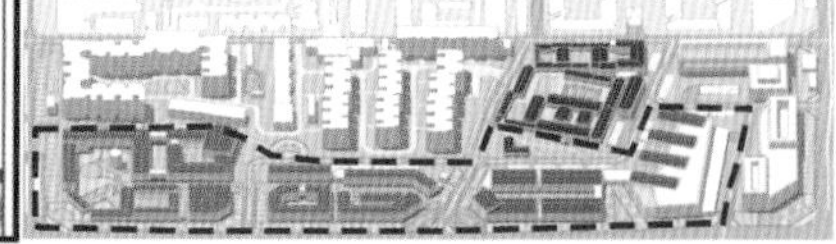

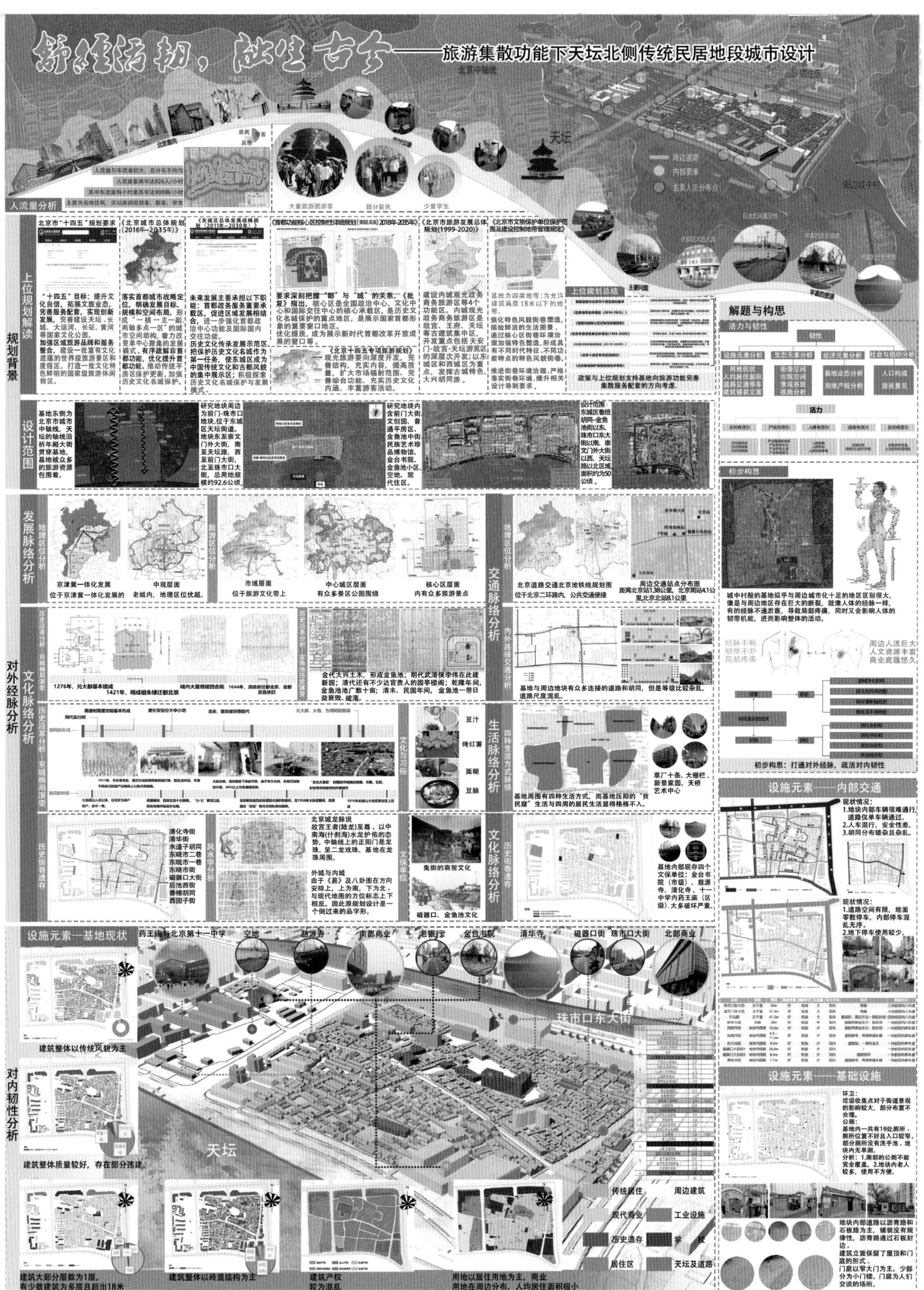
舒经活韧，融生古今——旅游集散功能下天坛北侧传统民居地段城市设计
人流量分析
规划背景
上位规划解读
设计范围
对外经脉分析
发展脉络分析
文化脉络分析
交通脉络分析
生活脉络分析
文化脉络分析
对内韧性分析
设施元素—基地现状
解题与构思
活力与韧性
初步构思
初步构思：打通对外经脉，疏活对内韧性
设施元素——内部交通
设施元素——基础设施
上位规划总结
政策与上位规划支持基地向旅游功能完善集散服务配套的方向考虑。
天坛
珠市口东大街
建筑整体以传统风貌为主
建筑整体质量较好，存在部分违建。
建筑大部分层数为1层，有少数建筑为多层且超出18米
建筑整体以砖混结构为主
建筑产权较为混乱
用地以居住用地为主，商业用地在周边分布，人均居住面积极小
传统居住
周边建筑
现代商业
工业设施
历史遗存
学校
居住区
天坛及道路

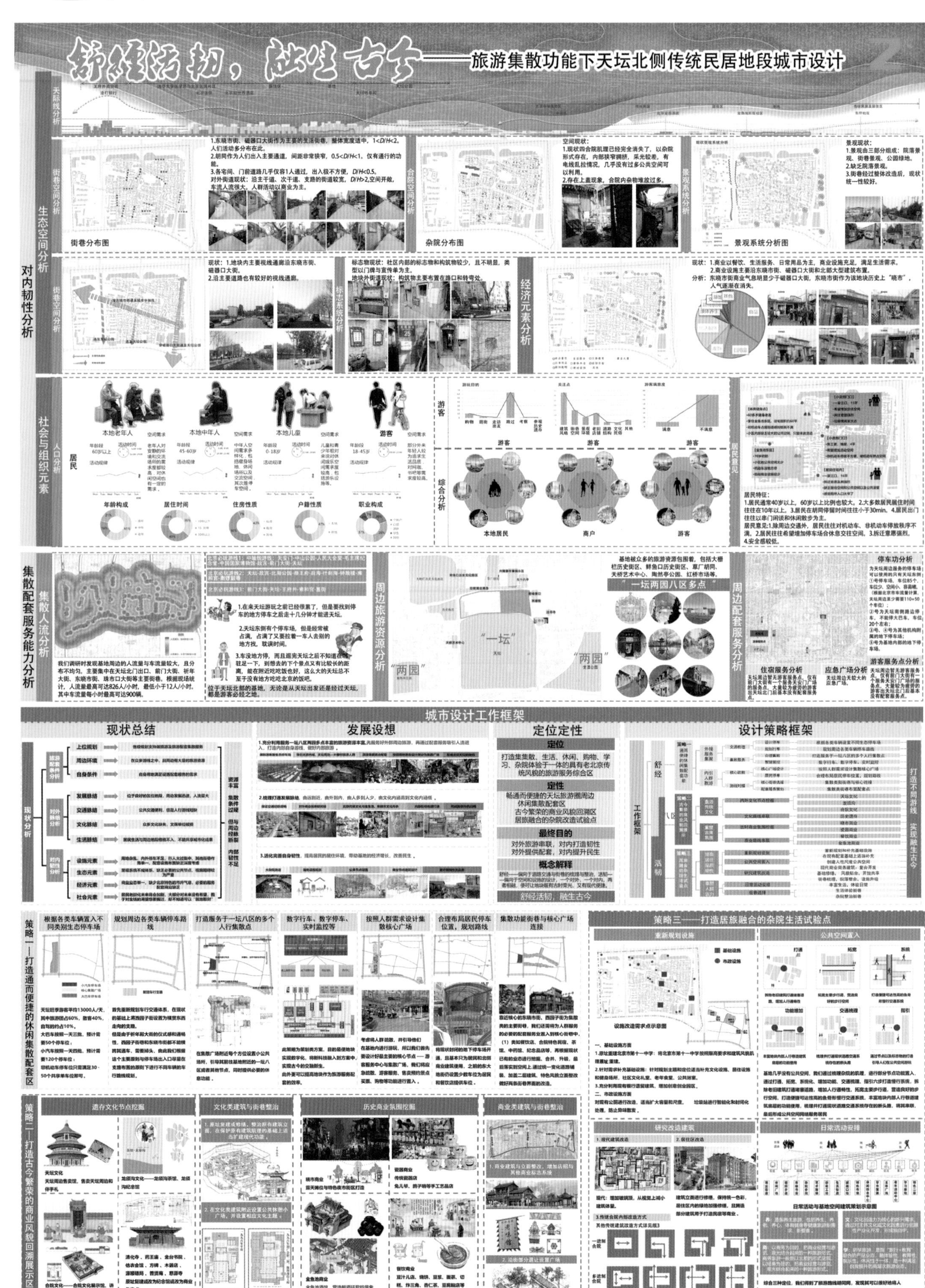

舒经活韧，融生古今——旅游集散功能下天坛北侧传统民居地段城市设计
对内韧性分析
生态空间分析
社会与组织元素
集散配套服务能力分析
城市设计工作框架
现状总结
发展设想
定位定性
设计策略框架
策略一——打造通而便捷的休闲集散配套区
策略二——打造古今繁荣的商业风貌回溯展示区
策略三——打造居旅融合的杂院生活试验点

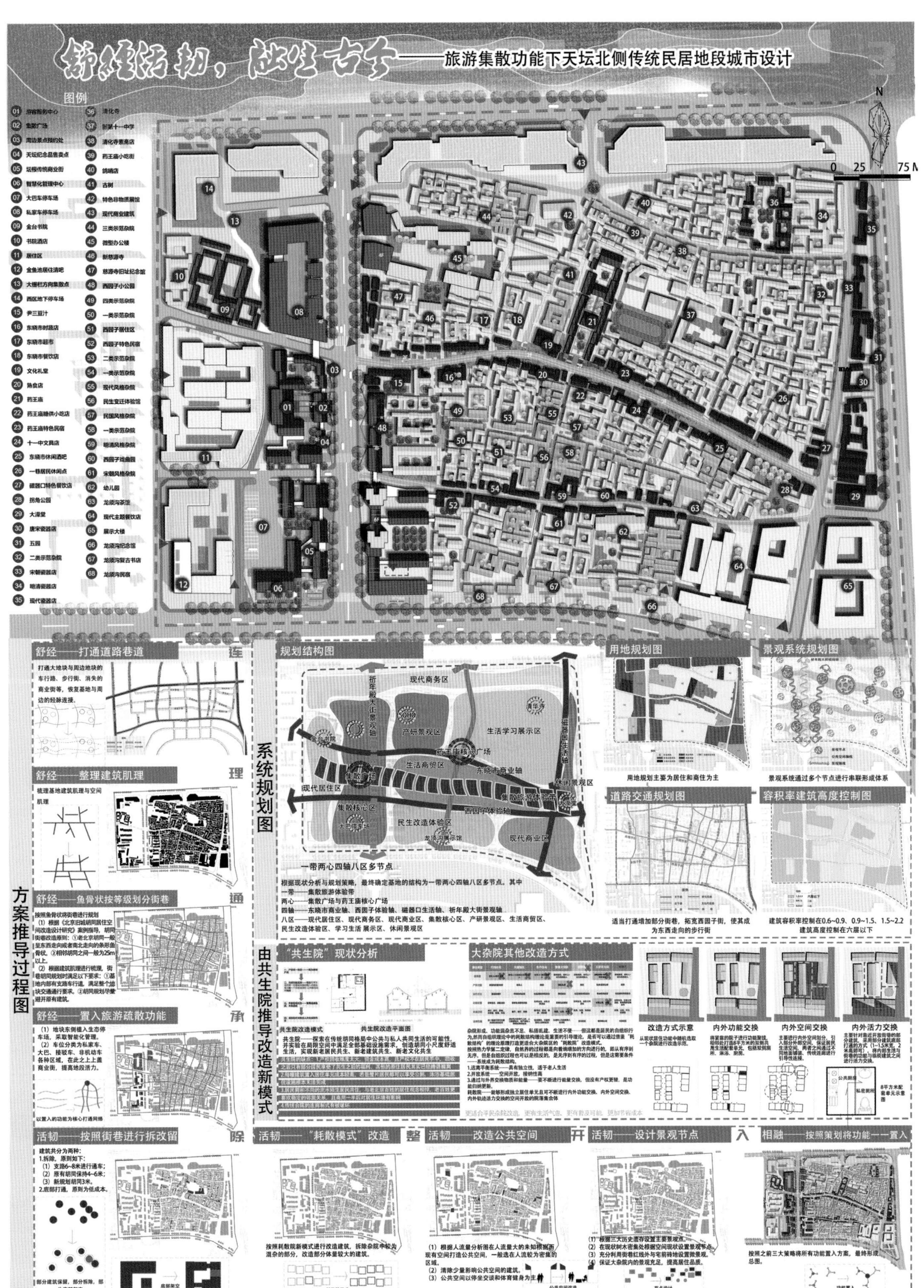

舒经活韧，融生古今——旅游集散功能下天坛北侧传统民居地段城市设计
图例
舒经——打通道路巷道
舒经——整理建筑肌理
舒经——鱼骨状按等级划分街巷
舒经——置入旅游疏散功能
方案推导过程图
规划结构图
系统规划图
一带两心四轴八区多节点
用地规划图
景观系统规划图
道路交通规划图
容积率建筑高度控制图
由共生院推导改造新模式
"共生院"现状分析
大杂院其他改造方式
改造方式示意
内外功能交换
内外空间交换
内外活力交换
活韧——按照街巷进行拆改留
活韧——"耗散模式"改造
活韧——改造公共空间
活韧——设计景观节点
相融——按照策划将功能一一置入

舒缓活韧，融生古今——旅游集散功能下天坛北侧传统民居地段城市设计

整体鸟瞰图

集散综合体

产学创业园

东晓市新巷公共空间

西园子巷道

街头公园

改造合院

六大主题游线策划与展示

集散服务主题游线

新年殿大街沿街商业街

节点效果图

东晓市街入口

节点效果图

选择靠近核心的东晓市街、西园子街为集散类的主要街巷，为人群服务的必要的配套服务业置入到核心街巷中。

居民 游客 学生 其他

商业购物主题游线

东晓市商业街节点

节点效果图

磁器口商业街节点

节点效果图

将东晓市街、磁器口大街、清华街、香椿胡同作为主要的商业街道，分别主打晓市商业、瓷器手工商业、餐饮商业、金鱼池商业，并将点位置入。

居民 游客 学生 其他

文化寻访主题游线

药王庙核心点

节点效果图

西园子文化街区

节点效果图

将东晓市街和西园子二巷作为主打文化体验的街巷，而将药王庙作为整个文化街巷的核心节点，其中涵盖天坛的坛根文化、合院文化、龙须沟文化，以及文保单位。

居民 游客 学生 其他

学习参观主题游线

磁器口商业街节点

节点效果图

产学研基地入口

节点效果图

学习游线以新建的北京市第十一中学南侧街巷为主，贯穿药王庙，东西连接东晓市街和水道子胡同，南至龙须沟形成闭环。

居民 游客 学生 其他

生活体验主题游线

西园子街头广场

节点效果图

清化寺生活体验点

节点效果图

生活体验街巷以龙须沟、西园子二巷、四巷水道子胡同、清化寺街、东晓市新巷为主，形成闭环。

居民 游客 学生 其他

杂院改造展示游线

清华寺周边示范区

节点效果图

西园子示范区

节点效果图

杂院改造游线以展示改造的“耗散院”为主，以西园子街-磁器口大街-清华街-水道子胡同-西园子四巷形成的环线为主。

居民 游客 学生 其他

旅游集散功能规划

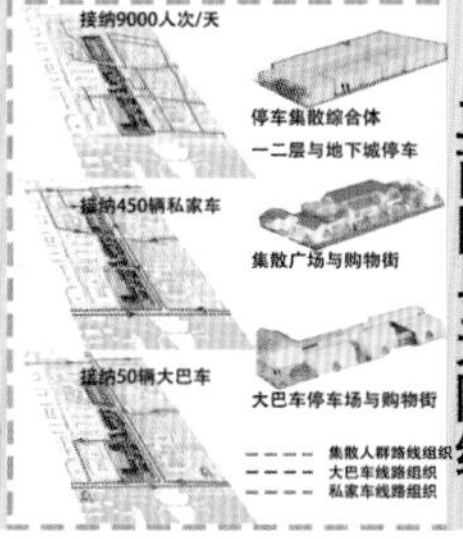

接纳9000人次/天

停车集散综合体

一二层与地下城停车

接纳450辆私家车

集散广场与购物街

接纳50辆大巴车

大巴车停车场与购物街

集散人群路线组织

大巴车线路组织

私家车线路组织

立面图与天际线

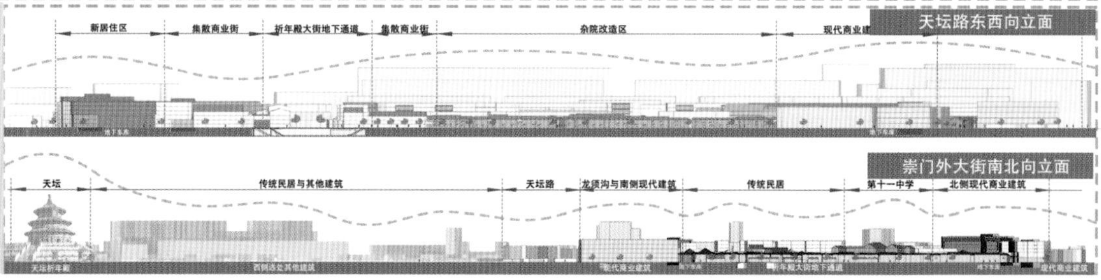

天坛路东西向立面

新居住区 | 集散商业街 | 祈年殿大街地下通道 | 集散商业街 | 杂院改造区 | 现代商业建筑

崇门外大街南北向立面

天坛 | 传统民居与其他建筑 | 天坛路 | 龙须沟与南侧现代建筑 | 传统民居 | 第十一中学 | 北侧现代商业建筑

天坛祈年殿 | 西侧沿处其他建筑 | 现代商业建筑 | 祈年殿大街地下通道 | 现代商业建筑

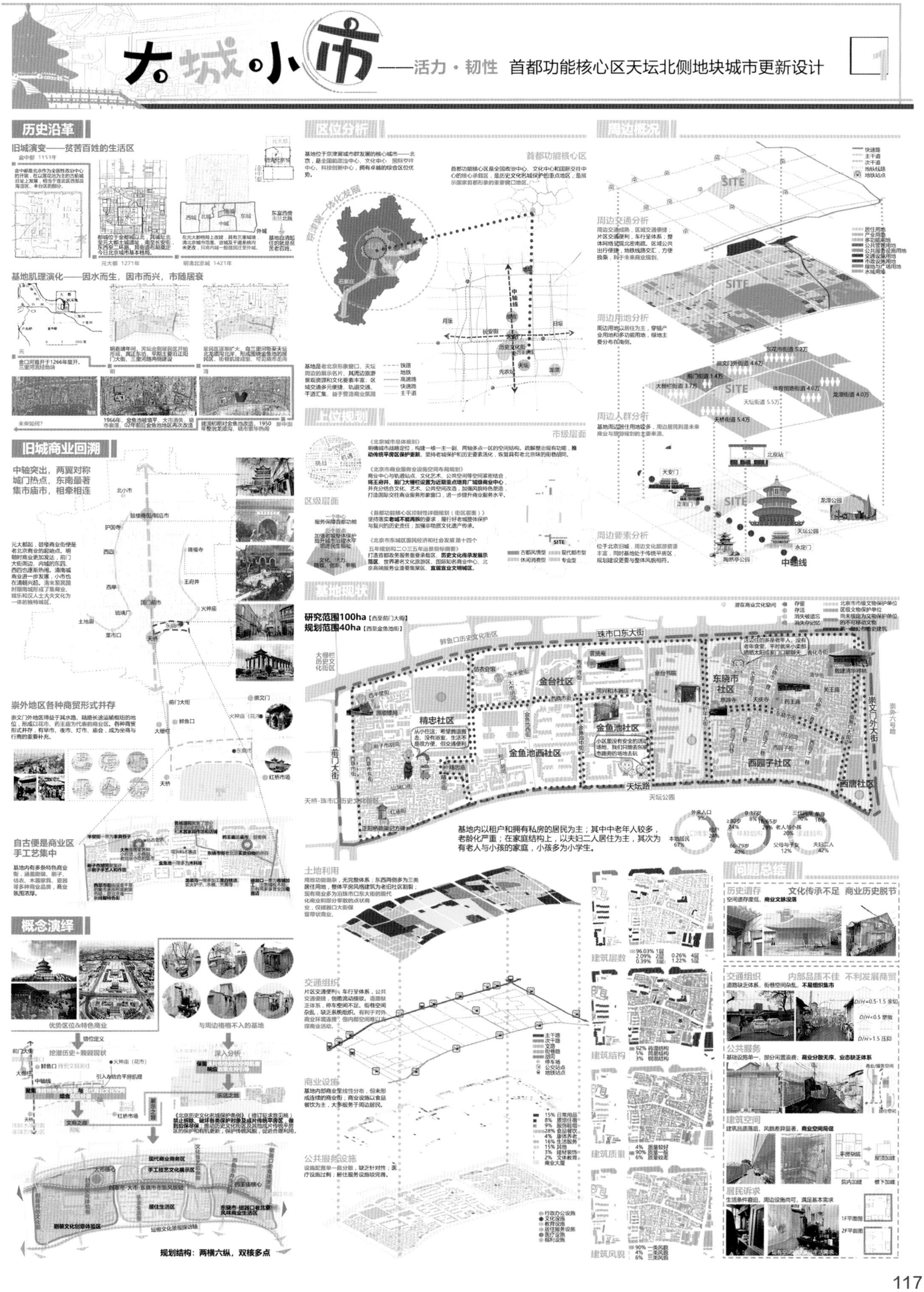
大城小市——活力·韧性 首都功能核心区天坛北侧地块城市更新设计
1
历史沿革
旧城演变——贫苦百姓的生活区
元大都 1271年
明清北京城 1421年
基地肌理演化——因水而生，因市而兴，市随居衰
未来如何?
旧城商业回溯
中轴突出，两翼对称
城门热点，东南最著
集市庙市，相牵相连
崇外地区各种商贸形式并存
自古便是商业区
手工艺集中
概念演绎
优势区位&特色商业
与周边格格不入的基地
挖潜历史+靓颜现状
深入分析
乐活之旅
文商之旅
规划结构：两横六纵，双核多点
区位分析
首都功能核心区
京津冀一体化发展
上位规划
市级层面
区级层面
《北京城市总体规划》
《北京市商业服务业设施空间布局规划》
《首都功能核心区控制性详细规划（街区层面）》
《北京市东城区国民经济和社会发展第十四个五年规划和二〇三五年远景目标纲要》
周边概况
周边交通分析
周边用地分析
周边人群分析
周边要素分析
东花市街道 5.2万
崇文门外街道 4.6万
前门街道 1.4万
大栅栏街道 3.7万
体育馆路街道 4.0万
龙潭街道 4.0万
天坛街道 5.5万
天桥街道 5.4万
北京站
天安门
正阳门
天坛公园
龙潭公园
永定门
陶然亭公园
中轴线
基地现状
研究范围100ha
规划范围40ha
珠市口东大街
鲜鱼口历史文化街区
大栅栏历史文化街区
金台社区
精忠社区
金鱼池社区
金鱼池西社区
东晓市社区
西园子社区
西唐社区
前门大街
崇文门外大街
天坛路
天坛公园
天桥-珠市口历史文化街区
基地内以租户和拥有私房的居民为主；其中中老年人较多，老龄化严重；在家庭结构上，以夫妇二人居住为主，其次为有老人与小孩的家庭，小孩多为小学生。
土地利用
交通组织
商业设施
公共服务设施
建筑层数
建筑结构
建筑质量
建筑风貌
问题总结
历史遗存 文化传承不足 商业历史脱节
交通组织 内部品质不佳 不利发展商贸
公共服务
建筑空间
居民诉求

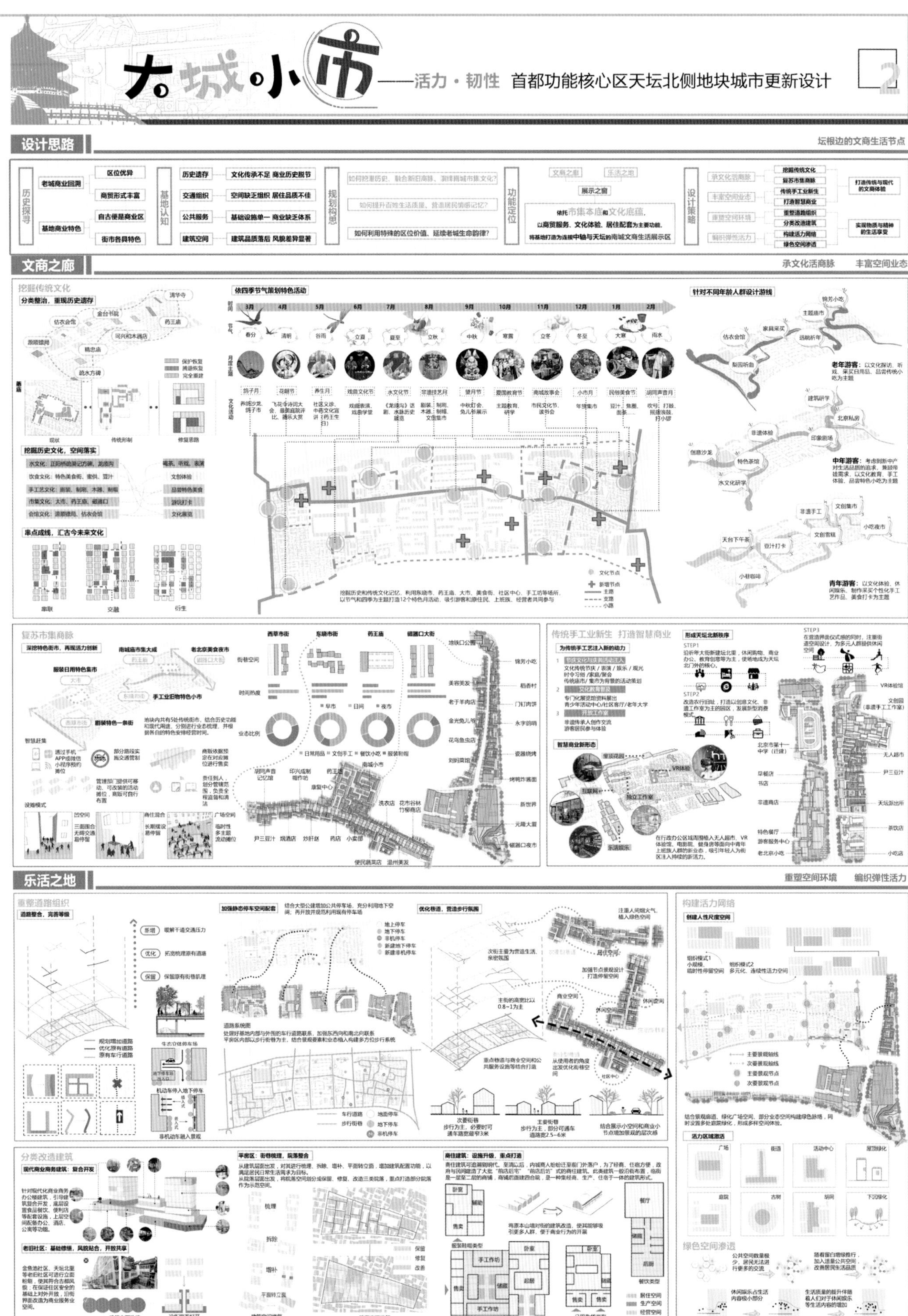

大城小市——活力·韧性 首都功能核心区天坛北侧地块城市更新设计
2
设计思路
坛根边的文商生活节点
文商之廊
承文化活商脉
丰富空间业态
乐活之地
重塑空间环境
编织弹性活力

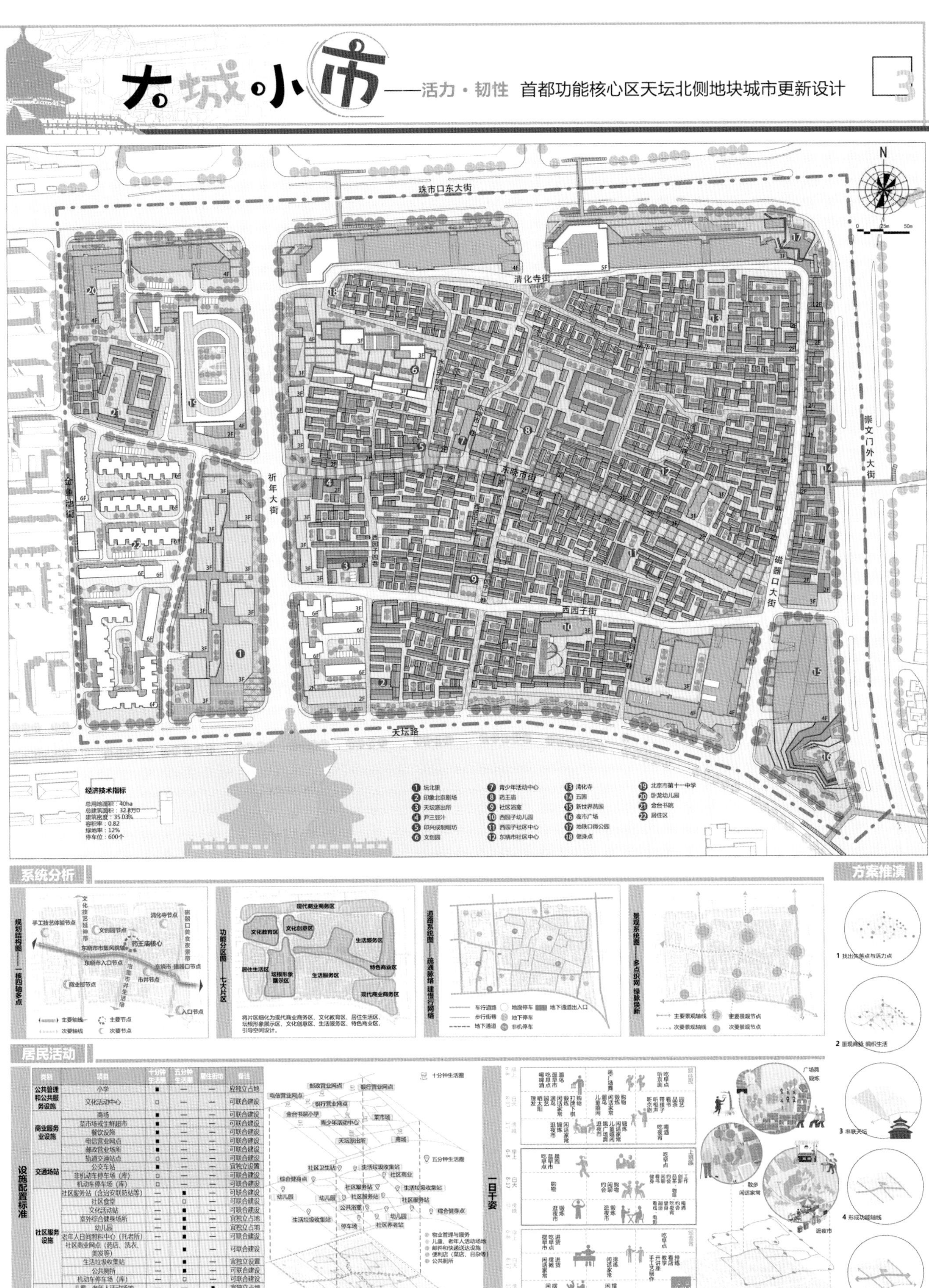

类别	项目	十分钟生活圈	五分钟生活圈	居住街坊	备注
公共管理和公共服务设施	小学	■	—	—	应独立占地
	文化活动中心	□	—	—	可联合建设
商业服务业设施	商场	■	—	—	可联合建设
	菜市场或生鲜超市	■	—	—	可联合建设
	餐饮设施	■	—	—	可联合建设
	电信营业网点	■	—	—	可联合建设
	邮政营业场所	■	—	—	可联合建设
交通场站	轨道交通站点	□	—	—	可联合建设
	公交车站	■	—	—	宜独立设置
	非机动车停车场（库）	□	—	—	可联合建设
	机动车停车场（库）	□	—	—	可联合建设
社区服务设施	社区服务站（含治安联防站等）	—	■	—	可联合建设
	社区食堂	—	□	—	可联合建设
	文化活动站	—	■	—	可联合建设
	室外综合健身场所	—	■	—	宜独立占地
	幼儿园	—	■	—	宜独立占地
	老年人日间照料中心（托老所）	—	■	—	可联合建设
	社区商业网点（药店、洗衣、美发等）	—	■	—	可联合建设
	生活垃圾收集站	—	■	—	宜独立设置
	公共厕所	—	■	—	可联合建设
	机动车停车场（库）	—	□	—	可联合建设
便民服务设施	儿童、老年人活动场地	—	—	■	宜独立占地
	便利店（菜店、日杂等）	—	—	■	可联合建设
	生活垃圾收集点	—	—	■	宜独立设置
	非机动车停车场（库）	—	—	■	可联合建设

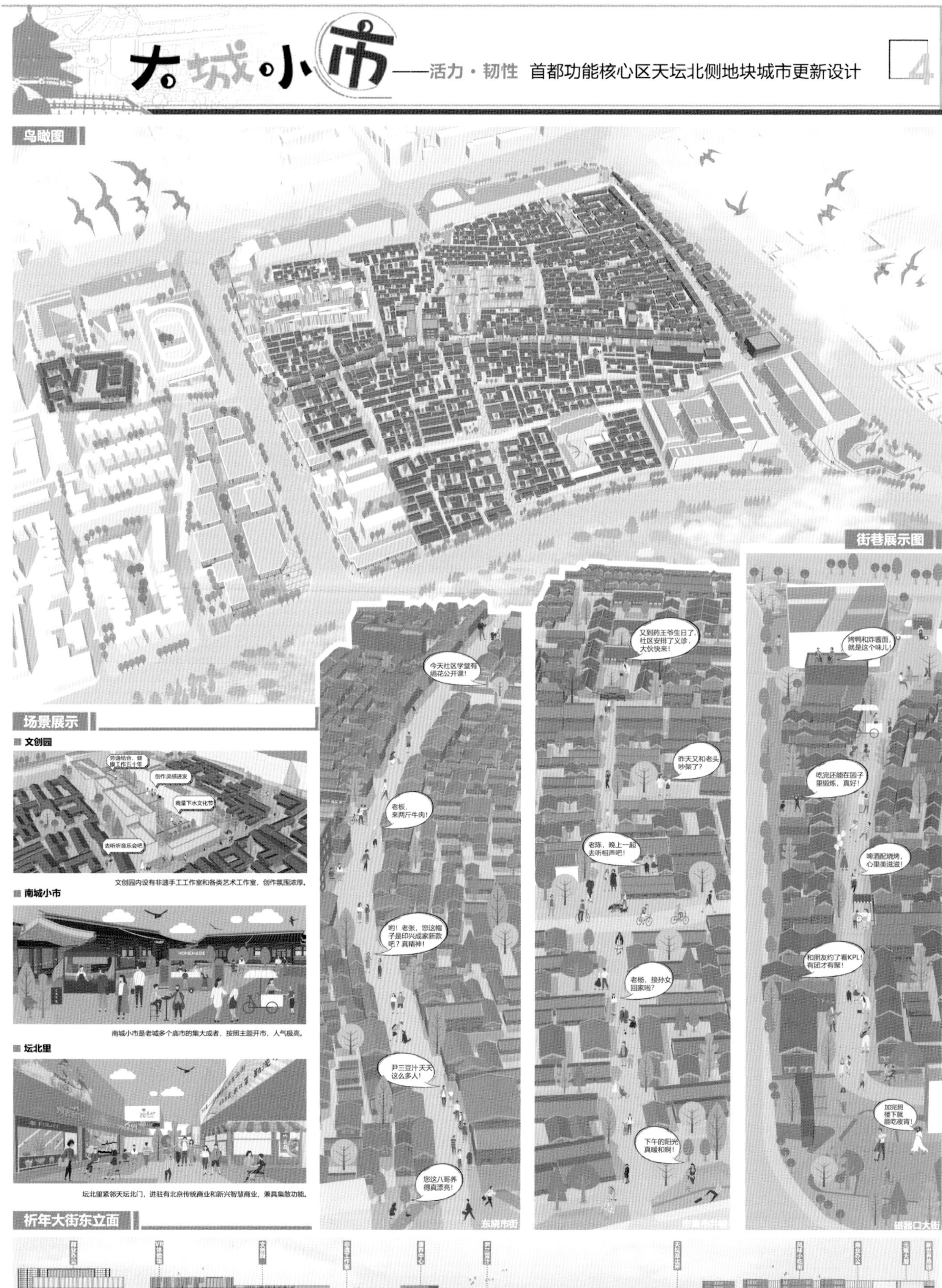
大城小市——活力・韧性 首都功能核心区天坛北侧地块城市更新设计
4
鸟瞰图
街巷展示图
今天社区学堂有绢花公开课!
老板，来两斤牛肉!
哟！老张，您这帽子是印兴成家新款吧？真精神!
尹三豆汁天天这么多人!
您这八哥养得真漂亮!
东晓市街
又到药王爷生日了，社区安排了义诊，大伙快来!
昨天又和老头吵架了?
老陈，晚上一起去听相声吧!
老杨，接孙女回家啦?
下午的阳光真暖和啊!
烤鸭和炸酱面，就是这个味儿!
吃完还能在园子里锻炼，真好!
啤酒配烧烤，心里美滋滋!
和朋友约了看KPL！有团才有聚!
加完班楼下就能吃夜宵!
磁器口大街
场景展示
文创园
劳逸结合，健康工作五十年
创作灵感迸发
商量下水文化节
去听听音乐会吧
文创园内设有非遗手工工作室和各类艺术工作室，创作氛围浓厚。
南城小市
HOMEMADE
南城小市是老城多个庙市的集大成者，按照主题开市，人气极高。
坛北里
坛北里紧邻天坛北门，进驻有北京传统商业和新兴智慧商业，兼具集散功能。
祈年大街东立面

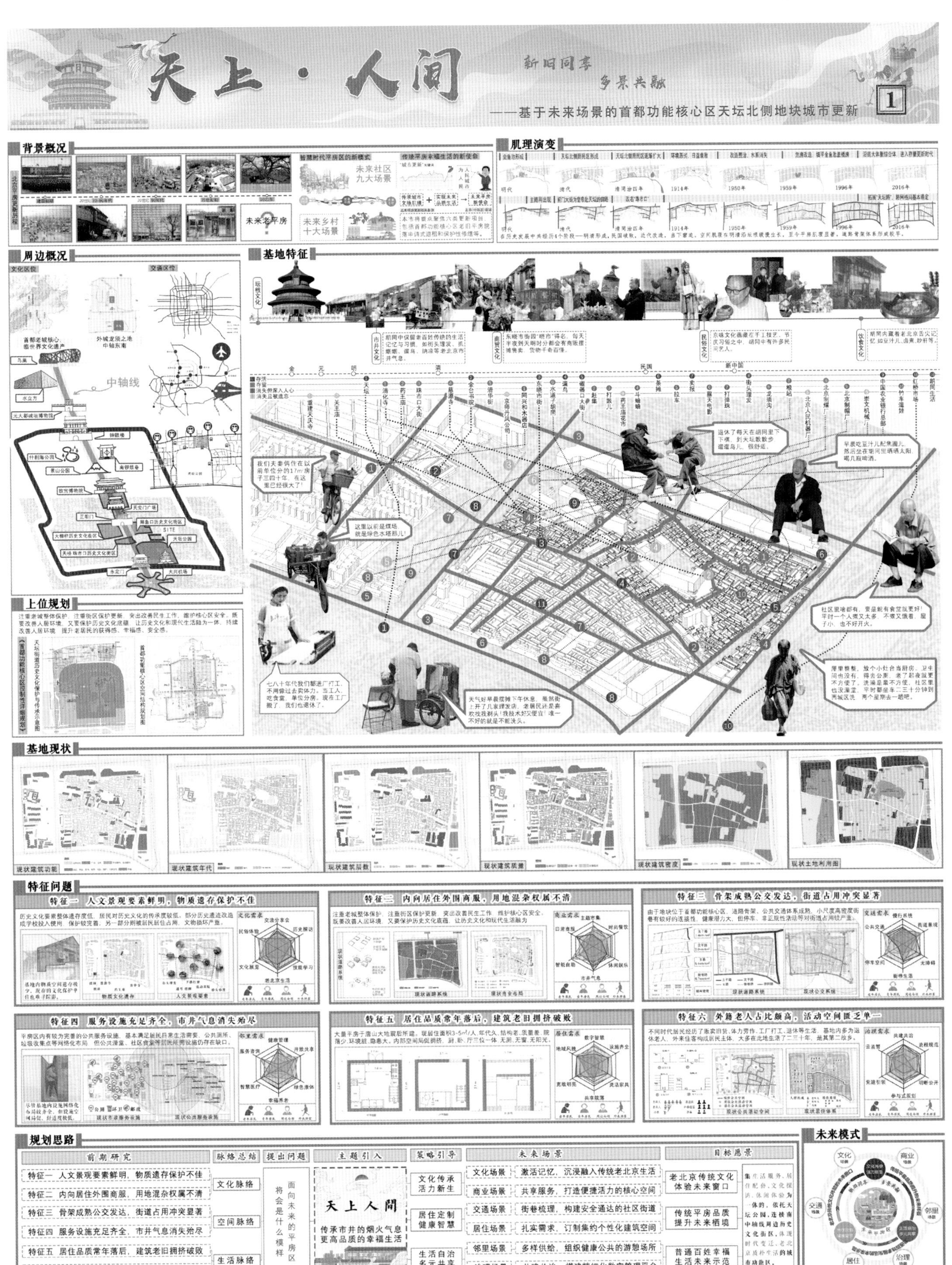
天上·人间
新旧同享
多景共融
——基于未来场景的首都功能核心区天坛北侧地块城市更新
1
背景概况
肌理演变
周边概况
基地特征
上位规划
基地现状
特征问题
特征一 人文景观要素鲜明，物质遗存保护不佳
特征二 内向居住外围商服，用地混杂权属不清
特征三 骨架成熟公交发达，街道占用冲突显著
特征四 服务设施充足齐全，市井气息消失殆尽
特征五 居住品质常年落后，建筑老旧拥挤破败
特征六 外籍老人占比颇高，活动空间匮乏单一
规划思路
前期研究
脉络总结
提出问题
主题引入
策略引导
未来场景
目标愿景
特征一 人文景观要素鲜明，物质遗存保护不佳
特征二 内向居住外围商服，用地混杂权属不清
特征三 骨架成熟公交发达，街道占用冲突显著
特征四 服务设施充足齐全，市井气息消失殆尽
特征五 居住品质常年落后，建筑老旧拥挤破败
特征六 外籍老人占比颇高，活动空间匮乏单一
文化脉络
空间脉络
生活脉络
面向未来的平房区将会是什么模样
天上人間
传承市井的烟火气息
更高品质的幸福生活
文化传承 活力新生
居住定制 健康智慧
生活自治 多元共享
文化场景 激活记忆，沉浸融入传统老北京生活
商业场景 共享服务，打造便捷活力的核心空间
交通场景 街巷梳理，构建安全通达的社区街道
居住场景 扎实需求，订制集约个性化建筑空间
邻里场景 多样供给，组织健康公共的游憩场所
治理场景 共建共治，搭建精细化数字管理平台
老北京传统文化体验未来窗口
传统平房品质提升未来栖境
普通百姓幸福生活未来示范
未来模式
文化
商业
交通
邻里
居住
治理

天上·人间
新旧同享
多景共融
——基于未来场景的首都功能核心区天坛北侧地块城市更新
2
珠市口大街
祈年大街
崇文门外大街
天坛路
图例
主要人行出入口
主要车行出入口
屋顶绿化
历史保护建筑
公共服务建筑
商业建筑
图例
1 双创空间
2 金台书院
3 展览中心
4 金鱼池小区
5 商业街区
6 共享服务中心
7 工业记忆馆
8 商务办公
9 健康公园
10 社区学堂
11 天坛派出所
12 休憩广场
13 清化寺
14 地铁站前广场
15 社区菜园
16 社区养老中心
17 幼儿园
18 社区服务中心
19 地下出入口
20 东晓市生活街
21 社区驿站
22 磁器口美食街
23 游园
24 未来模块化住区试点
25 相声馆
26 历史互动剧场
27 龙须沟记忆幕墙
28 未来商住试点
29 商业综合体
30 弹性广场
场景组织
文化场景组织
STEP 1 城市记忆提取
STEP 2 分区文化定义
STEP 3 多样元素叠加
商业场景组织
STEP 1 商业空间归类
STEP 2 商业功能重置
STEP 3 商业业态重塑
东晓市街——传统生活体验街
磁器口大街——京味美食街
交通场景组织
STEP 1 道路交通梳理
STEP 2 地下系统组织
STEP 3 街巷空间重塑
居住场景组织
STEP 1 平房空间梳理
STEP 2 多层服务优化
STEP 3 模块形态生成
邻里场景组织
STEP 1 发掘潜力空间
STEP 2 街巷空间织补
STEP 3 健康网络建立
治理场景组织
STEP 1 理清产权界限
STEP 2 多方参与共建
规划系统分析
功能结构规划图
道路系统规划图
景观系统规划图

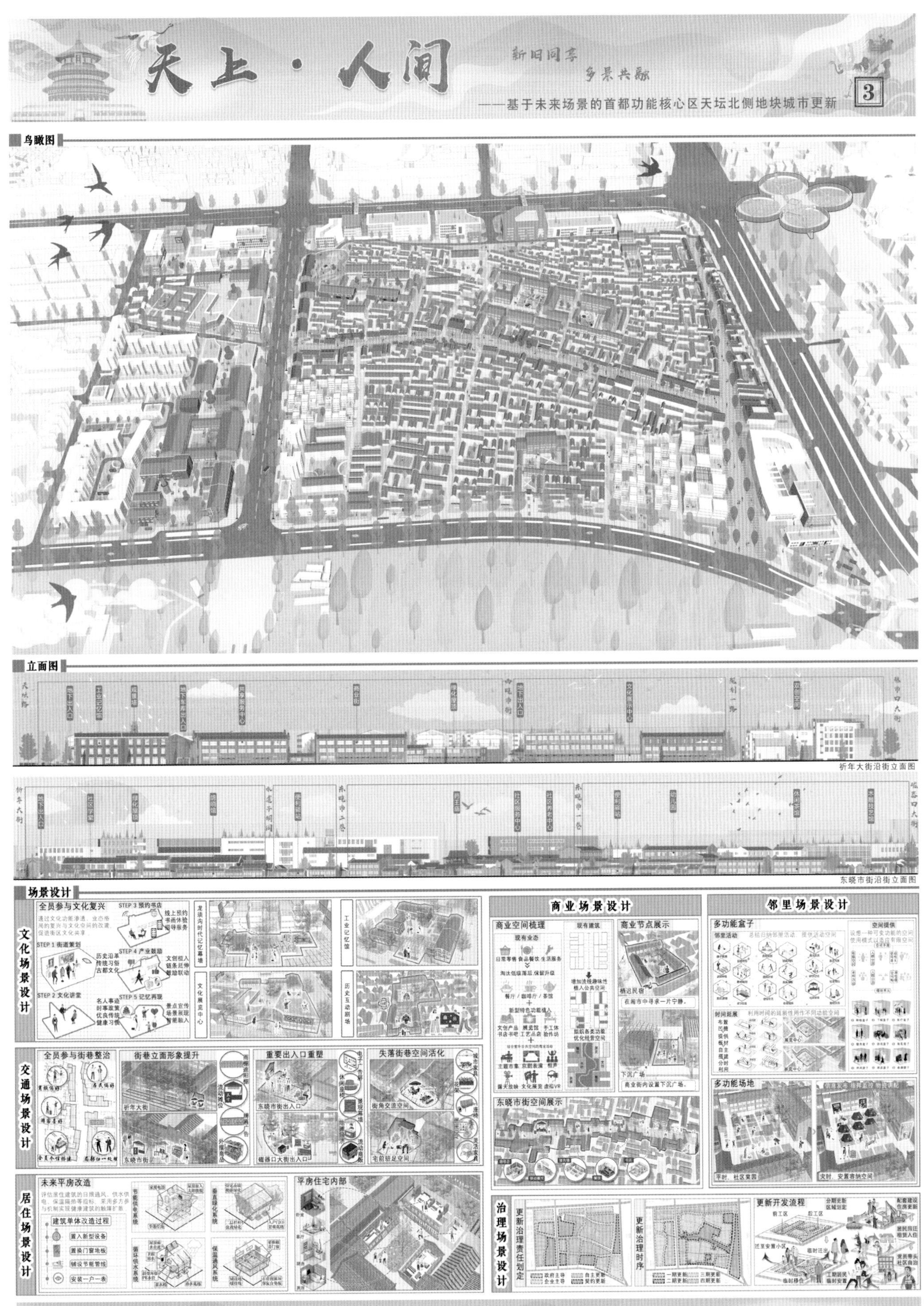
天上·人间
新旧同享 多景共融
——基于未来场景的首都功能核心区天坛北侧地块城市更新
3
鸟瞰图
立面图
祈年大街沿街立面图
东晓市街沿街立面图
场景设计
文化场景设计
商业场景设计
邻里场景设计
交通场景设计
居住场景设计
治理场景设计
全员参与文化复兴
全员参与街巷整治
街巷立面形象提升
重要出入口重塑
失落街巷空间活化
未来平房改造
平房住宅内部
商业空间梳理
商业节点展示
东晓市街展示
多功能盒子
多功能场地
更新开发流程

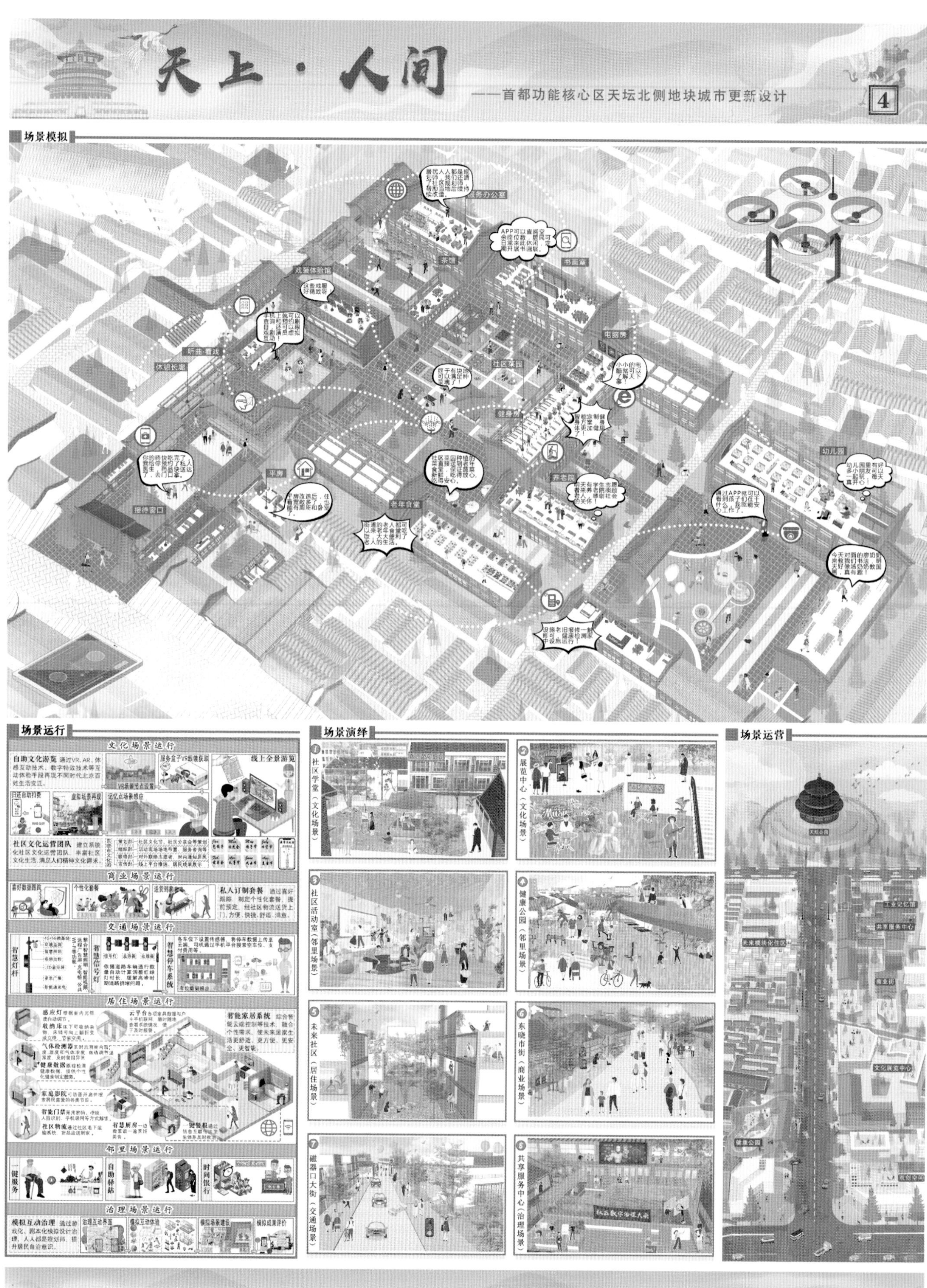
天上·人间
——首都功能核心区天坛北侧地块城市更新设计
4
场景模拟
场景运行
文化场景运行
商业场景运行
交通场景运行
居住场景运行
邻里场景运行
治理场景运行
场景演绎
社区学堂（文化场景）
展览中心（文化场景）
社区活动室（邻里场景）
健康公园（邻里场景）
未来社区（居住场景）
东晓市街（商业场景）
磁器口大街（交通场景）
共享服务中心（治理场景）
场景运营

福建工程学院

根叙兴城 /124

智享坛游，再绘晓市 /128

城记 · 承迹 /132

坛创新生 同承百年 /136

寻味街巷 /140

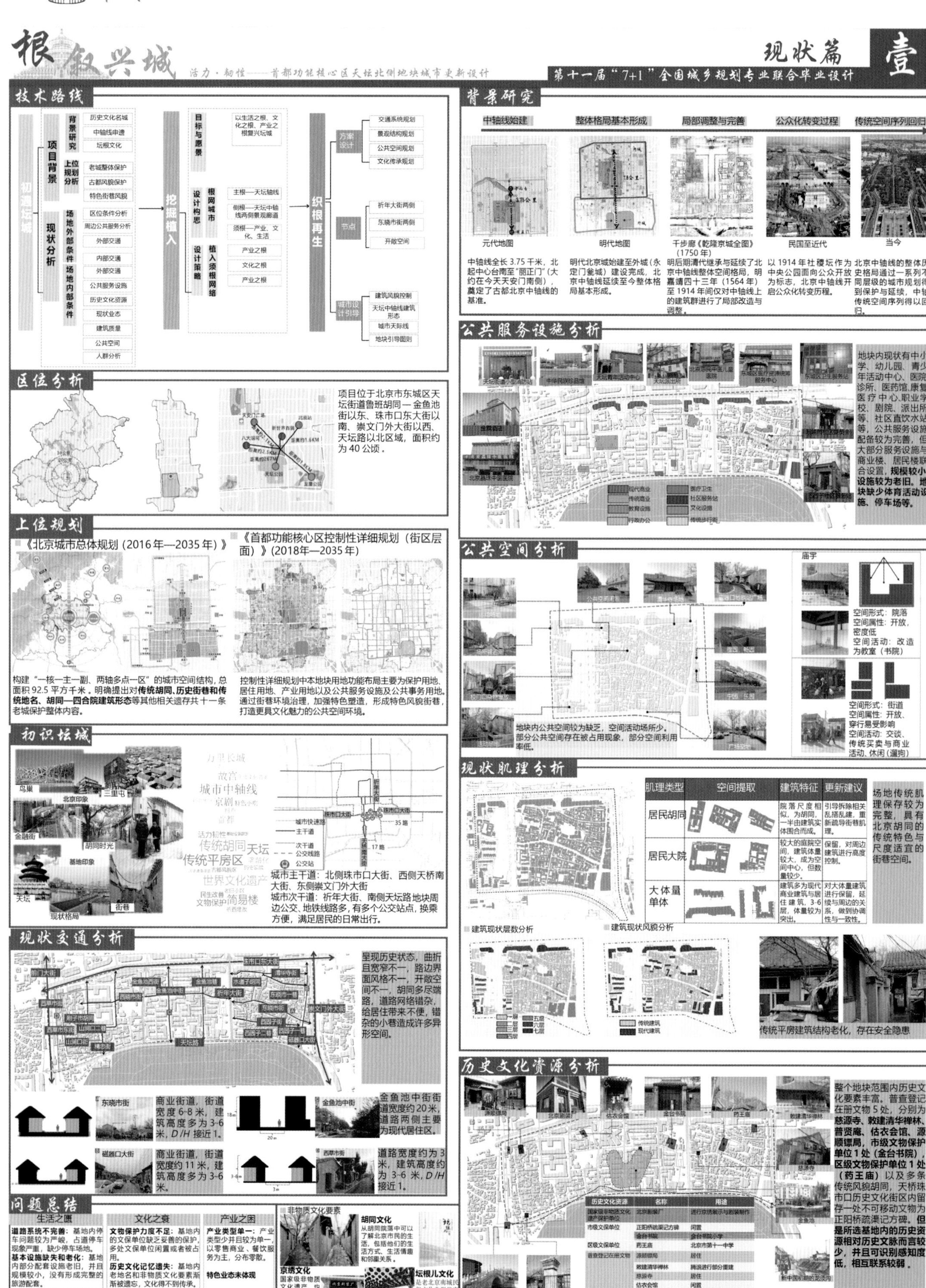

根叙兴城
活力·韧性——首都功能核心区天坛北侧地块城市更新设计
现状篇 壹
第十一届"7+1"全国城乡规划专业联合毕业设计
技术路线
背景研究
中轴线始建 整体格局基本形成 局部调整与完善 公众化转变过程 传统空间序列回归
元代地图 明代地图 干步廊《乾隆京城全图》（1750年） 民国至近代 当今
中轴线全长3.75千米，北起中心台南至"丽正门"（大约在今天天安门南侧），奠定了古都北京中轴线的基准。
明代北京城始建至外城（永定门瓮城）建设完成，北京中轴线延续至今整体格局基本形成。
明后期清代继承与延续了北京中轴线整体空间格局，明嘉靖四十三年（1564年）至1914年间仅对中轴线上的建筑群进行了局部改造与调整。
以1914年社稷坛作为中央公园面向公众开放为标志，北京中轴线开启公众化转变历程。
北京中轴线的整体历史格局通过一系列不同层级的城市规划得到保护与延续，中轴传统空间序列得以回归。
区位分析
项目位于北京市东城区天坛街道鲁班胡同—金鱼池街以东、珠市口东大街以南、崇文门外大街以西、天坛路以北区域，面积约为40公顷。
公共服务设施分析
地块内现状有中小学、幼儿园、青少年活动中心、医院、诊所、医药馆、康复医疗中心、职业学校、剧院、派出所等、社区直饮水站等，公共服务设施配备较为完善，但大部分服务设施与商业楼、居民楼联合设置，规模较小，设施较为老旧。地块缺少体育活动设施、停车场等。
上位规划
《北京城市总体规划（2016年—2035年）》
《首都功能核心区控制性详细规划（街区层面）》(2018年—2035年)
构建"一核一主一副、两轴多点一区"的城市空间结构，总面积92.5平方千米。明确提出对传统胡同、历史街巷和传统地名、胡同—四合院建筑形态等其他相关遗存共十一条老城保护整体内容。
控制性详细规划中本地块用地功能布局主要为保护用地、居住用地、产业用地以及公共服务设施及公共事务用地。通过街巷环境治理，加强特色塑造，形成特色风貌街巷，打造更具文化魅力的公共空间环境。
公共空间分析
地块内公共空间较为缺乏，空间活动场所少。部分公共空间存在被占用现象，部分空间利用率低。
空间形式：院落 空间属性：开放，密度低 空间活动：改造为教室（书院）
空间形式：街道 空间属性：开放、穿行易受影响 空间活动：交谈、传统买卖与商业活动、休闲（遛狗）
初识坛城
城市主干道：北侧珠市口大街、西侧天桥南大街、东侧崇文门外大街
城市次干道：祈年大街、南侧天坛路地块周边公交、地铁线路多，有多个公交站点，换乘方便，满足居民的日常出行。
现状肌理分析
肌理类型 空间提取 建筑特征 更新建议
居民胡同 院落尺度相似，为胡同，一半由建筑实体围合而成。 引导拆除相关乱搭乱建，重新疏导街巷肌理。
居民大院 较大的庭院空间，建筑体量较大，成为空间中心，但数量较少。 保留，对周边建筑进行高度控制。
大体量单体 建筑多为现代商业建筑与居住建筑，3-6层，体量较为突出。 对大体量建筑进行保留，延续与周边的关系，做到协调性与一致性。
场地传统肌理保存较为完整，具有北京胡同的传统特色与尺度适宜的街巷空间。
建筑现状层数分析 建筑现状风貌分析
传统平房建筑结构老化，存在安全隐患
现状交通分析
呈现历史状态，曲折且宽窄不一，路边界面风格不一，开敞空间不一，道路多尽端路，道路网络错杂，给居住带来不便，错杂的小巷造成许多异形空间。
商业街道，街道宽度6-8米，建筑高度多为3-6米，D/H接近1。
金鱼池中街街道宽度约20米，道路两侧主要为现代居住区。
商业街道，街道宽度约11米，建筑高度多为3-6米。
道路宽度约为3米，建筑高度约为3-6米，D/H接近1。
历史文化资源分析
整个地块范围内历史文化要素丰富，普查登记在册文物5处，分别为慈源寺、敕建清华禅林、普贤庵、估衣会馆、源顺镖局，市级文物保护单位1处（金台书院），区级文物保护单位1处（药王庙）以及多条传统风貌胡同，天桥珠市口历史文化街区内留存一处不可移动文物为正阳桥疏渠记方碑。但是所选基地内的历史资源相对历史文脉而言较少，并且可识别感知度低，相互联系较弱。
问题总结
生活之困 文化之衰 产业之困
道路系统不完善：基地内停车问题较为严峻，占道停车现象严重，缺少停车场地。基本设施缺失和老化：基地内部分配套设施老旧，并且规模较小，没有形成完整的旅游配套。公共空间缺乏：绿地公园、广场点位较少，缺乏活动的场所。
文物保护力度不足：基地内的文保单位缺乏妥善的保护，多处文保单位闲置或者被占用。历史文化记忆遗失：基地内老地名和非物质文化要素渐渐被遗忘，文化得不到传承。传统格局遭到破坏：传统胡同街巷格局被现状新建建筑和加建建筑破坏。
产业类型单一：产业类型少并且较为单一，以零售商业、餐饮服务为主，分布零散。特色业态未体现
非物质文化要素
胡同文化 京绣文化 坛根儿文化 庙会文化

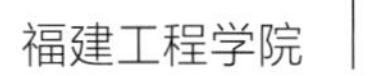

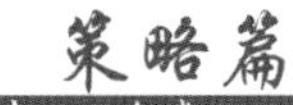

总体定位

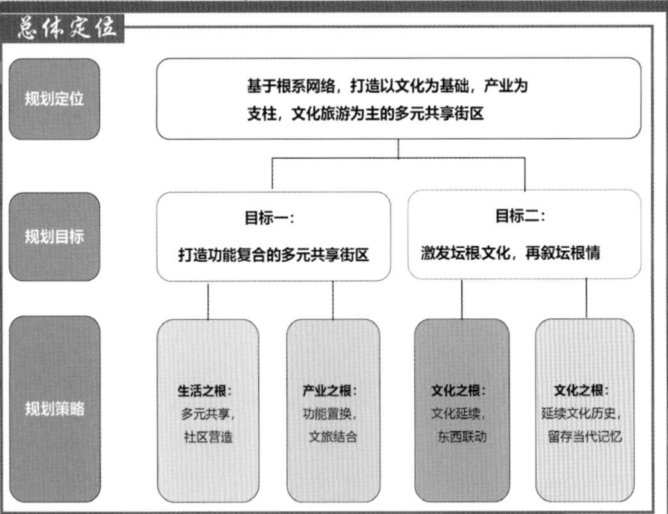

设计思路

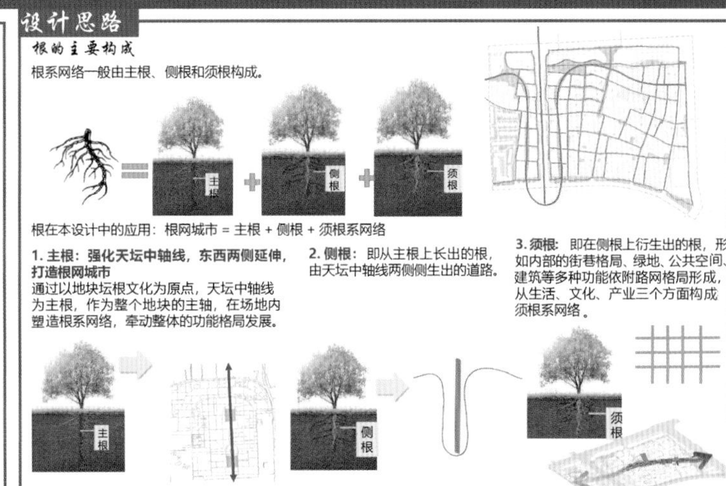

生活之根

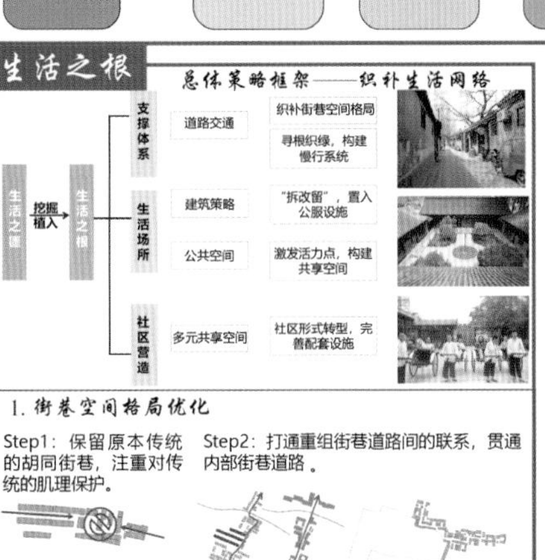

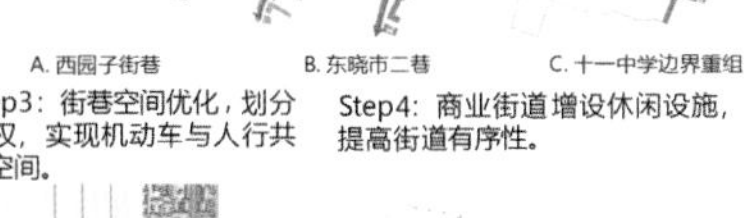
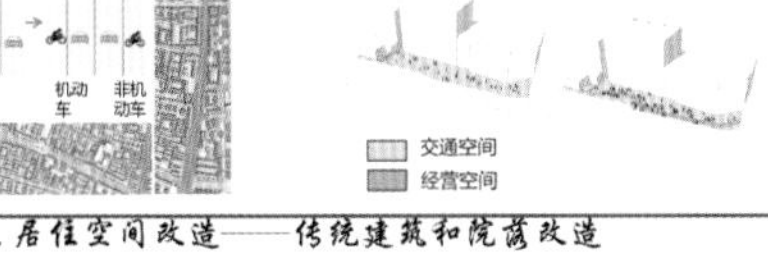
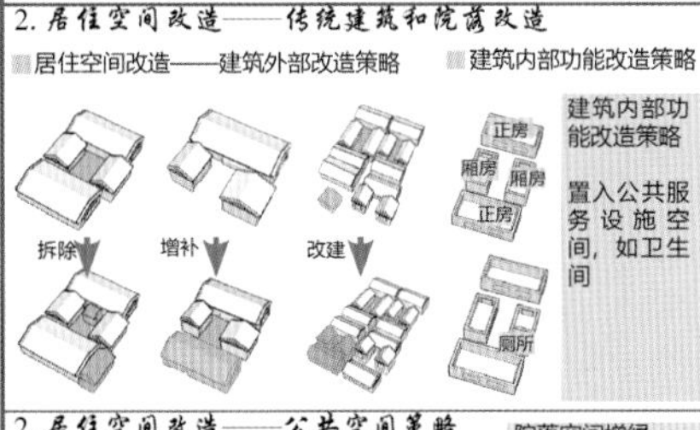
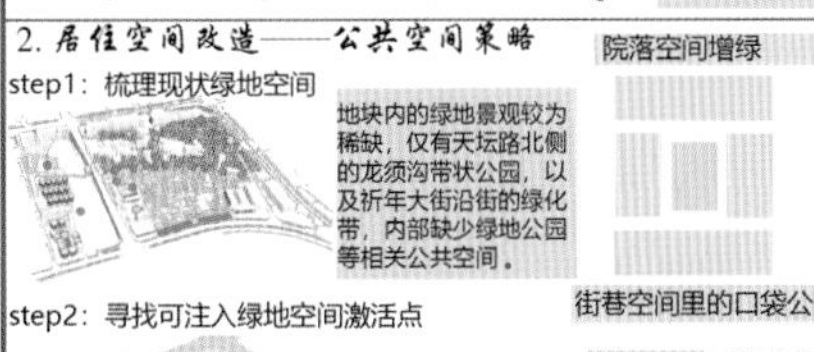
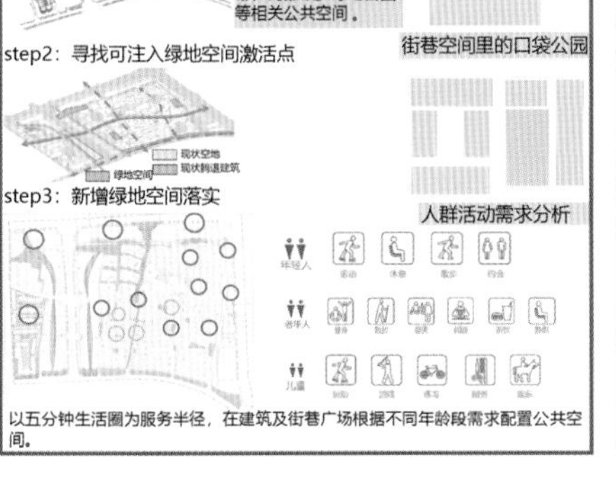

文化之根

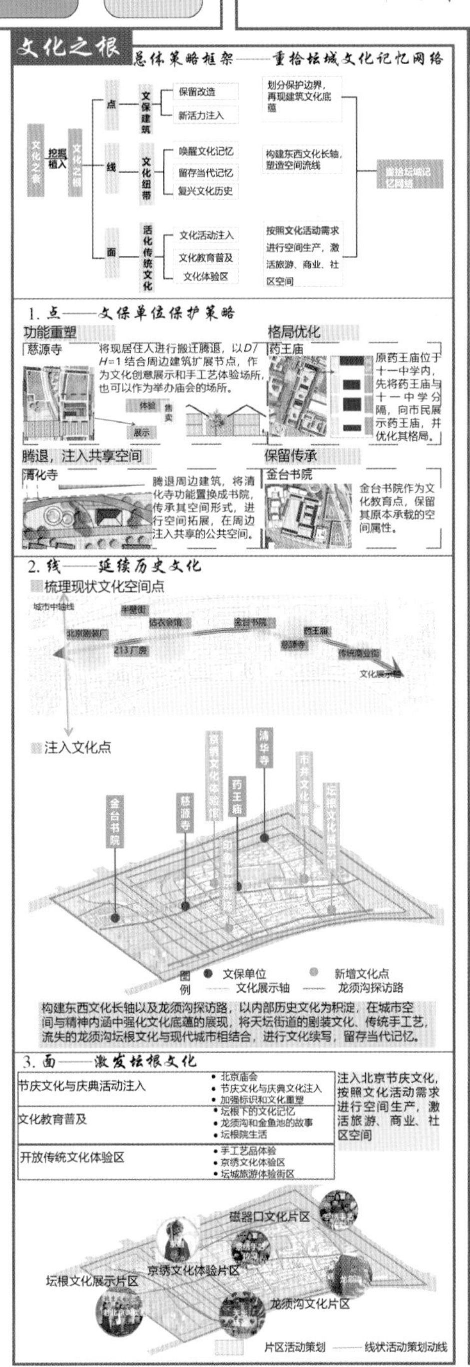

产业之根

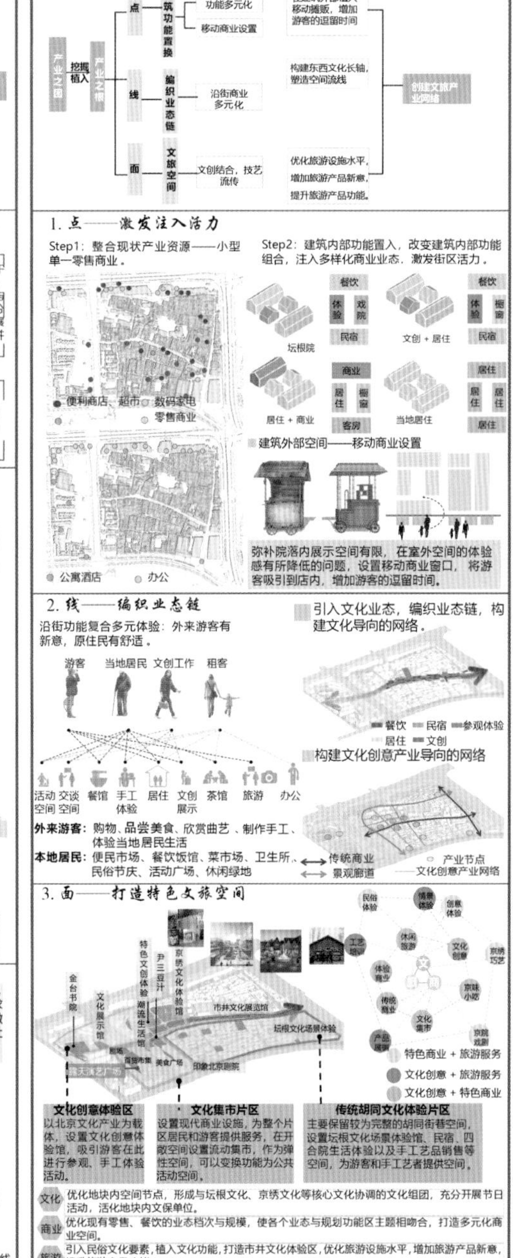

控制要素	控制说明	图示
平面布置	空间强调线性空间的规划设计，提供多样化的绿化环境与活动空间，通过广场铺装的不同来区分不同的场所，丰富开敞空间	
绿化设计	绿化以柳树、圆柏、黏树等植物为主，主要是为市民提供遮荫的效果，绿地率不低于20%	
围合界面	多与周边建筑围合成的界面，保持连续完整的界面	
街道家具	公园设置运动设施，沿线放置智慧街灯照明系统、标识牌	

活力·韧性——首都功能核心区天坛北侧地块城市更新设计

效果篇

第十一届“7+1”全国城乡规划专业联合毕业设计

鸟瞰图

城市天际线

沿崇门外大街方向

沿天坛路方向

节点效果图

祈年大街西侧建筑

祈年大街西侧建筑

祈年大街西侧建筑

东晓市街西入口

东晓市街东入口

地块西北角入口

地块北侧活力带

龙须沟公园

城市设计导则

A- 地块引导图则

地块位置

用地性质：公共服务、特色商业、文化展示、文保单位

地块空间意象

图例：开放空间控制线；绿化控制线；主要步行入口；停车位置

地块编号

用地功能控制引导

编号	用地面积/hm²	容积率	建筑密度/(%)	绿地率/(%)	地块功能
A-01	1.92	0.96	23	45	B
A-02	1.09	0.38	32	35	A3,A7
A-03	1.28	1.04	37	35	B

B- 地块引导图则

地块位置

用地性质：商务办公、特色商业、文化体验、文保单位

地块空间意象

图例：开放空间控制线；绿化控制线；主要步行入口；停车位置

地块编号

用地功能控制引导

编号	用地面积/hm²	容积率	建筑密度/(%)	绿地率/(%)	地块功能
B-01	2.14	1.72	27	30	B
B-02	1.85	0.91	30	30	A7,B,G1
B-03	2.00	0.63	35	30	R2

C- 地块引导图则

地块位置

用地性质：商务办公、传统商业、文化展示、文保单位

地块空间意象

图例：开放空间控制线；绿化控制线；主要步行入口；停车位置

地块编号

用地功能控制引导

编号	用地面积/hm²	容积率	建筑密度(%)	绿地率(%)	地块功能
C-01	2.80	0.86	21	45	B
C-02	6.14	0.57	48	35	A3,A7
C-03	1.84	0.19	37	35	R2,B

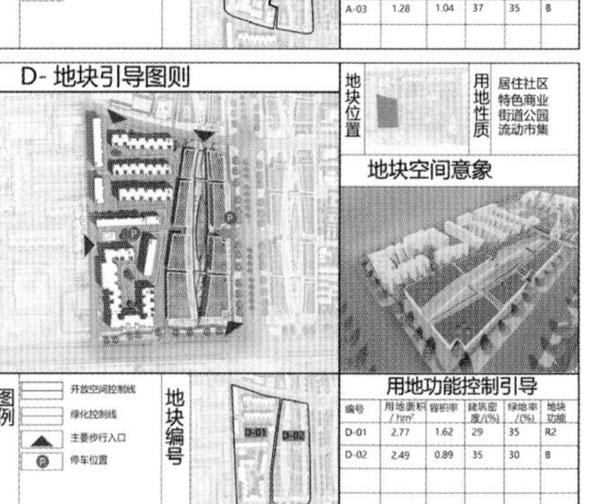

D- 地块引导图则

地块位置

用地性质：居住社区、特色商业、街道公园、流动市集

地块空间意象

图例：开放空间控制线；绿化控制线；主要步行入口；停车位置

地块编号

用地功能控制引导

编号	用地面积/hm²	容积率	建筑密度/(%)	绿地率/(%)	地块功能
D-01	2.77	1.62	29	35	R2
D-02	2.49	0.89	35	30	B

E- 地块引导图则

地块位置

用地性质：特色商业、传统商业、带状公园、旅游集散

地块空间意象

图例：开放空间控制线；绿化控制线；主要步行入口；停车位置

地块编号

用地功能控制引导

编号	用地面积/hm²	容积率	建筑密度/(%)	绿地率/(%)	地块功能
E-01	2.11	0.76	31	30	B
E-02	2.83	0.41	41	25	R2,G1

F- 地块引导图则

地块位置

用地性质：商务办公、传统商业、复合社区、带状公园

地块空间意象

图例：开放空间控制线；绿化控制线；主要步行入口；停车位置

地块编号

用地功能控制引导

编号	用地面积/hm²	容积率	建筑密度/(%)	绿地率/(%)	地块功能
F-01	5.57	0.75	65	20	R2,G1
F-02	2.54	0.95	35	35	B,G1

智享坛游，再绘晓市
首都功能核心区天坛北侧地块城市更新设计
[区位分析]
地理区位
·宏观区位图-北京市 ·中观区位图-东城区 ·微观区位图-规划地块
北京市东城区 首都功能核心区 北京中轴线东侧 天坛公园北侧
交通区位
北京东二环
京沪铁路线
长安街
北京火车站
6条地铁线
文化区位
故宫
前门大街
珠市口
磁器口
天坛
中轴线
都城、天坛文化 胡同、市井文化
[上位规划]
北京城市总体规划
目标定位
·构建“一核一主一副、两轴多点一区”的城市空间结构。
·全国政治、文化、国际交往中心。
空间结构
·结构：“两轴、一城、一环”。
两轴：长安街和中轴线。
一城：北京老城。
一环：沿二环路的文化景观环线。
老城整体保护
·做好历史文化名城保护和城市特色塑造。
·通过腾退、恢复性修建，做到应保尽保。
空间结构
·严格管控建筑高度，强化老城整体空间形态特征。划定原貌、多层、中高层三类建筑高度管控分区。
营造特色景观视廊，感受历史空间联系
·按照战略级、地区级划定两级景观视廊，祈年大街属于战略视廊。
北京市文物保护单位保护范围及建设控制地带管理规定
·本次研究地块范围属于四类地带，即限高为18米。
核心区位置与区位分析图
核心区空间结构规划图
老城传统空间结构格局
建筑风貌及高度管控图
景观视廊保护控制规划图
[基地文化资源]
源顺镖局 北京剧装厂 精忠庙 估衣会馆 金台书院 药王庙
金鱼池 北京制帽厂 慈源寺
天桥 正阳桥疏渠记方碑 218厂房 同兴和木器店 龙须沟 敕建清华禅林
生活记忆 文化记忆 工业记忆 民间技艺
在册文物 历史遗存
[基地交通分析]
道路系统
城市主干道
城市次干道
城市支路
街巷路
胡同
地铁站点
公交站点
外部交通便捷
街巷空间
街巷
研究范围
街巷生活失落
街道功能
综合服务类
生活服务类
特色类
街道功能多样
静态交通
地下停车场
占道停车
停车场
停车随意无序
[基地建筑与肌理]
建筑风貌
现代风貌
传统风貌
研究范围
传统平房居多
建筑质量
质量较好
质量一般
质量较差
质量一般居多
建筑层数
5层以上
4层
3层
2层
1层
整体较为低矮
建筑结构
钢混结构
砖混结构
简易结构
砖混结构为主
建筑肌理
民居胡同
民居大院
大体量单体
街巷肌理
东晓市街
清华街
西园子一巷
[基地用地现状]
产业用地
公共管理用地
公共服务设施及公共事务用地
居住用地
绿地与广场用地
闲置用地
道路与交通设施
[基地商业设施现状]
食品餐饮
生活服务
日常用品
旅馆住宿
其他
服饰鞋帽
康体养老
商业大厦
[基地问题总结]
人群诉求分析
金台书院
祈年大街
慈源寺
水道子胡同
药王庙
敕建清华禅林
东晓市街
西园子街
西园子一巷
西园子二巷
胡同里没什么可以玩的
遛个弯?
路上都是车
孩子差点被车撞着
停进来后出不去了
孩子咋玩耍
只能沿街跑跑步
我还挺希望拆迁的
但是老房子拆了太可惜
买东西的人越来越少了
市井气息越来越弱了
生意不好，快倒闭了
现代商业
社区服务
教育设施
派出所
医疗卫生
活动中心
市井、天坛、胡同文化
文化展示薄弱 优势体现不足
节点、街巷、院落空间
人居环境恶化 建筑风貌混乱
传统产业、生态、社区
传统发展形式与现代生活脱节

首都功能核心区天坛北侧地块城市更新设计

II

[主题阐释]

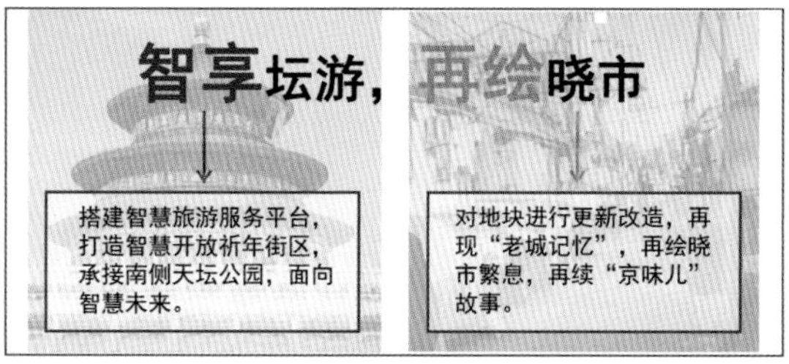

智享坛游，再绘晓市

搭建智慧旅游服务平台，打造智慧开放祈年街区，承接南侧天坛公园，面向智慧未来。

对地块进行更新改造，再现“老城记忆”，再绘晓市繁息，再续“京味儿”故事。

[温故知新策略]

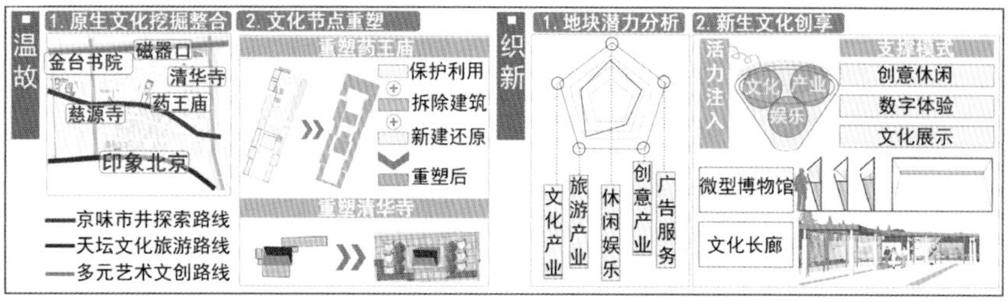

温故

1. 原生文化挖掘整合

金台书院　磁器口　清华寺　药王庙　慈源寺　印象北京

京味市井探索路线
天坛文化旅游路线
多元艺术文创路线

2. 文化节点重塑

重塑药王庙

保护利用　拆除建筑　新建还原　重塑后

重塑清华寺

织新

1. 地块潜力分析

文化产业　旅游产业　休闲娱乐　创意产业　广告服务

2. 新生文化创享

活力注入

文化　产业　娱乐

支撑模式：创意休闲　数字体验　文化展示

微型博物馆　文化长廊

[设计构思]

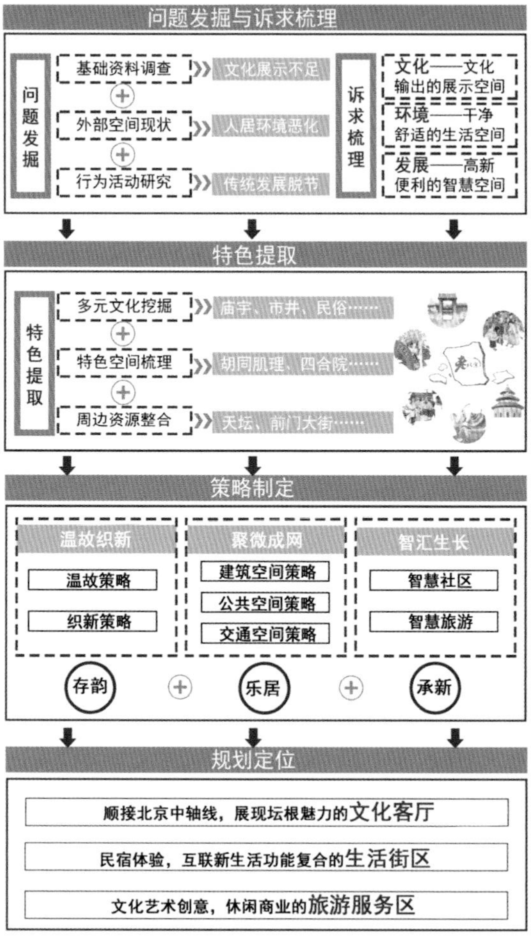

问题发掘与诉求梳理

问题发掘：基础资料调查 → 文化展示不足；外部空间现状 → 人居环境恶化；行为活动研究 → 传统发展脱节

诉求梳理：文化——文化输出的展示空间；环境——干净舒适的生活空间；发展——高新便利的智慧空间

特色提取

特色提取：多元文化挖掘 → 庙宇、市井、民俗……；特色空间梳理 → 胡同肌理、四合院……；周边资源整合 → 天坛、前门大街……

策略制定

温故织新：温故策略、织新策略

聚微成网：建筑空间策略、公共空间策略、交通空间策略

智汇生长：智慧社区、智慧旅游

存韵 + 乐居 + 承新

规划定位

顺接北京中轴线，展现坛根魅力的文化客厅

民宿体验，互联新生活功能复合的生活街区

文化艺术创意，休闲商业的旅游服务区

[聚微成网策略]

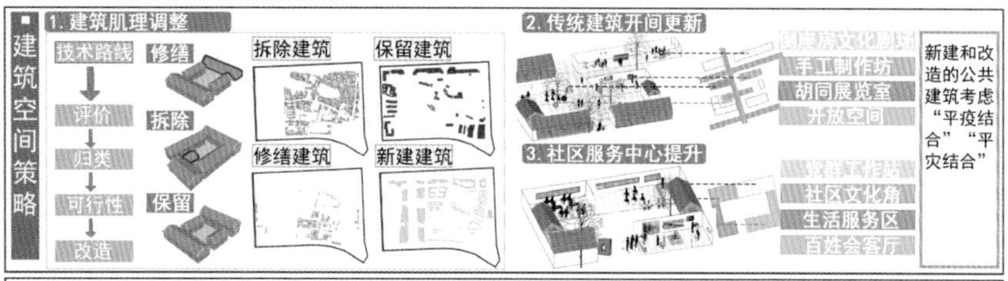

建筑空间策略

1. 建筑肌理调整

技术路线：评价 → 归类 → 可行性 → 改造

修缮　拆除　保留

拆除建筑　保留建筑　修缮建筑　新建建筑

2. 传统建筑开间更新

四合院文化展示　手工制作坊　胡同展览室　开放空间

3. 社区服务中心提升

养老工作站　社区文化角　生活服务区　百姓会客厅

新建和改造的公共建筑考虑“平疫结合”“平灾结合”

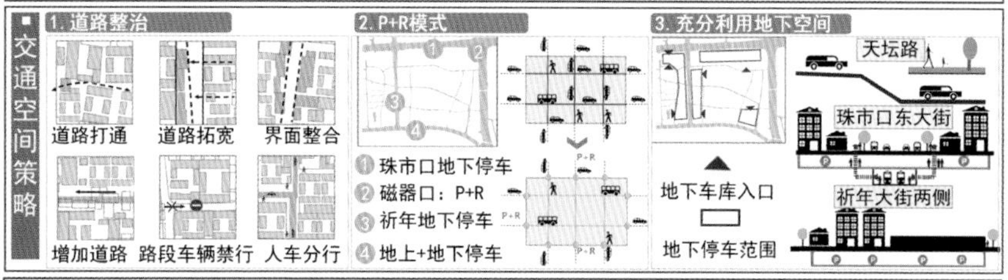

交通空间策略

1. 道路整治

道路打通　道路拓宽　界面整合　增加道路　路段车辆禁行　人车分行

2. P+R模式

① 珠市口地下停车
② 磁器口：P+R
③ 祈年地下停车
④ 地上+地下停车

3. 充分利用地下空间

地下车库入口　地下停车范围

天坛路　珠市口东大街　祈年大街两侧

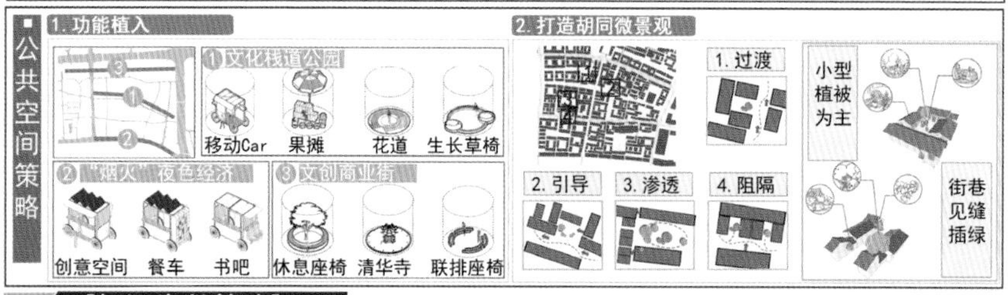

公共空间策略

1. 功能植入

① 文化栈道公园：移动Car　果摊　花道　生长草椅

② “烟火”夜色经济：创意空间　餐车　书吧

③ 文创商业街：休息座椅　清华寺　联排座椅

2. 打造胡同微景观

1. 过渡　2. 引导　3. 渗透　4. 阻隔

小型植被为主

街巷见缝插绿

[智汇生长策略]

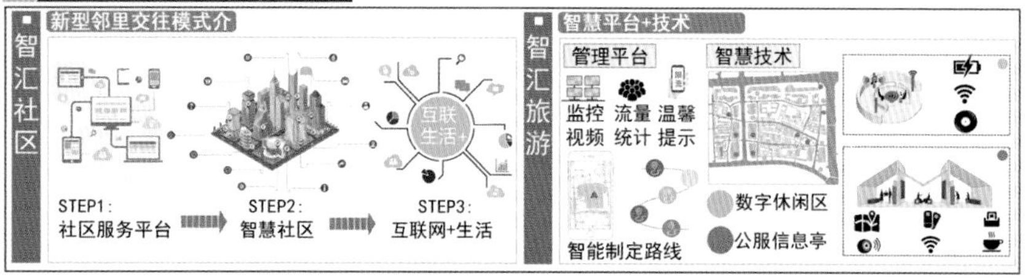

智汇社区

新型邻里交往模式介

STEP1：社区服务平台 → STEP2：智慧社区 → STEP3：互联网+生活

互联生活

智汇旅游

智慧平台+技术

管理平台：监控视频　流量统计　温馨提示

智慧技术

智能制定路线　数字休闲区　公服信息亭

[功能结构生成]

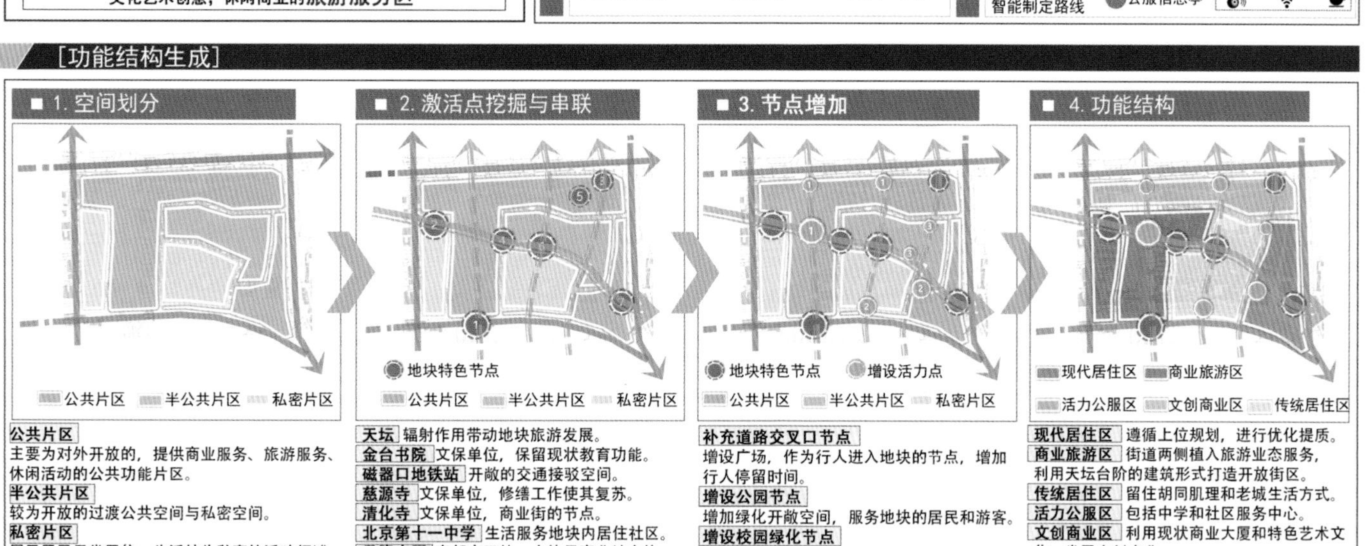

公共片区 主要为对外开放的，提供商业服务、旅游服务、休闲活动的公共功能片区。

半公共片区 较为开放的过渡公共空间与私密空间。

私密片区 属于居民日常居住、生活较为私密的活动领域。

天坛 辐射作用带动地块旅游发展。

金台书院 文保单位，保留现状教育功能。

磁器口地铁站 开敞的交通接驳空间。

慈源寺 文保单位，修缮工作使其复苏。

清化寺 文保单位，商业街的节点。

北京第十一中学 生活服务地块内居住社区。

元隆大厦 南部交叉处，大体量商业综合体。

补充道路交叉口节点 增设广场，作为行人进入地块的节点，增加行人停留时间。

增设公园节点 增加绿化开敞空间，服务地块的居民和游客。

增设校园绿化节点 用绿化将学校与周边街巷进行软隔断。

现代居住区 遵循上位规划，进行优化提质。

商业旅游区 街道两侧植入旅游业态服务，利用天坛台阶的建筑形式打造开放街区。

传统居住区 留住胡同肌理和老城生活方式。

活力公服区 包括中学和社区服务中心。

文创商业区 利用现状商业大厦和特色艺术文化，发展文创产业。

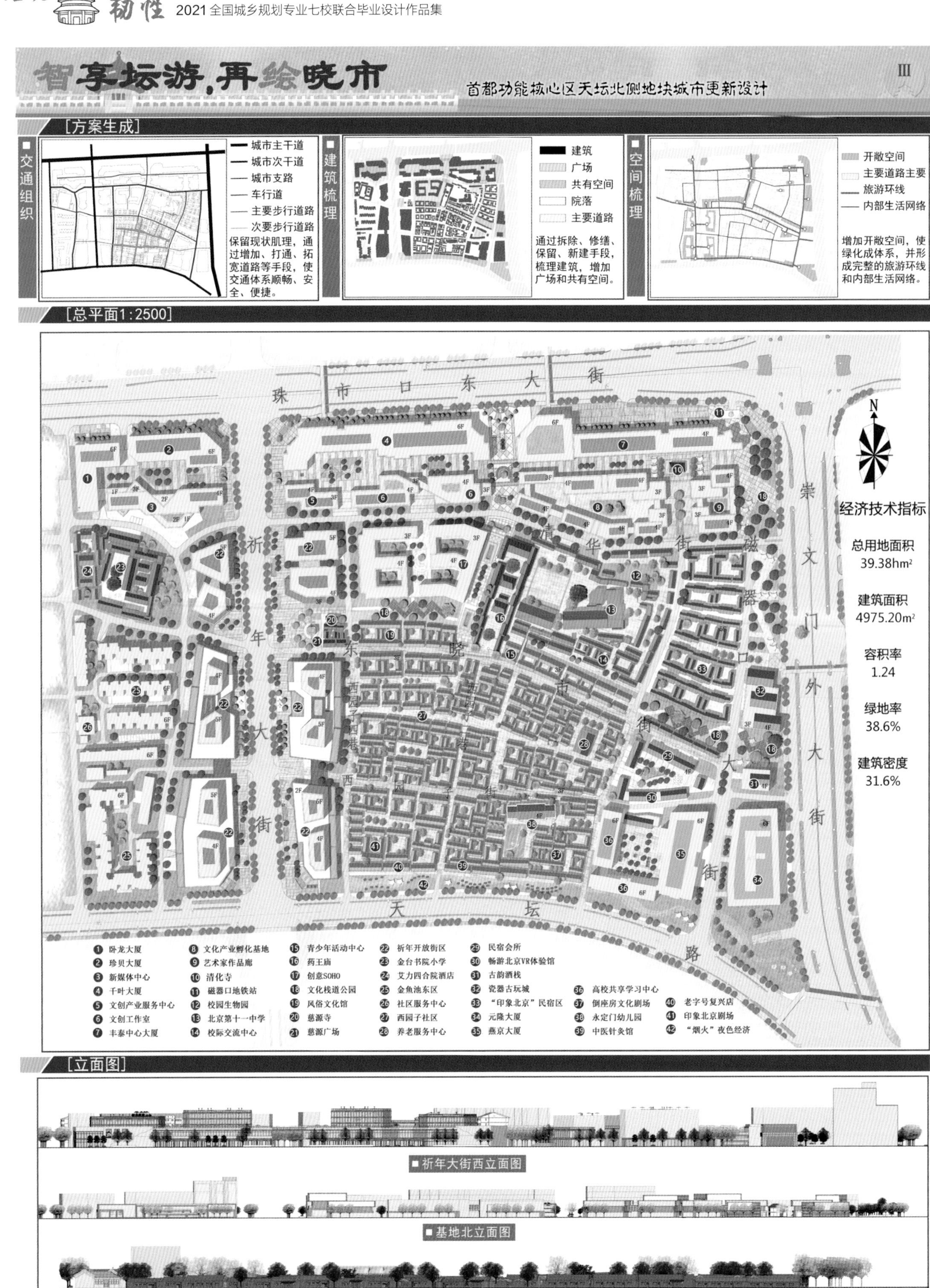

智享坛游，再绘晓市
III
首都功能核心区天坛北侧地块城市更新设计
[方案生成]
交通组织
城市主干道
城市次干道
城市支路
车行道
主要步行道路
次要步行道路
保留现状肌理，通过增加、打通、拓宽道路等手段，使交通体系顺畅、安全、便捷。
建筑梳理
建筑
广场
共有空间
院落
主要道路
通过拆除、修缮、保留、新建手段，梳理建筑，增加广场和共有空间。
空间梳理
开敞空间
主要道路主要
旅游环线
内部生活网络
增加开敞空间，使绿化成体系，并形成完整的旅游环线和内部生活网络。
[总平面1:2500]
珠市口东大街
祈年大街
东晓市街
清华街
磁器口
崇文门外大街
天坛路
西园子街
西园子西巷
经济技术指标
总用地面积
39.38hm²
建筑面积
4975.20m²
容积率
1.24
绿地率
38.6%
建筑密度
31.6%
1 卧龙大厦
2 珍贝大厦
3 新媒体中心
4 千叶大厦
5 文创产业服务中心
6 文创工作室
7 丰泰中心大厦
8 文化产业孵化基地
9 艺术家作品廊
10 清化寺
11 磁器口地铁站
12 校园生物园
13 北京第十一中学
14 校际交流中心
15 青少年活动中心
16 药王庙
17 创意SOHO
18 文化栈道公园
19 风俗文化馆
20 慈源寺
21 慈源广场
22 祈年开放街区
23 金台书院小学
24 艾力四合院酒店
25 金鱼池东区
26 社区服务中心
27 西园子社区
28 养老服务中心
29 民宿会所
30 畅游北京VR体验馆
31 古韵酒栈
32 瓷器古玩城
33 “印象北京”民宿区
34 元隆大厦
35 燕京大厦
36 高校共享学习中心
37 倒座房文化剧场
38 永定门幼儿园
39 中医针灸馆
40 老字号复兴店
41 印象北京剧场
42 “烟火”夜色经济
[立面图]
祈年大街西立面图
基地北立面图
基地南立面图

智享坛游，再绘晓市

首都功能核心区天坛北侧地块城市更新设计

IV

[鸟瞰图]

[祈年开放商业街区]

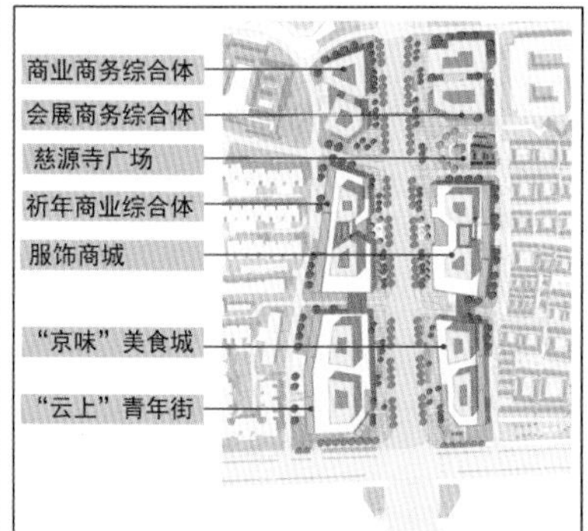

以商业功能为主，为承接天坛旅游功能、节时庆典活动、居民休闲娱乐，建筑退让道路红线18米，为行人提供驻留活动场地。

建筑屋面设置可供行人步行逗留的地上空间。利用天坛台阶元素，形成建筑立面上的对称、流线感。

[文创商业区]

卧龙大厦　新媒体中心　珍贝大厦　产业服务中心　千叶大厦　文创工作室　丰泰中心大厦　产业孵化基地　清化寺　艺术家作品廊　磁器口地铁站

文创街

智慧・创新

Intelligent・Innovative

以商业商务功能为主，建筑采用绿化屋面，建筑通过连廊串联，提供创业交流的公共空间。打通清化寺的视线通廊，通过连廊围合出休闲交流空间，利用文创广场、创业广场实现功能过渡。

[“印象北京”民宿区]

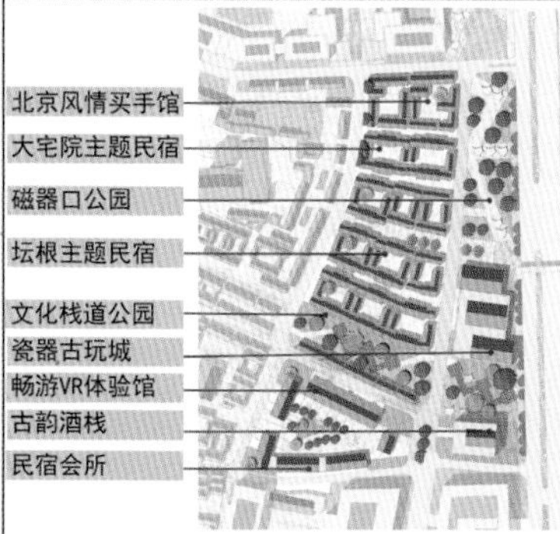

游客体验北京风味的主题民宿，体验传统与现代结合的新式四合院居住形式。

延续东晓市文化长廊公园，给游客提供沉浸式旅游体验，赋予长廊科普、展示文化、文化交流的功能，形成生态、休闲、博文的复合空间。

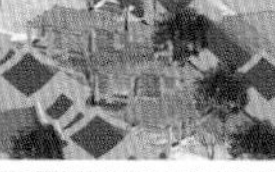

[东晓市街]

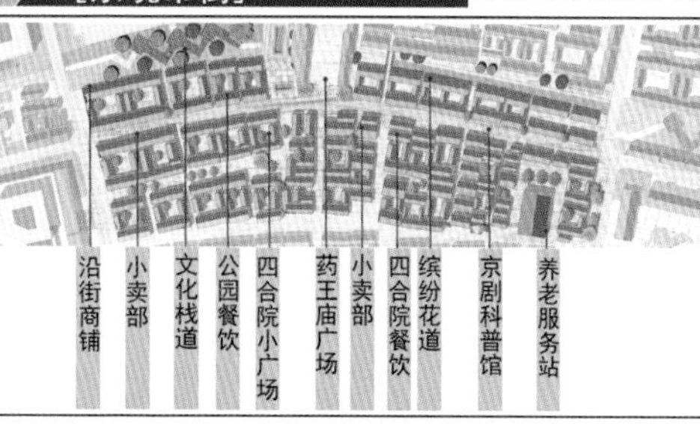

东晓市街

市井・古韵

Marketplace・Ancient

保留原有的街巷肌理，展示传统院落空间、街巷的走向，拆除部分破旧建筑，拓宽街道，使其能承载更大的交通需求。

留住胡同肌理和老城生活方式，新建四合院与原有的风貌协调。

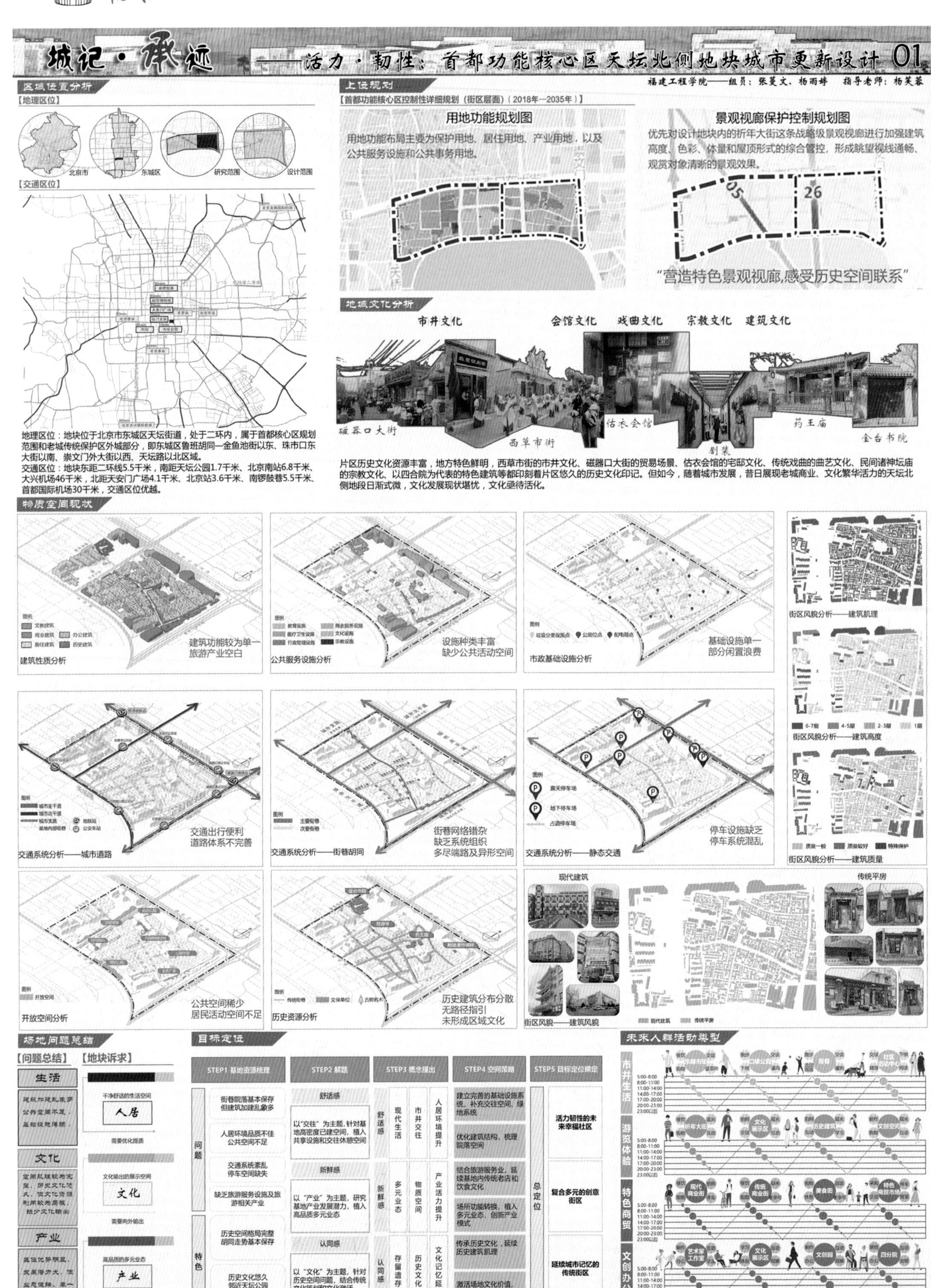

城记·承迹 ——活力·韧性：首都功能核心区天坛北侧地块城市更新设计 01
福建工程学院——组员：张蔓文、杨雨婷 指导老师：杨芙蓉
区域位置分析
【地理区位】
北京市
东城区
研究范围
设计范围
【交通区位】
地理区位：地块位于北京市东城区天坛街道，处于二环内，属于首都核心区规划范围和老城传统保护区外城部分，即东城区鲁班胡同—金鱼池街以东、珠市口东大街以南、崇文门外大街以西、天坛路以北区域。
交通区位：地块东距二环线5.5千米，南距天坛公园1.7千米、北京南站6.8千米、大兴机场46千米，北距天安门广场4.1千米、北京站3.6千米、南锣鼓巷5.5千米、首都国际机场30千米，交通区位优越。
上位规划
【首都功能核心区控制性详细规划（街区层面）（2018年—2035年）】
用地功能规划图
用地功能布局主要为保护用地、居住用地、产业用地，以及公共服务设施和公共事务用地。
景观视廊保护控制规划图
优先对设计地块内的祈年大街这条战略级景观视廊进行加强建筑高度、色彩、体量和屋顶形式的综合管控，形成眺望视线通畅、观赏对象清晰的景观效果。
05
26
“营造特色景观视廊,感受历史空间联系”
地域文化分析
市井文化
会馆文化
戏曲文化
宗教文化
建筑文化
磁器口大街
西草市街
估衣会馆
剧装
药王庙
金台书院
片区历史文化资源丰富，地方特色鲜明，西草市街的市井文化、磁器口大街的贸易场景、估衣会馆的宅邸文化、传统戏曲的曲艺文化、民间诸神坛庙的宗教文化、以四合院为代表的特色建筑等都印刻着片区悠久的历史文化印记。但如今，随着城市发展，昔日展现老城商业、文化繁华活力的天坛北侧地段日渐式微，文化发展现状堪忧，文化亟待活化。
物质空间现状
建筑功能较为单一
旅游产业空白
建筑性质分析
设施种类丰富
缺少公共活动空间
公共服务设施分析
基础设施单一
部分闲置浪费
市政基础设施分析
街区风貌分析——建筑肌理
交通出行便利
道路体系不完善
交通系统分析——城市道路
街巷网络错杂
缺乏系统组织
多尽端路及异形空间
交通系统分析——街巷胡同
停车设施缺乏
停车系统混乱
交通系统分析——静态交通
街区风貌分析——建筑高度
6-7层
4-5层
2-3层
1层
街区风貌分析——建筑质量
质量一般
质量较好
特殊保护
公共空间稀少
居民活动空间不足
开放空间分析
历史建筑分布分散
无路径指引
未形成区域文化
历史资源分析
现代建筑
传统平房
街区风貌——建筑风貌
场地问题总结
【问题总结】
【地块诉求】
生活
干净舒适的生活空间
人居
需要优化提质
文化
文化输出的展示空间
文化
需要向外输出
产业
高品质的多元业态
产业
需要提质升级
目标定位
STEP1 基地资源梳理
STEP2 解题
STEP3 概念提出
STEP4 空间策略
STEP5 目标定位确定
问题
街巷院落基本保存但建筑加建乱象多
人居环境品质不佳公共空间不足
交通系统紊乱停车空间缺失
缺乏旅游服务设施及旅游相关产业
特色
历史空间格局完善胡同走势基本保存
历史文化悠久邻近天坛公园产业发展潜力大
舒适感
以“交往”为主题，针对基地高密度已建空间，植入共享设施和交往休憩空间
新鲜感
以“产业”为主题，研究基地产业发展潜力，植入高品质多元业态
认同感
以“文化”为主题，针对历史空间问题，结合传统文化策划和文化激活
舒适感 现代生活 市井交往 人居环境提升
新鲜感 多元业态 物质空间 产业活力提升
认同感 存留遗存 历史文化 文化记忆延续
建立完善的基础设施系统，补充交往空间，绿地系统
优化建筑结构，梳理院落空间
结合旅游服务业，延续基地内传统老店和饮食文化
场所功能转换，植入多元业态，创新产业模式
传承历史文化，延续历史建筑肌理
激活场地文化价值，控制传统空间的路径
总定位
活力韧性的未来幸福社区
复合多元的创意街区
延续城市记忆的传统街区
未来人群活动类型
市井生活
游览体验
特色商贸
文创办公
5:00-8:00
8:00-11:00
11:00-14:00
14:00-17:00
17:00-20:00
20:00-23:00
23:00以后

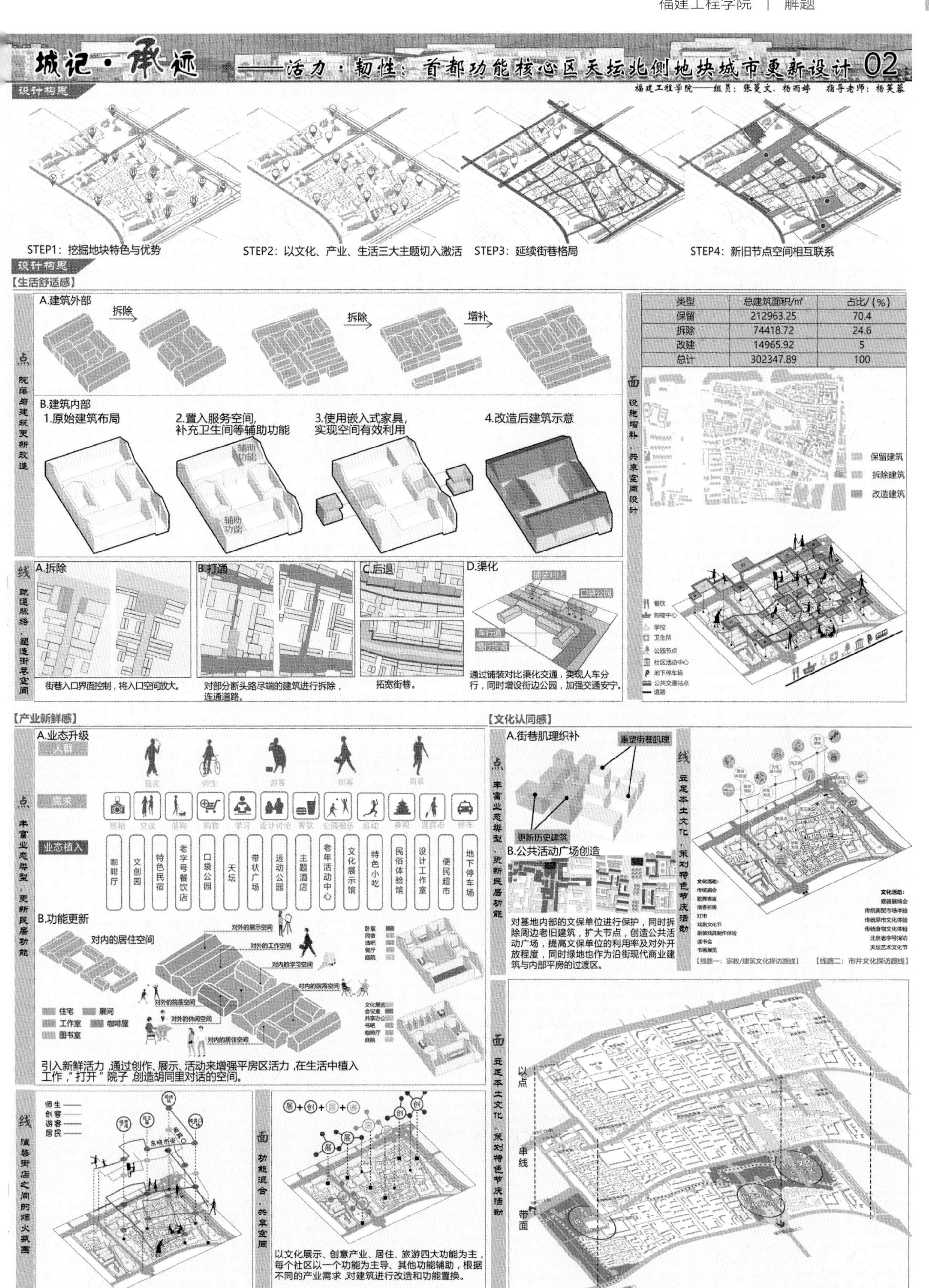

类型	总建筑面积/㎡	占比/（%）
保留	212963.25	70.4
拆除	74418.72	24.6
改建	14965.92	5
总计	302347.89	100

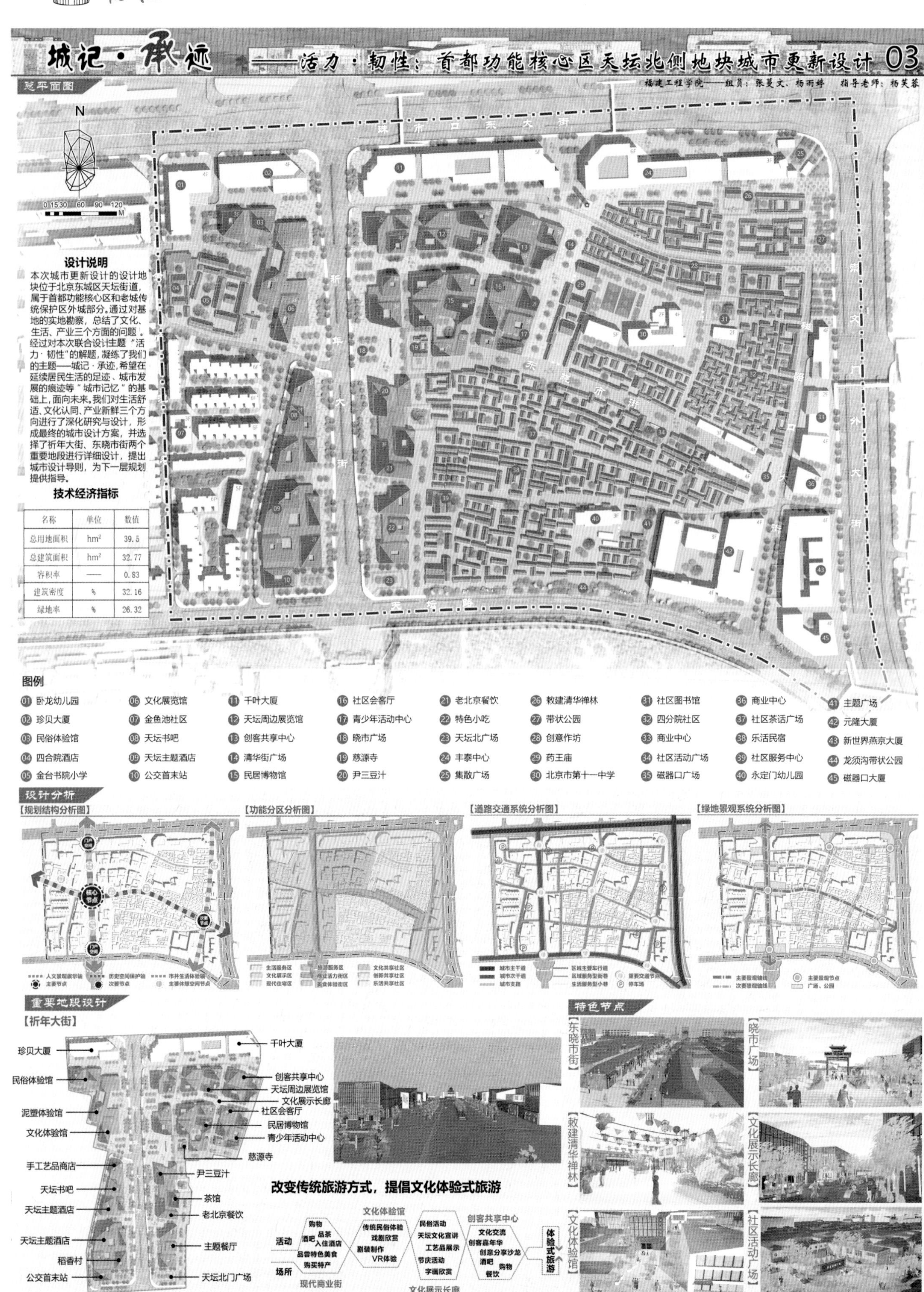

名称	单位	数值
总用地面积	hm²	39.5
总建筑面积	hm²	32.77
容积率	——	0.83
建筑密度	%	32.16
绿地率	%	26.32

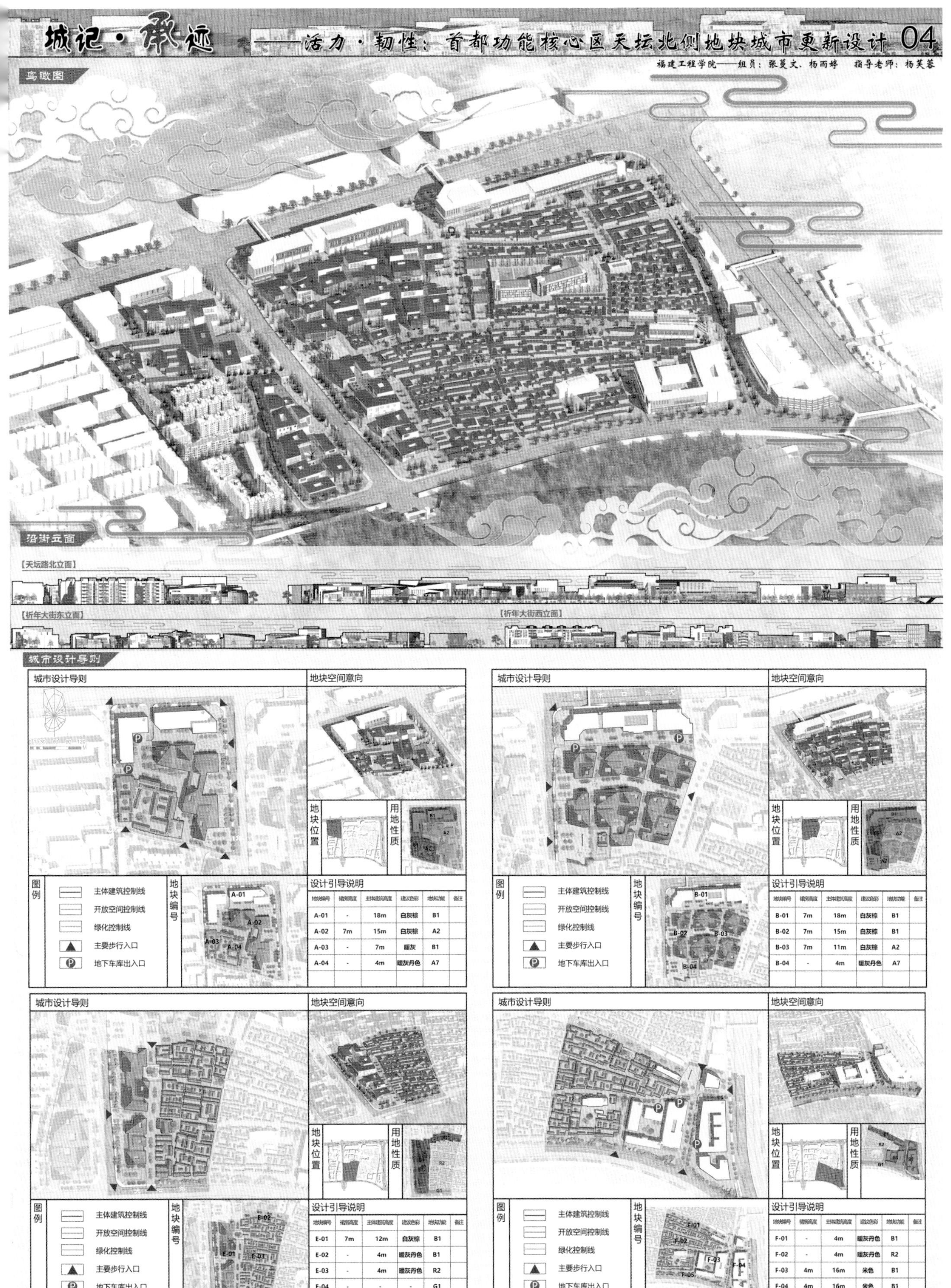

地块编号	裙房高度	主体建筑高度	建议色彩	地块功能	备注
A-01	-	18m	白灰棕	B1	
A-02	7m	15m	白灰棕	A2	
A-03	-	7m	暖灰	B1	
A-04	-	4m	暖灰丹色	A7	

地块编号	裙房高度	主体建筑高度	建议色彩	地块功能	备注
B-01	7m	18m	白灰棕	B1	
B-02	7m	15m	白灰棕	B1	
B-03	7m	11m	白灰棕	A2	
B-04	-	4m	暖灰丹色	A7	

地块编号	裙房高度	主体建筑高度	建议色彩	地块功能	备注
E-01	7m	12m	白灰棕	B1	
E-02	-	4m	暖灰丹色	B1	
E-03	-	4m	暖灰丹色	R2	
E-04	-	-	-	G1	

地块编号	裙房高度	主体建筑高度	建议色彩	地块功能	备注
F-01	-	4m	暖灰丹色	B1	
F-02	-	4m	暖灰丹色	R2	
F-03	4m	16m	米色	B1	
F-04	4m	16m	米色	B1	
F-05	-	-	-	G1	

坛创新生 同承百年

首都功能核心区天坛北侧地块城市更新设计 1

地块概况

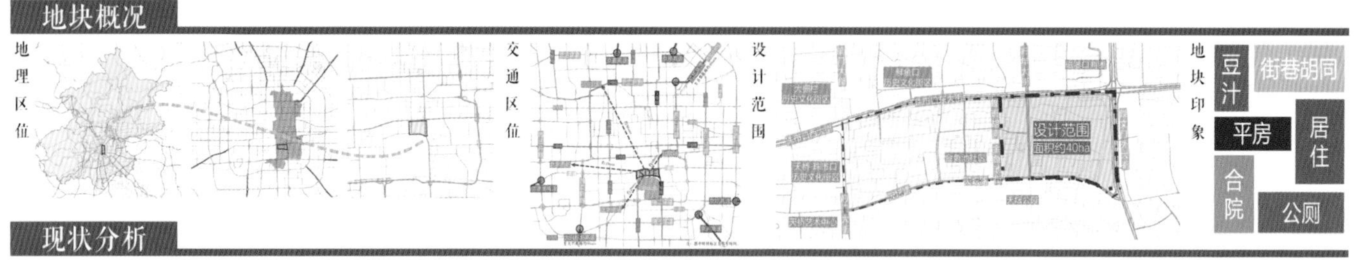

现状分析

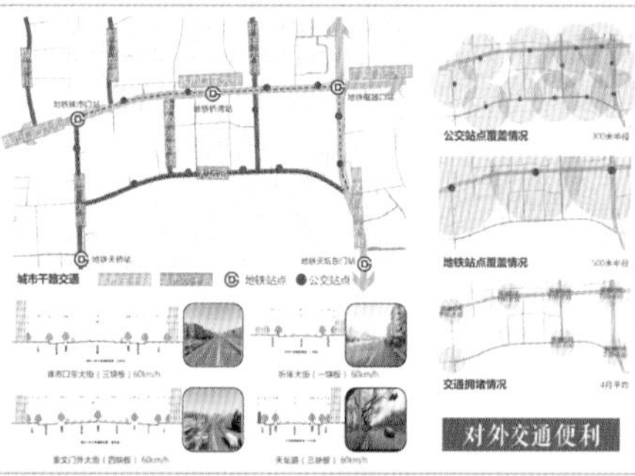

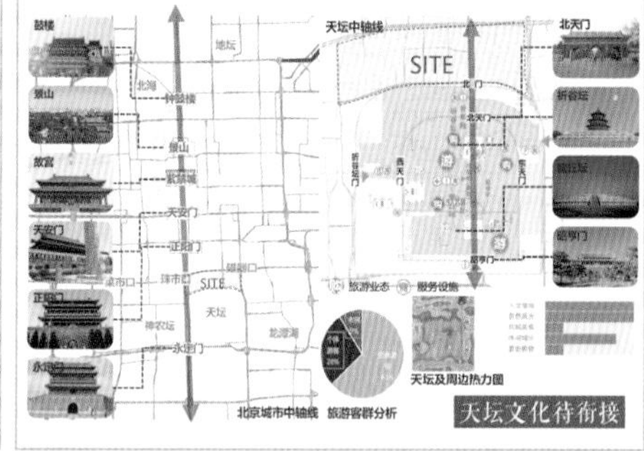

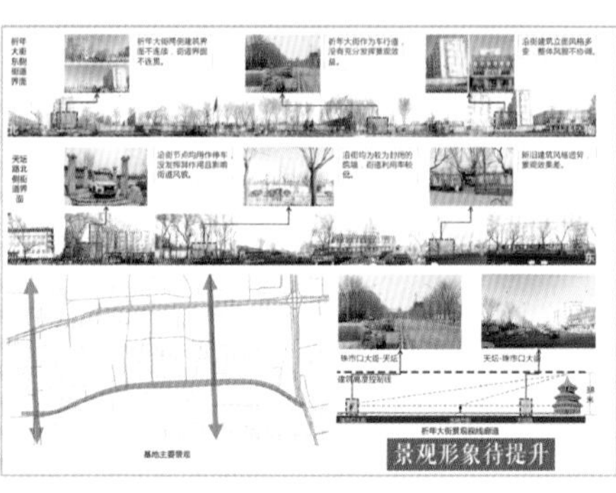

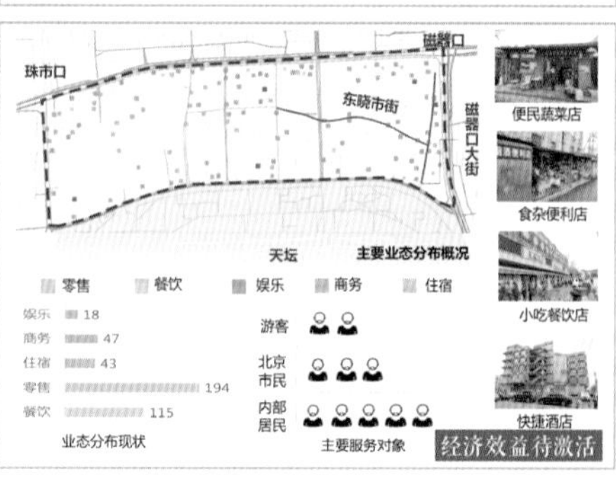

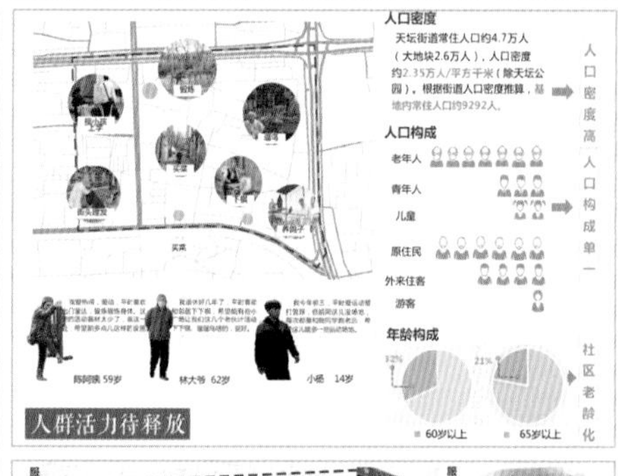

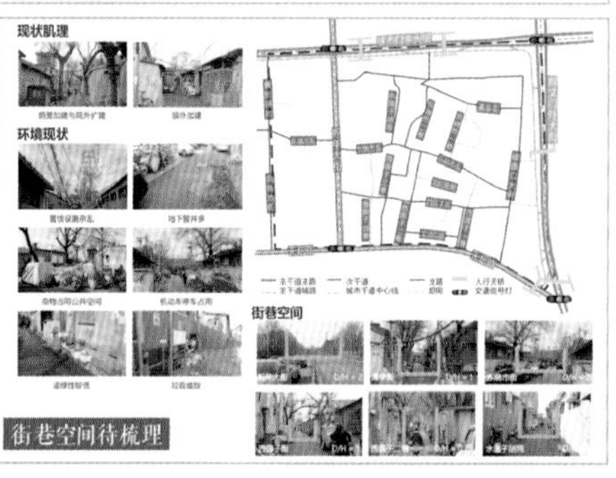

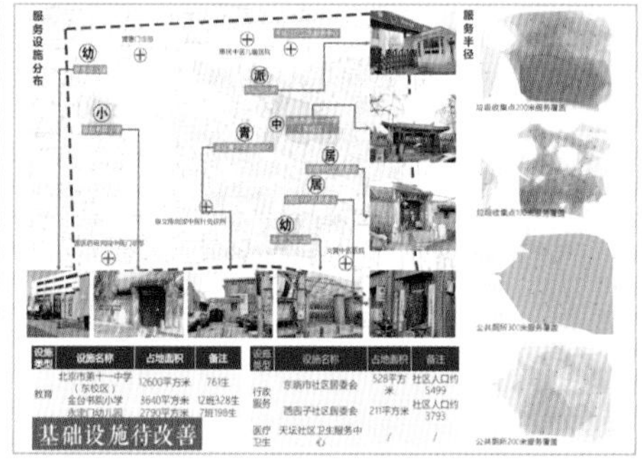

设计构思

现状总结

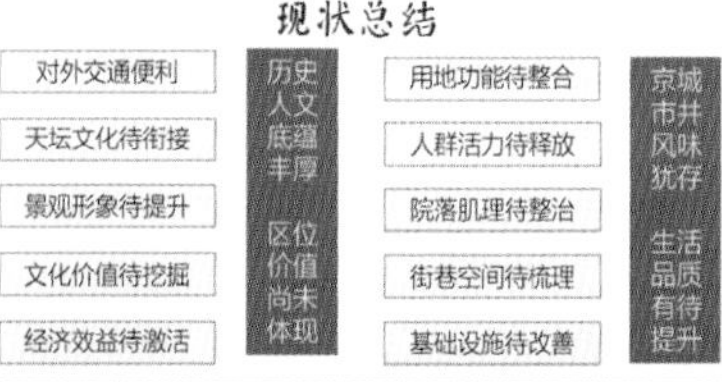

规划主题

坛创新生　同承百年

依托天坛区位，承接多元文化，创**活力**特色街区

依托街巷胡同，承接百态市井，创**韧性**生活社区

设计策略

承

创

承便捷交通　创灵活使用	承市井生活　创融合业态
承天坛文脉　创片区形象	承原住居民　创多元群体
承区域风貌　创活力景观	承院落空间　创品质生活
承文化要素　创底蕴场所	承街巷格局　创立体街区
承商业特色　创步行街区	承基础服务　创宜居社区

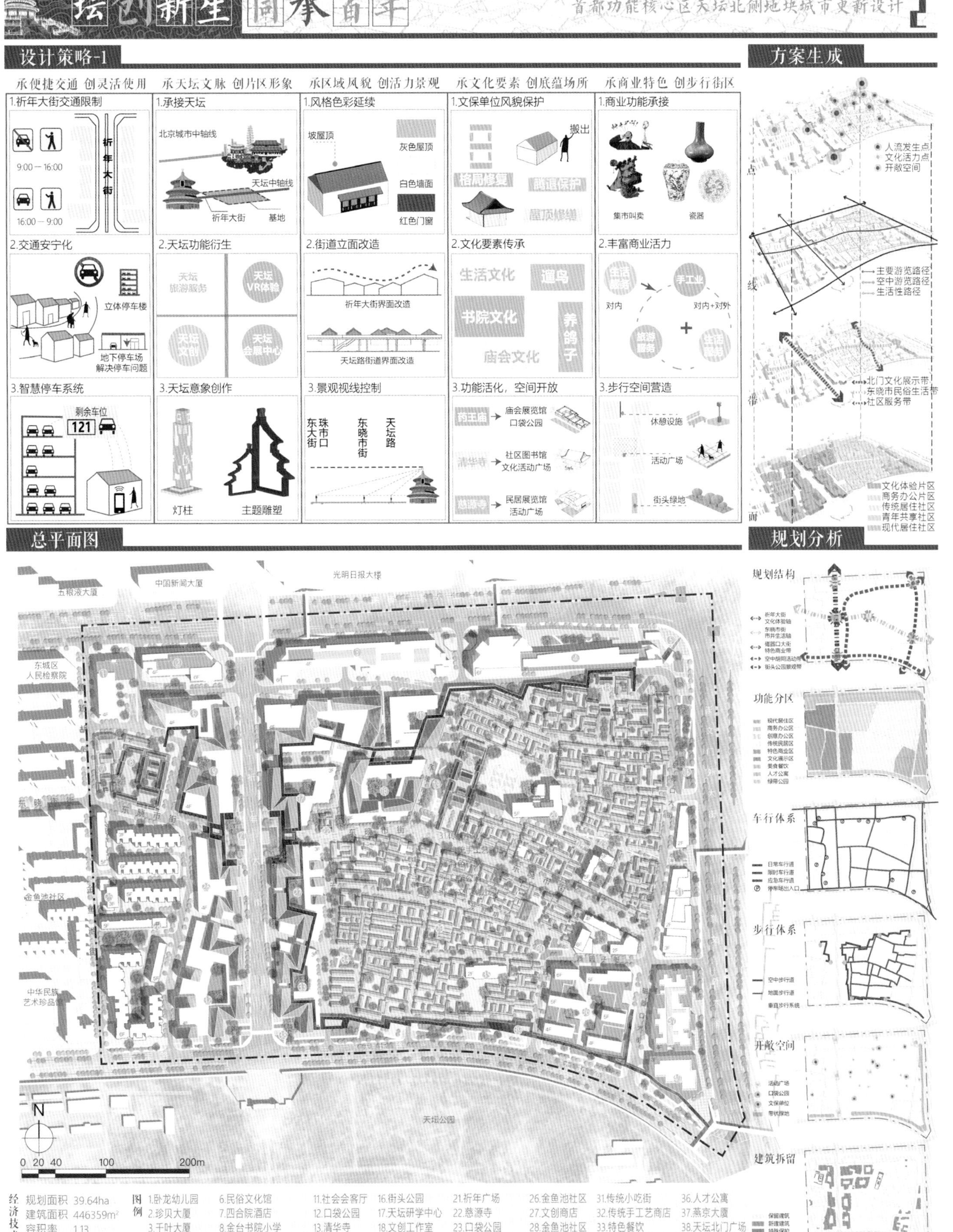

坛创新生 同承百年
首都功能核心区天坛北侧地块城市更新设计 2
设计策略-1
承便捷交通 创灵活使用
承天坛文脉 创片区形象
承区域风貌 创活力景观
承文化要素 创底蕴场所
承商业特色 创步行街区
1.祈年大街交通限制
9:00－16:00
16:00－9:00
祈年大街
2.交通安宁化
立体停车楼
地下停车场解决停车问题
3.智慧停车系统
剩余车位
121
1.承接天坛
北京城市中轴线
天坛中轴线
祈年大街
基地
2.天坛功能衍生
天坛旅游服务
天坛VR体验
天坛文创
天坛会展中心
3.天坛意象创作
灯柱
主题雕塑
1.风格色彩延续
坡屋顶
灰色屋顶
白色墙面
红色门窗
2.街道立面改造
祈年大街界面改造
天坛路街道界面改造
3.景观视线控制
东珠大市街口
东晓市街
天坛路
1.文保单位风貌保护
搬出
格局修复
院落保护
屋顶修缮
2.文化要素传承
生活文化
遛鸟
书院文化
养鸽子
庙会文化
3.功能活化，空间开放
药王庙
庙会展览馆
口袋公园
清华寺
社区图书馆
文化活动广场
慈源寺
民居展览馆
活动广场
1.商业功能承接
集市叫卖
瓷器
2.丰富商业活力
生活服务
手工业
对内
对内+对外
旅游服务
生活服务
3.步行空间营造
休憩设施
活动广场
街头绿地
方案生成
点
人流发生点
文化活力点
开敞空间
线
主要游览路径
空中游览路径
生活性路径
带
北门文化展示带
东晓市民俗生活带
社区服务带
面
文化体验片区
商务办公片区
传统居住社区
青年共享社区
现代居住社区
总平面图
光明日报大楼
中国新闻大厦
五粮液大厦
东城区人民检察院
金鱼池社区
中华民族艺术珍品馆
天坛公园
东晓市街
N
0 20 40 100 200m
规划分析
规划结构
功能分区
车行体系
步行体系
开敞空间
建筑拆留
经济技术指标
规划面积 39.64ha
建筑面积 446359m²
容积率 1.13
建筑密度 37.1%
绿地率 29.7%
图例
1.卧龙幼儿园
2.珍贝大厦
3.千叶大厦
4.丰泰中心大厦
5.磁器口地铁站
6.民俗文化馆
7.四合院酒店
8.金台书院小学
9.VR体验馆
10.天坛世遗会展中心
11.社会会客厅
12.口袋公园
13.清华寺
14.广场
15.药王庙
16.街头公园
17.天坛研学中心
18.文创工作室
19.庙会广场
20.北京市十一中
21.祈年广场
22.慈源寺
23.口袋公园
24.东晓市社区
25.社区服务中心
26.金鱼池社区
27.文创商店
28.金鱼池社区
29.西园子社区
30.口袋公园
31.传统小吃街
32.传统手工艺商店
33.特色餐饮
34.口袋公园
35.崇文门幼儿园
36.人才公寓
37.燕京大厦
38.天坛北门广场
39.观景廊桥
40.停车楼

坛创新生 同承百年

首都功能核心区天坛北侧地块城市更新设计 三

设计策略-2

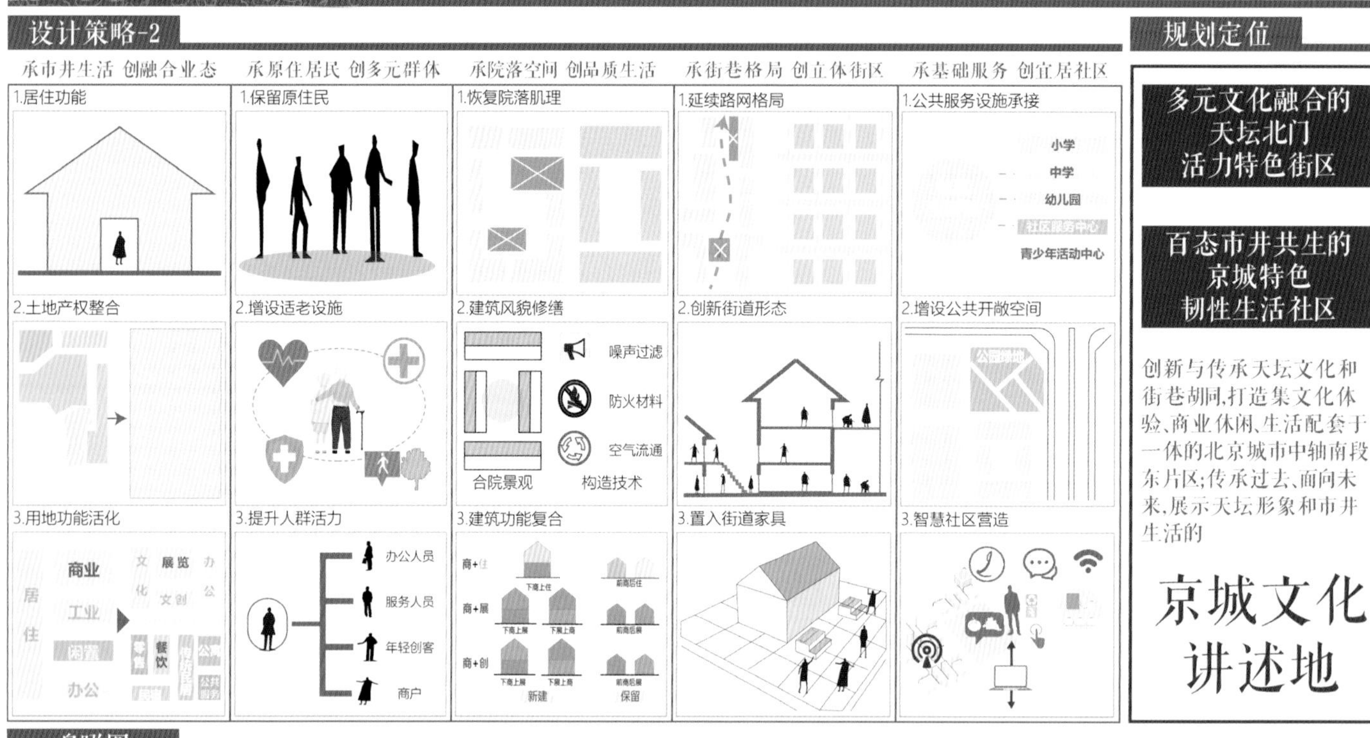

规划定位

多元文化融合的天坛北门活力特色街区

百态市井共生的京城特色韧性生活社区

创新与传承天坛文化和街巷胡同，打造集文化体验、商业休闲、生活配套于一体的北京城市中轴南段东片区；传承过去、面向未来，展示天坛形象和市井生活的

京城文化讲述地

鸟瞰图

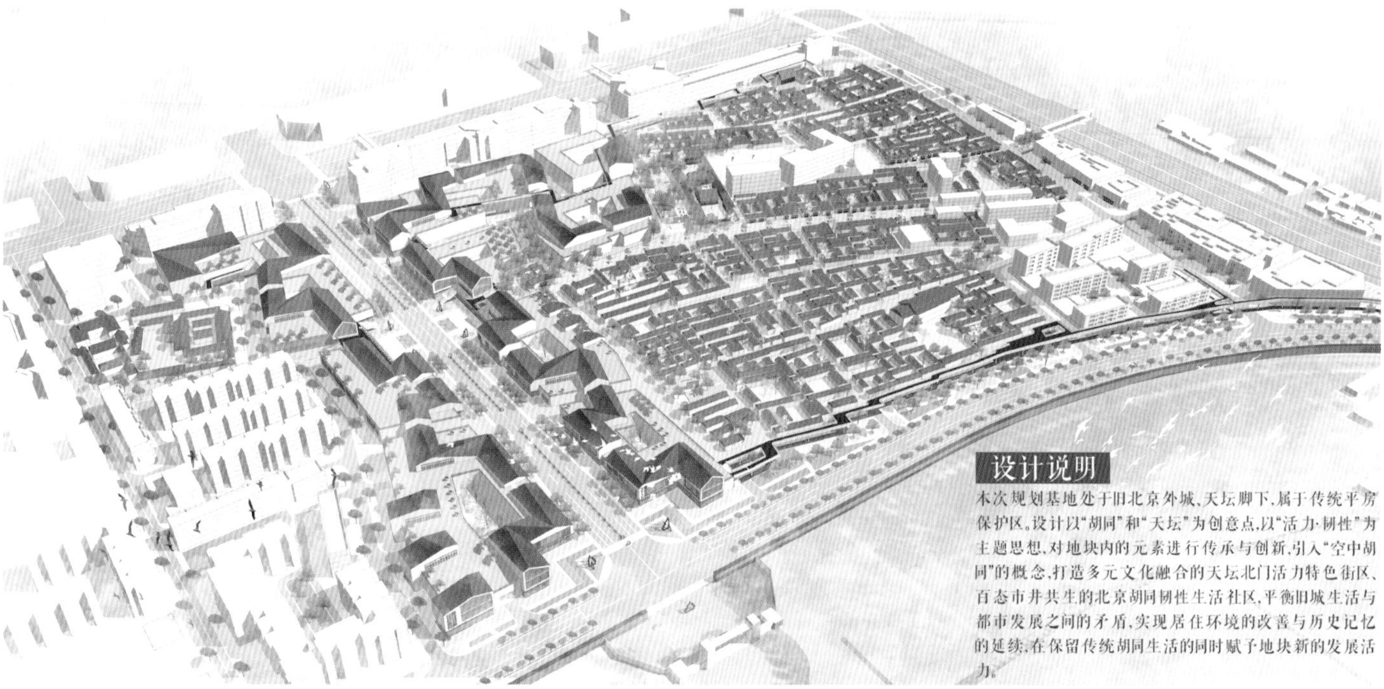

设计说明

本次规划基地处于旧北京外城、天坛脚下，属于传统平房保护区。设计以“胡同”和“天坛”为创意点，以“活力·韧性”为主题思想，对地块内的元素进行传承与创新，引入“空中胡同”的概念，打造多元文化融合的天坛北门活力特色街区、百态市井共生的北京胡同韧性生活社区，平衡旧城生活与都市发展之间的矛盾，实现居住环境的改善与历史记忆的延续，在保留传统胡同生活的同时赋予地块新的发展活力。

立面图

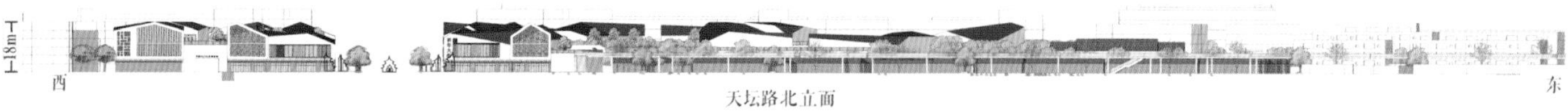

18m
西
东
天坛路北立面

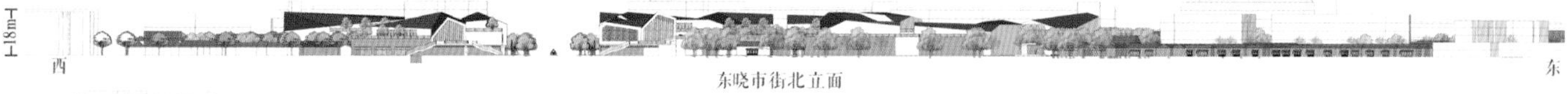

18m
西
东
东晓市街北立面

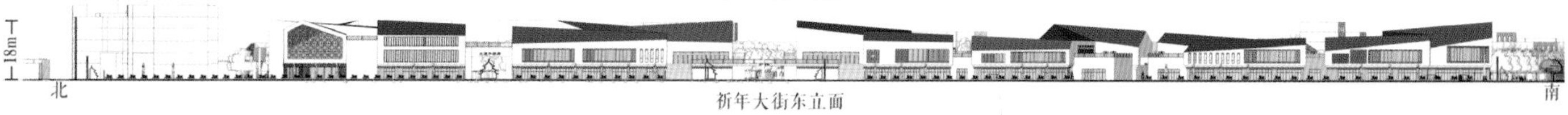

18m
北
南
祈年大街东立面

坛创新生 同承百年

首都功能核心区天坛北侧地块城市更新设计 4

节点设计

祈年广场

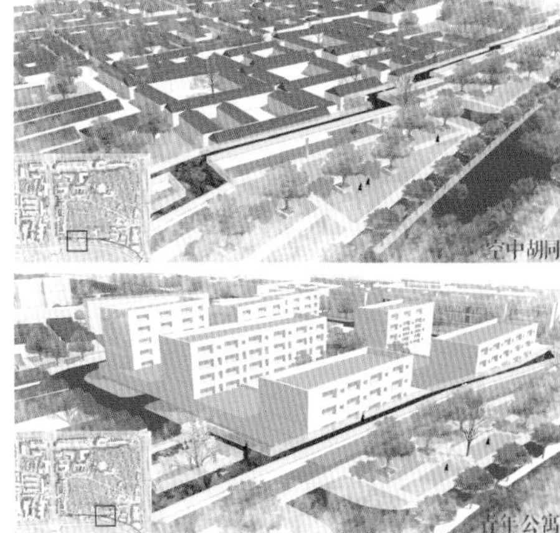
空中胡同

青年公寓

药王庙与庙会广场

清华寺与磁器口广场

慈源寺广场

城市设计导则（节选）

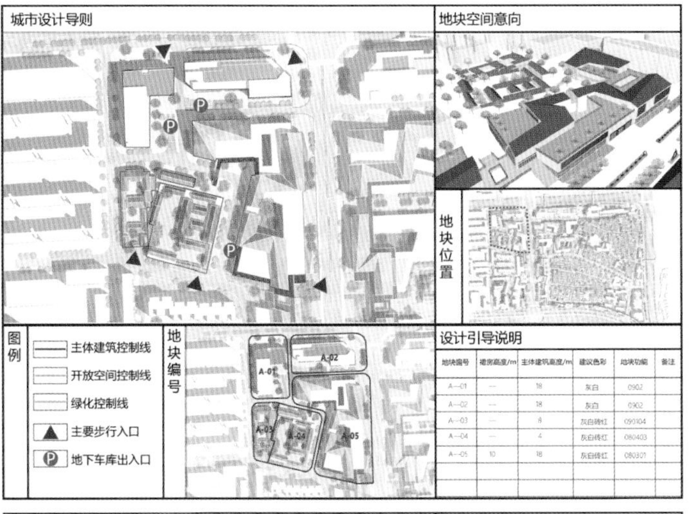

地块编号	裙房高度/m	主体建筑高度/m	建议色彩	地块功能	备注
A—01	—	18	灰白	0902	
A—02	—	18	灰白	0902	
A—03	—	8	灰白砖红	090104	
A—04	—	4	灰白砖红	080403	
A—05	10	18	灰白砖红	080301	

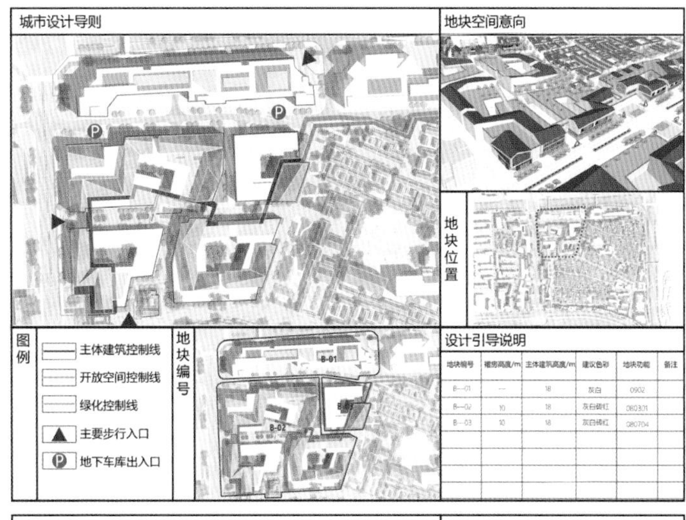

地块编号	裙房高度/m	主体建筑高度/m	建议色彩	地块功能	备注
B—01	—	18	灰白	0902	
B—02	10	18	灰白砖红	080301	
B—03	10	18	灰白砖红	080704	

地块编号	裙房高度/m	主体建筑高度/m	建议色彩	地块功能	备注
C—01	—	18	灰白	090101	
C—02	—	8	灰白砖红	080302	
C—03	—	12	灰白	080403	
C—04	—	4	灰白	070102	
C—05	—			1401	
C—06	—	10	灰白	090103	

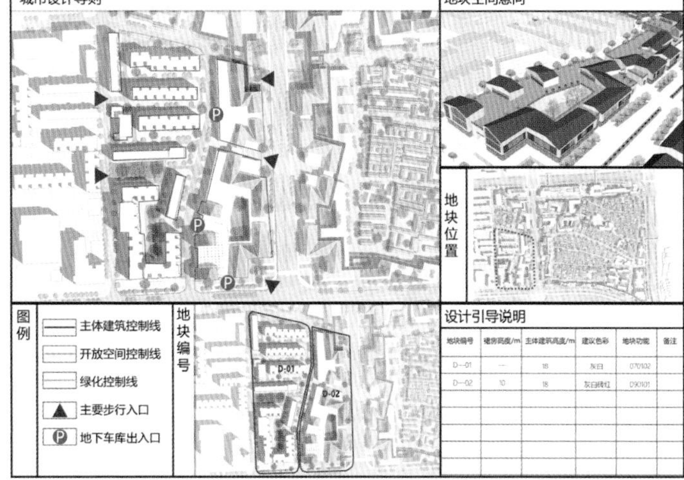

地块编号	裙房高度/m	主体建筑高度/m	建议色彩	地块功能	备注
D—01	—	18	灰白	070102	
D—02	10	18	灰白砖红	090101	

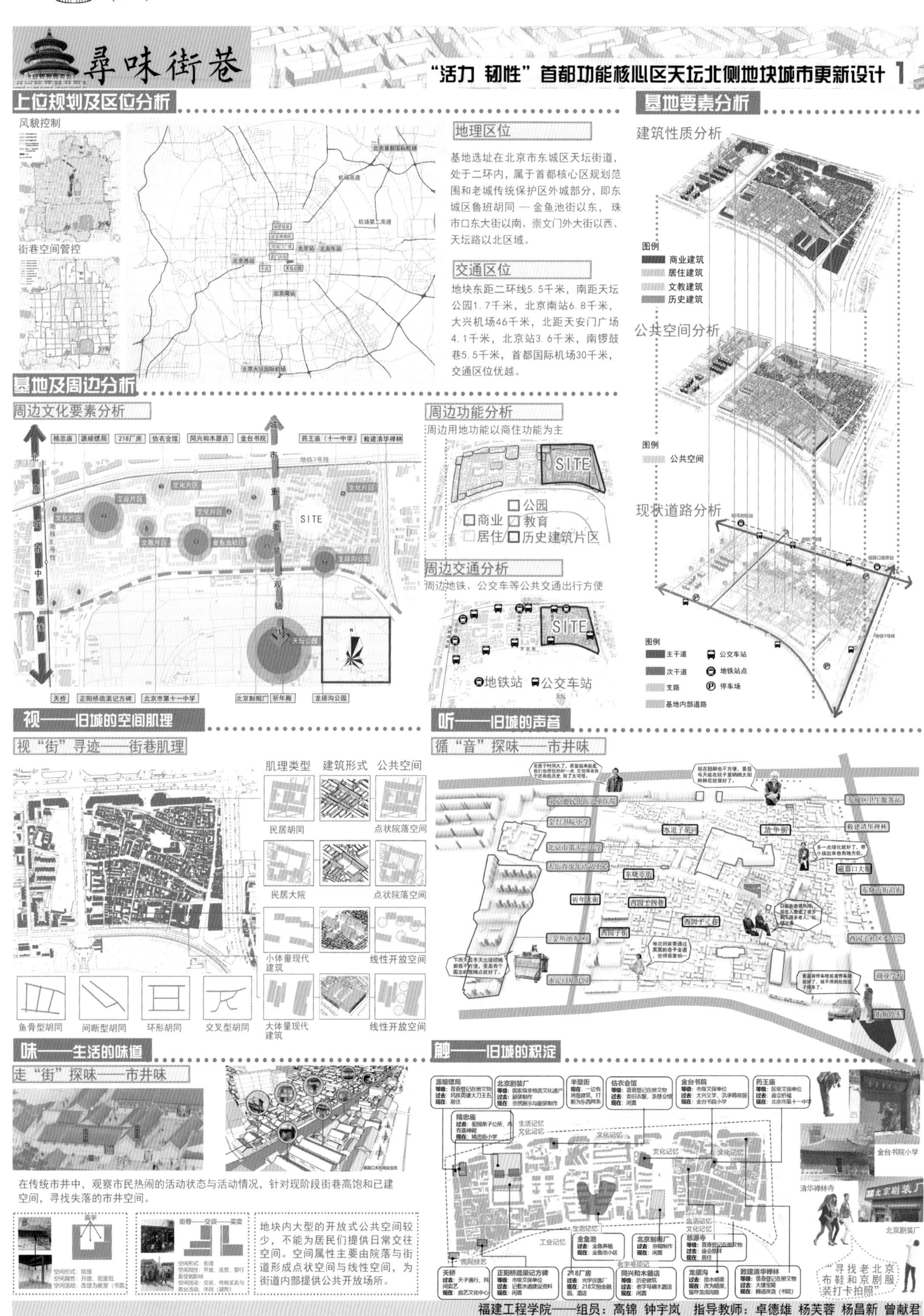
寻味街巷
"活力 韧性"首都功能核心区天坛北侧地块城市更新设计 1
上位规划及区位分析
风貌控制
街巷空间管控
地理区位
基地选址在北京市东城区天坛街道，处于二环内，属于首都核心区规划范围和老城传统保护区外城部分，即东城区鲁班胡同—金鱼池街以东、珠市口东大街以南、崇文门外大街以西、天坛路以北区域。
交通区位
地块东距二环线5.5千米，南距天坛公园1.7千米，北京南站6.8千米，大兴机场46千米，北距天安门广场4.1千米，北京站3.6千米，南锣鼓巷5.5千米，首都国际机场30千米，交通区位优越。
基地要素分析
建筑性质分析
图例
商业建筑
居住建筑
文教建筑
历史建筑
公共空间分析
图例
公共空间
现状道路分析
图例
主干道
次干道
支路
基地内部道路
公交车站
地铁站点
停车场
基地及周边分析
周边文化要素分析
精忠庙
源顺镖局
218厂房
估衣会馆
同兴和木器店
金台书院
药王庙（十一中学）
敕建清华禅林
城市重要景观轴
北京城市中轴线
SITE
天桥
正阳桥疏渠记方碑
北京市第十一中学
北京制帽厂
祈年殿
龙须沟公园
周边功能分析
周边用地功能以商住功能为主
SITE
公园
商业
教育
居住
历史建筑片区
周边交通分析
周边地铁、公交车等公共交通出行方便
SITE
地铁站
公交车站
视——旧城的空间肌理
视"街"寻迹——街巷肌理
肌理类型
建筑形式
公共空间
民居胡同
点状院落空间
民居大院
点状院落空间
小体量现代建筑
线性开放空间
大体量现代建筑
线性开放空间
鱼骨型胡同
间断型胡同
环形胡同
交叉型胡同
听——旧城的声音
循"音"探味——市井味
北京市东城区儿童医院
金台书院小学
北京市第十一中学
天坛青少年活动中心
东晓市街
祈年大街
西园子四巷
西园子一巷
西园子街
金鱼池东区
永定门幼儿园
水道子胡同
沧华街
东城区卫生服务站
敕建清华禅林
磁器口大街
东晓市街沿街
西园子社区委员会
商业零售
劲松路车
味——生活的味道
走"街"探味——市井味
在传统市井中，观察市民热闹的活动状态与活动情况，针对现阶段街巷高饱和已建空间，寻找失落的市井空间。
地块内大型的开放式公共空间较少，不能为居民们提供日常交往空间。空间属性主要由院落与街道形成点状空间与线性空间，为街道内部提供公共开放场所。
触——旧城的积淀
源顺镖局
北京剧装厂
半壁街
估衣会馆
金台书院
药王庙
精忠庙
生活记忆
文化记忆
工业记忆
金鱼池
北京制帽厂
慈源寺
天桥
正阳桥疏渠记方碑
218厂房
同兴和木器店
龙须沟
敕建清华禅林
金台书院小学
清华禅林寺
北京剧装厂
"寻找老北京布鞋和京剧服装打卡拍照"
福建工程学院——组员：高锦 钟宇岚 指导教师：卓德雄 杨芙蓉 杨昌新 曾献君

寻味街巷

"活力 韧性"首都功能核心区天坛北侧地块城市更新设计 2

主题演绎

TOTAL 设计核心

以一个舒适、友好的空间涵盖所有的生活场景

老北京胡同场景的再生化表达

未来基地的发展定位与天坛公园以及普通社区、城市的关系

未来智慧家园与绿色可持续发展

STEP1 对基地充分研究

问题
- 京味之泽：商业发展缓慢，公共服务设施缺乏
- 主客之需：人群老龄化、多元化，旅游承载力
- 巷陌之美：胡同空间识别性较弱，胡同环境不佳
- 居者之居：交通系统混乱，传统居住形式与现

特色
- 文化之味：历史文化悠久的胡同、牌坊、天坛文化元素
- 社区邻里：社会组织、空间、行为的秩序高度统一，良好的有机性
- 院落格局：北京四合院传统院落格局，传统建筑风格的建筑特征

STEP2 解题："寻味街巷"

烟火味——产业再生

以"产业发展"为主题，研究北京地道口舌之味寻承载的情感之味道

市井味——活力社区

以"交往"为主题，针对街巷高饱和已建空间，植入共享空间，提升邻里交往活力与街巷的空间

京味——文化再生

以"文化"为主题，充分利用原有的传统文化，打造文创街区，带动周边旅游发展

更新味——智慧多元

以"智慧"为主题，针对智慧发展与可持续发展，植入绿色基础设施

STEP3 空间的味道策略

浸味：对基地老店、餐饮文化的延续（新零售模式｜美食商业｜老店传承引入）

弥味：建立完善的交往系统共享空间，补充绿地系统（新型生活圈｜邻里交往｜共享空间打造）

延味：延续天坛文化、北京历史文化，对历史文脉、胡同肌理以及历史建筑的传承（文化工坊｜历史建筑｜文化空间再造）

活味：利用智能技术，提升智慧活力（节能设施｜绿色基础｜智慧生活）

STEP4 目标定位

韧性：以传统北京生活为纽带，串联新旧街巷，植入多元产业，提升空间韧性

存韵：传承传统文化和人文京韵，打造文化记忆

智慧：发展多元产业，打造可持续发展的健康基础设施与智慧空间

承新：传承多元文化，延续胡同肌理，提升空间品质、服务品质，适应现代化生活

健康交通策略

入口 对入口空间进行标志化处理

节点空间

引导 利用开口广场对人行交通进行疏导

禁止车行开口
允许开口路段
人行开口入口

禁止 对于部分街道禁止机动车通过

绿色交通示意图

立体交通影响下的健康生活场景

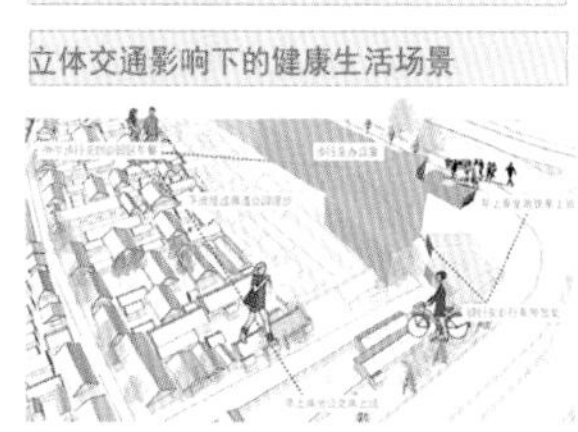

方案构思

STEP1 留住

保留历史建筑

该基地位于北京市天坛北侧，是具有民居特色的传统特色片区，基地内部现存有部分区级文保单位以及普查登记在册文物，其功能也符合规划要求，因此予以保留，并整理其内部空间与外部空间，以便于更好地使用。

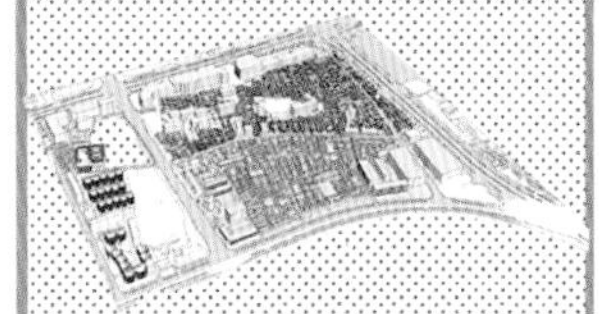

STEP2 改造

对建筑加建改建

基地内部有许多大体量现代建筑，其结构完好，内部空间可利用价值高，是很好的建筑改造对象，因此本着渐进式的有序更新原则，对其改造处理，重点在于对大体量建筑的切分以及立面改造与内部空间的布置。

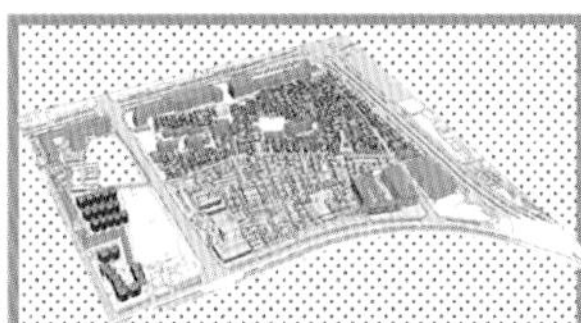

STEP3 拆除

影响基地发展的建筑

基地内部存在很多乱搭乱建的小体量建筑，一方面影响到街道的立面与空间环境，导致生活环境质量下降，另一方面也影响到整体城市风貌，与天坛北侧整体定位发展不符。因此，通过拆除部分建筑，达到整体空间协调的目的。

STEP4 创新

打造城市创意空间

研究基地的内部要素，结合基地发展特征，利用钢铁廊架连接现代建筑与历史建筑，并打造高低起伏的廊道以形成不同的景观视野，让游客能够在廊道上观赏到不同的胡同美景，让基地成为连接历史与未来的通道。

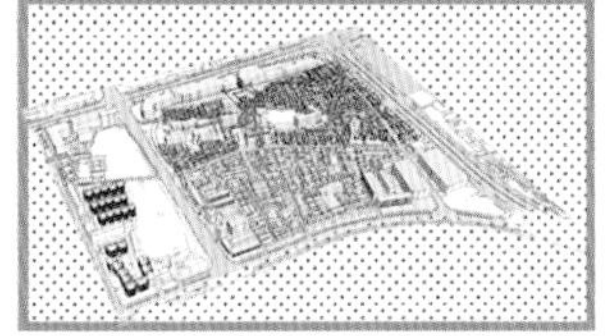

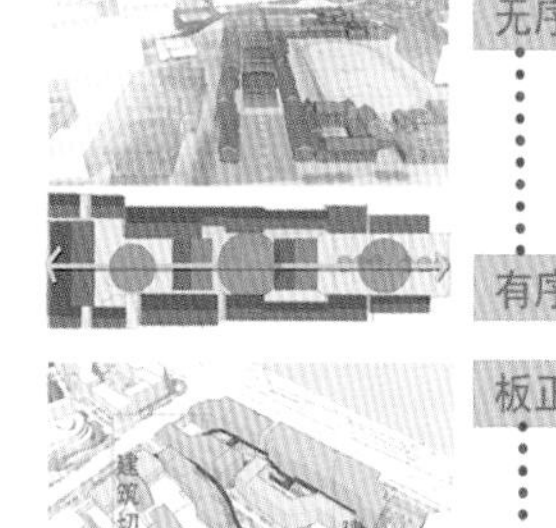

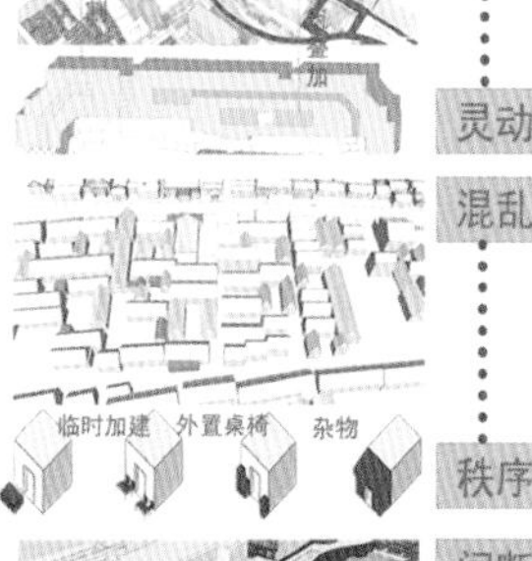

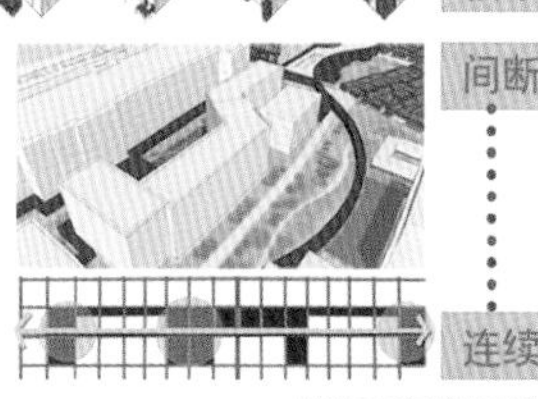

京味焕活策略

街边商业节点更新

发展全业态、新零售，延续小规模商业强大的生命力

公共服务设施升级，打造智慧多元社区，提升百姓生活幸福感

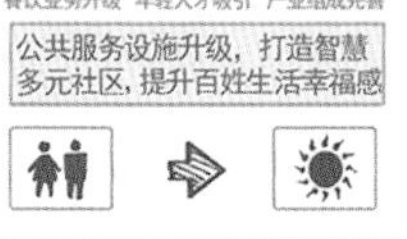

老字号店铺门店特征

智慧绿色旅游业发展

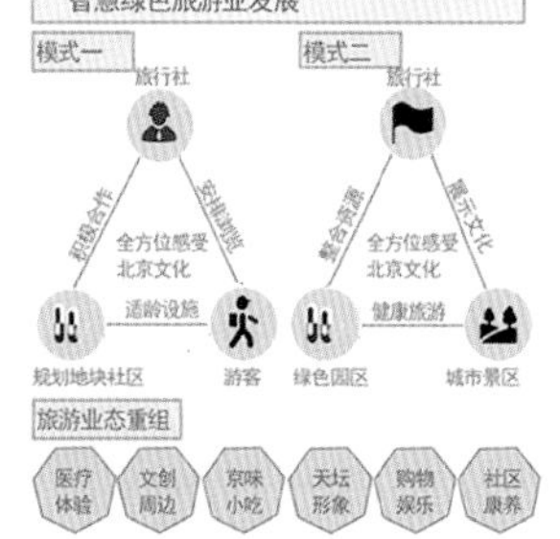

活力街道策略

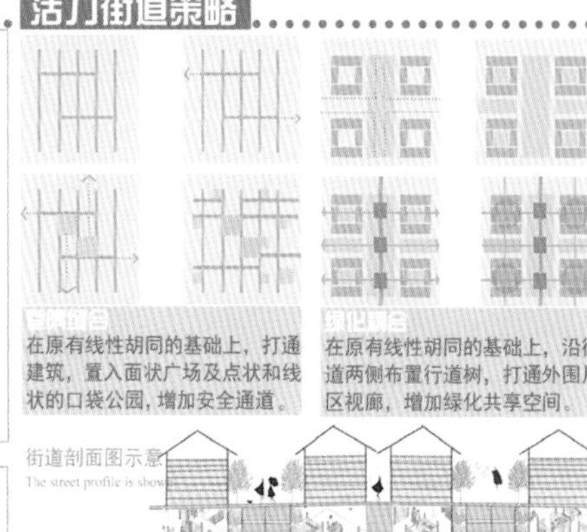

口袋公园：在原有线性胡同的基础上，打通建筑，置入面状广场及点状和线状的口袋公园，增加安全通道。

绿化廊道：在原有线性胡同的基础上，沿街道两侧布置行道树，打通外围片区视廊，增加绿化共享空间。

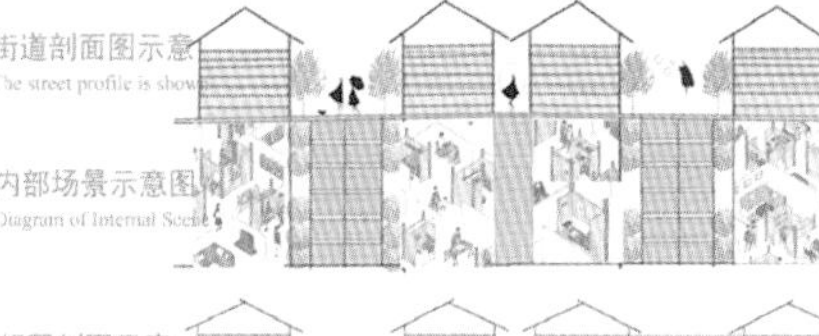

内部场景营造：在原有胡同基础上，打造街巷活动场景与建筑内部活动场景，通过对街道环境的改造来吸引人流，提升街道空间活力，同时，通过内部场景空间的搭建来激活街巷活力触媒点。

韧性社区策略

建筑韧性

屋顶绿化——增强散热功能

廊架设置——提升建筑美感

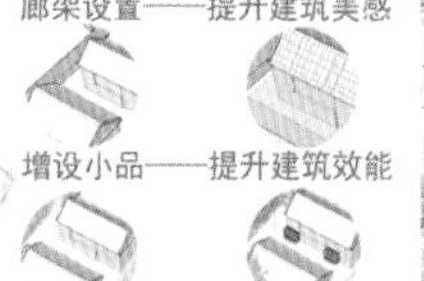

增设小品——提升建筑效能

空间韧性

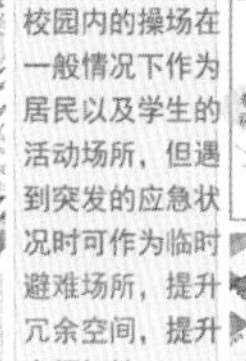

校园内的操场在一般情况下作为居民以及学生的活动场所，但遇到突发的应急状况时可作为临时避难场所，提升冗余空间，提升空间韧性。

社区自治韧性

通过设立小巷管家，为居民自治服务提供便利，提高社区自治韧性。

福建工程学院——组员：高锦 钟宇岚 指导教师：卓德雄 杨芙蓉 杨昌新 曾献君

寻味街巷
"活力 韧性"首都功能核心区天坛北侧地块城市更新设计 3
总平面图
中华全国新闻工作者协会
光明日报报业集团
北京市信德公证处
珠 市 口 东 大 街
祈 年 大 街
崇 文 门 外 大 街
金鱼池东区
天 坛 路
天坛
总平面图 1：1200
设计说明
地块位于首都功能核心区天坛北侧， 属于老城传统保护区外城部分，规划用地40.25公顷。本次规划以注重历史原貌的保护与更新为主，注重历史格局的保护与周边环境和天坛的协调过渡，鼓励和引导居民养成健康的生活方式，保证公共资源的可达性和均好性。通过塑造一个集文化、商业、居住于一体的城市模式，提升当地居民的幸福感、满足感。
技术经济指标
总用地面积:40.25hm²
总建筑面积:76.30hm²
保留建筑面积：11.49hm²
容积率:1.89
建筑密度:39.88%
绿地率:29.42%
停车位：1500个
金鱼池商业综合体
金台书院小学（保留）
社区综合活动中心
金鱼池东区（保留）
金鱼池东区活动中心
金鱼池社区服务中心
金鱼池老年人活动中心
公交停靠站点
交互式新媒体中心
室外花室咖啡
商务办公综合体
空中廊道
绿色节能多媒体中心
天坛街角广场
游客接待中心
交互式展览馆
餐厅（尹三豆汁）
慈源寺
下沉式集市商业街
祈年闹市娱乐中心
商业茶话广场
珠市口商业街
廊道活动广场
廊道活动公园
绿廊花架书屋
树屋活动中心
圆桌茶室
清华寺禅林（保留）
地铁出口广场
禅耕活动中心
生鲜超市
大树素人剧场
文创街区
药王庙
北京市第十一中学（改造）
文创街区
校园众创空间
廊道美食街区
磁器口活动中心
纪念品超市
社区露天茶话剧场
熟食店
社区活动广场
传统民俗区
永定门幼儿园
科技中心
街角广场
规划设计分析
规划一级轴线
规划二级轴线
规划三级轴线
规划绿轴
规划核心
规划结构分析图
现代商业街区
综合居住区
祈年大街街区
校园文创片区
传统居住区
京味美食区
街边公园
功能分区分析图
主要景观节点
次要景观节点
主要景观轴线
次要景观轴线
绿地系统分析图
外围城市道路
基地内车行道
基地内人行路
地下停车场
地库入口
交通规划分析图
祈年大街放大图
祈年大街剖面与效果图示意
部分建筑剖面示意图
廊架广场
廊架休息棚
室外休息棚
候车场所
休憩广场
接驳场所
福建工程学院——组员：高锦 钟宇岚 指导教师：卓德雄 杨芙蓉 杨昌新 曾献君

寻味街巷
"活力 韧性"首都功能核心区天坛北侧地块城市更新设计 4
鸟瞰图
立面图
祈年大街
东晓市街街景示意图
磁器口大街街角
东晓市街早市
祈年闹市中心
创意禅想中心
智慧基础设施
健身盒子+智能健康检测站
采集交通数据+提高效率
早餐盒子
街边餐饮，垃圾回收智能判别
办公人群，手机点外卖
智慧街边雨棚形成阴凉的步行空间
移动图书馆盒子
街头创意集市盒子
无人机送快递
智慧公交服务残障人士
03:00
06:00
09:00
12:00
15:00
18:00
21:00
24:00
福建工程学院——组员：高锦 钟宇岚 指导教师：卓德雄 杨芙蓉 杨昌新 曾献君

3
教学论文

Teaching Essays

“历久弥新”
——记录“7+1”全国城乡规划专业联合毕业设计教学的成长历程

福建工程学院　杨昌新

在全球化和信息化的背景下，随着科技的进步和社会经济文化的多元化发展，人们认识到世界的复杂性，从而兴起了交叉学科、边缘学科建设，打破了学科之间的壁垒，跨界、融合、交流与合作成为时代的主旋律。客观上，高校作为培养人才的重要阵地，转变思维，培养具有综合实力的复合型人才成为时代的必然，联合毕业设计便成了应对当下时局和发展趋势的产物。无疑，毕业设计教学是城乡规划专业本科教育达成培养目标的重要环节，它是通过整合学生的理论知识和设计技能，达到检验学生综合能力和教师教学质量的目的，因此，在一定程度上，联合毕业设计可以说是比较性检验的试金石。

1.“3”到“7”的拓展

“7+1”全国城乡规划专业联合毕业设计教学活动（以下简称：“7+1”联合毕业设计）于 2011 年开始举办，起初由北京建筑大学、西安建筑科技大学和苏州科技大学 3 校共同发起，随后山东建筑大学、安徽建筑大学、福建工程学院和浙江工业大学等院校陆续加盟。至 2014 年，该活动已形成了南北跨越 5 个省市，东西横亘 3 个省份的总体布局，它是国内学校构成众多、覆盖地域辽阔的反映地方性城乡规划类院校教学水平与教学特色的一项活动。从 3 校联合拓展为 7 校联合，奠定了该活动具有强烈的地域性差异化教学碰撞的成色和基调，从而让其成为成效卓著、硕果累累、专业指导委员会认可并推介、具有相当影响力的全国性联合教学的交流活动。

2.“+1”的融入

无疑，毕业设计教学是城乡规划专业本科教育的最后一个环节，为了更好地培养学生认知行业和适应社会的能力，“7+1”联合毕业设计在发起之初不仅创建了各参与高校轮流承办的组织机制，还赋予了“1”全新的概念和内涵。所谓“1”是指，某承办院校所在城市参与协办的地方规划设计研究院，以及毕业设计每一个交流环节所邀请的地方规划设计研究院的点评专家。“1”参与该年度毕业设计的出题、选题及交流与点评，使得“7+1”联合毕业设计不仅更接地气，同时也更具地域性和实践性特征。基于“7+1”的运行机制和合作模式，该活动成为国内知名联合教学模式的典型代表之一，是名副其实、独具特色的非常“7+1”。如 2017 年在福州举办的第七届“7+1”联合毕业设计，着眼于强化“1”角色的作用，作为“1”角色的代表——福州市规划设计研究院，从选题开题、现场调研、中期汇报、毕业答辩再到成果出版，参与了活动的整个过程，并提出了建设性的主张、要求和建议，使得该届联合毕业设计与业界有了深度的连接，从而不仅高质量完成了毕业设计全过程的组织工作，同时藉由该活动更加明确了未来城乡规划专业人才培养的市场导向。

3. 调研环节的改进

“7+1”联合毕业设计的基地调研不仅是一项复杂的组织工作，同时也是完成高质量联合需要克服的难点。“7+1”联合毕业设计在推进过程中，根据不同阶段存在的问题，基地调研环节经历了两次模式的调整。其一，从独立到混编。基于 7 所高校时间自由度和行程距离差异性的考虑，“7+1”联合毕业设计最初采用的调研模式为：以参与各校为单元，自我成组，独立调研。显然，该模式存在着两个明显弊端：一是调研深度各校不一，二是失去了联合的初衷。为了平衡各校的参与度，加强校际之间的交流，基地调研模式随后调整为：以小组为单元，参与师生 7 校混编成组。调研过程的磨合，有效地推进了校际师生的合作、交流和融合，从而凸显了联合教学的主旨。其二，从单一环节到多个环节。显然，调研之初所预设的问题和调研框架并不能囊括过程中所有的可能性，只有细化调研环节，才能更好地获取可用和有效的信息，从而让调研工作能够落到实处。基于此，“7+1”联合毕业设计将基地调研扩展为前期调研、开题调研和补充调研三个阶段，时间跨度为一周，其中前期调研和补充调研均由各校自行组织和安排，而开题调研则遵照承办方的联合混编和统一组织。调研环节的改进，意义在于加强后期方案的落地性和现实性，同时也凸显现场调研的重要性。

4. 新型模式的诞生

2020年，“7+1”联合毕业设计迎来了安徽建筑大学承办的第十届，但一场突如其来的新冠疫情席卷而来，国内瞬间切断了人口的流动，联合毕业设计模式遭遇到前所未有的挑战。本以交流为目的的联合活动，面临着跨越时空的障碍。如何持续推进联合毕业设计？如何组织整个活动流程？如何实现基地调研？如何完成交流的每个环节？解决这些问题需要全新的思维。疫情期间，全国高校大规模的在线教学实践，凸显了“互联网 + 教育”“智能 + 教育”的优势，现代信息技术的全面运用改变了联合毕业设计的形态和模式，让“时时处处皆可交流”变成了现实。第十届“7+1”联合毕业设计采用视频拍摄方式，传递基地的现场观感，采用线上汇报、答辩的方式，实现了超越时空的交流，“7+1”联合毕业设计迎来了全新的交流模式。2021年，在北京建筑大学承办的第十一届“7+1”联合毕业设计中，新模式得到了成熟的应用，在线交流由“新鲜感”走向“新常态”。在答辩环节，同学们还自主创新了汇报方式，如男女二人组交替汇报、情景模拟化的讲解形式，使得线上时光多了一份自由、活泼、灵动的色彩。

5. 结语

总之，“7+1”联合毕业设计既是教学模式与方法的积极探索，也是提升学生培养质量和教师教学水平的有益尝试。面对社会和市场的需求，全面推行教学改革，培养具有处理复杂问题综合实力的复合型应用技术人才，不失为地方院校探索特色办学的一条好路径。“7+1”联合毕业设计已经走过了十一个年头，回顾过往，有筚路蓝缕和前行艰辛，但更有面对的勇气、坚定的信念和坚守的决心。十一个年头，送别了十届同学，收获了十册毕业成果，既培养了学生，也成就了老师，“7+1”联合毕业设计将在新老更替的路途中历久弥新。

课程思政在城乡规划专业本科毕业设计实践教学中的应用与体现

——2021年“7+1”全国城乡规划专业联合毕业设计实践教学探索

浙江工业大学　龚 强，徐 鑫，周 骏

摘要：毕业设计作为城乡规划专业本科教学的最后环节，是人才培养、立德树人的重要节点，如何将思政元素融入毕业设计课程教学组织的各个环节，是一项新的教学探索。本文结合“7+1”全国城乡规划专业联合毕业设计实践教学，分析了城乡规划专业本科毕业设计课程开展课程思政教育的必要性，并从城乡规划专业毕业设计环节组织形式与课程思政之间的关系，探讨了思政元素在毕业设计主要环节中的应用与表达，为城乡规划专业毕业设计环节如何融入思政教育提供借鉴和启发。

关键词：城乡规划专业；课程思政；毕业设计；实践教学

1. 前言

自2020年5月教育部印发《高等学校课程思政建设指导纲要》以来，课程思政受到各个层面的高度重视，全面推进高校课程思政建设，实现人才培养中育人和育才相统一是提升人才培养质量的关键。课程思政概念的提出改变了高校专业教育与思想政治教育“两张皮”的普遍现象，它将所有课堂教学都划定到育人主阵地中，特别是在专业课程教学中，指出要结合专业课程自身特点，深挖其蕴含的德育教育元素和价值导向点，在专业实践教学中对学生进行正面引导，既解“专业之惑”，也引“道德之长”，实现润物无声、立德树人的培养目标。

2. 课程思政教育融入毕业设计环节的必要性

毕业设计是城乡规划专业本科教学的最后环节，也是本科教学中最具有综合性的课程，作为对学生最后一次专业知识和综合实践能力的训练和检验，其教学意义在于对学生本科阶段专业理论知识和专业设计技能的深化和升华，发掘学生潜能和创造性思维，最终达到以人文素养、终身学习、专业素养三位一体能力为导向的毕业要求。单从为社会培养复合型专业人才来说，该过程已从育才的目的完成了城乡规划专业的人才培养目标，然而向社会培养输送的一流人才不仅要具备良好的研究和实践能力，更重要的是要有浓厚的家国情怀、强烈的社会责任感、重道义、勇担当、有骨气。作为本科阶段最后一次对学生的淬炼，在毕业设计教学过程中将思政元素潜移默化地融入毕业设计选题类型和实践指导全过程，以此加强对学生的价值引导，提升学生的思想境界，让学生在即将步入社会前充分认识到规划师肩负着国家和地方城乡规划的重担和大业，培养出具有扎实专业学识、强烈事业精神、过硬综合能力、高度社会责任感的城乡规划接班人与城市建设者。

3. 城乡规划专业毕业设计环节组织形式与课程思政的关系

国内城乡规划专业院校毕业设计环节根据各学校师资力量、地区发展水平以及人才培养目标呈现的特色，所选择的组织形式及选题内容各有不同，毕业设计的内容和形式呈现出多元化特征（见图1），但无论是论文还是规划设计，或是校内、校际联合等形式的教学组织，毕业设计指导都包含了“毕业选题调研—下达任务解题—文献资料分析研究—现场调研开题—规划方案构思与形成—中期成果交流—规划方案完善修改—毕业设计成果制作”的教学组织过程，结合专业选题类型（研究论文、总体规划、控制性详细规划、城市设计和乡村规划）深入挖掘思政元素与毕业设计各环节内容之间的潜在关联，在此基础上重塑毕业设计环节课程内容体系，实现知识点与思政育人点的有机融合是展开毕业设计环节课程思政的有效实施路径。

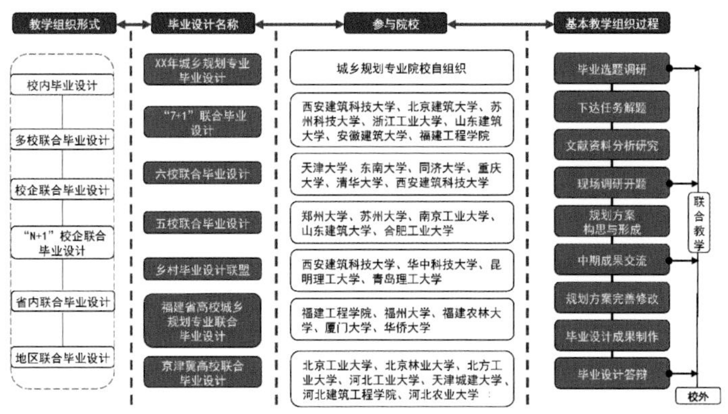

图1　城乡规划院校毕业设计环节组织形式

4. 课程思政在联合毕业设计具体教学案例的实证分析

校际联合毕业设计作为毕业设计环节中的一种特殊教学组织方式，能让学生和老师有更加多元的思想交流和头脑碰撞，同时也能通过校际的教研交流，丰富毕业设计环节思政元素的更新、融合和交叉，让学生在不同时空维度、地域文化中更加立体地构建家国情怀、国际视野、人本精神、科学世界观以及规划伦理意识，在“同题异构、协同共研”中引人以大道、启人以大智。

（1）毕业选题与解题

2021年“7+1”全国城乡规划专业联合毕业设计由北京建筑大学承办，毕业设计以“活力 · 韧性”为主题，设计基地选在了首都功能核心区世界文化遗产天坛的北侧街区，属于老城传统保护区外城部分。地块所属的区位、环境以及在核心功能区中的历史价值都呈现出减量提质的空间特征，以探索可持续的城市更新模式，让老北京传统平房区在时光变迁中延续生命力，让旧城更新在保护与发展中找到平衡，让规划区域内的老百姓有尊严、有收获、有幸福、有盼望，成为本次城市更新设计的意义。

从毕业选题内容和对象来看，其本身就兼具丰富的思政元素，对其所蕴含的思政元素进行梳理，才能更好地引领该环节教学内容的拓展和组织（见表1）。

表1 课程思政教育在“毕业选题与解题”环节的应用和表达

毕业设计环节	思政要点	思政育人 教学要求	关键词	蕴含的思政元素
选题与解题	家国情怀	坚持实事求是，秉承历史观、动态观、生态观与发展观，开展对设计对象的全面认知和解读，正确认识基地建设取得的社会、经济和生态效益	选题研讨	①与来自各校以及企业的专家进行交流，不仅能够开拓学生的学科领域视野，帮助他们了解相关的知识及最新的学科发展，深化专业认知，还能够进一步提高他们的责任意识； ②正确看待我国城市建设发展过程中所面临的问题，让学生充分认识到我们是有时代责任的人
			选题地域特征	传统城市设计思想不仅是我们传统文化自信的基石，同时也蕴含着中国人的为人处世之道，这种为人处世之道几千年来内化成中国人强大的民族意识与宝贵的内在性格，大国工匠精神便是优秀的传承
	社会主义核心价值观		主题内涵	教学中融入习近平新时代中国特色社会主义发展思想，在学习中认识到建设“美丽中国”是推进生态文明建设的实质和本质特征，也是对中国现代化城市建设提出的要求
	工程伦理		政策法规解读	从整体观的视角进行全面认知，按照求真务实的态度秉承职业道德与合规性的理念，遵循事物发展的客观规律

（2）现场调研与开题

联合毕业设计打破了学校界限，采用校际混合编组的形式进行调研，在后疫情时代现场调研、联合开题的方式也呈现出线上加线下、线上直播等多样化特征。同样，今年的现场调研环节我校部分师生也以线下参与的方式对设计基地进行了为期两周的实地调研，通过用双脚丈量的方式去了解北京老城，走进北京南城的百姓生活，寻找时光变迁中传统平房的活力与生命力，在保护与发展中寻找韧性与平衡。根据现场调研资料总结问题，针对设计地块呈现出的具体特点，对其进行功能提升和适应性保护利用的研究探索，以城市更新相关理论为依据，结合城乡规划相关技术分析手段形成专题研究报告。最终采用线上汇报的形式进行开题交流，各组调研开题的资料均汇总作为本次联合毕业设计的共享资料，供各校师生共同使用（见表2）。

表2 课程思政教育在“现场调研与开题”环节的应用和表达

毕业设计环节	思政要点	思政育人 教学要求	关键词	蕴含的思政元素
现场调研与开题	家国情怀	对基地的认知要充分考虑历史文化、人群特征、保护与发展、基地生态、土地利用、资源利用等底线约束因素，挖掘当地文化特色，传承历史文化	现场调研	①用脚丈量城市、用心感受生活； ②沟通能力、协调能力、集体观念； ③规划师的重要职责之一是为决策者提供咨询，维护社会大众的公共利益； ④以实事求是的职业价值观看待城市发展带来的社会矛盾，力求有效改善人民的生活环境和生活质量
	社会主义核心价值观			
	工程伦理		专题研究	①城市更新中的保护改造和活态再生，事关中华优秀建筑文化传承和“乡愁记忆”的身份认同； ②从人文精神视角以人民为中心，让核心区的居民感受到幸福； ③平房区更新改造涉及百姓最为重要的福祉，也是百姓最关心的生活大事，引导学生关心社会问题、聚焦国家惠及民生的相关政策，引导学生关爱社会，关注社会各阶层的生活之需，使学生成为能够主动为他人着想的合格规划师
	人文精神			

（3）中期交流与毕业答辩

中期交流、毕业答辩环节也是联合毕业设计相较于校内毕业设计指导的特殊环节，在中期交流环节，各校师生带着前期对基地方案的构想重新来到承办学校进行交流讨论，在接受他人质疑和批判中共同进步，不断完善修正各自的方案。本次联合毕业设计活动受疫情防疫政策限制，以网络会议形式进行线上答辩，相较亲临现场的面红心跳，线上激烈交流的互动氛围也毫不示弱，作为毕业设计的最后环节，联合毕业答辩让学生站在更大的平台上以更加多元的方式展现自我，以文化自信、设计担当的价值引领实现专业自信的社会责任和担当（见表3）。

表3 课程思政教育在“中期交流与毕业答辩”环节的应用和表达

毕业设计环节	思政要点	思政育人教学要求	关键词	蕴含的思政元素
中期交流与毕业答辩	家国情怀	成果撰写要体现关于生态文明建设和有关城市规划的技术规范，成果汇报要坚持实事求是，处理好发展与保护关系，守住底线，认真完成答辩	成果制作	①对设计成果质量的高要求，向学生传递认真严谨、精益求精的“工匠精神”； ②融入审美情趣和人文情怀，融入发现、感知、欣赏、评价美的意识； ③融入健康的审美价值取向，融入艺术表达和创意表现的兴趣和意识； ④遵循学术规范，养成良好的学风
	社会主义核心价值观			
	工程伦理			
	工匠精神		毕业答辩	①从文化自信到专业自信，进而形成稳定的世界观、人生观和价值观； ②博学笃行，不忘初心，持之以恒事竟成； ③怀感恩之心做人，以责任之心做事，三观要正，莫忘本； ④勿因群疑而阻其见，勿任己意而废人言
	艺术美学			

5. 结语

育才先育人，育人先育德，“课程思政”是高校思想政治教育模式的创新，大学阶段学生德育水平的提升需要伴随专业教学全过程，从步入大学的第一堂课到走出校门前的毕业答辩，需要所有教师共同努力。将思政元素融入“毕业设计”课程教学组织的各个环节，是一项新的探索。面对新时代人才培养立德树人的要求，只有不断探索和改革教学途径、教学方法、教学手段，更新优化教育教学理念，才能做好学生的引路人，把学生培养成为有担当、有责任感的大国工匠。

参考文献

[1] 习近平在全国高校思想政治工作会议上强调：把思想政治工作贯穿教育教学全过程，开创中国高等教育事业发展新局面 [N]. 人民日报，2016-12-09.

[2] 张忠国，荣玥芳，苏毅．校企融合性联合毕业设计教学模式研究——全国城乡规划专业“非常 7+1”联合毕业设计教学模式探讨 [C]// 地域·民族·特色——2017 中国高等学校城乡规划教育年会论文集．北京：中国建筑工业出版社，2017.

[3] 卓健．毕业设计结合实践的教学探索 [C]// 城市的安全·规划的基点——2009 全国高等学校城市规划专业指导委员会年会论文集．北京：中国建筑工业出版社，2009.

[4] 周宝娟，张伟，袁晨晨，等．课程思政背景下的城乡规划原理课程教学思考 [J]. 安徽建筑，2020（11）:126-127.

[5] 王燕，周旭，王峰．责任意识承担当，家国教育亮情怀——课程思政在“城市设计概论”课程中的应用探索 [J]. 科教文汇，2021(4): 86-87.

[6] 周立斌，王希艳，曹佳琪．高校“课程思政”建设规律、原则与要点探索 [J]. 高教学刊，2020（25）:180-182.

设计，一种信息的有效流动

——寄语 2021 届城市规划毕业班的同学们

北京建筑大学 苏毅

和许多毕业班的同学一样，我是从《建筑空间组合论》开始建筑学的启蒙的，新冠疫情前又应邀翻译了《30 ：70 建筑平衡行为论》，它们内在都追求一种平衡与理性，以之作为抵达经典和永恒的道路，这些理念当然非常重要，设计师无之则不刚。这两本书的作者，彭一刚和弗拉基米尔 · 塞多夫老师，实际上都已是各自国家的院士，但本文则是讲另一方面的事，关于如何安然地度过毕业后职业开始的一段时间，或读研的时光，面对动态的社会和内卷的行业，作出睿智、能动和可持续的选择。

下面这些，是我最担忧当下学生的地方——生在更好的时代，不大为生活流离奔波所苦，但是花了太多时间写虚拟的作业，练习假的快题，没感情地模仿一、二等奖的作品，模画三等奖和鼓励奖的作品，写其实只是换毕业证的小论文，按照一种最便于大家理解和支持的方式画设计图，追求着“无营养的正确”和“莫名的好机会”，但从来没有真实的甲方，没见过设计费，基础可能非常薄弱。于是有了借着这篇小文跟这届同学说一点话的机会，强调一下：好的设计习惯，应是以感觉到真实的设计信息流动的脉搏作为开始的。我担忧，同学们因为不适应行业，而让行业更糟糕。

可能和同学们不大一样，我们那时候，从大二以后，所有的设计（含古建测绘），都是有实际甲方的。印象比较深的轶事，是有一次一个师兄在画完大殿的测绘立面图以后，突然起了诗兴，在图纸上方空白处写下一首诗，老师看了，忙叫用薄薄的剃须刀片割掉，因之不完全符合测绘图工程文件的要求。写诗几分钟，削图一晚上，滴滴都是泪，刀刀都是汗。我第一次做总体规划，就是实际参加山东某沿海地级市的总体规划了，晚上挑灯整理问卷，第二天就去职能部门跟主管领导碰头。于是后来我每次干活时，常常会本能地思考，这东西甲方会要吗？能否实现价值？这个活应该怎么干，对设计院的生死存亡才有意义？遇到过不少困难，逐渐有了体会和进步，请允许我在这里和盘托出。

首先，一定要重视甲方、阅读甲方的要求。须认识到一个现实的前提：设计如果不是一种大胆狂野的未来主义想象，而是一种捉襟见肘但有价值的劳动的话，那它交换价值的实现，基本上不取决于乙方而是取决于甲方，而甲方则常常取决于时代。但同学们习惯于闷头画图，这样常常造成画了大量无用的图。有时候陷入自我感动，画了图，却始终没有解决甲方的痛苦和焦虑。有时候，开始没有敏感地认识甲方的需求，结果就上了贼船，后来很难下来，绕了弯路，浪费大量宝贵工作量，甚至威胁到了一个所或一个院的安危。我常常发现自己的研究生画图，在一种“不敢也不愿”做主，等、靠、要的状态下。其实，同学们参与了实际项目，就像一个足球球员一样，不管在哪个位置踢，都要有独自比赛的能力。虽然教练也会在场边叫喊、提示，但只要是足球球员，那就不能把比赛的任务完全寄希望于教练。做不到，那就会跑得累，还赢不了球，久而久之感觉不到踢球的快乐，人就废了。我很担忧，给学生教得太晚，老是只满足于做些基础工作，那就再也练不出来了，令有希望的专业能力反湮灭于百花繁华的人间深处。因此，要及早、果断地加以点醒。

其次，要重视信息之源的准确。一个好的设计，常常像一棵树，扎根在土里，用根“看不见地”触及应该考虑到的方方面面，再把生命力以优美的“看得见”的姿态抛洒到空中。同学们可能更容易被一颗树优美的枝叶、花朵、果实吸引，却忽视扎根，忽视如何“看不见地”从甲方那里吸取有用的有关设计方向的关键信息。因而，一个项目至少应该有个群，群里有所有信息，参与项目的每个人都必须知道项目一点一滴的信息。即使是最后方的守门员，也需要时刻知道，球在哪里。每天临睡前，得读一读群里的信息，这样，人类大脑就能自主地在梦中把信息加以整合起来。宁可群里信息有重复，不可有信息没上群。但甲方的最大缺点，常常在于说不清他们要什么，如果说清了，那反而需要格外警惕——说清的基本上也都是不对的——好比国家大剧院，即使有经验如崔恺院士，其实也被业主委员会错误的表达所误导了。因而，要用不同的角度问问甲方，彼此对照核实，或采用一定的技巧。有个美国设计节目，在做室内设计前，希望业主提供 3 件最喜欢的饰品，这个方法很好，或者尽量多和甲方聊天。这是老师和甲方最不一样的地方：老师能说得清，甲方说不清。另一个很不一样的地方在于，老师时间富裕，有时间慢慢聊，甲方则常常很忙，来不及问清楚。我常常觉得，设计单位有必要在签合同前，让甲方填好问卷表，广泛了解他们真实的想法。过滤掉“空集未来”，如果设计单位完全满足不了甲方的需求，不管这种需求本身合理或不合理，那都要早点辞别，不要陷入泥潭。

再次，需要了解信息的“hierarchy（层次）”，即哪些是更重要的信息。大家知道为什么哥本哈根会成为“自行车之都”吗？那里风大雪大，并不是世界上最适合骑自行车的城市。固然有扬·盖尔教授这个积极的“偶然”因素，但更早的是社会和市民的“必然”原因——曾经几十万人因汽车造成的事故侵害了骑自行车的人而示威，在事故现场，人们画上白色的十字架，这件事很显然改变了整个事情的“层次”。最近可能改变事情层次的，也许是中央的一些决定，比如 2030 年碳达峰、2060 年碳中和、三孩政策等。我们应该认识到：只有时代的甲方，没有甲方的时代。大是大非和小情小调，要拎得清。

最后，不要让信息“落地”，而要如水流般连贯起来，按信息自己的特点来决定路程。就像在球场上，要尽量护住控球权，重视衔接。有些同学做项目，眼巴巴地看着老师给指示，却不大能心有灵犀地配合起来。我们鼓励画完的图，马上就上传到微信群。因为一个人工作的结束，必然是另一个人工作的开始啊！有些同学单线和项目负责人联系，实际上许多设计院也是这样布置工作的，从而造成工作积压，不能得到并行处理，有人痛苦熬夜，别人却帮不上忙，这实在是非常令人伤心的事情了。中国计算机专业的孩子，在美国常常没有印度的程序员成功，很大的原因就是不太能默契配合。我们可能是比“四校”稍差的学校，但我们也许能靠更协调的默契配合，以弱胜强。在疫情期间有个小笑话，说“钉钉群里一说，大家很快就各就各位，一块儿做出来健康宝软件”，我奶奶说“钉钉是个好同志”，如果我们能用好工作群，“官兵一致”，如兄弟般团结起来，那就如同有“钉钉”这个“好同志”相助，就会少了信息的损耗，避免某个同志掉队。

2021 年是联合毕业设计的第十一届，也是我本人参加的第十届。我常常觉得，当老师既是幸运的，又是不幸的。幸运的是每年能遇到新的同学、新的想法和新的项目，而且同学们也都很尊重老师。不幸的是，每年似乎都有这些固定的问题，经常帮一届纠正了，稍一松懈，毛病又像皮筋一样弹回去了，像潮水一样又涨上来了，像沙尘暴一样又吹过来了。这就好像先挖坑，再填上，再挖开，再填上，逐渐，老师就如同希腊神话里始终无法推石头上山的西西弗斯一样，像白天向上爬、晚上向井底掉的青蛙一样。因而特别希望能有几个聪明或者格外负责、肯关心整个行业的同学，能帮着把这些好的经验、坏的教训传递下去。希望新的一届，我不用再重复说这些。重复解决，回到原地——那就是“内卷”啊！希望我们师生共同努力，能破除掉内卷，引领行业蓬勃发展。

4 教师感言

Teacher's Comments

北京建筑大学

张忠国

今年联合毕业设计的承办权，阔别 10 年后再次回到北京建筑大学。各校踊跃报名，积极参加，使这届联合毕业设计成为参与学生人数最多的一年。去年严冬季节，七校老师共聚北京的盛况宛如昨天——当时大家热烈讨论，与北京市城市规划设计研究院的专家一道憧憬、讨论在天坛北侧的选地和命题。可惜今年由于疫情防控，中期和成果答辩都未能面对面交流，留下了不少遗憾。幸运的是，各校同学多数还是分别来到了基地调研，回到各地后，也并未因为不能相聚而有所懈怠，体现出了良好的学风和对职业的热忱。今年学生作业水平也有所提高，形式上更加不拘一格、丰富多彩。感谢各校的大力支持，祝愿“7+1”全国城乡规划专业联合毕业设计越办越好！

苏毅

今年的联合毕业设计是第二次由北京建筑大学做东道主，上一次基地也在北京南城，还是在 2011 年。今年则选址在世界文化遗产天坛的北侧。相比较而言，今年的题目比当年要难得多，因为地块更大，情况更复杂，节奏也加快了。题目难度的增加，从侧面体现出当今这个时代对同学们提出了相对更高的要求，希望同学们能坚持创新，特别是提出新的问题、新的思路、新的方法，积极探索，使得自己和更新的一代都有更美好的生活。

苏州科技大学

顿明明

第十一届 "7+1" 全国城乡规划专业联合毕业设计的选题、开题、中期交流以及最后答辩都离不开北京建筑大学的周密组织与安排，在各校师生的共同努力下，成功地呈现了令人相对满意的设计成果。本次毕业设计也是我和学生们在设计生涯里第一次接触到首都核心区内的设计基地。天坛地块是一个极具挑战且有纪念意义的设计任务，我和学生们共同度过了这段教学相长的数月时间，收获良多。联合毕业设计重在“联”与“合”，在这个收获的季节里，感谢承办方北京建筑大学为各个高校教学与探索搭建了相互学习、共同发展的交流平台，期待明年再聚！

于淼

本次联合毕业设计的选题非常有意义，也有较大的难度。对我校学生而言，存在地域文化的差异、对北京市规划政策的理解等方面的难点。今年我们开始尝试 5 人组教学模式，与往年有所区别。在教学过程中，指导老师和同学们共同努力，对天坛附近城区的未来提出创新的设想。为各校年轻学生的努力点赞！

周敏

此次联合毕业设计极具意义与挑战，设计对象身处北京中轴线东侧，历史底蕴深厚，文化价值显著，同学们面临着解决历史保护、城市更新、风貌延续、文化传承、民生保障等多维度的问题，难度较大。如何理顺地块内价值逻辑，把控重点解决的问题，并提出“沾帝气”与“接地气”的策略方案，是本次联合毕业设计的难点。在毕业季，接触到如此有意义、有难度的设计题目，能为首都建设发展贡献些许智慧的火花，让全体师生们倍感荣幸与骄傲。感谢此次承办方北京建筑大学的精心组织和策划，疫情期间，在选题、前期调研、中期交流与终期汇报各个阶段都作出巨大努力，为师生们提供了很好的交流平台。愿同学们也能带着这份热忱与真挚，共赴更美好的前程！

山东建筑大学

陈朋

城市更新是城市保持活力的重要方式。我国城镇化已进入相对成熟的中后期阶段，城市建设更加注重减量提质，探索在减量刚性约束下实现城市更新和高质量发展的路径。今年的“7+1”联合毕业设计以北京老城更新设计为选题，聚焦“活力 · 韧性”主题，对参与的各校师生来说充满意义和挑战。

程亮

一条条胡同、一幢幢四合院、一处处古迹，都促使我们逐一认识它们的价值和独特的美。各校学生通过多元碰撞进行了探索性研究，汇报成果再次让我们看到了多样化、有广度、有深度的解决方案。感谢承办方提供的这次难得的机会，也期待同学们在今后工作学习中关注老城居民的实际需求，审慎思考老城空间的复杂性，为建设更具韧性、充满活力的城市作出自己的努力。

西安建筑科技大学

杨辉

本次联合毕业设计面对的是首都功能核心区的天坛北侧地段的城市更新问题，这里有老北京典型的历史街区，有极富感染力的市井烟火，亦有日渐衰落的传统技艺和亟待改善的生活环境。对中华优秀历史文化和传统建筑文化的保护传承，对居民情感记忆的延续与身份认同，对物质环境的改善与精神环境的营造，是我们规划工作的初心与目标。在此过程中，同学们的空间设计能力和职业价值观得到了难得的洗练。感谢北京建筑大学各位老师精心准备选题，以及为我们这个大家庭的倾情付出！愿同学们以梦为马，以汗为泉，不忘初心，不负韶华！

邓向明

又是一年毕业季。由北京建筑大学承办的第十一届全国城乡规划专业七校联合毕业设计活动，在经历了选题、现场调研、线上的中期和终期答辩等环节后，落下帷幕。本次毕业设计的选题无论对老师还是对学生来说都极具挑战性，设计的主题——“活力 · 韧性”也非常契合当下城市发展的要求和规划地段的需要。各校的同学们对地段现状问题、功能定位、怎样焕发活力及空间重塑等方面做了大量的研究，有理有据，充分反映了大家的规划逻辑思维能力和扎实的基本功。特别是承办方在最后阶段邀请到了业界知名的规划师参与终期答辩，给予方案和同学们的汇报精彩的点评和建议，是本次活动的一大亮点，这极大地提升了七校联合毕业设计联盟的知名度和教学质量。感谢承办方的付出和答辩嘉宾的参与，谢谢七校师生的共同努力，祝同学们前程似锦。明年轮到我校出题承办，我们会认真准备，做好各项服务工作，确保七校联合毕业设计活动的精彩延续，我们明年西安见。

高雅

每年参加联盟的联合毕业设计教学活动都有着不同的经历和感慨。一年来，与盟友师生相聚北京皇城根儿，与15位同学相依相伴，从现场踏勘到现状分析，从区域研究到定位目标，从规划策略到设计方案，过程中有迷茫、有反思，也有进步的喜悦。在学生的毕业设计成果里，我们看到一颗颗年轻的心对于旧城、社区、老人、文化、生活的思考，这些成为他们五年大学时光的凝聚，也是他们学业成长道路上的一个重要里程碑，是终点，更是起点，希望同学们在专业面前永远保持一颗谦卑的心，勇往直前。

安徽建筑大学

于晓淦

2021 年由于疫情，传统的合作方式被打破了，七校围绕联合毕业设计活动的开展集思广益，进行了很多探索。线下交流中断，但联合教学始终未断。围绕联合教学活动，北京建筑大学荣玥芳老师、苏毅老师牵头组织讨论并出台了多种预案，保障了正常教学秩序的展开；一届毕业而联合教学周而复始，从开展至今，“7+1”联合毕业设计送走了十一届数以千计的同学，在大家本科最后一个大设计完成上留下了难以磨灭、浓墨重彩的一笔，可谓影响深远；成果出版而合作保持探索，各校的合作由初期简单的尝试到今天广泛的合作交流，各种不同形式、主题、内容的教学合作初见端倪。感谢北京及北京建筑大学让恰逢建党一百周年和“十四五”开局之年的毕业设计别具意义，也祝贺各位师生以此为契机，迈入人生别样的新阶段，期待与各校师生 2022 年重逢在西安，共话“7+1”的无限精彩!

侯伟

基地区位特征、特质显著，处于首都核心区，毗邻天坛。地块现状以居住为主，既体现了传统北京民居形态与肌理特点，也在努力适应新时代居民生活，可以说是“原生态”“北京味”的传统胡同。本次联合毕业设计主题“活力 · 韧性”，切中地块未来更新与改造的“要害”，地块老龄化特征明显，城市功能活力不足，需要通过空间更新设计激活社会经济持续发展动力，地块文化要素丰富多元，历史文化传承与保护是“活力”提升的逻辑起点。老北京胡同的包容性是另一重要特质，通过空间更新与设计，实现生态、社会、经济的多元融合与包容，全面提升地块适应新时期发展的“韧性”。

张磊

每年的毕业设计都有着不同的感慨，今年的“7+1”联合毕业设计的圆满成功离不开多位毕业设计指导老师的辛苦付出和同学们的刻苦努力，在这里非常感谢北京建筑大学的组织与协调，让我们能够在北京进行深入的调查研究，了解北京的文化特质与精神内涵。也要感谢参与联合毕业设计的所有兄弟院校，虽然疫情让我们的毕业设计变得尤为艰难，同学们不能面对面地进行讨论、汇报，后续的环节基本都是在网络上进行的，但是这丝毫没有影响同学们设计出优秀的作品。在这种新的交流形式中他们的思想相互碰撞，互相学习，展现了问题导向下作为一个规划师实事求是的严谨风格。从实践中来，到实践中去，设计之初，他们进行了细致的前期研究，设计了大大小小的专题来对天坛北侧地段所具有的设计内涵进行抽丝剥茧般的分析。我们看到了一颗颗年轻的心将他们对于规划的热爱投射到他们的作品中去，将对于人与社会、人与自然的深度思考融入规划设计中，反思在这后疫情时代下如何实现活力与韧性，践行人民城市的宗旨。城市更新是一项复杂的工作，下一个五年，纵深推进、大力实施减量发展背景下的城市更新行动，将会成为“十四五”时期的重点工作之一。这次联合毕业设计对于更新的探讨与思索实在是难能可贵，我看见了许多优秀的方案，蕴含着同学们和指导老师的智慧，给了我许多启发。城市更新是一个复杂的问题，不仅包含着空间的规划，还需要社会多元的参与和综合治理，我们还需要进一步学习与研究。同学们进行了创新性的探索，通过这次联合毕业设计为自己的学生生涯画上了完美的句号。今后的路还很长，我希望他们未来能够继续坚持自己的初心，秉持专业的理想与使命担当，为规划事业作出自己的贡献。

浙江工业大学

徐鑫

七校联合毕业设计走到第十一年，很高兴看到从首都北京再次起步，更高兴看到校际、校企联合的进一步深化。从单纯的老师命题、学生设计，到学校与当地设计院联合命题，再到相关专家系列讲座、校外专家参与设计全过程，联合毕业设计的教学不只是本科阶段所学技能的综合演练，更可以深刻地探索真实的社会环境，同学们不但在调研中体察到深层的现实景象，更在专家与老师的点评中收获到深刻的规划思维，这样的历练无疑是难得且难忘的。

周骏

首都功能核心区是全国政治中心、文化中心和国际交往中心的核心承载区，是历史文化名城保护的重点地区，是展示国家首都形象的重要窗口地区。而天坛是首都功能核心区的著名景点，也是全国重点文物保护单位和世界文化遗产。两者的结合，提升了本次联合毕业设计选题的意义，也为规划设计带来较大挑战，因为既要坚定有序疏解非首都功能、加强老城整体保护、注重街区保护更新，也要突出改善民生工作、加强公共卫生体系建设、维护核心区安全。以“韧性”与“活力”为主题，拓展了师生们的思想深度与思考广度；以“目标导向、聚焦重点、关注减量、回归民生”为落脚点，提升了同学们的思政价值观和逻辑思维能力，以及城市空间设计能力、新技术和新方法的应用能力等。祝同学们在专业的道路上光芒四射，也祝“7+1”全国城乡规划专业联合毕业设计越办越好！

龚强

从“修补城市伤疤”到建设活力、韧性城市，城市更新成为 2.0 时代城市四大韧性提升新的驱动力。2021 年北京建筑大学以“活力 · 韧性”为题，开启了七校师生对天坛北侧民房区的城市更新思考。老城深处，现代碰撞传统，一场旧城更新模式的碰撞实验就此展开。完成这次实验后同学们将走进社会成为一名规划师，希望通过这次特别的经历让大家明白，城市更新是一个漫长的过程，需要点滴积累，人们并不想要冷冰冰的工程改造，而是需要充满人情味的美好家园再造。

福建工程学院

曾献君

本次“7+1”全国城乡规划专业联合毕业设计体现出中心性、时代性、复杂性和挑战性。中心性体现在将北京天坛北侧地块作为设计基地，拥有一次为首都中心、祖国心脏做规划设计的机会；时代性体现在设计的主题“活力 · 韧性”，要求师生们在后疫情、存量更新、高质量发展等时代背景下对现有城市空间形态、公共设施、社会生活进行时代性的改造与优化设计；复杂性和挑战性主要来自于场地的现实状况，如高密度居住人群、复杂的产权、历史建筑与街巷、基础设施，因此想要提出一个既能有效挖掘历史及区位价值、重塑地块活力与韧性，又切实可行的保护、整治、改造方案，具有很大的挑战性，需要更加精细化的基础数据分析与经济社会可行性论证。不同院校同学对这个“四性”选题分别展示了丰富多样的探索性设计，并进行了充分的交流与学习。在此，特别感谢北京建筑大学组织本次毕业设计活动，使得联合毕业设计更加具有活力和韧性，祝愿“7+1”全国城乡规划专业联合毕业设计越办越有活力。

杨昌新

联合毕业设计既是教学模式与方法上的积极探索，也是提升学生培养质量和师资教学水平的有益尝试。面对社会和市场的需求，全面推行教学改革，培养可以处理复杂问题的复合型应用技术人才，不失为地方院校探索特色办学的一条好路径。“7+1”全国城乡规划专业联合毕业设计已经走过了十一个年头，回顾过往，有筚路蓝缕和前行艰辛，但更有面对的勇气、坚定的信念和坚守的决心。十一个年头，送别了十届的同学，收获了十册毕业成果，既培养了学生，也成就了老师，“7+1”全国城乡规划专业联合毕业设计将在新老更替的路途中历久弥新。

杨芙蓉

又一届联合毕业设计告一段落了，在十余年的时间里，联合毕业设计举办地转战六个历史文化名城，今年又来到首都北京。终于有机会做首都的规划了，不得不说有那么点激动和忐忑。尤其今年的选题位于天坛区域，又处在北京城市中轴线上，挑战和难度并存，同学们付出了他们的努力，也展示了他们的实力。虽然今年仍旧受到了疫情的影响，两次答辩都不得不在线上完成，但是师生们还是在困难中完成了实地调研，辅导过程也可以不用像去年那样采用网络课堂的形式。因此，总体来说，结果仍然是令人满意的，过程也仍旧是珍贵的。期待明年又一个古都城市西安的联合毕业设计。

5 学生感言

Student's Comments

北京建筑大学

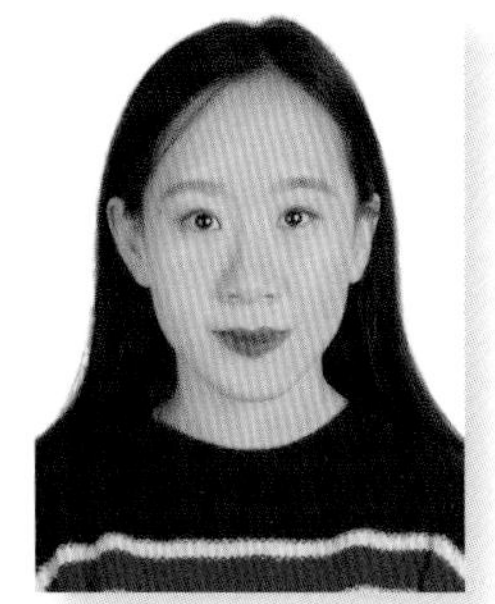
高维清

毕业设计终于落下帷幕了，感谢一直为我们辛勤付出的指导老师，同学们也都非常认真负责，不计较个人得失，为团队工作添砖加瓦。在本次毕业设计的过程中，大家一起经历了许多挫折和坎坷。面对困难，我们积极解决，这是我们每个组员宝贵的人生经历，毕业设计不仅仅是一次单纯的作业，也是对我们大学五年学习过程的总结，还是一次展示自我的机遇。虽然我们的设计存在一些稚嫩和不完善的地方，但这是我们基于认真完成毕业设计任务的信念，全体组员相互鼓励、相互促进，从而交出的在我们自己看来比较完美的成果。在这五年里，从刚进学校时如同一张白纸，到现在一步步成熟、成长，我收获良多。前进的步伐永远不会停下，我们仍将为自己的未来而努力奋斗。

高滢

本次毕业设计是对大学五年学习与生活的总结，也是对我们专业能力的检验。设计初期，由于疫情，我们一直进行线上教学，但是同学们对于毕业设计都很有热情，收集了很多资料。正式返校后，经过老师的指导，我们理清思路，做好逻辑串联，让规划方案的生成更加有条理。在这次毕业设计中，我们不仅向指导老师学习了很多专业知识，还与其他学校的同学相互交流、学习，取长补短，开拓思路，学习到了不同学校在设计中的侧重点与汇报策略中的不同之处。感谢张忠国老师和苏毅老师为我们传授了宝贵的经验，培养了我们独立思考和逻辑思维的能力；感谢在整个毕业设计过程中给予我帮助的各个学校的老师与同学们。

何君泽

这次毕业设计是我大学生涯的最后一次设计，它对我的意义并不在于学科上的精进，而在于这是最后一次与同学们合作、学习。从调研、汇报、做方案到最后出图，这一路少不了老师们的帮助提点和批评指教，也有同学们在深入研究方案时的激烈讨论和互帮互助。组长为我们分配任务、统筹方向、修改、汇总，完全不在意任务的轻重，一直以身作则；组员们不辞日夜，不畏艰辛，加班加点地赶进度，为方案增添了不少内容。这次毕业设计，就过程而言，我是收获满满的。在同学和老师的帮助下，我锻炼了自己的耐性，不再急功近利。一张张图纸的背后，是我和同学们并肩画图的难得经历。未来，我所掌握、珍惜的将不仅仅是画图的技艺、设计的深浅，更是团队合作、与人共处的学问。

王鹭

时光飞逝，回忆五年前第一次上城乡规划专业设计课程，到逐渐深入了解这个学科，再到现在的毕业设计，感慨万千。本次毕业设计，从开题调研到终期答辩，我们小组成员努力用学到的专业知识来表达我们对城市活力、城市韧性的理解。首先，感谢张忠国教授与苏毅老师在我们面临困扰、迷茫时，给予我们悉心的指导，使我们受益匪浅，也让我对城市更新设计有了更加深刻的理解；其次，感谢在毕业设计过程中多次给予我们帮助的学长、学姐，他们为我们梳理思路、提出问题，让我们的方案设计向更好的方向发展；最后，感谢我的小组成员，从搜集资料到调研地块，再到方案设计的反复修改，期间经历了喜悦、困惑、痛苦和彷徨，直到最后一起完成毕业设计，这一切的经历都为我大学的最后时光做了最好的收尾。

吴海龙

感谢张忠国和苏毅两位老师的指导，也很荣幸和五位同学一起朝着一个目标奋进。本次毕业设计的前期调研和一草分工明确，开学前三周的任务主要是基于开题调研和实地调研反馈回的信息进行现状模型制作，同时检索文献、确定定位与主体结构。开学后立刻以专业视角进行地块剖析和设计深化，激活、渗透、融合，传承传统文化，重构韧性活力空间，建设韧性活力社区。高效制作设计图纸后，毕业设计也迎来尾声。回首过去，需要做的是让历史照亮未来，吸取经验教训，珍惜眼前，放眼未来，在日常生活中把握好自己的心态，调整好节奏，在每一个环节将细节做到最好。

卓政

本次“7+1”联合毕业设计历时三个多月，在这三个多月的时间里，我们完成了大学五年的最后一次设计。虽然因为疫情原因，不能和其他学校的同学进行面对面的交流与学习，但是在此期间我还是有很多的收获，主要包括三个方面：一是同学之间团结合作，共同完成此次毕业设计，锻炼了自己与他人合作的能力；二是见识到其他学校同学的设计成果，可以学习他们的设计思路与方法；三是在倾听多校老师的点评之后，可以更加全面地认识到自己的不足，明确今后需要努力的方向。在本次毕业设计过程中，小组内六人分工明确，合作共进，互相理解和包容，因而没有出现因人多而产生的协调问题，尤为难得。感谢张忠国老师和苏毅老师的全程指导，正是因为有两位老师不辞辛劳的陪伴，我们才能及时发现并纠正设计过程中的不足，取得最终成果。

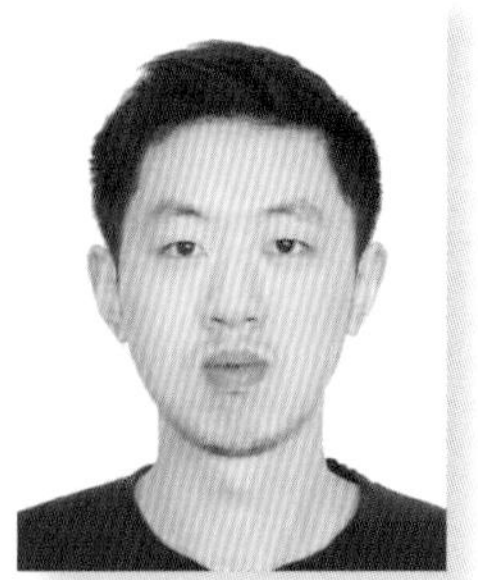

董佳昊

非常荣幸能够参加这次“7+1”联合毕业设计，五年的学习生涯在经历了不同寻常又忙忙碌碌的半学期之后，转瞬而过，但是毕业设计带给内心的充实与感悟却让我欣慰不已，同时也受益匪浅。对于我们来说，毕业设计不仅仅是一项简单的作业，也是对我们五年学习成果的一次总测验和对我们知识体系的一次大检查。在这次毕业设计中，我们与其他学校的同学们进行了深入的交流，他们对于设计的不同见解让我们开拓了视野、增长了见识。同时也让我认识到自己对于城乡规划学科的认知有些狭隘，对于规划前沿知识的掌握有所不足。在未来的学习与工作中，我还要加强自身专业技能的训练，努力成为一名合格的规划师。

梁惠琪

在本次毕业设计中，我们组有三位成员，由我担任组长，对整个设计的思路及产出进行梳理和规划，其中的辛苦不言而喻，但是回看整个设计流程，我受益匪浅。首先，我需要在整合前期项目背景的同时，结合对案例的学习，组织小组成员集思广益并确定大致设计思路。其次，撰写规划设计文本，理清方案逻辑，进行小组分工，安排设计任务。最后，按版式的要求，提交各种烦琐的文件。虽然辛苦，但最后我们的毕业设计作品获得了院级优秀毕业设计的荣誉，非常欣慰。联合毕业设计活动已经圆满结束，这是我在本科阶段第一次也是最后一次担任设计带头人的角色，极大地锻炼了我的领导能力和沟通能力。在毕业答辩阶段，我学习到了其他学校同学作品的优秀之处，收获到了老师和评委们的宝贵意见，认识到了我们的设计仍有巨大的进步和改进空间。谢谢学校五年来对我的教育和栽培，希望在未来的学习和工作中，我能将学习到的专业知识发挥得更好，不辜负大家的期待！

邢璐阳

这次毕业设计虽然存在着很多问题，但是我在前期的现状分析和逻辑生成方面，能力有了很大的提升。所谓的区位分析，并不是看一下在哪里就行了，而是要看这个区位能带来什么挑战及机遇等。比如，一个违章记录就可能暴露了一定的交通区位问题，一定要顺着这根线进行挖掘。在本次设计中，我做了一条交通线设计，包括现状分析、概念生成以及最后的道路方案设计。设计做完之后，我觉得心里很踏实，任何同学就相关的问题询问我，我都能说出来道理。在案例借鉴方面，我认识到好看的设计并不能随便拿过来用，而是应该先弄清楚这个设计和我们的方案有哪些共同的条件或者问题，我们可以参考这个设计的办法来处理问题，这样才叫案例借鉴。在概念逻辑方面，我感觉比上次的城市设计还是有所提升的，总体来说已经形成了自己的逻辑概念，有了自己思考问题的惯性和方法。毕业设计圆满结束了，在接下来的日子我要一步步前进，学习更多的专业知识。

田文尚

经过半年多的努力，毕业设计终于结束了，这也标志着我的大学生活结束了。虽然毕业设计的过程有些曲折，但结果是好的，我们都按时完成了毕业设计。这次联合毕业设计，让我有机会接触到其他学校的同学，尤其是南方学校的同学，虽然我们一直没有机会线下见面，但通过几次汇报，我认识到南北方同学对于城市设计的不同理念，拓宽了自己的视野。想要做好设计，还是要多走、多看，多了解不同地域的风土人情和历史文化，这样才能做出符合实际情况的设计。没有最好的设计，只有最合适的设计。感谢我的指导老师和队友们，在毕业设计过程中他们给予了我很多帮助，还给我提出了许多宝贵的意见，让我在以后的成长中可以少走弯路。一段生活的结束，标志着另一段生活的开始，希望可以顺利地走下去吧！

王禹辰

毕业设计是我们大学里的最后一道大题，虽然这次的选题和地块看起来困难重重，但是实际操作起来，又觉得事在人为。从前期分析到辛苦调研，再到确定设计方向，然后是对所选方向的初步认识和了解，最后到对地块设计的修改，只要用心去做，所有的问题就能迎刃而解。毕业设计是一个过渡时期，是我们从学生时期走向职业生涯的必经之路，在此期间，我认识到，遇到问题首先应该尝试自己独立解决，而不是未加思考就求助别人，这样不仅无法提高自己的思考能力，也是一种消极态度的反映。在设计的过程中，我们当然要仔细聆听老师的见解，可是自己的领悟更重要，这样才可以真正消化各类知识点。另外，在设计的过程中要保持清醒的头脑，不断接受新事物，遇到不明白之处要及时请教，从中获益，让自己的思想不断得到修正和提高。其实我们可以把毕业设计看作是一项工作任务，毕业设计用到的专业知识以及个人具备的专注力和责任心，在工作中同样是必不可少的。

吴孟仑

毕业设计是我们作为学生在学习阶段的最后一个环节，是对所学基础知识和专业知识的一种综合应用，是一个再学习、再提高的过程，这一过程对我们的学习能力、独立思考能力及工作能力的提升都有很大帮助。在大学的学习过程中，毕业设计是一个重要的环节，是学校生活与社会生活之间的过渡，是我们步入社会参与实际工作之前一次极好的演练机会。在完成毕业设计的时候，我尽量把毕业设计和实际工作有机结合起来，理论联系实践，这样更有利于自己能力的提高。本次联合毕业设计，让我有机会与其他学校的优秀师生们进行交流，相互学习、相互成长。作为本科阶段的最后一个设计课题，我格外珍惜这次宝贵的机会，也做到了不留遗憾。

苏州科技大学

朱玥珊

非常荣幸能参加“7+1”联合毕业设计。此次毕业设计的基地位于天坛北侧和中轴线一侧，占据独特的地理区位，能够拥有这样的机会参与北方老城区的更新项目，对我的学生生涯来说意义重大，也让我对规划设计有了全新的理解。回想这段时间，受益匪浅，感受颇深。在不断地讨论和推敲方案的过程中，我们有过迷茫、失落，也有过惊喜、成功，经过不懈的努力，我们最终完成了一个完整的方案。尽管我们的方案存在不足之处，但是在毕业设计的过程中，我们提高了自己的规划思维能力、画图能力、方案构思能力等，获得了宝贵的经验，这些将会为我们未来的学习和工作提供莫大的帮助。最后，感谢指导老师的悉心指导与经验传授，以及纠正我们在设计中的错误，让我们明确设计方向；感谢此次毕业设计的队友们，我们一起克服困难、一起钻研和完善方案，让我收获良多。

王沛颖

随着毕业日子的到来，毕业设计也接近尾声了。在做毕业设计之前，觉得毕业设计只是单纯的总结。但是做完毕业设计之后发现，自己以前的看法太片面了，毕业设计不仅是对所学知识的一种检验，也是对自己设计能力的一种提升。将近四个月的毕业设计，一路走来，感受颇多。在指导老师的带领下，我和小组成员不断地穿梭于设计思想的缝隙之间，以寻求灵感的火花。虽然在不断的方案摸索和推敲过程中，我们有过失落、成功、沮丧、喜悦，但这些已经不重要了。重要的是，在这个过程中，我们不仅提高了规划思维能力、训练了画图技能，而且树立了正确的规划价值观。这些宝贵的经验，未来将为我们的工作提供很大的帮助。最后，由衷地感谢为我们提供帮助的指导老师们，以及一起并肩同行的队友们，这段路程不虚此行，愿大家不忘初心，砥砺前行！

刘舒琴

随着毕业答辩的结束，毕业设计已经接近尾声了。大学五年匆匆而过，毕业设计算是结束，也是新的开始。通过对天坛北侧的调研，我对老北京有了一定的了解，对北京中轴线有了更深刻的认识，也切身体会了老北京胡同地块的复杂性。我们组以老北京城市文化记忆为切入点，引入空间叙事理论，展现老北京的戏曲文化、民俗文化、市井文化。感谢本校三位老师对我们的指导、鞭策和鼓励；感谢我的队友，在毕业设计过程中，我们互相鼓励、共同协作，完成了属于我们的作品。由于疫情，答辩只能在线上进行，有些许遗憾。但通过七校联合毕业设计交流，我认识到自身的不足，也学到了很多。这次北京老城城市更新设计，我锻炼了自己的逻辑思维能力，提高了自身的设计能力，养成了与大家共同探讨、分工合作的习惯。非常有幸能通过此次毕业设计与北京结缘，也非常感谢有这次机会参与到北京老城更新设计中来。

朱天睿

时光飞逝，回想起这几个月的毕业设计过程，感受颇多。在不断的反复中走过来，有过失落，也有过成功；有过沮丧，也有过喜悦。从一次次的失落走向成熟，我的心志得到了锤炼，能力得到了考验，同时我也发现了自身的不足。此次毕业设计培养和提升了我对专业知识的运用能力，使自己从被动的基础学习和按部就班的设计阶段，进入理论联系实际、主动分析和解决问题的开放式思维阶段。在这个过程中，我不断突破自己、突破常规，经历时间的考验，最后拾起散落满地的思想碎片，在不断的挣扎与蜕变中完成设计，并交出满意的答卷。

陈美华

"7+1"联合毕业设计为我的大学生涯画上了圆满的句号。在此次联合毕业设计中，由于疫情，不能和大家一起到现场见面，略感遗憾，但还是很有幸和各位同学们度过了难忘的三个月，共同完成了天坛北侧的地块更新设计。大家相互交流、相互学习，让我学到了新的方法和知识，并且发现了自己的不足，促使我不断提高自己的能力，为未来的学习和工作奠定了更好的基础。特别感谢我的队友们——朱玥珊、王沛颖、刘舒琴、厉文灿，在整个毕业设计的过程中，我们共同努力，顺利完成了此次毕业设计，为我最后的大学生活增添了一抹亮色。从前期调研到中期汇报再到终期答辩，从一步步地推进方案到模糊修改再到最终成型，在整个过程中，于淼、顿明明和周敏三位老师认真地帮我们分析设计中出现的问题，为我们修改方案和提供指导意见，非常感谢他们的耐心指导。毕业设计不是终点，而是未来学习和生活的起点。最后，感谢苏州科技大学这五年来对我的培养，大家未来再见！

厉文灿

非常庆幸自己能在大学的最后一个学期参加"7+1"联合毕业设计。虽然只有短短的三个多月，期间任务比较繁重，忙得焦头烂额，但确实受益匪浅。不管是老师的指点，还是同学之间的相互交流，都让我学到了很多专业知识。虽然在方案设计和生成的过程中，我们遇到过瓶颈，也有过分歧，还走过弯路，但我们互相协调，充分表达了自己的意见和看法，最后在大家的共同努力和老师们的精心指导下，我们提交了一份满意的答卷。若干年后再看到这个设计作品，我们可能会莞尔一笑。感谢"7+1"联合毕业设计这个平台，让我们可以和别的学校的同学互相学习、互相比较，也感谢各位老师对我们的支持。最后，感谢苏州科技大学这些年的栽培，我相信未来的我们会在规划这条路上展翅高飞！

曾煜

无论是苏州还是北京，传统建筑风貌都给城市带来了别样的色彩。本次毕业设计我有幸作为小组组长，带领组员们一起做首都地块的城市更新设计。我非常开心能和组员们一起完成本次毕业设计，也非常感谢各位老师的悉心指导。对于北京，我们还有很多认知和设计上的缺憾。在毕业设计过程中，我们遇到过许多困难，前期还一度出现进度过慢的问题，但在大家的共同努力下，还是顺利完成了毕业设计。尽管最终成果仍有不足，但它仍是我本科生涯最充实的一次课程设计。最后，再次感谢老师们能够让我们组有展示成果的机会，大家毕业快乐！

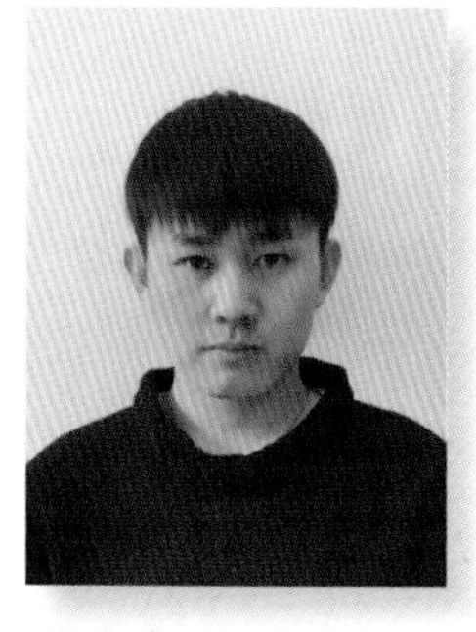

罗浩睿

时光飞逝，岁月如歌，大学时光转眼间就结束了。我非常荣幸能参加本次联合毕业设计，也非常荣幸能有机会参加首都功能核心区天坛北侧地块的城市更新设计。在这段时光里，有过争执、迷茫，也有过挣扎，但最终经过老师的指导和同学们的努力，还是得到了圆满的结果。感谢老师对我们的谆谆教诲和对每一位同学想法的尊重，引导我们形成完整的逻辑思维导图；感谢队友们的帮助与包容，让我了解到团队合作的力量。

陈瀚霖

时光荏苒，岁月如梭，毕业设计的结束为五年大学生活画上了圆满的句号。在这三个多月的时间里，在与老师的交流、探讨及小组成员之间的合作努力中，我收获颇丰。从苏州水乡到北京老城，一个吴侬软语，一个宏伟壮阔，两个文化底蕴如此深厚的古城，为此次设计增添了丰富的灵感。三人行，必有我师焉。很幸运能参加“7+1”联合毕业设计，能够与其他学校的老师和同学进行学习上的交流，弥补自己原有知识体系的不足。联合毕业设计只是一个开始，未来要学习的还有很多，我会在工作和生活中不断汲取营养，提高自己的专业素养。感谢三个多月来和我们一起奋斗在前线的顿明明老师、于淼老师和周敏老师，他们细心而亲切的指导让我们在毕业之前对五年所学知识有了更深的理解和掌握，谢谢老师们不辞辛苦地为我们在大学毕业临行前提出的每一个宝贵的学习意见和人生指导。

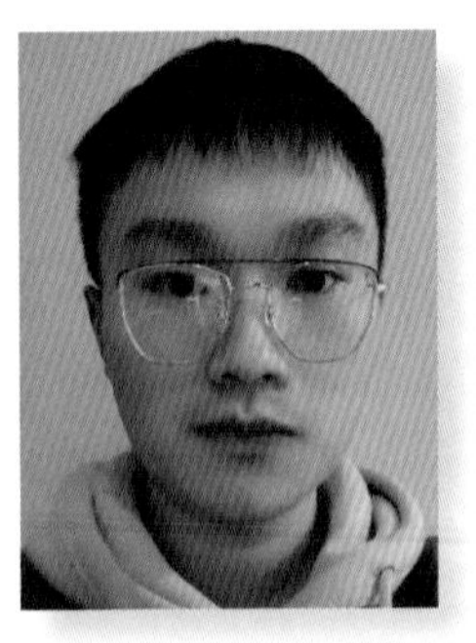

陈勐勐

通过毕业设计，我对城市更新设计研究有了新的认识和体会。我理清了目标战略规划、总体城市更新设计、重点地段更新设计等不同层面规划的侧重点，并且对历史街区及周边区域规划的要点有了更深层的掌握。这次毕业设计，从选题到框架和目标的形成，再到最终方案生成，我们组的指导老师周敏倾注了大量心血，同时给予了我们极大的鼓励和帮助，在此谨表深切的敬意和衷心的感谢。同时，感谢顿明明老师、于淼老师的循循善诱和谆谆教导，令我能够更加清楚地认识到一名合格的城市规划工作者该如何做研究。感谢同组小伙伴的努力付出，让我体会到团队合作的重要性。通过这次联合毕业设计，我更加清楚地认识到自身存在的不足之处，也看到了小组成员身上的闪光点，这是我日后需要向他们学习的地方。回顾过往，经历过追求探索的艰辛，也曾愉悦于学习和生活的充实。学海无涯，我将吸取每次经验教训，更好地前行！

山东建筑大学

丁华印

本次“7+1”联合毕业设计是大学五年学习成果的综合考评，这个过程不仅让我的设计能力有了很大提升，更让我认识到自己在规划专业能力提升上还有很长的路要走。本次毕业设计的开题、中期和末期都因疫情的影响而没能去到北京和其他学校的老师及同学见面，所以心中留有遗憾。项目选址位于北京首都功能核心区的天坛北侧地块，基地南侧紧邻天坛，位于北京中轴线和城市次轴线之间，并且在天坛与地坛的连线上。我们组将设计主题定为“天地之间，黎庶繁息”，“天地之间”简要表明基地位于天坛和地坛之间，同时天地又指普遍意义上的蓝天和土地；“黎庶繁息”取自曹操的诗《度关山》中的“黜陟幽明，黎庶繁息”，我们将其引申为百姓安居。以“天地之间，黎庶繁息”作为我们设计的目标和愿景，表达以人为本的设计理念。最后，感谢陈朋老师和程亮老师对我们的指导和引领，感谢搭档的默契配合与努力！路还很长，我们还在路上。

刘泽慧

在毕业设计完成之际，感谢我的母校山东建筑大学以及建筑城规学院全体领导和老师，在这五年里，我们学习了相关专业知识和提高了自己的能力，掌握了扎实的专业技能。感谢陈朋老师和程亮老师在毕业设计的整个过程中提出的宝贵意见，两位老师渊博的知识、开阔的视野和敏锐的思维给我们提供了很大的帮助。感谢我的家人在此期间给予我的包容、关爱和鼓励，以及所有陪我一路走来的同学和朋友。三个多月的努力，从开题到调研，从前期分析到最终完成设计，每一步对我来说都是新的尝试与挑战。在这段时间里，我们学到了很多知识，也有很多感受，从尝试解题到最后设计成熟，作品的每一次完善都是我们学习的收获。我们的毕业设计作品还有很多不足之处，但是这次毕业设计的经历使我终身受益，期望这次的经历能激励我在以后的学习中继续进步。

张增辉

本次毕业设计规划用地位于北京老城区，在方案整体的功能定位和结构空间的协调组织方面有一定难度，但是基地有着丰富的历史文化底蕴和人文气息，容易体现出新意和特色。前期，我们怀揣着满满的热情奔赴北京天坛北侧基地进行基地调研和城市生活体会，其中北京的天坛文化、市井文化、当地美食、老人与儿童等都给予了我深刻的印象，也给后面的方案设计积累了大量素材。通过这次毕业设计，我们更加熟练地掌握了有关城市设计的方法、过程、思考点、空间与流线的组织等技巧，并深刻体会到前期基地现状研究的必要性，以及尊重现状和地域文化的重要性。在此过程中，我提高了独立分析问题和提出解决对策的能力，养成了与大家共同探讨问题、分工合作的习惯。感谢陈朋老师和程亮老师的悉心教诲与经验传授，感谢同组同学一起交流心得体会，加上自己的一份勤奋，最终圆满完成了大学本科阶段最后一次设计。此次毕业设计，过程愉快、收获丰富、结果满意。

安兆璇

通过此次联合毕业设计，我深刻地认识到片区生活环境品质低下的现状，作为一名规划师，应该更多地关注民生问题，以人民生活水平的提高作为设计的最终目标。在毕业设计过程中，给我印象最深刻的是作为曾经北京城市重要象征的胡同和四合院，如今狭窄、拥挤，已经不能适应现代化大都市的发展。交通不便，街区生活设施落后，公共服务跟不上，这些都成为胡同和四合院难以根治的顽症；而扩宽街道，危房拆迁改造，莫不涉及胡同和四合院。胡同之没落，是一件令人无可奈何的事情。除此之外，通过本次毕业设计的实地调研，我还深刻地理解了实践在规划中的重要性。调研是规划的前提和基础，一个好的规划必须要有充分而有效的调研，要深入了解场地的物质现状和非物质文化现状，用各种方式记录场地的价值符号，提取基地基因，在此基础上进行规划设计。通过实地调研，我深刻理解了将书本知识运用到实践中来才是规划的重中之重，要做到具体问题具体分析，理论与实际相结合，用实践来检验真理。再次感谢承办方北京建筑大学的选题和安排，以及各位高校老师和设计院老师的教导，希望“7+1”联合毕业设计越办越大，越办越好。

夏雨欣

首先，我谨向我的导师陈朋老师和程亮老师致以衷心的谢意，在两位老师的悉心指导和言传身教下，我才得以顺利完成本科毕业设计。两位老师具有高瞻远瞩的目光和坚实广博的知识，他们对待科研工作和教学工作的态度，以及为人处事，都让我受益匪浅并将影响我终身。感谢我的队友孙欲晓同学，在毕业设计期间，她给予我巨大的帮助和指导，她认真的工作态度和执着的研究精神让我在与她的讨论中获得了许多启迪。感谢城规 162 班级的所有老师和同学，他们为我创造了良好的设计环境和设计氛围。感谢我的父母和家人，没有他们的关心和爱护，我不可能度过这漫长而艰难的求学生涯，并最终完成学业。最后，我要感谢本次毕业设计的评审老师及其他教授和专家，感谢他们抽出宝贵的时间来聆听我们的汇报，并提出宝贵的意见和建议。

兰文尧

通过这次联合毕业设计，我对北京有了更深入的了解。不同于以前走马观花的旅行，此次从规划专业的视角来看待北京的发展，能够对老北京的风情和特色有更深切的体会。通过对北京四合院的发展过程进行分析，发现从最初的四世同堂的合院建筑，到增量背景下私搭乱建的大杂院，再到如今城市有机更新中所提倡的共生院，四合院代表着普罗大众，代表着最深入北京骨髓的文化。因此，我们组方案的主题确定为“天地之间，黎庶繁息”。在规划过程中，我们对首都功能核心区的城市更新政策进行了学习，寻求复杂需求背景下文化保护与居民生活提升之间的平衡，并从总体结构、街区街巷、居住院落等三个层次提出更新策略。感谢陈朋老师和程亮老师对我们的耐心指导，这次毕业设计是我们本科阶段的终点，也是未来规划道路上一个新的起点。通过本次毕业设计，我学习到了很多，也了解到自己在专业方面仍有不足。希望未来的我能够解放思想，一点一点进步，成为更优秀的自己。

孙欲晓

非常荣幸参加本次联合毕业设计，在各位老师和同学的督促及陪伴下，顺利度过了大学五年的最后一个学期，充实且愉快。通过本次毕业设计我认识到，历史街区城市遗产的整体保护建立在深刻理解城市遗产总体价值的基础上，既要关注具体的重要历史建筑实体及一般历史建筑所具有的价值特征要素的保护，也要关注街区自然地理、空间格局、街巷环境等非建筑实体与地域传统文化、传统技艺等非物质形态遗产的保护。历史文化街区是活态的城市遗产，在城市遗产保护与管理工作中既要关注物质载体的永续，更应该关注物质载体、居民及其社会生活，利用文化遗产的价值改善街区居民的生活条件，使得传统文化蕴含的意义及创造性在当今世界中得以延伸，促进城市的可持续发展。本次毕业设计令我在学习上和思想上都受益匪浅，老师们严肃的设计态度、严谨的治学精神、精益求精的工作作风，深深地感染和激励着我。我校的陈朋老师和程亮老师学识渊博、品德高尚、平易近人，在此期间不仅传授了城市设计的专业知识，还教导了做人的准则，这些都将使我终生受益。

孙英皓

时光荏苒，岁月如梭，毕业设计给我们五年的大学生活画上了一个完美的句号。在这四个月的毕业设计过程中，经历了前期的调研、中期的方案设计和终期的毕业答辩，我们在逻辑推导、方案推敲和成果制作等方面取得了很大进步。通过现状调研的积累，找到基地的问题所在；通过权衡基地发展的可能性，着眼于基地内部本身，更在区域范围内进行大量分析，提出合理的、有前景的定位，指导基地的可持续发展。通过这次毕业设计，我们在应对城市更新等相关项目方面有了一个更加清晰且连贯的思路，对于整个项目进程的把控性、针对性得到了质的提升。很荣幸能够有机会在毕业设计中亲身体会首都北京的魅力，感受北京特有的传统文化底蕴，“以人为本”的设计理念与定位对我们未来的学习与工作具有深刻的指导价值。最后，感谢一路指导、陪伴我们的陈朋老师和程亮老师，两位老师诙谐的语言与高超的设计水平引领着我们不断前行，我们一定会在未来的学习和工作中，更加勤奋努力、扎实进取，以赤子之心，奔向新山海!

宋晓晴

我很荣幸能参与“7+1”联合毕业设计，很遗憾因为疫情没有进行线下答辩，错失了认识更多优秀的同学和现场接受各高校优秀老师指导的机会，但是通过线上答辩，我依旧收获良多。在老师的指导和同学们的帮助下，我对于城市设计有了更多新的认知，对老城区的综合更新设计了解得更加清晰透彻。毕业设计不仅帮助我总结了大学五年的收获，认清了自我，还帮助我改变了处理事情时懒散的习惯。几个月的忙碌之后，本次毕业设计已接近尾声。一个学生仅有一次的毕业设计，由于经验的匮乏，难免有许多考虑不周全的地方。在这里衷心感谢指导老师的督促和帮助，以及一起合作的队友的支持，他们给我提供了许多宝贵的意见和建议，让我按时完成了这次毕业设计。同时要感谢自己在遇到困难的时候没有一蹶不振，而是找到了最好的方法来解决问题。最后，感谢生我养我的父母，谢谢他们给了我无私的爱，以及为我求学所付出的巨大牺牲和努力。

西安建筑科技大学

安昊琳

很荣幸能参加本次选址位于首都天坛北侧的“7+1”联合毕业设计。时光飞逝，毕业设计已接近尾声，回首这三个月的付出与努力，感慨颇多。毕业设计不仅是对大学五年所学知识的一种检验，也是对自己能力的一种提升。一路走来，有惊喜也有感动，有过成就也有过失败。初去北京调研的时候，不仅感受到了首都的魅力，也感受到了北京大爷的热情，最重要的是感受到了北京人十分接地气的生活氛围和十分普通的生活需求，这些让我们坚定了要给他们交出完美答卷的信念。在方案设计推敲中，我们互相帮助，在一次次头脑风暴的碰撞中，找到大家共鸣的基地发展方向与规划目标。而整体设计不仅培养了我的工作能力，也培养了我的组织能力和独立的信心。在大学最后一次团队合作中，每一个小小思路实现时的幸福心情，都将会成为我成长的动力，对于未来的未知挑战，我有信心可以克服。最后，感谢毕业设计中为我们指点迷津的老师，也感谢与我一起快乐画图、快乐斗嘴的同伴们，希望在未来的道路上，大家都可以不负韶华，成为更优秀的自己。

嵇薪颖

这次联合毕业设计是我们作为学生在本科学习阶段的最后一个环节，可以说是对过往五年所学基础知识和专业知识的综合应用，也是一个再学习、再提高的过程。一路走来，感慨良多。在学习初期，我们去到北京，领略了引领北京城市整体发展的中轴线，并且深入基地，体会北京胡同深巷里的百味人生。在一次次的小组会议中，我和小伙伴一起讨论、研究，进行思维的碰撞，一步步确定规划目标与策略；在最后的出图阶段，我们不断尝试，优化图纸表达，形成最终成果。最后，对我们组里的小伙伴表示衷心的感谢，感谢她们在毕业设计过程中给予我的帮助；还要感谢三位指导老师认真负责的教学，不断给予我们专业的点拨。对于未来，希望我们都能够在人生的道路上继续勇敢前行！

李慧敏

很荣幸能参加本次选址位于首都天坛北侧的“7+1”联合毕业设计，在如此重要的地段进行城市更新设计，有激动，也有焦虑。旧城，尤其是文化名城，有着令人惊叹的深厚底蕴。我们在努力完善基地认知、把握规划方向之余，也对规划工作者能够在做好设计的同时平衡各方利益产生了敬意。学习是一个长期积累的过程，经过四年半专业理论学习的锻炼，我们终于迎来了最后的大考。在实践中，除了所学知识的运用，专注力和责任心同样必不可少。三个月的时间，给了我们检验自己规划专业学习成果的机会，也让我们有了进一步成长的信心。与很多优秀的同学们一起交流，风格各异的思想碰撞出了绚丽的火花，大家相互配合、相互鼓励，出色地完成了本次毕业设计。感谢三位老师的悉心指导，他们教给我们的不仅仅是空间设计和规划逻辑，更重要的是规划专业人应具备的素养。随着毕业设计接近尾声，我们作为规划专业本科生的五年学习也将画上句点。今后的人生道路还很长，短暂停留过后，我们又将走上新的道路，迎接新的挑战。同学们皆已整装待发，愿大家前程似锦、不负韶华！

杨豪

“7+1”联合毕业设计是我给本科生涯所交的最后答卷，回顾毕业设计中的点点滴滴和付出的所有努力，我感受颇多。由于疫情的影响，我们采用了初期云调研为主、中期实地调研补充的调研模式。北京是一个充满魅力的城市，孕育了众多的历史名胜和人文景观，与西安一样，有着丰厚的历史文化底蕴。然而，初到基地时，我却因地块内的平房区而感到震撼，不明白为什么首都竟会有这般环境恶劣的地方。后来随着调研的深入，我越来越了解到北京平房区更新的不易，也越来越下定决心要通过我们的毕业设计成果给他们一个美好的愿景。因此，当终期答辩我们的成果得到老师们的认可时，我们内心的喜悦与成就感是无可比拟的。最后，感谢北京建筑大学提供了这么一个充满挑战和人文关怀的选题；感谢在毕业设计中为我们指点迷津的三位优秀的指导老师；感谢在两次答辩中为我们提出宝贵意见与建议的其他学校的老师；感谢与我一同思考、一同努力、一同画图的同学们！唯一的遗憾是，由于疫情的反复，两次答辩都没能前往北京建筑大学观摩学习，希望以后有机会能弥补这一遗憾！

李雨萱

转眼间，联合毕业设计进入了尾声。从刚拿到题目时的期待与兴奋，到成果完成后的收获满满，回头看这三个半月的经历，感受颇多。第一次深入北京平房区，感受到居民最真实的生活状态和天坛的恢宏。从现状调研到方案生成，一步步有条不紊地进行，在一次次解决困难中权衡，让我对旧城更新设计有了更深刻的理解。很荣幸参加“7+1”联合毕业设计，感谢校内外老师们的悉心指导以及同组同学的互相鼓励与帮助，联合毕业答辩这天正好是我的生日，毕业设计结束在新的一岁这一天，是结束，也是新的开始。祝大家毕业快乐，相信未来，明天会更好。

李晨铭

五年时光转瞬即逝，在本科学习阶段的最后，因毕业设计来到这片与首都形象不尽相符的土地，近距离感受天坛坛根浓厚的历史文化氛围，感受陪伴这里居民记忆的浓浓市井生活气息，并且为这片土地可能更好的未来出谋划策，是一种荣幸。该向什么方向前进？如何前进？虽然过程中遇到了如此种种的问题与阻碍，但在各位老师的指导下，小组成员们配合协作，共同运用本科阶段学习的知识与方法，最终找到了答案。这既坎坷又收获满满的半年为自己的大学生活画上了一个满意的句号。虽然遗憾，由于不可抗力的影响不得不进行线上答辩，但或许在未来，我们所展望过的图景之一会成为亲眼可见的现实，不如那时再相约坛墙下，一起成为那繁华景象中的一份子吧。

谢诗萱

回顾这次课题设计，经历了前期云调研、到北京实地感受、整理资料以及最后紧张画图的日子，这次毕业设计对于自己不仅仅是对过去五年知识的总结，也是对自己能力的一种突破，是一种综合的学习、提高的过程。这次毕业设计的课题是北京天坛北部片区更新改造，由于是第一次接触世界文化遗产周边的地段更新，在方案设计中也遇到了一些困难。但在一次次的问题中也慢慢发现了自己的局限，在一次次的学习中也更加开阔了自己的思维，非常感谢在毕业设计中邓向明老师、杨辉老师、高雅老师对我们的悉心指导，也感谢在每一次遇到困难时给予帮助的队友们，在这次设计中我也认识到了自身的不足，也有了更大的进步和成长。

王诗涵

很高兴能参加此次七校联合毕业设计活动，我对此次基地选址非常感兴趣，其位于北京老城核心区内，是北京的核心地段之一，并且极具北京南城传统特色，充满市井坛根的生活气息。这次毕业设计，让我对一直很向往的首都有了更深入的了解和研究。我喜欢城乡规划专业的原因，就是每一次课题都能对一个城市或者城市一隅有深层次的了解，即便是最熟悉的地方，也能挖掘出不一样的新鲜事物。我们在北京进行实地调研时，喝了豆汁儿，吃了驴打滚和焦圈，走过了最真实的胡同，摸过了四合院上的一片片砖瓦。本科五年的时光转瞬即逝，这五年里，在与老师和同学的相处中，我掌握了不少专业技能，并且通过这个专业特有的小组合作、汇报演示等教学模式，还锻炼了自己的表达能力和团队合作能力。唯一的遗憾，就是由于疫情的影响，没能在线下与老师和同学们进行面对面的交流和讨论。但总体来说，还是度过了开心的最后一学期，为本科阶段画下了一个圆满的句号。

张婷

时光荏苒，三个月的毕业设计终于结束，作为本科阶段学习的收尾，我们对毕业设计的整体节奏把握得较好，组员的个人能力和团队的合作能力也有较大提升。我想从三点来谈谈本次毕业设计的感受：一是调研阶段，初入北京，就看到了那层繁华靓丽的外衣下包裹着的胡同巷里的“破败萧瑟”，但那里却不失生活气息，侃侃而谈的北京大爷、走街串巷的小商贩等，京味十足的人们就是那里最强的活化剂，至此我们深刻意识到旧城更新绝不单单是拆改这样物质层面的问题，社会问题更为重要；二是方案阶段，小组成员一次次地推敲方案、老师一次次地进行指导，让我们对基地的认识进一步加深，让方案设计持续推进，并且案例和论文的学习为方案设计提供了一定的理论支撑，可谓收获颇丰；三是成果阶段，大家一起画图的日子是很愉快的，优化图纸、修改排版、交流软件技巧……向着同一个目标奋斗的感觉真不错。最后，感谢组里的小伙伴们还有三位指导老师，能与你们共度本科阶段最后的时光，为五年的规划学习画上一个圆满的句号，深感有幸。结束亦是开始，不负韶华，未来可期！

张佳蕾

在刚拿到毕业设计任务书的时候，我觉得基地选址很有意思，位于首都核心区，南部是世界级历史文化遗产天坛，西边又紧邻北京中轴线。我以为现状设施肯定已经比较完备了，但是经过走街串巷的调研之后发现并不是这样，首都核心区也有一处居民日常生活不便的地方，胡同生活在充满人情味的同时也充斥着人口老龄化、贫困化问题，北京最核心地区的商业业态反而落后于三环、四环，现状面临着历史遗存活化、业态盘活、人居生活提升、中轴线风貌延续等问题。深入了解情况后发现，这实在是一块难啃的硬骨头，基地规划如何回应人口疏散问题，在北京老城复杂的产权现状下怎么解决拆迁问题……一系列难题都在方案设计阶段接踵而至，我们逐渐迷失在具体的建筑体块切割里，幸好在老师的提醒和帮助下，我们及时走出了误区。这块地让我知道了剧装戏具制作工艺、燕京八绝之一的京绣、坛根老城往事、胡同生活等，也明白了做设计不仅仅是画一张漂亮的平面图，更重要的是落位空间是否能解决现实问题。

张云天

本次毕业设计选择的场地在北京的东城区。我之前去过北京，但是基地周边的现状却与我印象中的北京有所出入，这也引起了我的好奇——到底是怎样的历史原因与社会发展造成了这样的现状。随着对地块的了解逐步深入，我发现这是一个极具挑战性的地块。随着时间的不断推进，我对基地渐渐有了感情，也萌生出了一定要想办法解决其中问题的想法。从调研到总结再到设计，整个过程都让我感到毕业设计节奏之快，辛苦、充实又快乐。

陈浩南

在大五的最后一个学期，我们参加了第十一届“7+1”全国城乡规划专业联合毕业设计，历经近半年的时间，联合毕业设计终于接近尾声。从去年年末到今年盛夏，从前期调研到联合答辩，我得到了各位老师和同学的许多帮助，与各位老师和同学携手合作，我也收获良多。虽然这次由于疫情防控的原因，两次答辩都在线上举行，但我们仍然获得了许多宝贵的意见和建议，并且有机会去了解其他学校同学的研究和设计思路，进而反思自己方案的不足之处，从而共同进步。虽然联合毕业设计已经结束，但在这期间的不断求索和实践，对我来说都是宝贵的经验，今后我也将在学习和求知的路上继续探索。

高雨田

五年的本科学习阶段要结束了，非常荣幸能够参与这次联合毕业设计。这次的课题是我之前没有遇到过的，对于北京旧城这样一个充满历史韵味的地方，旧城保护、原住民的诉求、整改新建这三方面是互相冲突的，我们的规划设计就是寻找平衡点，将各方利益合理分配。这次的毕业设计使我对自己的专业有了更深层次的认识，相信对于未来的学习和生活来说，这次的经历是非常珍贵的。规划和建筑是有本质区别的，从规划的角度出发，我们更应该关注社会问题，不仅仅是以人为本，各种要素都要考虑进去，不能只兼顾一方面。对于北京老城这样复杂的旧城问题，我们在日后的规划生涯中要时刻关注、时刻思考。

田磊

漫长而又短暂的五年大学生涯即将结束，匆匆时光里总有一些值得记忆与回味的时刻存在，并留下深深的烙印。回想着自己是怎样每天坐在电脑前挥舞着手指，是怎样让自己的思维跳跃到灵感的边界，又是怎样在疑惑中坚持自己，在坚持中打破困境，不禁感慨万千。此次“7+1”联合毕业设计让我了解到，特定的城市形态都有着复杂而深远的形成原因，在对历史文化街区的保护规划方面收获颇丰的同时，我也意识到自己在细节化空间设计上有所不足。在未来的学习、工作和生活中，我一定脚踏实地、认真严谨。实事求是的学习态度，不怕困难、坚持不懈、吃苦耐劳的精神是我在这次毕业设计中最大的收益。我想这是一次对意志的磨练，也是一次对专业能力的提升，对我未来的学习和工作有很大的帮助。

姚家斌

经过数月的努力，我们的毕业设计终于完成。在没有做毕业设计之前，我觉得毕业设计只是对这几年所学知识的一个总结。但是通过这次北京旧城的地块改造更新设计，我有了不一样的认知：毕业设计不单单是对所学知识的检验，更是对自己能力的一种提升。相对于以前的课程设计，我对这次毕业设计有了更多的思考和感知。在本次毕业设计中，我锻炼了自己的团队协作能力，也明白自己在哪方面的知识比较欠缺，尤其是对北京旧城居民日常生活缺乏了解，让我在针对性方案设计阶段很是乏力。这让我意识到，在日常的生活中，我应该不断学习，充实自己的知识储备。

安徽建筑大学

徐国栋

时光如梭，非常庆幸自己能在本科阶段的最后一个学期里参加“7+1”联合毕业设计。在这短短的几个月里，我们经历了忙碌而又充实的一段时光，受益匪浅。不管是吴强老师的指点和帮助，还是组员之间的相互讨论和交流，都让我学到了很多的专业知识。虽然我们在做方案的过程中有过争吵和分歧，还发生了几次方向性错误，导致方案几经更改，但我们彼此互相配合、协调，一起讨论、修改，最终在老师的引导和启发下提交了一份满意的设计成果。最后，感谢“7+1”联合毕业设计这个平台，让我们可以和其他学校的同学互相学习、互相比较、互相帮助、互相进步；也感谢各位老师对我们的支持和帮助。最后感谢母校安徽建筑大学这五年的栽培，我相信未来我们会在规划这条路上走得更远、更好！

宋健

姚鹏

随着城镇化进程的加快，城市更新迭代的速度也在提升，老城的保护更新及改造问题变得愈加重要。北京是有着三千年历史的国家历史文化名城，北京老城的城市更新改造问题尤为复杂，涉及民生、政策开发、风貌保护等多个领域，同时设计地块也是对全国老城更新项目具有示范性、引导性意义的命题。本次毕业设计选址的地块，建筑风貌以大面积的胡同平房区为主，兼有部分现代建筑。设计力求解决胡同区不协调风貌建筑与违法建设的问题，以及人民美好生活需求与老城更新发展之间的矛盾。如何控制现代建筑建设与古城风貌的冲突？如何将现代化的生活设施更好地融入老城人民的生活中？如何将适度绿化、低碳环保增添到老城建设中来？如何深入发掘老城宝贵的历史文化，让老城焕发生机与活力？……这些都是本次毕业设计需要关注的焦点问题。在本次毕业设计中，我们与其他学校的师生共同交流，受益良多，同时预祝各校同学前程似锦！

刘雨

光阴似箭，时光如梭，经过一个学期的努力，终于完成了毕业设计。此次具有挑战性的任务是对自己五年以来学习的检验，必须有扎实的理论功底和丰富的实践经验才有可能保质保量地完成预定的设计目标。回顾五年以来的专业学习，自己存在一些不足和遗憾之处，但从整体来看，经过自己不懈的努力还是取得了长足的进步，给五年的生活和学习画上了较为满意的句号。在做毕业设计的过程中，我们遇到了很多问题，从而也发现自己在某方面知识的欠缺，对于我们来说，发现问题、解决问题，这是最实际的。当我们遇到难题时，张磊老师给予了我们悉心的指导，这样我们才能顺利完成设计。毕业设计是我们大学里的最后一道大题，这次的题目选址于北京老城区，面临着保护与发展的矛盾，看起来困难重重，但是当我们实际操作起来，又觉得事在人为。完成一个精细的设计需要耐心，在这个过程中，耐力得到了一定的磨炼，这也为我们以后的工作打下了一个良好的基础。最后，再次谢谢张老师的细心指导，也谢谢另一位组员的倾心支持，在这个过程中，我学到了很多城市设计的思维和设计手法。我将心怀感恩，砥砺前行。

李金鑫

一转眼，五年的时光匆匆而过，我们从刚踏入大学校园的青涩学生变成可以独立生活、学习的青年。十分感谢五年来各位授课老师的指导和帮助，也感谢同窗的关心和爱护，让我能够顺利地度过充实的大学时光。毕业设计是本科阶段最后一个作业，既是大学五年学习生活的谢幕，也是对大学所学知识的检验与实践。我们有幸在张磊老师的带领下，参加七校联合毕业设计，通过与其他六校同学的交流以及接受其他六校老师和专家们的指导，我们学到了很多，感谢联合毕业设计各位老师的指导以及各位同学的帮助。同时还要特别感谢这次毕业设计的承办方北京建筑大学的老师与同学，他们合理安排了调研行程与衣食住行，不仅在学习上照顾我们，更在生活上关心我们，使两次北京之行都成为愉快的旅程。总之，很庆幸参加这次联合毕业设计，再次感谢张磊老师给我们的悉心指导，使我们收获颇丰富，也十分感谢我的另一位队友刘雨同学，我们一起讨论、一起克服种种困难，一次次的讨论和争辩使得我们对城市设计有了更深入的理解。最后，愿老师们身体健康、工作顺利、桃李满天下；愿同学们学习顺利、前程似锦！

李阳阳

随着毕业设计答辩的结束，为期近三个月的毕业设计终于接近尾声，这也标志着自己本科五年的学习生涯画上了一个句号。现在回想起做毕业设计的整个过程，感觉收获颇丰，有欣喜也有遗憾。在这里，我首先要感谢大学五年中我的专业课老师们，尤其是指导我联合毕业设计的侯伟老师，从最初的选题到中期的汇报，再到最终的答辩，整个过程都离不开侯老师的悉心指导。侯老师知识渊博，在调研方向时就耐心为我们解读了平房杂院的形成以及胡同市井文化，并指导我们以此作为研究和设计的重点。当我们遇到难题时，侯老师尽心地为我们解惑，使我们茅塞顿开，也使得我们不断突破专业瓶颈。最后，感谢我的搭档张居正同学，在这三个月紧密相处的时光里，我从他身上收获颇丰。遇到不会的问题向居正同学请教时，他会耐心给我讲解；我做的不好的地方，居正同学也都一一指点出来，令我成长很多。五年的光阴，大家一起努力学习、慢慢求索，我仿佛置身于一个大家庭，你们的陪伴让我的大学时光熠熠生辉。祝大家前程似锦，都有一个美好而精彩的未来！

张居正

在此次毕业设计的过程中，我收获了很多酸甜苦辣，也取得了一些进步，这些为即将开始的假期实习和来年悉尼大学留学深造面临更多挑战打下了基础。这次毕业设计虽然采取线上答辩的模式，但是在前期调研时有幸前往北京，领略了首都的风采。感谢指导我们组联合毕业设计的侯伟老师，整个毕业设计过程都离不开侯老师的悉心指导，当我们遇到难题时，侯老师耐心为我们解惑，使我们茅塞顿开，并且不断突破自己在专业上的瓶颈。在老师的悉心指导和同学的团队协作之下，一步步将方案完整地制作出来，可以说既是一个挑战，也是对于大学五年来知识积累和相关能力的一次测验，还让我对城市设计有了更加深刻的理解。毕业设计不仅标志着在安徽建筑大学五年学习生涯的结尾，也是一个崭新的开始。最后，衷心地感谢这次联合毕业设计中所有老师的悉心教导和同学们的进取付出。

丰豪

通过 2021 年的“7+1”联合毕业设计，我们发现了天坛北侧地块切实存在的问题，并且引发了对于传统风貌区历史文化见证、保护、传承等相关问题的思考，让我们受益良多。五年时光，白驹过隙，感慨万分。设计过程是辛苦劳累的，但是能够融入设计，学习到设计方法则是很难得的一次机会。这段时间里，我们对设计的理解和自身的能力都有了非常大的提升。师生之间、同学之间也加深了情谊，在一起实地调研、熬夜奋战等，处处体现着团队精神。最后，衷心感谢吴强老师对我们的栽培，无论在生活上还是学习上，他都给了我们很多帮助和支持；而且这次城市设计从开题到结稿，老师都不辞辛苦地指导，并给出了很多宝贵的建议，例如，整体上“宏观把握”，过程中“纵引横跨”，发掘设计主体的特质性与相关性，在整个设计过程中，始终坚持“理性思维”与“感性思维”相结合的方法，让我受益匪浅。吴强老师的渊博学识和平易近人的性格也令我们肃然起敬，他的言传身教将使我们终身受益，在此表示深深的谢意！

浙江工业大学

谢温博

大学经历了不少设计课，但毕业前夕的这一次联合毕业设计，于我而言却意义非凡。感谢“7+1”联合毕业设计这个平台，能给我这样一个宝贵的机会近距离接触首都的规划设计，让我走进北京，走进首都核心功能区，走进天坛，走进北京普通老百姓的生活中。本次联合毕业设计的地块选在天坛北侧，现状与我们的想象有很大落差。在分析总结地块现状特征后，我们抓住地块独特的区位条件、文化背景和历史积淀，提出文旅大主题的设计方向。在老师的耐心指导下，我们明确了地块的定位，形成了“以文兴旅，倚天向阳”的设计主题，以此提出“业态引入计划”和“民生改善计划”两大策略，并将其落实到总平面图和各节点设计上。方案汇报的过程中，我们在不同院校的同学提供的不同分析方法和方案重点中学习了许多，也对老师们提出的建设性意见十分感激。这是我们本科阶段的最后一个设计，也是新的人生阶段开启的重要节点。最后，再次感谢徐鑫、周骏、龚强老师的耐心指导，和一同参与联合毕业设计的各位小伙伴的支持和鼓励。希望自己能不忘初心，在成为一名优秀规划师的路上越走越远！

杨培强

这次联合毕业设计，前期去北京实地调研时，我们都对北京核心区内有这样一个风貌破败的地块感到些许震惊，也感到自己肩上沉甸甸的责任和压力。这个地块的现状用地、居民、产业等方面都比较复杂，再加上我和另外一位组员前期都处于研究生复试备考阶段，对于毕业设计难免有些不在状态，导致前期的表现令老师们不是很满意，我们也开始担心自己能否完成联合毕业设计。好在复试结束后，我俩迅速调整状态，开始认真准备 PPT 汇报和图纸设计，迅速赶上进度，并且在每周五的汇报中一直保持和老师积极沟通交流，改正老师们提出的问题，慢慢完善图纸生成逻辑和 PPT 汇报逻辑，最终的图面表达效果尚可，答辩也取得了老师们的一致认同，可谓是苦尽甘来。美中不足的是，老师们指出，我们的方案对于业态落实的具体空间形态缺乏考虑、思考深度不够，这固然与我们准备时间不足有关，但是这不应该是我们推脱的理由，我们本应全力以赴将这些设计思路完全落实在空间上，这样才能体现我们城乡规划专业与其他专业的最大不同——强调实操性。这次的联合毕业设计使我们受益匪浅，是我们人生中一笔宝贵的精神财富。

杨薇琦

毕业设计的结束基本上意味着本科时光将要结束，感谢北京建筑大学作为东道主，让我们感受到北方城市的不同风土人情和文化；感谢三位老师的悉心指导，为我们提供思路、指明方向；也感谢队友们的付出和努力。在场地调研时，我们有幸实地感受首都北京，却震惊于区位与现状的巨大差距。还记得最开始偶然看到的“鬼市传说”，它成为小组后续设计的出发点。后来对北京旧城商业历史越挖越深，最终定下“大城小市”的主题。整体设计思路是构建文商之廊和乐活之地，使基地成为展示之窗，具体策略也从这两个大方面入手。从大地块的整体分析、对应策略到小地块的空间落实，逐步推进方案演绎。相较于之前大四的课程作业，这次联合毕业设计大家花费一段完整的时间全心全意做一件事，整体上感觉逻辑更通顺，也更能合理地安排时间。几个月的毕业设计时间很短，研究的深度也有所不足，但在这个过程中我还是收获了许多，这收获不仅仅来自身边同学，还有其他学校同学的优秀之处给予的启发。从两次线上交流中我感受到了各个学校的长处，值得学习。

廖家慧

随着联合毕业设计答辩的结束，本科五年的学习完美地画上了句号。很荣幸可以参加这次联合毕业设计，见识了其他学校同学的优秀；很感谢各位老师的悉心指导和建议，也感谢我的队友汤以文同学一路的扶持和鼓励。刚到北京第一天我们去了天坛公园，感受到了北京城的庄严和天坛的威严，里面的建筑都带着浓厚的历史印记。第二天走进基地，被里面建筑的拥挤破败和百姓生活的窘迫震撼。但清晨尹三豆汁前排满的长队、充满老北京味儿的话语、晒着太阳的人们、屋内窗台上摆着的花花草草都让我感受到市井的烟火气和百姓普通的幸福，虽然住的窘迫，但这里的百姓仍然追求体面的生活和平凡的幸福。回到学校后，我们整理出现状调研成果，在与老师的一次次汇报讨论中明确我们的设计主题——“天上人间”，企图通过未来场景设计，打造新旧同享、多景共融的未来平房区，既保留“人间”市井烟火气，又有着“天上”般的高品质生活环境，关注民生，回归生活。这半年时间，凭借一往无前的努力和始终不变的初心，最终形成的成果无愧于母校的教导和自己的付出。今后我仍将不断学习、探索，尽规划人之所能，圆百姓之所盼！

于泽坤

关于本次联合毕业设计，我们非常感谢北京建筑大学的邀请和招待，让我们感受到了北京作为首都的人文魅力以及在城市化进程推进下北京自我的更新进化。本次的设计地块是北京首都核心区的传统民居地块，具有较为浓厚的市井气息。在调研时，我们以人群需求为主要出发点，结合现状和周边大环境进行合理的推导，主线以旅游配套服务作为核心功能，最终形成六大不同游线体验北京风情的方案设计。这是本科期间最后一次设计课程，在三个月内，我们顶住亲人病重和就业实习的重压，一次次虚心请教指导老师，并不断推敲、打磨，形成总图和各种细节图，最终完成了设计方案。在中期和终期答辩时，我们受到了兄弟院校老师的好评与肯定，锻炼了自己的规划设计能力与逻辑思考能力，并且与北京的老百姓深入交流，体验和体会民生，这让我们深深感受到规划学是一门以人为本的学科。三个月来的经历与感悟使我们成长颇多，为我们的大学本科生涯画上了圆满的句号。

赵可涵

从初春到初夏，只是一眨眼的功夫，第十一届“7+1”全国城乡规划专业联合毕业设计就已经落下帷幕。如今回忆过去，仍记得与基地的第一次接触，我假装自己是一个胡同串子，试图在短暂的时间里记录下每一处建筑、每一处草木，也有幸见到了沙尘暴后的第一片蓝天；仍记得挖掘基地商业文脉时，从各大网站、微信公众号、纸质书籍中查阅相关资料，与那片土地上的平民百姓产生共情；仍记得手绘平面图时的每一次下笔和上色；仍记得出图时反复的推敲和修改，准备答辩时满腔投入的排练。感谢三位老师每周五雷打不动的指导，感谢队友的包容和支持，最终得以呈现这一“大城小市”，为本科时光画下圆满的句号。在终期答辩上，我们吸取了各校老师的指导和建议，对设计进行反思和总结。虽然这可能是我的最后一次设计课，但我在这个过程中学到了很多，真正感受到投入和产出是成正比的，也明白只要合理安排时间，保持健康作息的同时也能保质保量地完成任务。今后我会在工作中怀揣热情和探索精神，继续进步，迈向更好的未来！

杨博文

三个月的时间转瞬即逝，回想起初次调研时仿佛还在昨天，我们仿佛也还在为每周五的汇报而努力着。刚开始由于工作实习的缘故，前期的准备工作并不是很充分，难免令指导老师有些失望，后期抓紧时间赶上了进度，在完成任务的基础上还有了一定程度的自我想法表达。虽然整个过程磕磕绊绊，但最终还是走完了全程，付出和回报成正比，此次毕业设计也算圆了我对城市设计课程的遗憾。一方面我强化了对城市问题的认知，锻炼了系统性思考问题的方法；另一方面，我学会了如何对设计深度进行合理把控，有张有弛，避免设计走入死胡同。此外，最想要感谢的除了指导老师，就是我的设计组搭档，在设计方面他能够完全信任我，让我发挥个人想法，在组织上又能很好地引导整体的方案逻辑，让我在没有思路时找回方向。在平衡实习和毕业设计二者之间的关系时，我学会了从更贴合实际工作内容的角度出发，重新思考整个方案的细节处理，相信在以后的学习和工作中，我会更加得心应手，不断进步，提升自己。

汤以文

亚里士多德说：人们聚集到城市是为了生活，期望在城市中生活得更好。今年初春，我们有幸来到首都北京，亲近北京南城质朴百姓生活的点点滴滴。然而，我们在此却遇到了超乎寻常的“人间”。在未来社区与未来乡村的启发下，我们尝试构建未来平房区的生活场景，在时光变迁中寻找未来老平房的活力与生命力，探索传统平房更新的模式与路径，在保护与发展中寻找韧性与平衡。我们努力让规划有温度，让平房百姓有尊严，让未来生活有期盼，尽规划人之所能，圆百姓之所盼。从理想化未来愿景的构筑，到现实家园的搭建，从物质空间形态，到机制路径治理，城市更新是一个永续的话题，规划路漫漫，任重道远！

福建工程学院

赖鸿祥

非常荣幸能够参加本次七校联合毕业设计，也很幸运能够两次前往北京进行调研，选题的地点在我国的首都北京，地块位于首都核心区的重点地段——天坛北侧。本次设计的主题是“活力 · 韧性”，非常具有挑战性。这是我第一次接触城市更新设计，刚开始有点无从下手。初探地块，乌鸦的叫声，传统的街巷、胡同、四合院，还有天坛公园，都体现着老北京的浓厚生活气息。我们通过现状调研，采访当地居民，了解当他们的诉求，挖掘地块内的资源，找到“根”源所在，最终在老师的指导和帮助下确定了主题。我们的设计始终贯彻“生活、文化、产业”三大方面，寻找坛根文化的根源以及三者的问题所在，提出“生活之根、文化之根、产业之根”三大策略来完成我们的方案。七校联合毕业设计，把几个学校的老师和同学联系在一起，特别是参与其中的同学，都会将这段经历视为人生中重要的一部分，将来想起来都是值得回味的，愿各位同学未来可期！

杨雪阳

非常荣幸能够参加本次联合毕业设计，感谢在这个过程中各校老师给我们提的建议，同时也感谢本校老师对我们的悉心指导与帮助。随着毕业的日子一步步到来，我们的联合毕业设计也即将结束，回首此过程，感受颇深。依稀记得初次到北京，就被北京浓重的历史文化氛围深深感染。本次设计主题是“活力 · 韧性”，位于世界历史文化遗产天坛北侧的设计地块带给我们很大的难题。我们贯彻“老城不能再拆”的宗旨以及遵守北京天坛周边建设控制等一系列要求，从开始的迷茫，到中期的总体主题定位，这一过程花费了很长的时间。对现状进行摸索之后，我们寻求能够满足天坛旅游以及当地居民生活需求的设计，最终确定从“根”的主题出发，通过“生活之根、文化之根、产业之根”三大策略来生成我们的城市设计方案。其间最大的收获是能够与其他六个学校的同学一起做同一个地块的设计，能够与不同学校的同学一起交流、学习，终期答辩时聆听了许多不同的观点和想法，充实了自己的认知、扩大了自己的视野，愿各位同学未来可期！

陈海玲

很荣幸能参加这次联合毕业设计，能够接触到首都核心区的项目，和其他学校的老师及同学们一同交流、学习，让我受益匪浅。一开始拿到这个题目的时候，我很兴奋，在北京调研时也体会到了其作为我国首都的城市魅力，感受到了北京的传统文化，京味儿十足的街巷、方方正正的四合院和庄严肃穆的天坛，无一不令我着迷。通过专题研究，我开始了解到设计这个地块的不易，需要思虑周全、严谨对待。刚开始着手进行设计时，我们有点儿摸不着头脑，经过老师的指导和帮助后，我们才慢慢推进方案设计进程。中期交流时，在看到同学们的不同理解与思考后，我进行反思。最后的答辩，不同老师的指导和点评字字珠玑，也针针见血，点出我们的问题所在，很感谢老师及专家们的悉心教导。每一组的设计都各具特色，让我认识了很多优秀的同龄人，他们是我学习的榜样。未来，希望自己和同学们无论是继续学习深造还是工作，都能绽放属于我们各自的光芒，能够带着自己对城市设计、对城乡规划的热爱与初心继续前行！“数风流人物，还看今朝！”

韩腾连

时至今日，毕业设计终于落下了帷幕，回想整个过程，颇有心得。从稚气到成熟，有欢喜有遗憾，除了对城市设计有了更多的热情和了解，更是学会了如何与他人合作，取长补短。北京是有着三千年历史的国家历史文化名城，本次设计地块位于北京东城区天坛北侧，能感受首都北京的人文气韵，聆听不同学校师生的见解，是我的荣幸，我也格外珍惜这次机会。虽然我们小组在合作时常有分歧，设计过程中也存在大量的问题，但是总能在老师的帮助下，认真讨论，仔细论证，最终达成共识以及解决难题。本次设计算是大胆突破，没有拘泥于常规，在建筑设计中融入天坛台阶元素，对地块进行了智慧更新，当然，方案本身必然存在很多疏漏，还希望各位读者能够批评指正。感谢各个学校的老师带给我们如此珍贵的成长平台，感谢杨芙蓉、杨昌新、卓德雄三位老师的谆谆教导，感谢同学们的帮助和协作，最后祝愿大家前程似锦、不忘初心。

杨雨婷

时光匆匆，一转眼，大学即将毕业。“7+1”联合毕业设计作为我们最后的课程设计，有着非同寻常的意义。本次联合毕业设计的基地选址首都北京，我很荣幸能和我的队友一同参加此次联合毕业设计，这是第一次，可能也是最后一次能在天坛边上做规划，所以在整个毕业设计过程中，我们都抱着要在规划中尽情融入自己想法的信念。此次的联合毕业设计，让我印象最深刻的便是与其他六校的师生一起做中期汇报及末期答辩，在这两次交流中，真实地感受到不同学校在前期研究和方案设计上不同的侧重点和亮点，这给予我们很大的启发。另外，在整个毕业设计过程中，我很感谢杨芙蓉老师、卓德雄老师、杨昌新老师给予我们小组的细心帮助，老师们的不断引导和细心纠正，带领我们一步步走出迷茫，寻找到方向。同时，我也很感谢我的队友，在毕业设计的最后关头，在我十分疲惫时，是她的鼓励和引导，让我们最终能按时完成属于自己的毕业设计。在未来的设计中，我一定会不忘初心，砥砺前行，拥抱未来。

张蔓文

随着毕业答辩的结束，为期三个月的毕业设计终于落下了帷幕。作为大学阶段最后一个设计，是结束也是新的起点，有着非同寻常的意义。我很荣幸能够参加这次“7+1”联合毕业设计，让我有机会去到北京，见到天坛和故宫，体验到北京的风土人情，更重要的是，能与其他六所学校的老师和同学们一起学习，共同进步，为自己的大学生涯画上完美的句号。首先，非常感谢杨芙蓉老师、卓德雄老师和杨昌新老师的悉心指导，鼓励我们不拘泥于传统，不被实际方案所困，让我们在大学的最后一个设计里勇于创新，大胆做自己，让我们对规划与城市设计有了更深层次的理解；其次，向所有校内外的老师和同学表示感谢，因为疫情我们没法在线下见面，因而每一次线上交流都显得格外珍贵，感谢老师们在中期和末期对我们提出的建议，让我们受益匪浅；最后，谢谢我的“战友”杨雨婷，合作愉快！祝愿大家都能想己所想，得己所得！我们江湖再见！

李瑞晨

时间过得好快，转眼间毕业设计就要结束了，我的大学时光也已接近尾声。首先，非常感谢也非常荣幸能够参加这次联合毕业设计，感谢北京建筑大学为我们提供了这次机会，让我们不仅可以进一步了解北京这座城市，还可以与来自五湖四海同专业的优秀老师和同学们相互交流学习。通过这次联合毕业设计，我见识到了许多优秀的作品，以及认识了很多优秀的同学，也认识到自己现阶段的不足，可谓收获颇丰。其次，感谢我的毕业设计导师卓德雄老师耐心认真的督促与辅导，他在各个方面都给予了我很大的帮助。在这段时间里，每周卓老师都非常认真负责地和我们交流方案，提出指导意见。这次毕业设计能够顺利完成，离不开卓老师辛勤的辅导与帮助。最后，感谢我的搭档邱晓雷，我们一起讨论、熬夜改方案的日子将成为我人生中一段美好的回忆，很开心可以和他成为好朋友，我从他的身上学习到了很多。最后的最后，非常感谢我的大学同学们，感谢他们在生活和学习上对我的帮助与包容，给予我一段非常宝贵且灿烂的回忆。祝大家前程似锦，相逢有期。

高锦

夏日微风徐徐，联合毕业设计给我们大学五年的生活画上了一个完整的句号。非常感谢“7+1”联合毕业设计这个平台，它给了我们一个开阔眼界、交流学习的机会。2021年3月中旬，我们来到了首都北京，这里不仅有底蕴浓厚的人文景观，也有着十分独特的市井气息，从走进北京开始，观察历史的多维视角让我们对这个城市的韵味有了更加深刻的认识。从初期调研到中期汇报，再到终期答辩，我明白了学习是一个不断发现问题并解决问题的过程，从一开始的毫无头绪到后面的灵感迸发，每一个设计的过程都是现实与灵感的碰撞。虽然困难如影随形，但办法总比困难多，尤其是在面对错综复杂的街巷肌理与北京老城的协调与发展问题时，我们不仅需要处理好老城的街巷肌理，还要利用“新元素”使旧城迸发出新的活力。通过此次毕业设计，我不仅学习到了更多、更深入的专业知识，也结识到了许多志同道合的小伙伴。虽然过程很艰辛，但卓德雄老师、杨芙蓉老师、杨昌新老师以及曾献君老师的悉心指导让我们看到了自身许多的不足之处，促使我们在未来不断进步。

钟宇岚

随着毕业日子的到来，毕业设计也接近尾声了。很荣幸参与本次“7+1”联合毕业设计，并有幸去到首都北京天坛北侧地块进行调研和学习。毕业设计不仅是对我们五年来所学知识的一种检验，也是对自己专业能力的一种提升。通过这次设计，我对北京的人文景观和历史文化都有了更深入的了解。在此要感谢卓德雄老师、杨芙蓉老师、杨昌新老师、曾献君老师对我的悉心指导，也要感谢一起奋斗的队友，明确的分工与彼此的信任，让我们将这个设计完成得更好。我认为，毕业设计也是对在校大学生最后一次全面的知识检验，不仅能培养我们对地块的全面了解能力，还能提高我们的制图水平。通过这次毕业设计，我明白学习是一个长期积累的过程，无论是在以后的工作还是生活中，都应该努力提高自己的专业素养。本次联合毕业设计让我受益匪浅，再次谢谢各位老师和同学们的帮助与鼓励！

邱晓雷

北京、首都、京城，每个称呼都使我对这座城市充满好奇。很幸运因为这次联合毕业设计来到北京，感受它秩序辉煌的一面，也看到它暗淡无光的一面。但无论是哪一面，都是真实的北京。因为毕业设计，对北京的好奇心得到一定的满足，但也有了更大的期盼，希望未来可以再来北京。这次毕业设计，弥补了课程学习的缺陷，学到了不同的思考方式。但还是有些遗憾，接近终期时因为时间的问题，很多方面都草草了事，最终没能达到理想的效果。感谢“7+1”联合毕业设计活动的组织，让我有机会见识其他学校同学的优秀作品；感谢北京建筑大学能够提供这样一个有趣的选题，让我学会更加理性地去感受一座城市；感谢我的导师曾献君老师在整个过程中对我的支持，感谢我搭档的导师卓德雄老师每周对我们的耐心指导，感谢杨昌新和杨芙蓉两位老师的悉心帮助，也感谢各个学校的老师在中期汇报和终期答辩时给我们提出的宝贵意见；最后要感谢我的搭档李瑞晨，能够忍受我的强迫症和固执。借此机会，我想对身边的同学和老师们说：感谢你们出现在我的大学时光里，未来可期，有缘再见。

后记 POSTSCRIPT

本次全国“7+1”城乡规划专业联合毕业设计，是继 2011 年后，阔别 9 年，东道主第一次回到发起本活动的北京建筑大学；也见证了新冠疫情之后，规划系师生的生活和教学活动在慢慢重回正轨。各校都来京组织了实地现场调研，参与的热情很高，令我们倍感荣幸、欣慰和感动。本作品集记录了联合毕业设计的教学过程，展现了丰富多彩的规划设计构思。本次联合毕业设计硕果累累，凝结了苏州科技大学、山东建筑大学、西安建筑科技大学、安徽建筑大学、浙江工业大学、福建工程学院和北京建筑大学师生的汗水，以及北京市城市规划设计研究院、北京市规划和自然资源委员会东城分局、北规院弘都规划建筑设计研究有限公司、北京建工建筑设计研究院、天坛街道办事处、体育馆路街道办事处等单位的领导与专家的辛劳和付出。

特别感谢北京市城市规划设计研究院石晓冬院长、廖正昕所长、叶楠副所长，以及石闻、杨子烨等规划师对本次联合毕业设计活动的大力支持，从最初选址、提供资料到成果答辩，他们全程参与教学工作，并且提供了专业的指导与无私的帮助，各校师生均感受益匪浅，并深深地为北京市城市规划设计研究院的治学精神和心系首都的情怀所折服。同时感谢在选题会上作出精彩报告的天津市天友建筑设计股份有限公司任军教授和中国建筑设计研究院有限公司崔海东副总，以及为规划成果进行指导和评图的张险峰总工、王佳文副总、孙成仁院长。

本次联合毕业设计选址于首都功能核心区，世界文化遗产天坛北侧，备选地块位于天坛西侧，北京市规划和自然资源委员会东城分局、天坛街道办事处、体育馆路街道办事处提供了大力协助，基地情况复杂、面积大、重要性高、代表性强，实属难能可贵。

本次联合毕业设计为各高校搭建交流平台，各校师生互相学习、共同发展。感谢苏州科技大学、山东建筑大学、西安建筑科技大学、安徽建筑大学、浙江工业大学、福建工程学院各位老师百忙中对教学组织的协助和支持，深情铭记在我们心中！特别感谢西安建筑科技大学承办明年的联合联合毕业设计活动！

感谢北京建筑大学张大玉副校长、建筑与城市规划学院张杰院长、教务处马晓轩副处长、建筑与城市规划学院李春青副院长和金秋野副院长，以及城乡规划系主任荣玥芳教授的大力支持，感谢参加指导和评图的张忠国、杨震、苏毅等老师，以及在选题、开题活动中进行志愿服务的研究生张新月、张典、祖振旗、范志强和北京建工建筑设计研究院规划师丁新坤、杨迎艺、成露依、邓美然等。

感谢华中科技大学出版社的简晓思编辑，她提出很多好的想法，支持我们的作品集顺利出版。

《后记》匆匆而就，待叙感激之情的同志，亦未能做到一一道谢。还有热情关心我们的当地居民，他们都是促进我们积极进步和努力工作的动力。

期望 2021 年联合毕业设计活动能成为各校同学未来的一段美好回忆，并祝愿 2022 年联合毕业设计取得成功！

北京建筑大学“联合毕业设计”教学小组

张忠国　荣玥芳　苏毅